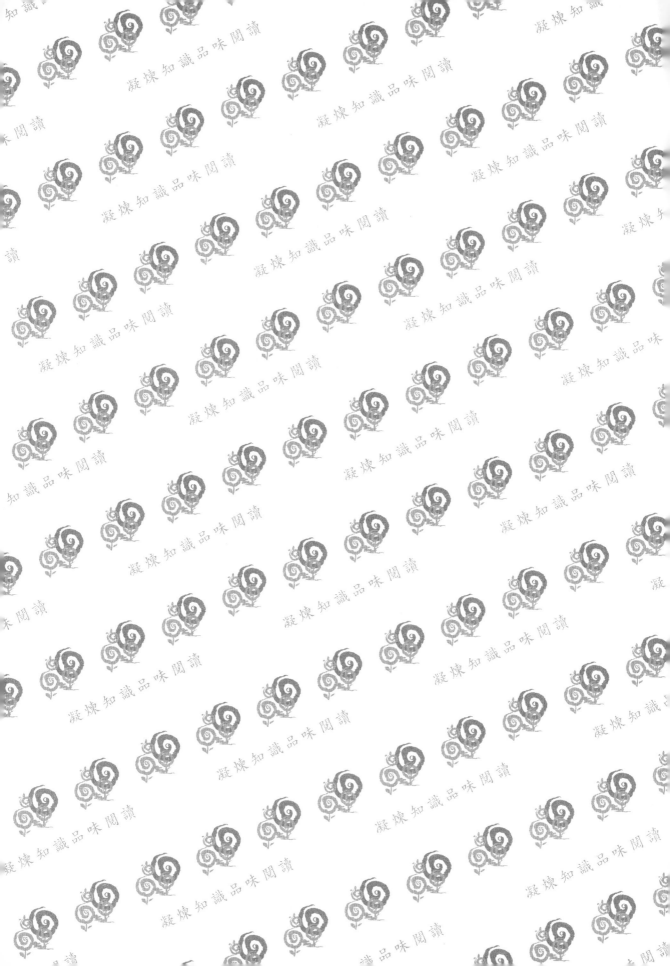

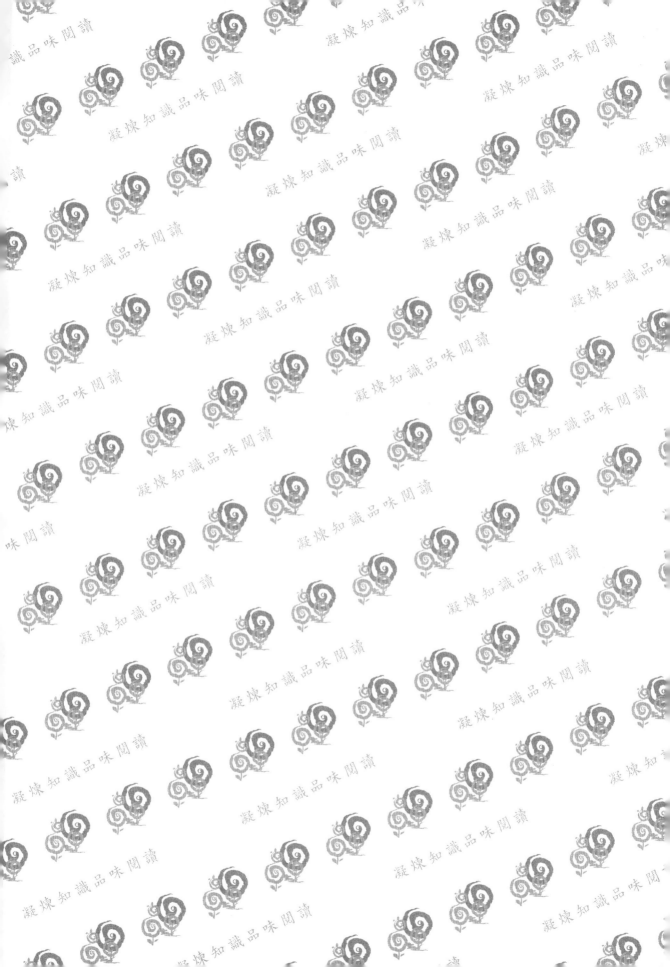

Minitab 與統計分析

陳正昌 著

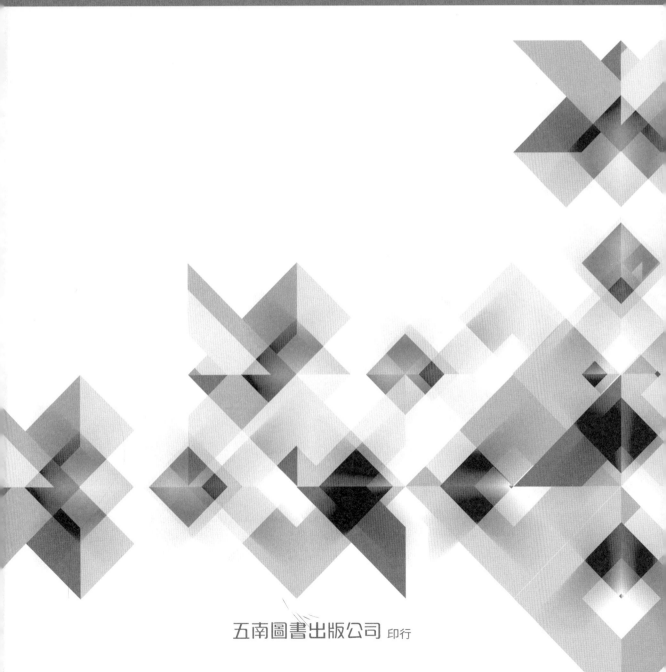

五南圖書出版公司 印行

序

《Minitab 與統計分析》是在《SPSS 與統計分析》(五南圖書出版公司)的基礎上,搭配最新版之 Minitab 統計軟體改寫而來。本書包羅了多數的單變量統計方法,以及常用的多變量分析技術,主要提供基礎統計學及進階統計學教學之用,也配合研究生及學者進行量化研究分析與撰寫論文之需。

全書共分為十大部分。第一部分(第 1 章)是 Minitab 19 及 20 版的安裝及操作介面說明。第二部分(第 2 章及第 3 章)在說明使用 Minitab 登錄資料及進行資料處理。第三部分(第 4 章及第 5 章)是描述統計。第四部分(第 6 章及第 7 章)在說明平均數之區間估計及統計檢定的基本概念。第五部分(第 8 章至第 15 章)為平均數差異檢定,分別針對 t 檢定及各種變異數分析加以說明。第六部分(第 16 章及第 17 章)是變數間的相關分析,含簡單相關及偏相關。第七部分(第 18 章及第 19 章)為迴歸分析,含簡單及多元迴歸。第八部分(第 20 章及第 21 章)是卡方檢定,在進行質性變數的分析。第九部分(第 22 章及第 23 章)為比例 Z 檢定。第十部分(第 24 章及第 25 章)在分析量表的信度及效度。

第 8 章至第 25 章都涵蓋八個重點。首先,每章開頭提醒該種統計方法適用的情境,敘述雖然簡短,卻相當重要。其次,簡要說明基本統計概念,建議讀者仔細閱讀這一節的內容。接著,使用各學科領域的範例資料,並提出研究問題及統計假設。第四,配合 Minitab 進行分析,此部分都有詳盡的畫面擷圖及操作說明,有助於讀者自行完成統計分析。第五,分析所得的報表都逐一加以解讀,並針對重要的統計量數說明計算方法。第六,針對目前各學術期刊都強調的效果量(effect size)加以介紹。第七,將分析發現以 APA 格式寫成研究結果。最後,強調該種統計方法的基本假定,避免誤用工具。

能夠完成本書,首先要感謝五南圖書出版公司慨允出版,張毓芬副總編輯在第一版細心規劃,侯家嵐主編負責兩版次編輯業務,黃志誠先生與石曉蓉小姐的細心

校稿。其次，要感謝內子林素秋老師多次審閱稿件，並提出許多寶貴建議。讀者來函指正及討論，也使本書更加完善，在此一併致謝。

本次再版，除了改用 Minitab 19 及 20 版軟體，在平均數 t 檢定及單因子獨立樣本變異數分析各章增加無母數檢定，也增加單樣本及獨立樣本比例的檢定方法。雖然投入許多心力，但是難免會有疏漏之處，敬請讀者不吝來信指教（電子信箱：chencc@mail.nptu.edu.tw）。

需要書中所用的資料檔案，請到五南網頁 https://www.wunan.com.tw，輸入書號 1H96 即可下載。

陳正昌

於屏東大學

2021 年 5 月

目 錄

第1章
Minitab 簡介

本章概要說明 Minitab 公司之 Minitab 統計軟體的歷史及安裝方法，並簡要介紹它的操作環境，至於詳細的設定及分析方法，請見後面各章。

Minitab 提供可免費使用 30 天的試用版，讀者可以直接在 Minitab 公司的網頁註冊下載。

1.1　Minitab 統計軟體簡介

Minitab 統計軟體於 1972 年由美國賓州州立大學三位學者發展，目前由該校所屬的 Minitab 公司發行，最新版為離線版 19.2020.1 版及雲端版 20.3.0 版。

Minitab 的優點是相較於 SAS 或 SPSS，所占儲存體較小，然而，它在六標準差分析、實驗設計及分析、統計繪圖方面都有傑出的表現。統計分析方面，與其他大型的統計套裝軟體相比，雖然分析所得的報表較簡要，但是所提供的統計分析方法並未較少，Minitab 在比例及變異數的檢定功能，是 SPSS 較欠缺的部分。除了常用的統計分析功能外，Minitab 可以另外配合 Quality Companion 軟體，可應用於專案的組織及所有執行步驟的管理。

Minitab 除了有常用的統計繪圖功能，也提供各種機率分配圖，方便檢視機率密度，本書各章所附機率圖，都是使用 Minitab 繪製。

如果分析時不知如何選擇適當的統計方法，Minitab 提供了相當直觀的協助，使用者只要根據資料測量尺度及屬性，很快就可以得到解答。

除了英文外，Minitab 另外提供其他七種語言介面，習慣使用中文的讀者，可以選擇簡體中文版，只是兩岸的統計名詞並不一致，使用時應加以留意。

1.2　安裝 Minitab 19 或 20 版

1.　雙擊 minitab19.2020.1.0setup.x64.exe 或 minitab20.3.0.0setup.x64.exe 檔（64 位元版，目前更新至 20.3.0 版），會出現簡體中文版的安裝畫面，可依個人需要改為其他語言。（圖 1-1）

圖 1-1 選擇安裝語言

2. 首先出現歡迎畫面，此時點選【下一步】按鈕即可。（圖 1-2）

圖 1-2 歡迎畫面

3. 在軟體授權合約中，先選擇【我接受許可證協議中的條款並同意隱私政策】，再點選【下一步】。（圖 1-3）

圖 1-3　軟體授權合約

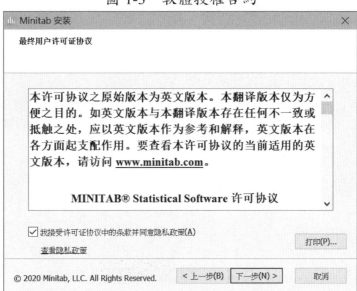

4. 如果有產品授權碼，可以選擇【使用許可證激活】，如果要試用，則改為「開始30 天免費試用」。此時，需要連上網際網路，以取得試用授權。（圖 1-4）

圖 1-4　輸入授權碼

5. 設定安裝的資料夾，預設為 C:\Program Files\Minitab\Minitab 19 或 C:\Program Files\Minitab\Minitab 20，建議不要更改。（圖 1-5）

圖 1-5　設定安裝資料夾

6. 接著，點選【安裝】按鈕，開始安裝。（圖 1-6）

圖 1-6　開始安裝

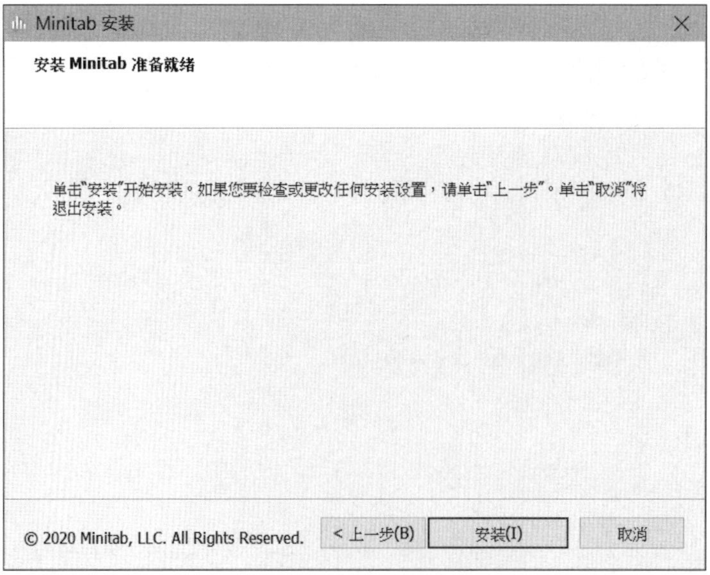

7.　安裝所需時間大約為 1 - 2 分鐘。（圖 1-7）

圖 1-7　安裝軟體中

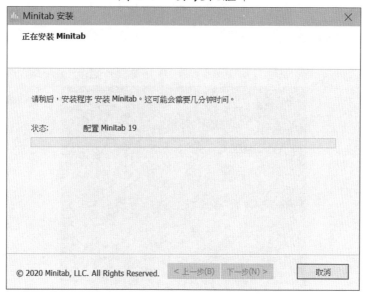

8.　安裝後，點選【完成】按鈕，完成安裝。（圖 1-8）

圖 1-8　完成安裝

1.3 進入 Minitab 系統

1. 在 Windows 10 的作業系統中，安裝後會在開始的畫面顯示【Minitab】或【Minitab Statistical Software】，直接點擊即可進入 Minitab 系統。（圖 1-9）

圖 1-9 在 Windows 10 下執行 Minitab

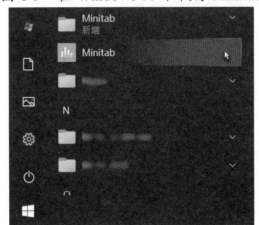

2. 進入 Minitab 19 後，首先要註冊，可輸入姓名及電子信箱。如果不註冊，點擊【不註冊，繼續操作】按鈕即可。（圖 1-10）

圖 1-10 輸入姓名及電子信箱

3.　如果有授權碼，選擇【使用產品密鑰激活 Minitab】，以啟用 Minitab；如果沒有
　　授權碼，則選擇【使用試用版本的 Minitab】，即可試用 30 天。（圖 1-11）

圖 1-11　選擇啟用方式

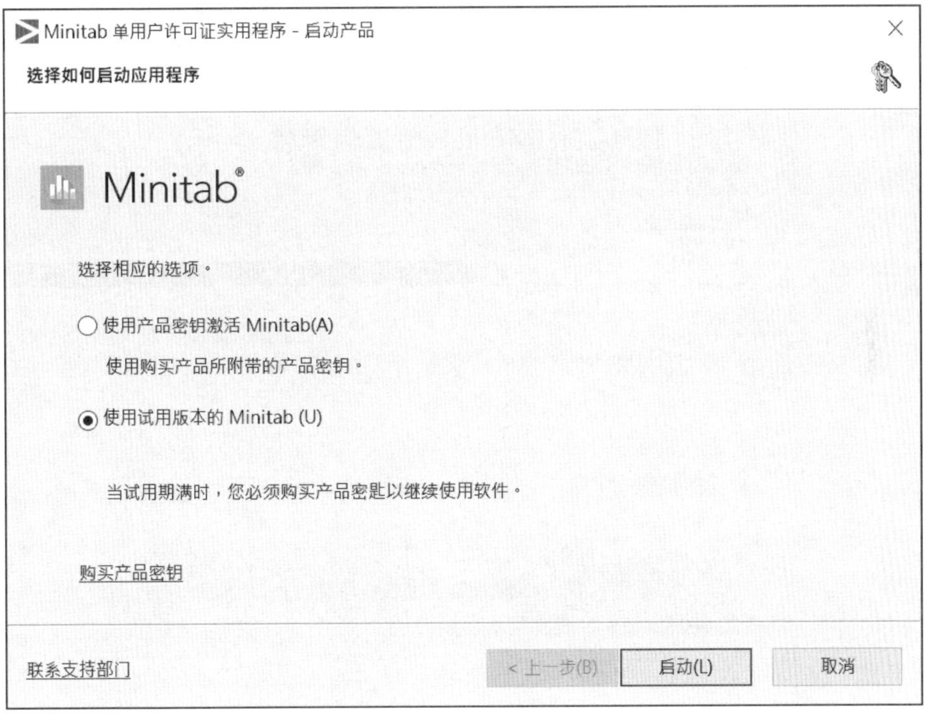

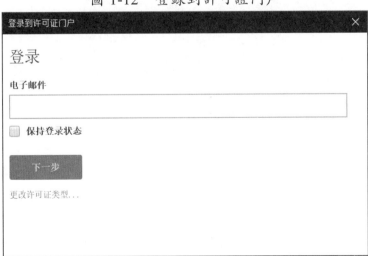

4.　如果試用 20 版，則需要輸入電子郵件及登錄密碼。（圖 1-12）

圖 1-12　登錄到許可證門戶

5. 進入 Minitab 後，可以看到三個子視窗，右下半部為資料視窗，用來輸入要分析的資料，右上半部為結果視窗，會顯示分析的結果。如果分析的程序可以繪製統計圖，或使用統計繪圖程序，也會在此視窗中呈現，雙擊圖形即可進行編輯。左半部為瀏覽器視窗，可以選擇分析過的程序及其結果。如果只想觀看資料或結果，可以在視窗的右下角選擇三種呈現方式。（圖 1-13）

圖 1-13　Minitab 的三個視窗

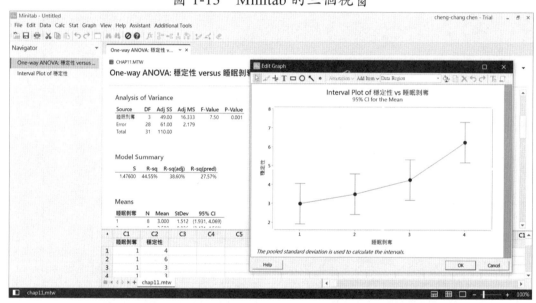

6. 要分析現有資料，可以選擇【File】（檔案）中的【Open】（開啟），再選擇 Minitab、Excel，或 csv 等格式的資料檔即可。（圖 1-14）

圖 1-14　Minitab 的三個視窗

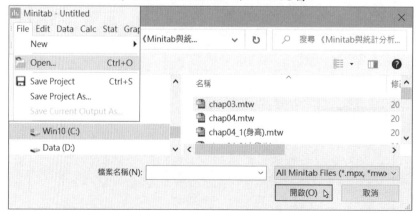

7. 本書主要採用點擊選單的方式進行分析，附有操作過程擷圖及說明。後面各章的操作畫面有時基於排版的需要，會把不需要的部分或空白處截斷，但相對位置仍維持不變，不會影響閱讀。（圖 1-15）

圖 1-15　使用選單進行分析

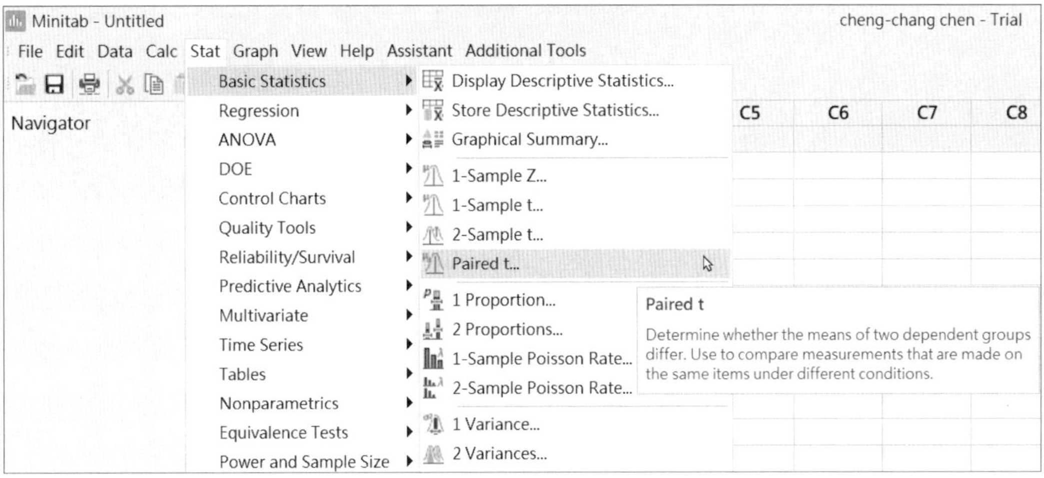

8. Minitab 也可以採用撰寫語法的方法執行分析。在【View】選擇中勾選【Command Line】即可顯示分析過程的指令，或是直接輸入指令執行分析（圖 1-16）。以指令分析的優點有三：1.可以一次進行多種分析，不需要反覆點擊選單，節省時間；2.可以將指令提供給其他人，進行同樣的分析，不會有分歧的結果；3.可以自己設定需要的分析功能。

圖 1-16　執行 TSPlot（時間數列）指令

```
Command Line                              Clear all

TSPlot '大學生';
Stamp '學年';
Symbol;
Connect.




                                            Run
```

第 2 章
登錄資料

本章旨在說明資料的登錄及讀取。首先說明如何使用 Minitab 輸入資料；接著使用 Excel 輸入資料，並讀入 Minitab 軟體中，最後說明如何將文字資料檔讀入 Minitab 中。

2.1　使用 Minitab 登錄資料

要使用 Minitab 統計軟體執行分析工作，最重要的是一定要有資料檔。而資料檔有兩大來源，一是使用現成的資料庫，二是自行蒐集資料後完成登錄工作。現成資料庫的介紹請見陳正昌與張慶勳的著作（2007），本章僅說明如何自行登錄資料。

資料登錄軟體可大略分成兩類：一是不含控制符號的標準 ASCII（American Standard Code for Information Interchange，美國資訊交換標準碼）檔，或是使用逗號或定位鍵（tab）分隔的文字檔（text file）；二是含有控制符號的系統檔（system file），多數統計軟體均可產生自定格式的系統檔。系統檔的優點之一是含有許多控制碼，可以將所有變數的訊息都包含在資料檔中，而不需要另外在程式中註明。如果系統檔中包含的訊息非常完整，則使用同一種統計軟體的其他研究者可以直接利用該資料檔進行分析，不需要再看登錄編碼卡。優點之二是讀取速度較快，1000 個以上的觀察體，每個觀察體有 100 個變數的系統檔，讀取時間不會超過 5 秒鐘。系統檔的缺點之一是系統檔所占空間較大，攜帶較不方便。缺點之二是因為含有獨特的控制碼，所以不同軟體間不一定可以互相流通。目前，Minitab 19 或 20 版可以將資料檔存成 Excel 類型的檔案，提供其他統計軟體之用。

標準 ASCII 檔的優點是檔案較小、流通性較廣，且不同的軟體都可讀取，缺點是只含數據，不知道變數欄位及性質，因此要與登錄編碼卡配合使用。此部分因為目前較少使用，所以請讀者參考陳正昌（2004）的另一本著作。Minitab 的資料，也可以另存成以逗號分隔的 csv 檔，供其他統計軟體使用。

要登錄 Minitab 系統檔的步驟敘述如後。

一、進入 Minitab 系統，選擇【Worksheet】（工作表）視窗

圖 2-1　工作表視窗

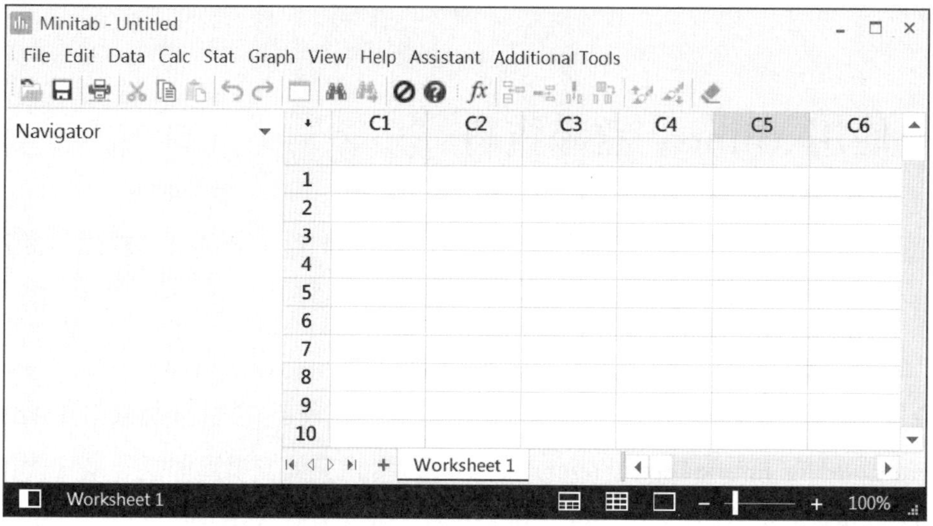

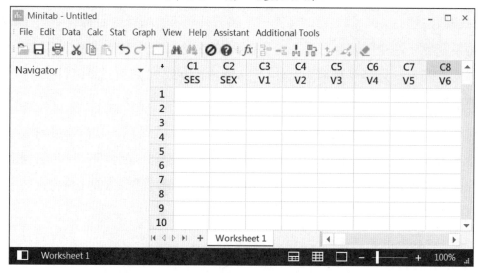

二、在欄位下輸入變數名稱

如果不輸入名稱，則分析時會以欄位名稱（C1、C2……）表示。

圖 2-2　輸入變數名稱

變數的命名有幾點要加以留意：

1. 變數名稱可以用文字或數字為開頭，像 SES、2var、VAR3、var5_3、var20.1 等，都是有效的變數名稱。Minitab 可以輸入 var20.16、var20-16，或 20-16var 等格式的變數名稱，不過，多數統計軟體都無法接受，因此最好命名為 var20_16（留意：是底線，不是減號）。

2. 不可以使用 # 及 * 這類特殊符號當變數名稱，不過，可以使用 @ 及 $符號（但筆者仍不建議讀者使用）。

3. 變數名稱不可以重複，由於 Minitab 不區分英文大小寫，所以 SES、Ses 與 ses 都相同，也就不能同時出現。

4. 變數名稱最長為 31 個字元（英文或中文），例如：「achievement」就是個有效的變數名稱。然而，早期的統計軟體都不能接受較長的變數名稱，因此，筆者仍建議將變數名稱限制在 8 個字元之內。

5. 變數名稱可以使用中文，像「性別」或「學業成績」都是有效的變數名稱。

三、設定變數類型

Minitab 19 版有 Automatic Numeric（自動數值）、Date（日期）、Text（文字）等九種變數類型，除非有特殊需要，一般使用內設的 No format（無格式）即可。

圖 2-3 三種變數類型

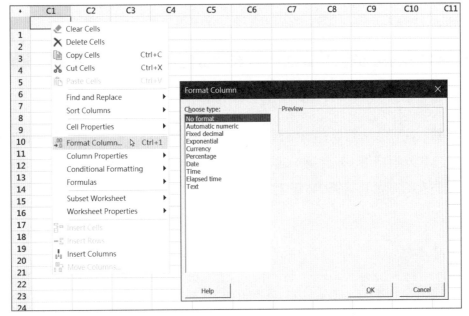

四、直接在細格上輸入資料

統計資料檔慣例都是將**橫列**（row）**當成觀察體**（case 或 object），而將**直行**（column）**當成變數**。且一般輸入習慣是先將同一個觀察體的所有變數輸完，再換另一個觀察體（也就是要先輸完同一列），而不是將不同觀察體的同一變數輸完，再換另一個變數。留意，輸入一個變數後，要按右邊箭頭的方向鍵（→），以便移到同一列的另一個欄位，而不要按輸入鍵（Enter），移到同一欄的下一列。

如果有未填答的遺漏值（missing value），則輸入 * 號或是不可能出現的數值（如，−99，仍須另外轉碼為遺漏值）。

圖 2-4　輸入完成之工作表

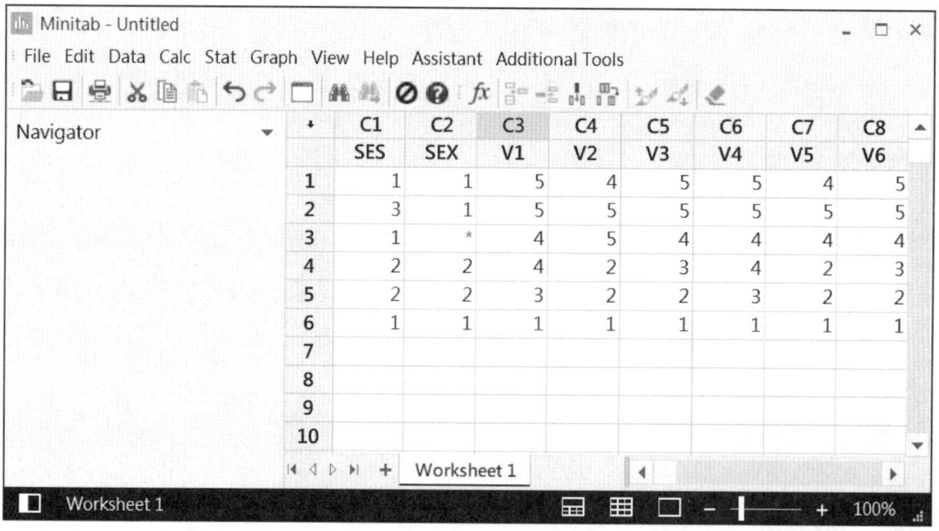
Minitab - Untitled
File Edit Data Calc Stat Graph View Help Assistant Additional Tools
Navigator
C1 C2 C3 C4 C5 C6 C7 C8
SES SEX V1 V2 V3 V4 V5 V6
1 1 1 5 4 5 5 4 5
2 3 1 5 5 5 5 5 5
3 1 * 4 5 4 4 4 4
4 2 2 4 2 3 4 2 3
5 2 2 3 2 2 3 2 2
6 1 1 1 1 1 1 1 1
7
8
9
10
Worksheet 1
Worksheet 1
100%

五、儲存資料檔

資料輸入完成後，可以存成兩種格式的檔案。第一種方式是存成 Project（專案）檔，它可包含分析結果、統計圖、選單對話框設置，及專案管理器內容，方便後續使用者延續先前的分析（見圖 2-5 及圖 2-6）。

圖 2-5　儲存專案

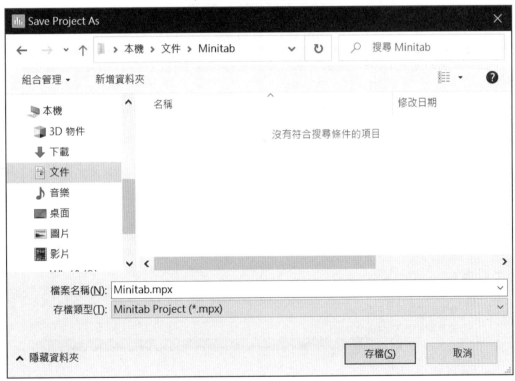

圖 2-6　儲存檔案選項

第二種方式是只儲存 Worksheet（工作表、資料檔），不含分析結果及統計圖。工作表也可以另存成 Excel、csv，或是純文字等類型（見圖 2-7 及圖 2-8）。

圖 2-7　儲存工作表

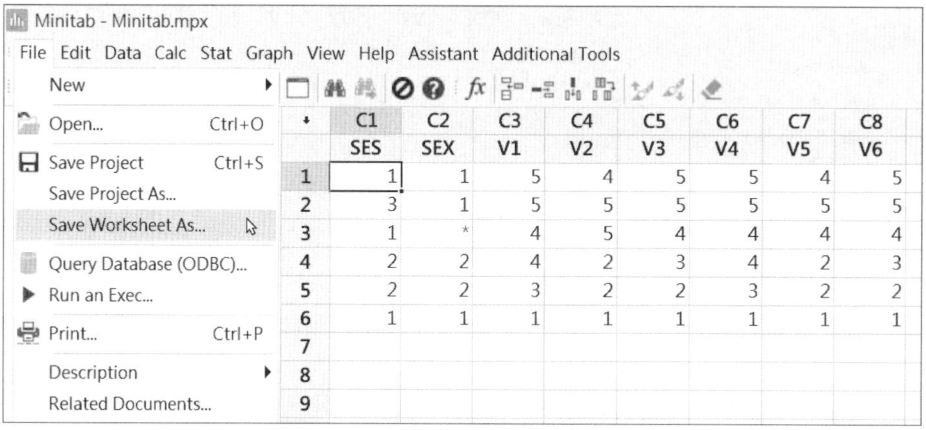

圖 2-8　存檔類型

2.2　使用 Excel 登錄資料

現在較普及的試算軟體 Excel 也是不錯的登錄工具，且多數統計軟體都能讀取 Excel 檔。以下逐步說明其方法。

一、在第一橫列輸入變數名稱（最好不要超過 8 個英文字元），接著依序輸入資料。如果有遺漏值，則空著不輸入資料。

圖 2-9　Excel 工作表

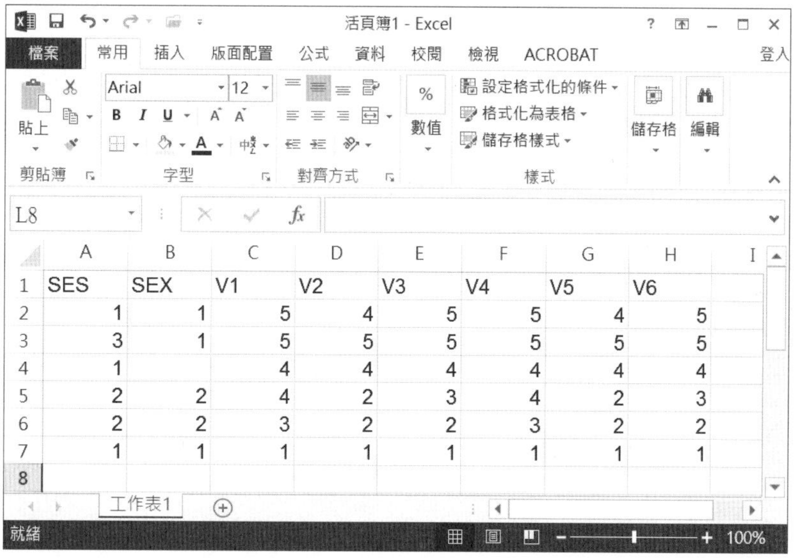

二、輸入完成後，在【檔案】的選單中選擇【儲存檔案】或【另存新檔】。

圖 2-10　儲存檔案

三、雖然 Minitab 可以正確讀取 Excel 2007 之後新版本的資料檔,然而,部分統計軟體可能無法讀取最新版的 Excel 檔,此時可以指定存檔類型為較早期的 Excel 版本(在此建議使用 Excel 97-2003 版)。

圖 2-11　Excel 97-2003 活頁簿

```
Excel 活頁簿 (*.xlsx)
Excel 啟用巨集的活頁簿 (*.xlsm)
Excel 二進位活頁簿 (*.xlsb)
Excel 97-2003 活頁簿 (*.xls)
CSV UTF-8 (逗號分隔) (*.csv)
XML 資料 (*.xml)
單一檔案網頁 (*.mht;*.mhtml)
網頁 (*.htm;*.html)
Excel 範本 (*.xltx)
Excel 啟用巨集的範本 (*.xltm)
Excel 97-2003 範本 (*.xlt)
文字檔 (Tab 字元分隔) (*.txt)
Unicode 文字 (*.txt)
XML 試算表 2003 (*.xml)
Microsoft Excel 5.0/95 活頁簿 (*.xls)
CSV (逗號分隔) (*.csv)
格式化文字 (空白分隔) (*.prn)
DIF (資料交換格式) (*.dif)
SYLK (Symbolic Link) (*.slk)
Excel 增益集 (*.xlam)
Excel 97-2003 增益集 (*.xla)
PDF (*.pdf)
XPS 文件 (*.xps)
Strict Open XML 試算表 (*.xlsx)
OpenDocument 試算表 (*.ods)
```

2.3　在 Minitab 中讀取 Excel 資料檔

在 Excel 中完成存檔之後,就可以使用 Minitab 讀取資料,步驟如下。

一、進入 Minitab 後,在【File】(檔案)的選單下選擇【Open】(開啟),以便開啟資料檔(圖 2-12)。

圖 2-12　開啟工作表

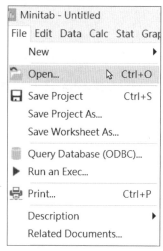

Minitab 可讀取的檔案類型有四種：一是副檔名為 mpx、mpj 的專案檔，二是副檔名為 mpx、mwx 的工作表檔，三是副檔名為 xls、xlsx 的 Excel 檔，四是副檔名為 csv、txt、dat 的文字檔（圖 2-13）。

圖 2-13　內定讀取四種類型資料檔

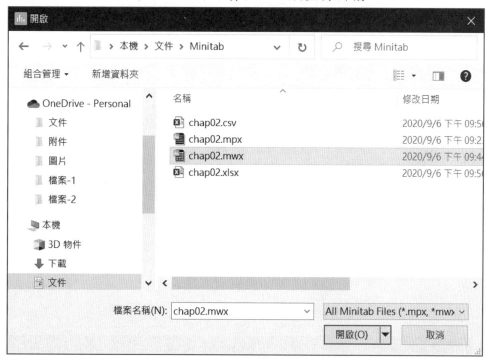

二、如果要讀入特定的檔案（例如：Excel 檔），則在【檔案類型】中選擇 Excel File（*.xls, *.xlsx, *.xml）類型的檔案，並點選要讀入的檔案（在此為「chap02.xlsx」）。

圖 2-14　在 Minitab 讀入 Excel 檔

三、讀入後，工作表內容如下。

圖 2-15　讀入 Excel 檔結果

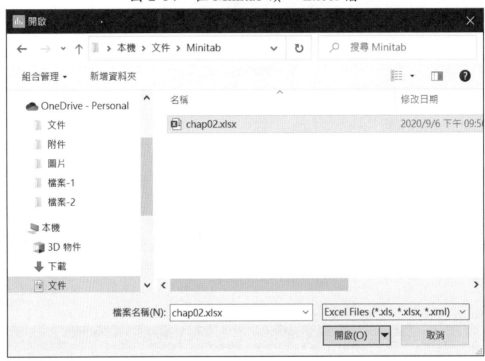

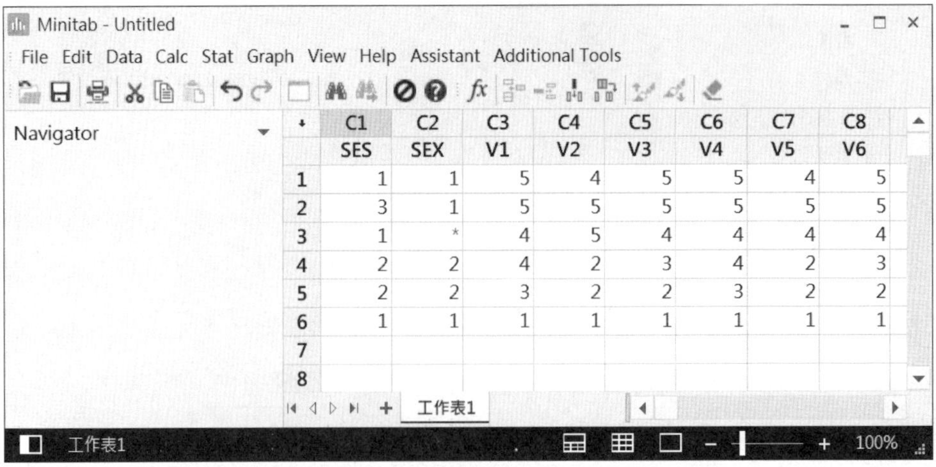

	C1 SES	C2 SEX	C3 V1	C4 V2	C5 V3	C6 V4	C7 V5	C8 V6
1	1	1	5	4	5	5	4	5
2	3	1	5	5	5	5	5	5
3	1	*	4	5	4	4	4	4
4	2	2	4	2	3	4	2	3
5	2	2	3	2	2	3	2	2
6	1	1	1	1	1	1	1	1
7								
8								

2.4　在 Minitab 中讀取文字資料檔

　　Minitab 也可以讀取純文字型式的檔案。如果在 Excel 中是儲存成以 Tab 字元分隔的文字檔（圖 2-16），則在 Minitab 中應選擇 Text (*.csv, *.txt, *.dat) 型式的檔案（圖 2-17）。選取檔案後可以點擊【Options】（選項）按鈕，設定是否包含變數名稱等細項（圖 2-18 及圖 2-19）。也可以點擊【Preview】（預覽）按鈕，先檢視讀入後是否正確（圖 2-20）。讀入資料後，畫面如圖 2-15。

　　個人建議，在 Excel 中可將資料存成以逗號分隔的 *.csv 格式檔案，除了 Minitab 可以讀取外，其他統計軟體（如：SAS、SPSS）也都可以讀取此類型的資料檔。

圖 2-16　在 Excel 中儲存成以 Tab 字元分隔的文字檔

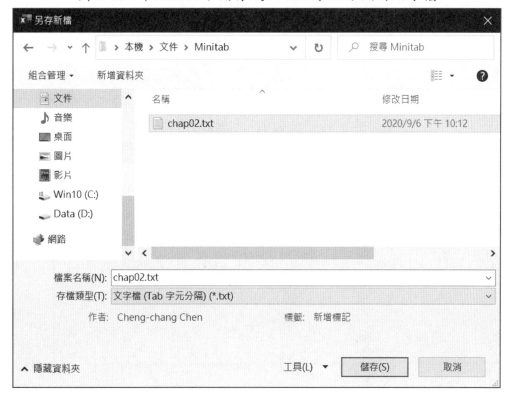

圖 2-17　在 Minitab 中開啟 txt 文字檔

圖 2-18　讀入 txt 文字檔之選項

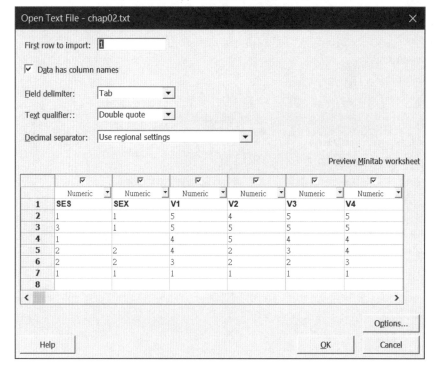

圖 2-19　讀入 txt 文字檔之選項

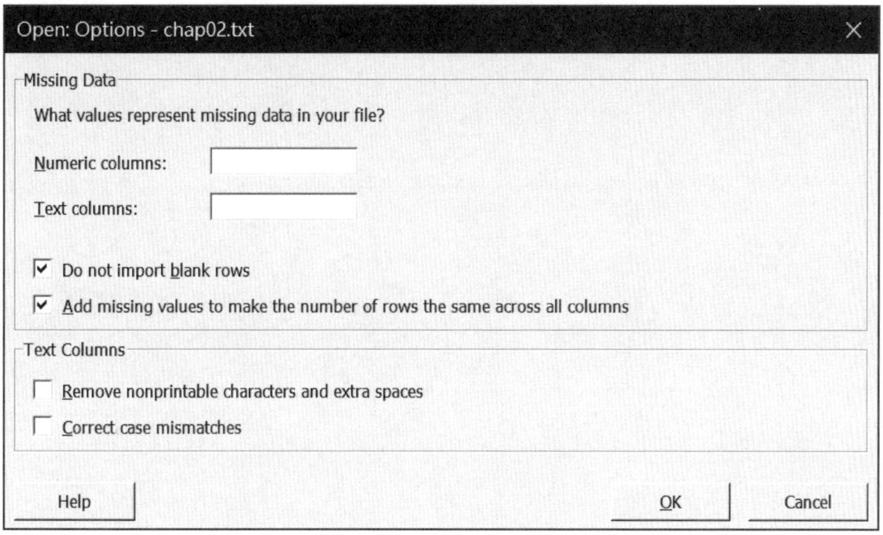

圖 2-20　預覽讀入 txt 文字檔之結果

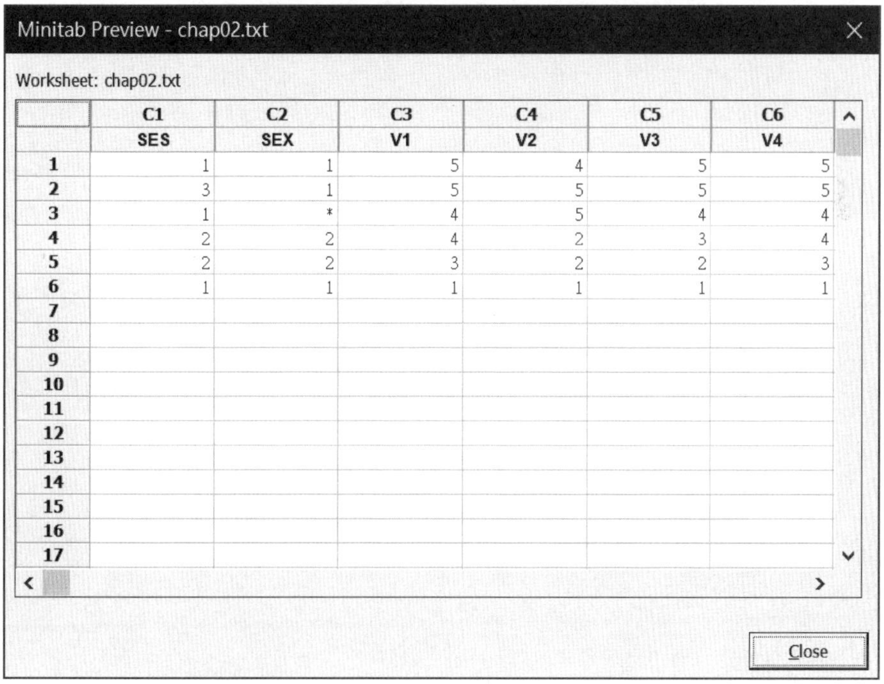

	C1	C2	C3	C4	C5	C6
	SES	SEX	V1	V2	V3	V4
1	1	1	5	4	5	5
2	3	1	5	5	5	5
3	1	*	4	5	4	4
4	2	2	4	2	3	4
5	2	2	3	2	2	3
6	1	1	1	1	1	1
7						
8						
9						
10						
11						
12						
13						
14						
15						
16						
17						

第 3 章
資料處理

　　本章旨在說明資料的處理，包括除錯的方法、反向題的處理、變數的運算與重新分組，以及直線轉換。

3.1　資料除錯

　　通常研究的數據都非常多，因此在登錄的過程難免會發生錯誤。資料登錄完，也能順利讀入，不代表就沒有問題。在資料處理中，我們常說「垃圾進，垃圾出」（garbage in, garbage out），如果數據不經過清洗整理就直接分析，所得的結果常常不能盡信。因此，確保所用數據正確無誤，是資料分析過程中相當重要的步驟。

　　要解決這個問題，在登錄階段可以有兩種做法。一是由兩個人分別登錄資料，或由一個人登錄資料兩次，然後用程式比較兩個資料檔是否相同。如果有不同，表示資料登錄有問題；但是另一方面，兩個資料檔相同不代表沒有錯誤（有可能兩個檔錯誤的地方相同）。不過此種方法費時費力，一般較少採用。二是使用試算軟體（如 Excel）或專門登錄資料的軟體，事前設定變數的數值範圍，如果超出此範圍，軟體就會提醒登錄者。不過這仍無法檢查出在數值範圍內登錄的錯誤，例如不小心將 2 登錄成 3。

　　目前許多網站（如 Google）提供線上問卷調查的功能，由受訪者直接在網路上填答，除了不需再由研究者自行輸入資料外，也可以減少許多錯誤，建議讀者可以善加利用。不過，即使數據完全由受訪者填寫，也不代表一定正確無誤。有時是受訪者刻意為之，有時是共同方法變異，原因眾多。

　　在輸入完成後，比較簡單而可行的檢查方式有兩種。第一種方法是將所有變數列出次數分配表，然後檢視是否有超過合理範圍的數值。步驟如下：

1.　在【Stat】（統計）當中的【Tables】（表格）選擇【Tally Individual Variables】。（單變數計數）。（見次頁圖 3-1）

2.　將要檢查的變數選擇到右邊的【Variables】（變數）框中，並點擊【OK】（確定）按鈕進行分析。（見次頁圖 3-2）

圖 3-1　Tally Individual Variables 選單

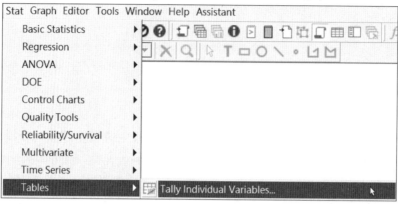

圖 3-2　Tally Individual Variables 對話框

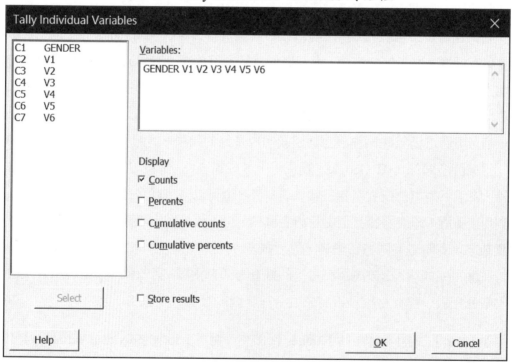

　　報表 3-1 以 GENDER（性別）變數為例，在 308 個受訪者中，男性（代碼為 1）為 112 人，女性（代碼為 2）有 195 人，其中 1 人代碼為 3，表示登錄有誤。

報表 3-1

GENDER	Count
1	112
2	195
3	1
N=	308

　　接著，要在所有受訪者中找出性別被登錄為 3 者。此時，需在工作表視窗中點選 GENDER 變數，然後在【Editor】（編輯器）的選單中選擇【Find】（尋找）（或是直接按 Ctrl＋F 鍵）。在尋找內容中輸入 3 之後點擊【Find Next】（找下一個）按鈕，即可找出性別被登錄為 3 的受訪者（圖中為第 12 名受訪者）。

圖 3-3　Find in Data Pane 對話框

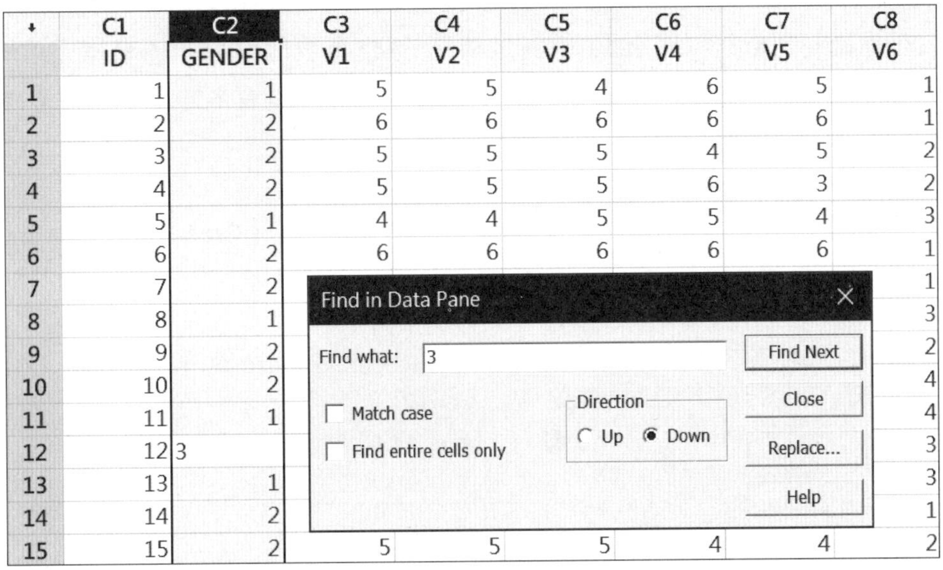

	C1	C2	C3	C4	C5	C6	C7	C8
	ID	GENDER	V1	V2	V3	V4	V5	V6
1	1	1	5	5	4	6	5	1
2	2	2	6	6	6	6	6	1
3	3	2	5	5	5	4	5	2
4	4	2	5	5	5	6	3	2
5	5	1	4	4	5	5	4	3
6	6	2	6	6	6	6	6	1
7	7	2						1
8	8	1						3
9	9	2						2
10	10	2						4
11	11	1						4
12	12	3						3
13	13	1						3
14	14	2						1
15	15	2	5	5	5	4	4	2

Find in Data Pane

Find what: 3

☐ Match case

☐ Find entire cells only

Direction
○ Up　◉ Down

Find Next
Close
Replace...
Help

　　然而，找到此受訪者的該筆資料後，仍要確認其原始填答情形為何，如果是書面填答的資料，就要找出原始的問卷加以核對。但是，在 308 份書面資料中，如何正確而快速找到這份資料，就需要靠 ID 這個變數了。因此，建議讀者在收到書面的資料後，立即在上面標註可辨識的代號（ID）。

　　ID 的編碼可以採用兩種方式，一是由 1 排列到 308 之流水號編碼，二是加上有

意義的代碼，例如 213005，用來表示第 2 個縣市第 13 個區鄉鎮的第 5 號受訪者。

如果無法找到原始資料，或是受訪者本身就填 3，此時只能將 3 改為 * 號設定為遺漏值。

報表 3-2 是設定遺漏值後重新分析的結果，有效受訪者為 307 人，遺漏值（*=）有 1 人。

報表 3-2

GENDER	Count
1	112
2	195
N=	307
*=	1

二是邏輯的判斷，例如某個填答者是獨生子女，那麼他（她）就不會有兄弟姊妹。不過有時邏輯也不一定適用，例如沒有結過婚不代表就沒有子女。要進行邏輯的判斷，最簡單的方式就是列出交叉表，步驟如下：

1. 在【Stat】（分析）選單當中的【Tables】（表格）選擇【Cross Tabulation and Chi-Square】（交叉表及卡方）。

圖 3-4　Cross Tabulation and Chi-Square 選單

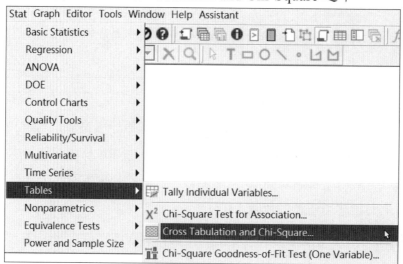

2. 將所要分析的變數分別點選至【Rows】（列）及【Column】（行）中（次序並無影響），並點擊【OK】（確定）按鈕即可。

圖 3-5　Cross Tabulation and Chi-Square 對話框

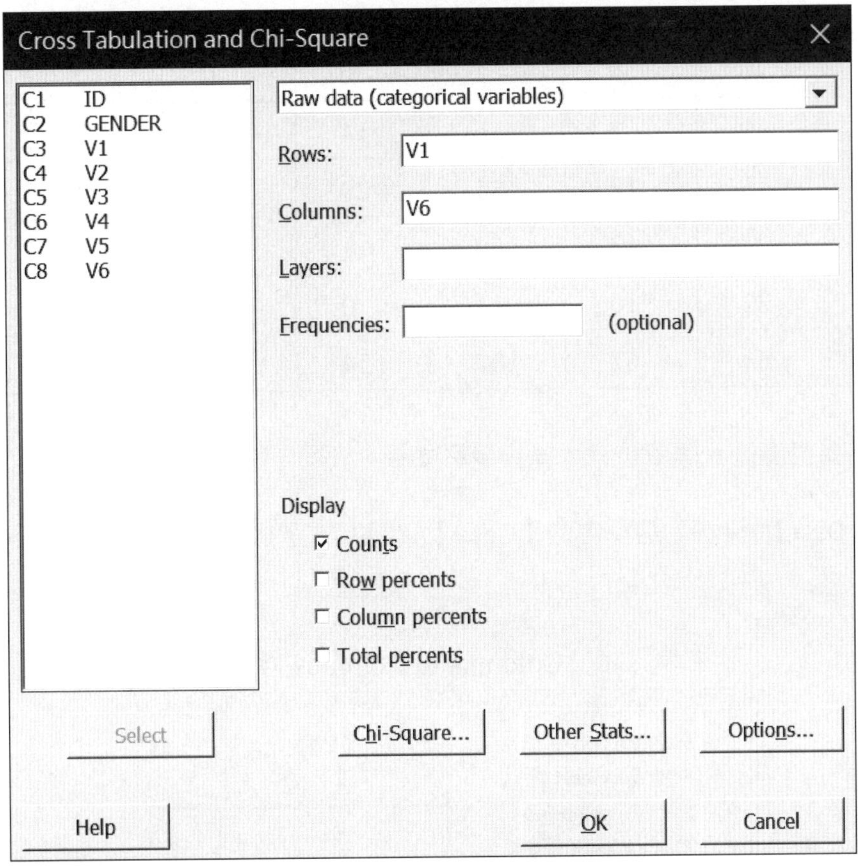

交叉分析結果，報表 3-3 中顯示有 5 位受訪者在「智慧型手機的作業系統很容易上手」（V1）及「要學會使用智慧型手機，有些困難（反向）」（V6）這兩題都選填 5（很同意），有 1 位則都選填 6（非常同意）。由於 V6 是反向題，理論上如果 V1 選擇 6，則 V6 應該選擇 1（非常不同意）才合理；如果 V1 選擇 5，則 V6 應該選擇 2（很不同意）。

經由反向題的設計，可以檢查受訪者是否認真填答問卷，此部分請看下一節的說明。

報表 3-3　Tabulated Statistics: V1, V6

Rows: V1　　Columns: V6

	1	2	3	4	5	6	All
1	0	0	0	0	1	0	1
2	0	0	1	0	1	0	2
3	0	2	6	14	3	2	27
4	5	12	31	29	3	0	80
5	24	43	58	11	5	0	141
6	35	10	11	0	0	1	57
All	64	67	107	54	13	3	308

如果要找出這 6 個受訪者，操作步驟如後。

1. 在【Data】（資料）選單中的【Copy】（複製），選擇【Columns to Columns】（行到行）。

圖 3-6　Columns to Columns 對話框

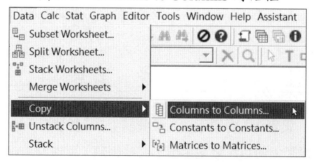

2. 將要列出的變數（ID、V1、V6）選擇到【Copy from columns】（從行複製）框中，接著點擊【Subset the Data】（從資料中分出子集）按鈕。

圖 3-7　Copy Columns to Columns 對話框

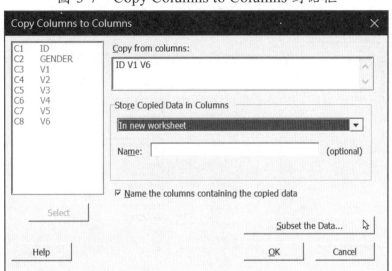

3.　選擇【Rows that match】（匹配的列），並點擊【Condition】（條件）按鈕。

圖 3-8　Copy Columns to Columns: Subset the Data 對話框

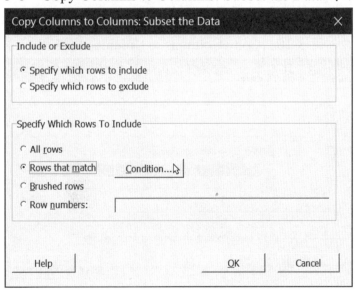

4.　在【Condition】中輸入「(V1 = 5 And V6 = 5) Or (V1 = 6 And V6 = 6)」，將「V1 與 V6 變數同時為 5」或「V1 與 V6 變數同時為 6」的觀察體找出。

圖 3-9　Copy Columns to Columns: Subset the Data: Condition 對話框

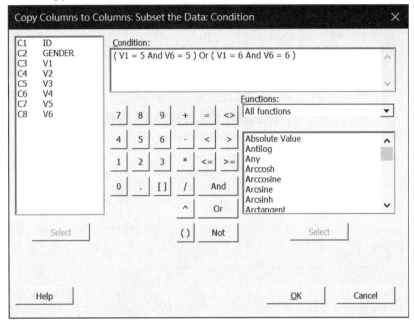

5.　設定條件後，點擊【OK】（確定）按鈕，進行分析。

圖 3-10　Copy Columns to Columns 對話框

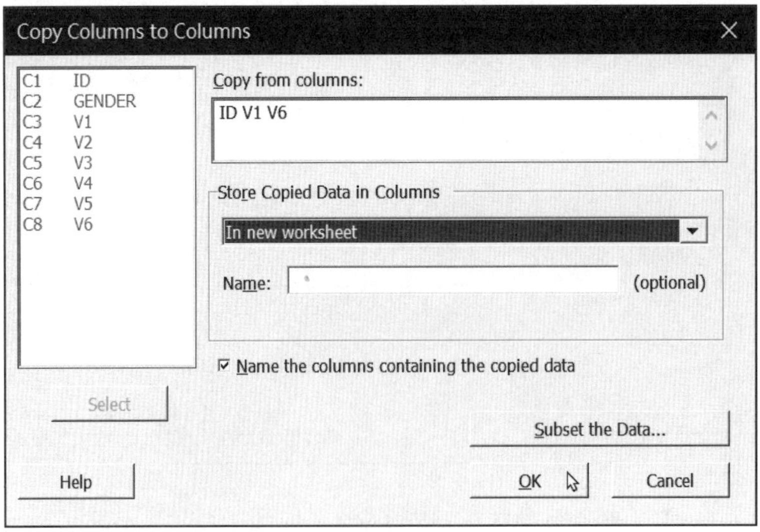

執行分析後，在新的工作表中可以看出受訪者的 ID（54、199、207、218、234、255 等 6 名受訪者）及他們在 V1 及 V6 的填答情形。

圖 3-11　含不合理數值之新工作表

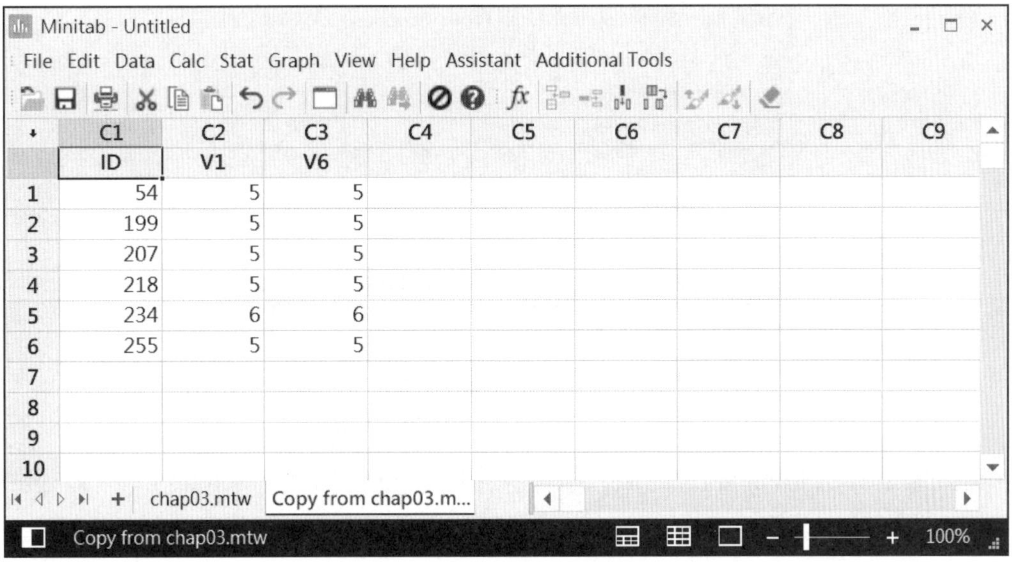

	C1	C2	C3
	ID	V1	V6
1	54	5	5
2	199	5	5
3	207	5	5
4	218	5	5
5	234	6	6
6	255	5	5

3.2　反向題之處理

有時候為了避免填答者不用心閱讀量表或問卷就隨意填寫，研究者會設計一些反向題（或稱反意題），以避免受訪者全部都回答相同的選項。例如：在 20 題的 Likert 式四點量表中，如果都是正向題，當受訪者全部都勾選 4 時，很難判斷他是否認真填答。此時，如果加入部分反向題，則依常理判斷，受訪者在這些反向題應該勾選 1 才合理。假使受訪者在反向題也都勾選 4，則他不認真作答的可能就相當高。

不過，反向題的設計也要留心，因為反向的反向，不一定就代表是正向。例如：「我不討厭某個事物」不代表「我喜歡某個事物」。

在輸入資料時，反向題並不需要刻意處理，只要依照受訪者所勾選的號碼登錄，等到全部輸入完成後再重新編碼即可。重新編碼的步驟如下。

1. 在【Data】（資料）選單的【Recode】（轉碼）中選擇【To Numeric】（到數值）。

圖 3-12　Recode To Numeric 選單

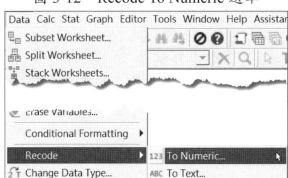

2. 將要轉碼的變數 V6 選擇到【Recode value in the following column】（轉碼以下行中的數值），【Method】（方法）中選擇【Recode individual values】（轉碼個別數值）並在【Recoded value】（轉碼數值）中輸入 6 到 1 的數字，【Storage location for the recoded columns】（轉碼行儲存位置）中選擇【In specified columns of the current worksheet】（在現行工作表的特定行），並在【Columns】（行）中輸入 C9，最後點擊【OK】（確定）。（如果將遺漏值登錄為 –99，則在此轉碼為 *。）

圖 3-13　Recode to Numeric 對話框

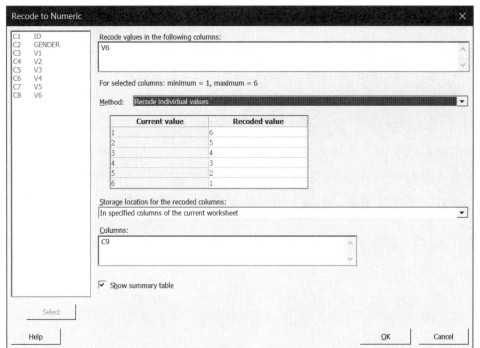

3. 反向題的轉碼也可以使用運算的方式，用類別數加 1 的數字減去原來的變數。在本範例中，V6 共有 6 個類別等級，因此用 7 − V6 就可以得到轉碼後的結果。此時，在【Calc】（計算）選單中選擇【Calculator】（計算器）。

圖 3-14　Calculator 選單

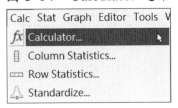

4. 在【Store result in variable】（儲存到變數）中輸入新的變數名稱（在此為 V6.1），【Expression】（運算式）中輸入【7 − 'V6'】，並點擊【OK】（確定）按鈕。

圖 3-15　Calculator 對話框

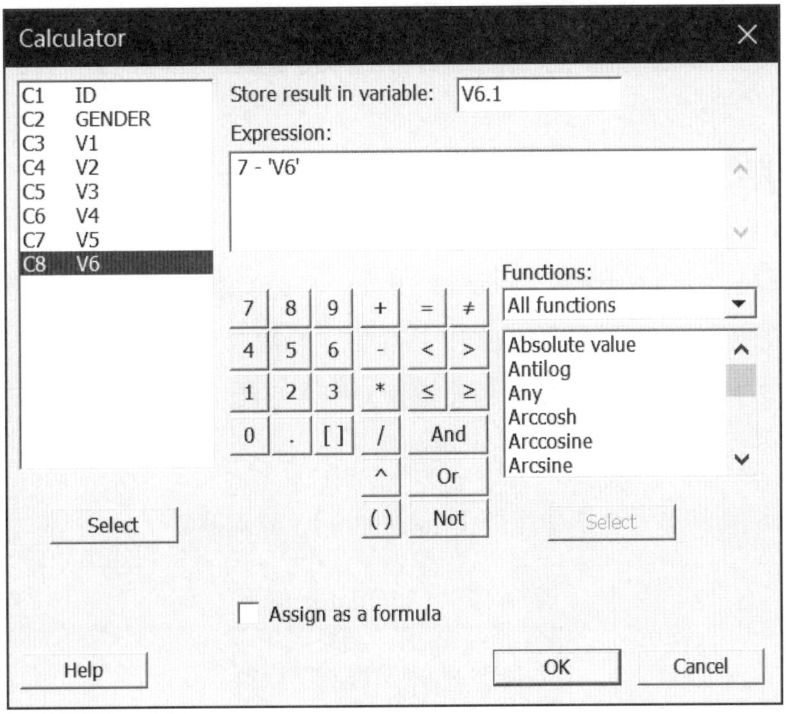

轉碼後在 C9 行可以得到新的變數 V6.1，結果如圖 3-16。

圖 3-16　轉碼後工作表

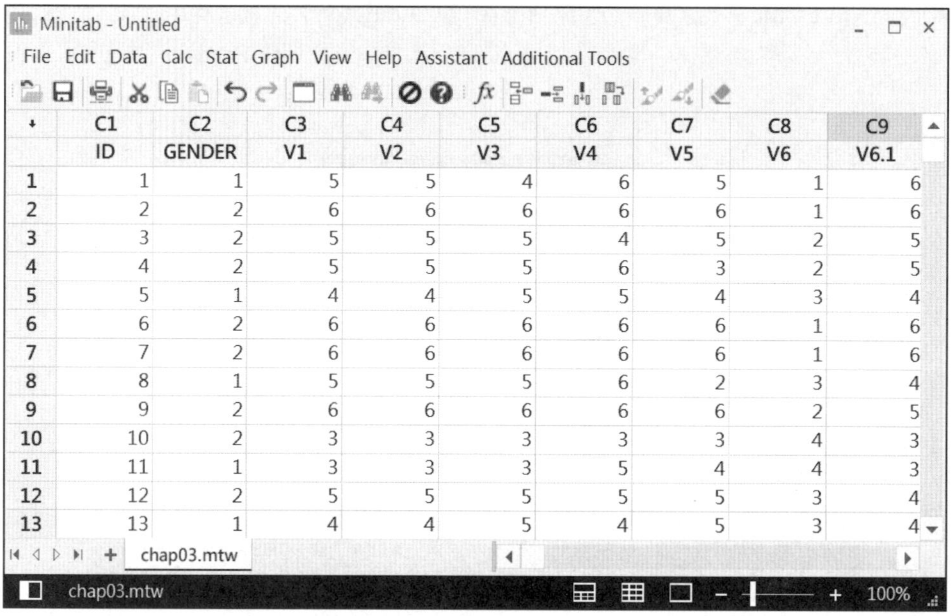

↓	C1	C2	C3	C4	C5	C6	C7	C8	C9
	ID	GENDER	V1	V2	V3	V4	V5	V6	V6.1
1	1	1	5	5	4	6	5	1	6
2	2	2	6	6	6	6	6	1	6
3	3	2	5	5	5	4	5	2	5
4	4	2	5	5	5	6	3	2	5
5	5	1	4	4	5	5	4	3	4
6	6	2	6	6	6	6	6	1	6
7	7	2	6	6	6	6	6	1	6
8	8	1	5	5	5	6	2	3	4
9	9	2	6	6	6	6	6	2	5
10	10	2	3	3	3	3	3	4	3
11	11	1	3	3	3	5	4	4	3
12	12	2	5	5	5	5	5	3	4
13	13	1	4	4	5	4	5	3	4

3.3　變數之運算

許多時候研究者會對變數加以運算，例如：將幾個題目加總成一個總分，幾個變數給予不同的加權組合成為新的變數，取倒數、對數或開根號……。

本範例為 Likert 式六點量表(加總量表)，共有六題(一題反向題，已加以轉換)，如果要加總得到新的分數，以下是選單範例。

1.　在【Calc】(計算）選單中選擇【Calculator】(計算器)。

圖 3-17　Calculator 選單

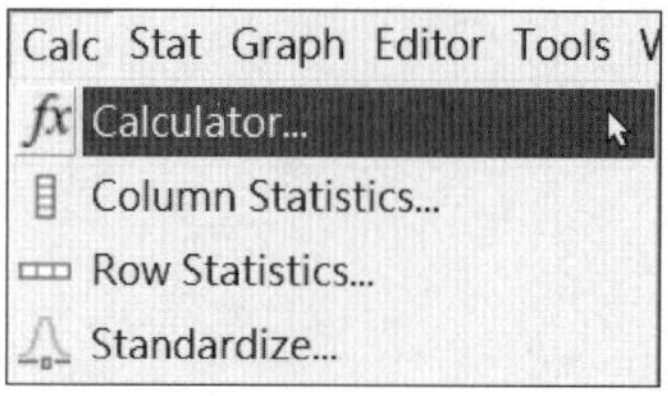

2. 在【Store result in variable】(儲存到變數)中輸入新的變數名稱(在此為 TOTAL),【Expression】(運算式)中輸入【'V1' + 'V2' + 'V3' + 'V4' + 'V5' + 'V6.1'】,並點擊【OK】(確定)按鈕。留意:由於 V6 是反向題,並已轉碼為 V6.1,因此在計算總分時應使用變數 V6.1,而不是 V6。

圖 3-18　Calculator 對話框

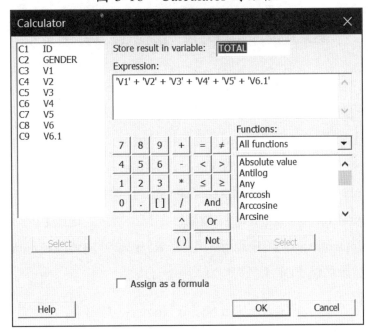

加總後可得到新的變數 TOTAL,結果如圖 3-21。

3.4　重新分組

有時研究者基於分析的目的,會將原來是量的變數化為質的變數。例如:將畢業生年收入分為高、中、低三個等級,或是將學生定期評量成績分成優、甲、乙、丙、丁、戊六個等級,這時就需要將變數重新轉碼。步驟如下:

1. 在【Data】(資料)選單的【Recode】(編碼)中選擇【To Numeric】(到數值)。

圖 3-19　Recode To Numeric 選單

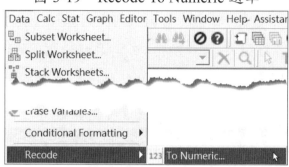

2. 將要轉碼的變數 TOTAL 選擇到【Recode values in the following columns】（轉碼以下行中的數值），【Method】（方法）中選擇【Recode ranges of values】（轉碼數值範圍），【Endpoints to include】（要包括的端點）中選擇【Both endpoints】（兩個端點）。接著，在【Lower endpoint】（下端點）及【Upper endpoint】（上端點）分別輸入 6:24、25:29、30:36，【Recoded value】（轉碼數值）輸入 1 – 3，【Storage location for the recoded columns】（轉碼行儲存位置）中選擇【In specified columns of the current worksheet】（在現行工作表的特定行），並在【Columns】（行）中輸入 C11，最後點擊【OK】（確定）。

圖 3-20　Recode to Numeric 對話框

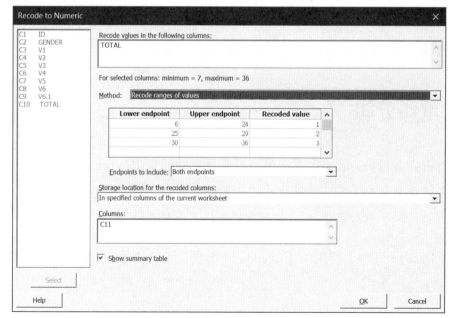

重新分組之後的結果如圖 3-21。

圖 3-21　分組後工作表

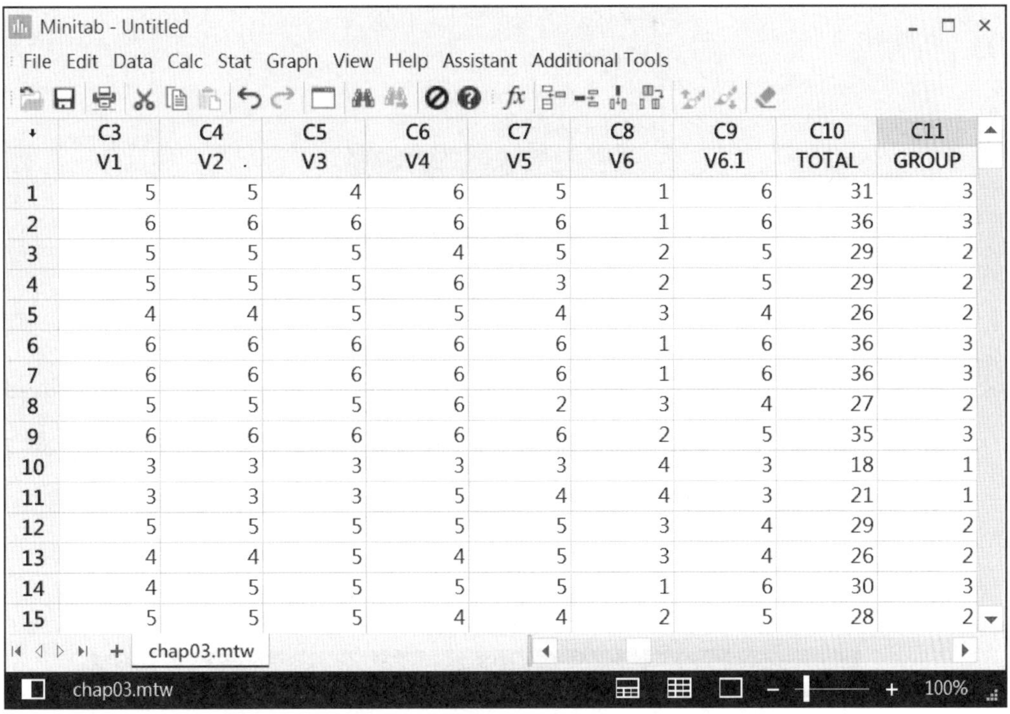

	C3	C4	C5	C6	C7	C8	C9	C10	C11
	V1	V2	V3	V4	V5	V6	V6.1	TOTAL	GROUP
1	5	5	4	6	5	1	6	31	3
2	6	6	6	6	6	1	6	36	3
3	5	5	5	4	5	2	5	29	2
4	5	5	5	6	3	2	5	29	2
5	4	4	5	5	4	3	4	26	2
6	6	6	6	6	6	1	6	36	3
7	6	6	6	6	6	1	6	36	3
8	5	5	5	6	2	3	4	27	2
9	6	6	6	6	6	2	5	35	3
10	3	3	3	3	3	4	3	18	1
11	3	3	3	5	4	4	3	21	1
12	5	5	5	5	5	3	4	29	2
13	4	4	5	4	5	3	4	26	2
14	4	5	5	5	5	1	6	30	3
15	5	5	5	4	4	2	5	28	2

3.5　標準分數——直線轉換

有時研究者想要比較受訪（試）者在不同變數的差異，但是這些變數的單位可能不一致，此時就要透過轉換才能加以比較。例如：某個成年男性的受訪者，身高為 170 公分、體重為 75 公斤，則與所有的男性受訪者相比，他是身高較高？還是體重較重？此時如果將兩個變數都化成標準分數，則可以比較其大小。

一般最常用的標準分數為 Z 分數，母數之 $Z=\dfrac{X-\mu}{\sigma}$，而統計量之 $Z=\dfrac{X-\bar{X}}{s}$。以下是轉換的範例：

1. 在【Calc】（計算）選單中選擇【Standardize】（標準化）。

圖 3-22　Standardize 選單

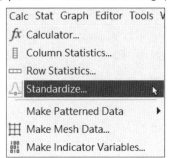

2. 將要標準化的變數 TOTAL 選擇到【Input column(s)】（輸入行），【Store results in】（儲存結果到）中輸入新的變數 ZTOTAL，內定標準化方式為【Subtract mean and divide by standard deviation】（減去平均數並除以標準差），點擊【OK】（確定）按鈕。

圖 3-23　Standardize 對話框

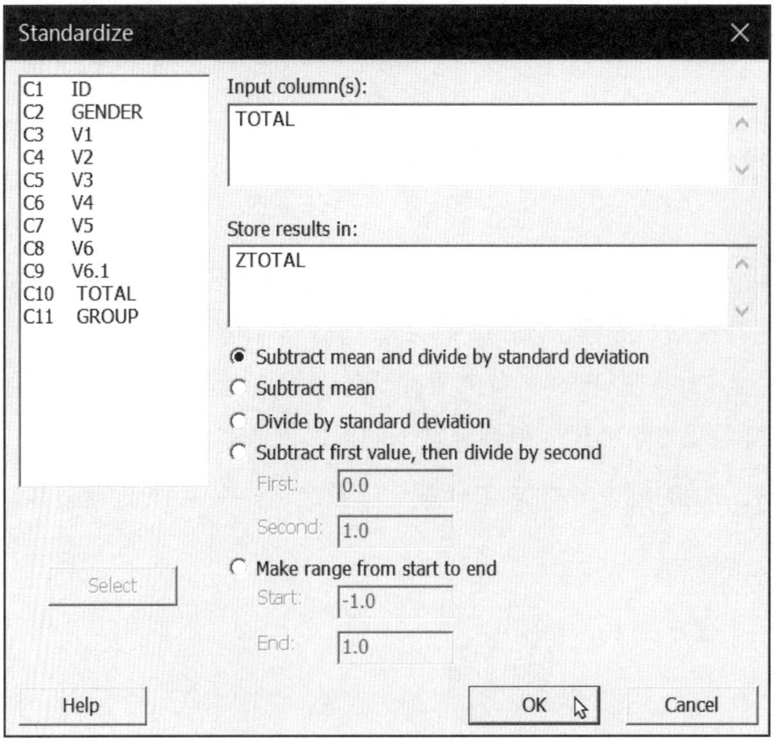

標準化結果如圖 3-24。

圖 3-24　標準化工作表

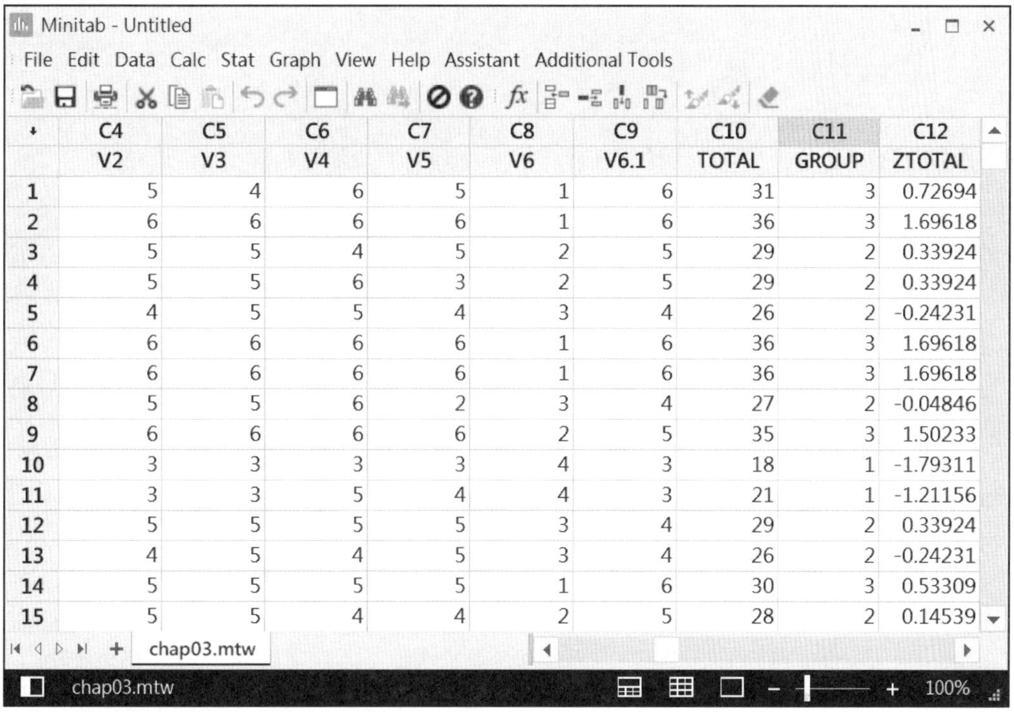
Minitab - Untitled

File Edit Data Calc Stat Graph View Help Assistant Additional Tools

↓	C4	C5	C6	C7	C8	C9	C10	C11	C12
	V2	V3	V4	V5	V6	V6.1	TOTAL	GROUP	ZTOTAL
1	5	4	6	5	1	6	31	3	0.72694
2	6	6	6	6	1	6	36	3	1.69618
3	5	5	4	5	2	5	29	2	0.33924
4	5	5	6	3	2	5	29	2	0.33924
5	4	5	5	4	3	4	26	2	-0.24231
6	6	6	6	6	1	6	36	3	1.69618
7	6	6	6	6	1	6	36	3	1.69618
8	5	5	6	2	3	4	27	2	-0.04846
9	6	6	6	6	2	5	35	3	1.50233
10	3	3	3	3	4	3	18	1	-1.79311
11	3	3	5	4	4	3	21	1	-1.21156
12	5	5	5	5	3	4	29	2	0.33924
13	4	5	4	5	3	4	26	2	-0.24231
14	5	5	5	5	1	6	30	3	0.53309
15	5	5	4	4	2	5	28	2	0.14539

chap03.mtw

chap03.mtw　100%

這個轉換的程序只是直線轉換，因此經過轉換後的 Z 分數雖然變為平均數是 0，標準差是 1（這也是 Z 分數的特性），但是偏態及峰度都維持不變。報表 3-4 是使用【Display Descriptive Statistics】（顯示描述統計）程序對 TOTAL 及 ZTOTAL 兩個變數所做的描述統計，偏態值都是 -0.32，峰度值都是 0.15。

報表 3-4　Descriptive Statistics: TOTAL, ZTOTAL

Variable	Mean	StDev	Skewness	Kurtosis
TOTAL	27.250	5.159	-0.32	0.15
ZTOTAL	0.0000	1.0000	-0.32	0.15

第 4 章
統計圖表

　　本章旨在說明單向度次數分配表及繪製各種統計圖，雙向度次數分配表請見第 21 章卡方同質性與獨立性檢定。

4.1　次數分配表

4.1.1　基本概念

　　單向度的次數分配表旨在計算變數中所有數值的次數，列成表格，是相當常見的統計圖表。在彙整次數分配表時，首先計算變數中各個數值的次數，其次計算各有效次數的百分比，它的公式是：

$$有效百分比 = \frac{次數}{有效的樣本數} \times 100\%$$

　　如果變數是次序變數或量的變數（含等距及比率變數），也可以將有效的次數及百分比累加，此稱為累積次數及累積百分比；如果是名義變數，則累積次數及累積百分比並無意義，就不需要勾選這兩個統計量。

4.1.2　分析步驟

1. 在【Stat】（統計）選單中之【Tables】（表格）選擇【Tally Individual Variables】（單變數計數）。

圖 4-1　Tally Individual Variables 選單

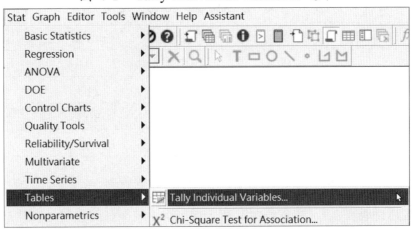

2. 將要分析的變數選擇到右邊的【Variables】（變數）框中，勾選所需要的統計項目，並點擊【OK】（確定）按鈕進行分析。

圖 4-2　Tally Individual Variables 對話框

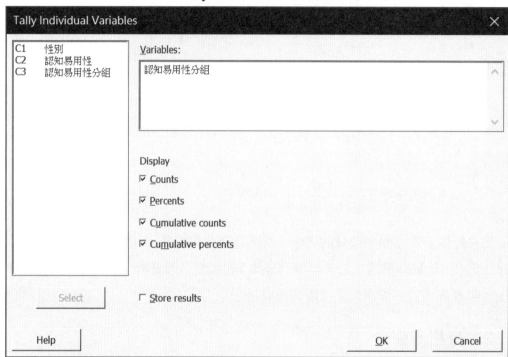

4.1.3　報表解讀

報表 4-1　Tally for Discrete Variables: 認知易用性分組

認知易用性分組	Count	Percent	CumCnt	CumPct
1	91	29.55	91	29.55
2	122	39.61	213	69.16
3	95	30.84	308	100.00
N=	308			
*=	10			

分析後得到報表 4-1。在本表中共有 5 欄，第 1 欄是三個分組，也就是次序變數

的類別；第 2 欄是次數（Count），總共有 308 個有效樣本（N），有 10 個遺漏值（以 * 號表示）。中間組（代號為 2）人數最多，有 122 人；第 3 欄為百分比（Percent），由各等級的人數除以有效樣本數後再乘以 100 而得，如 122 / 308 × 100 = 39.61；第 4 欄為累積次數（CumCnt）由第 2 欄從上到下累加；第 5 欄為累積百分比（CumPct），是第 2 欄的百分比從上到下累加而得，如果是名義變數，應忽略此欄的結果，切勿加以解釋。

由次數分配表可得知：在有效樣本中，有 29.55% 的受訪者對智慧型手機的認知易用性為低分組，中間組有 39.61%，高分組有 30.84%。

4.2　長條圖

4.2.1　基本概念

長條圖是以其高度（將類別放在 X 軸時）或長度（將類別放在 Y 軸時）來代表數量的大小，適用於名義變數或次序變數，由於是間斷變數，因此條形間應有適當的間距。在繪製時應只改變高度（或長度），而不能同時改變高度與寬度，否則會造成視覺上的錯誤。

以圖 4-3 左邊為例，甲校的升學率是 30%、乙校為 60%，因此乙校是甲校的 2 倍。當寬度固定，而高度變為 2 倍時，面積也變為 2 倍。但是如果像圖 4-3 右邊，寬度與高度同時倍增，則面積會變為 4 倍，就會誤導閱讀者。

在繪製長條圖時，應避免以圓形表示，因為人的視覺會留意物體的面積，而不單是其高度或是寬度（在圓形中則為直徑）。圓形的面積為 πr^2，當直徑變為 2 倍時，面積已變為 4 倍。如果再以立體之球形表示時，因為球形體積是 $\frac{4}{3}\pi r^3$，則體積會變為 8 倍（見圖 4-4）。

如果以象形圖（pictogram）表示，也容易誤導讀者。圖 4-5 左邊為了維持圖形的美觀，高度與寬度維持同比例增加，也會造成面積變成 4 倍的錯誤。即使像圖 4-5 右邊不改變寬度，但是因為物體是立體的，因此深度仍難以固定不變。

圖 4-3　同時改變條形高度與寬度

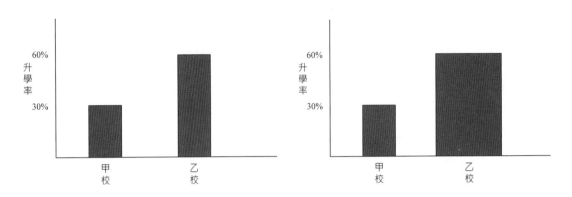

圖 4-4　以圓形圖表示數量

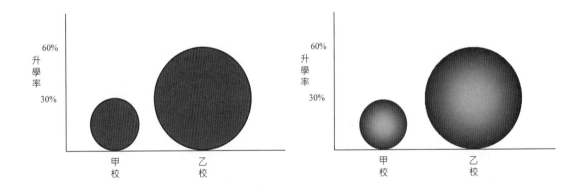

圖 4-5　以象形圖表示數量

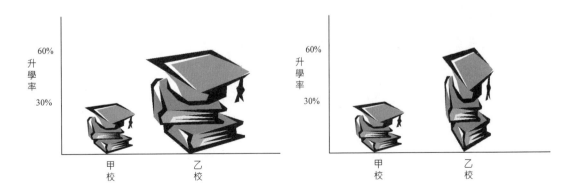

4.2.2　分析步驟

1.　在【Graph】（圖形）選單中選擇【Bar Chart】（長條圖）。

圖 4-6　Bar Chart 選單

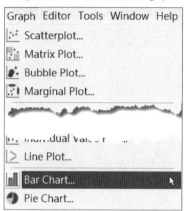

2.　選擇【Simple】（簡單）長條圖，上面的【Bars represent】（圖形表示）維持內定
的【Counts of unique values】（每一數值的次數）。

圖 4-7　Bar Charts 對話框

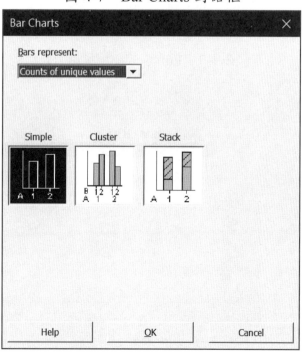

3. 將變數選擇至【Categorical variables】（類別變數）中，並點擊【OK】（確定）按鈕，即可進行繪製。

圖 4-8　Bar Chart: Counts of unique values, Simple 對話框

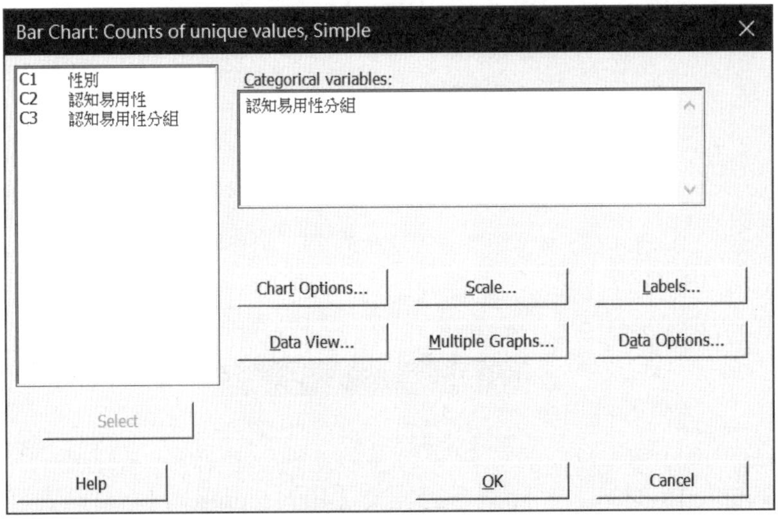

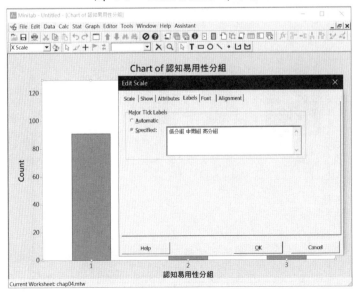

4. 由於 Minitab 無法在資料檔中對變數的數值界定中文名稱，如果要編輯數值的標籤，可以雙擊統計圖形的 X 軸，並在【Edit Scale】（編輯量尺）中的【Labels】（標籤）界定各類別的中文名稱。

圖 4-9　Edit Scale 對話框

4.2.3　報表解讀

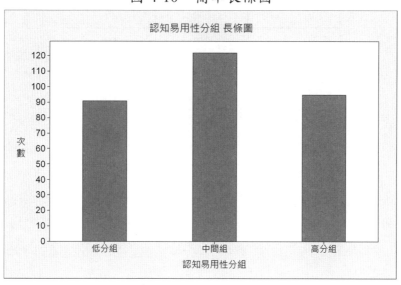

圖 4-10　簡單長條圖

　　圖 4-10 是受訪者在認知易用性分組的長條圖，由圖中可看出：多數受訪者為中間組（約有 120 人），其次為高分組（約有 95 人），低分組最少（約有 90 人）（注：低中高各組精確人數分別為 91、122、95 人）。

4.3　集群長條圖

4.3.1　基本概念

　　集群長條圖的繪製方法與長條圖相似，也是將數據使用長條代表。不過，在 X 軸上則另外依照主要集群（第一層變數）加以分群。

　　表 4-1 為甲、乙兩生於暑假中每天自行複習各科課業的時間。

表 4-1　兩名學生之讀書時間

科目	甲生	乙生
國文	5.0	2.5
英文	3.0	1.5
數學	4.0	2.0
自然	2.0	1.0
社會	1.0	0.5
總計	15.0	7.5

　　繪製時分別以五種顏色的長條代表五個學科的複習時間，接著以甲、乙兩生當第一層變數，將各自的長條放在一起。由圖 4-11 可看出甲、乙兩生都花最多的時間在國文科上，社會科所花的時間最少。整體而言，兩人在各科所花時間的大小順序相同。

圖 4-11　集群長條圖

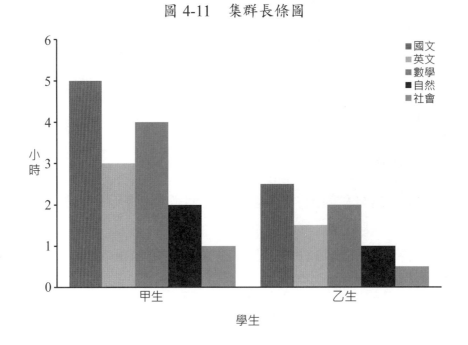

4.3.2　分析步驟

1. 在【Graph】（圖形）選單中選擇【Bar Chart】（長條圖）。

圖 4-12　Bar Chart 選單

2. 選擇【Cluster】（集群）長條圖，上面的【Bars represent】（圖形表示）同樣維持內定的【Counts of unique values】（每一數值的次數）。

圖 4-13　Bar Charts 對話框

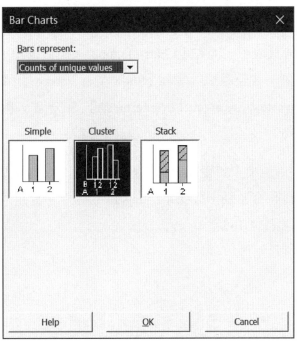

3. 將兩個變數（C1 及 C3 兩欄）選擇到【Categorical variables (2-4, outermost first)】
   〔類別變數（2-4 個，第一個為最外層）〕中，第一層變數置於最前面，其他各層
   依次類推，選擇完成後點擊【OK】（確定）按鈕，即可進行繪製。

圖 4-14　Bar Chart: Counts of unique values, Cluster 對話框

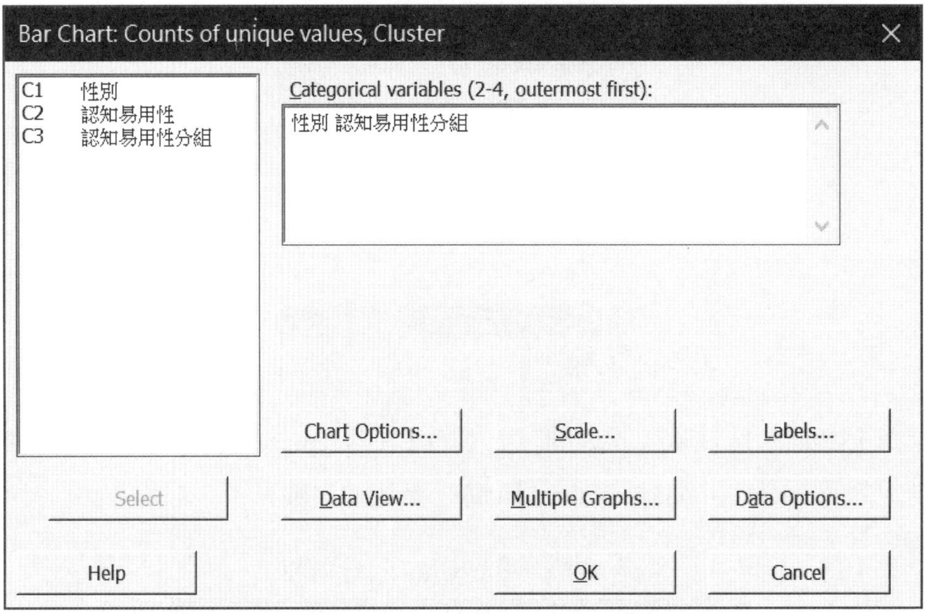

4. 如果要改用百分比表示，則在【Chart Options】（圖形選項）下之【Percent and
   Accumulate】（百分比及累積）勾選【Show Y as Percent】（顯示 Y 為百分比），
   並選擇【Within categories at level 1 (outermost)】（第一層（最外層）的類別內）。
   （見下頁圖 4-15）

5. Minitab 無法在資料檔中對變數的數值界定中文名稱，如果要編輯數值的標籤，
   可以雙擊統計圖形的 X 軸，並在【Labels】（標籤）中界定兩個變數各類別的中
   文名稱。（見下頁圖 4-16）

圖 4-15　Bar Chart: Options 對話框

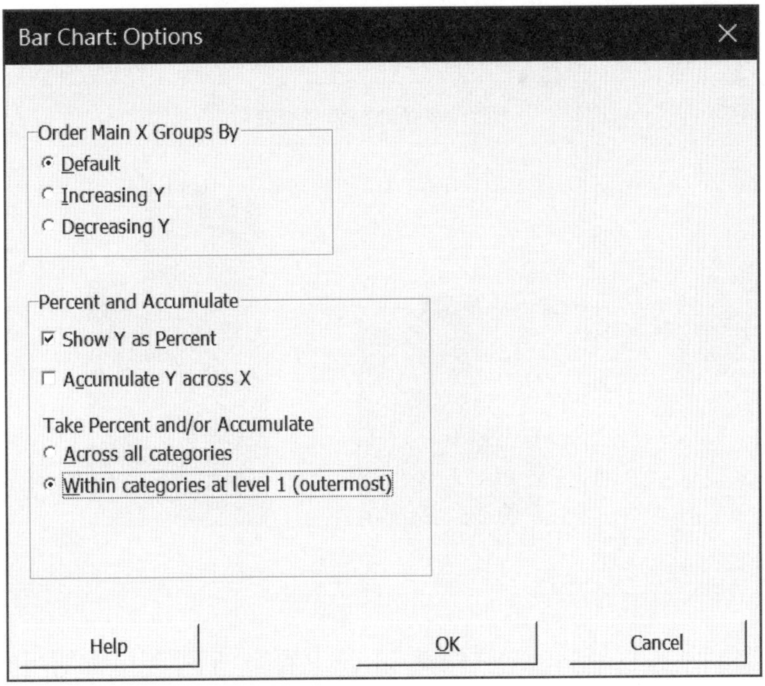

圖 4-16　Edit Scale 對話框

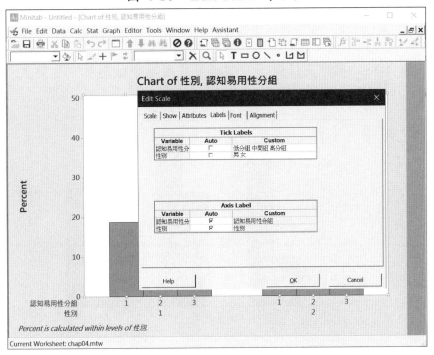

4.3.3　報表解讀

圖 4-17　集群長條圖——以性別為第一層變數

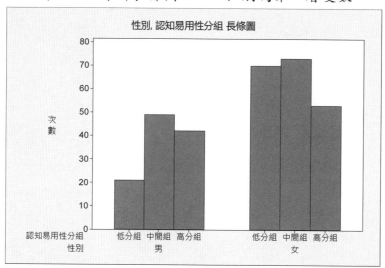

圖 4-17 為兩性在三個分組的長條圖。由圖可看出：兩性都以中間組的人數最多，但是在男性中，高分組比低分組多，而在女性中，高分組則比低分組少。

由集群長條圖可大略看出：男性比女性認為智慧型手機容易使用。如果要進行檢定，可以進行卡方檢定（請參見本書第 21 章）。

圖 4-18　集群長條圖——以認知易用性分組為第一層變數

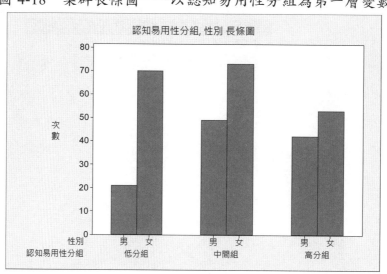

　　將上述兩個變數互相交換後，由圖 4-18 可看出：在三組中，女性的人數都比男性多。然而由於女性受訪者總數較多（有 196 人），因此並無法清楚看出兩性的差異。

圖 4-19　集群長條圖──第一層變數內的百分比

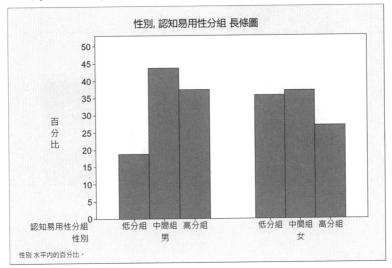

　　如果以兩性各自的人數求百分比，則由圖 4-19 可以看出男性的高分組比例（38%）比低分組（19%）多；而女性的低分組比例（36%）則比高分組（27%）多。

4.4　堆疊長條圖

4.4.1　基本概念

　　堆疊長條圖在形式上類似簡單長條圖，但是在單一的條形中又可以顯示不同類別的次數或百分比。堆疊長條圖的繪製方法與集群長條圖類似，它也是以不同顏色的長條代表不同的數據，只是最後在 X 軸上是以第一層變數為主，然後將所有長條堆疊在一起。

圖 4-20　堆疊長條圖

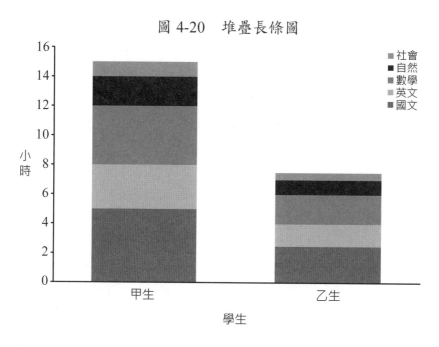

4.4.2　分析步驟

1. 在【Graph】（圖形）選單中選擇【Bar Chart】（長條圖）。

圖 4-21　Bar Chart 選單

2. 選擇【Stack】（堆疊）長條圖，上面的【Bars represent】（圖形表示）同樣維持內定的【Counts of unique values】（每一數值的次數）。

圖 4-22　Bar Charts 對話框

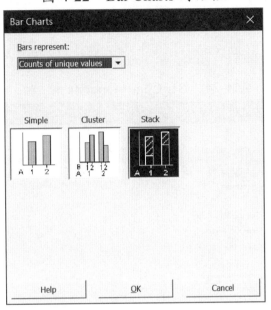

3. 將所有變數選擇到【Categorical variables (2-4, outermost first)】〔類別變數（2-4 個，第一個為最外層）〕中，第一層變數置於最前面，其他各層依次類推。如果有 3 個以上變數，會以最後一個類別變數當堆疊變數（Stack categories of last categorical variable）。選擇完成後點擊【OK】（確定）按鈕，即可進行繪製。

圖 4-23　Bar Chart: Counts of unique values, Stack 對話框

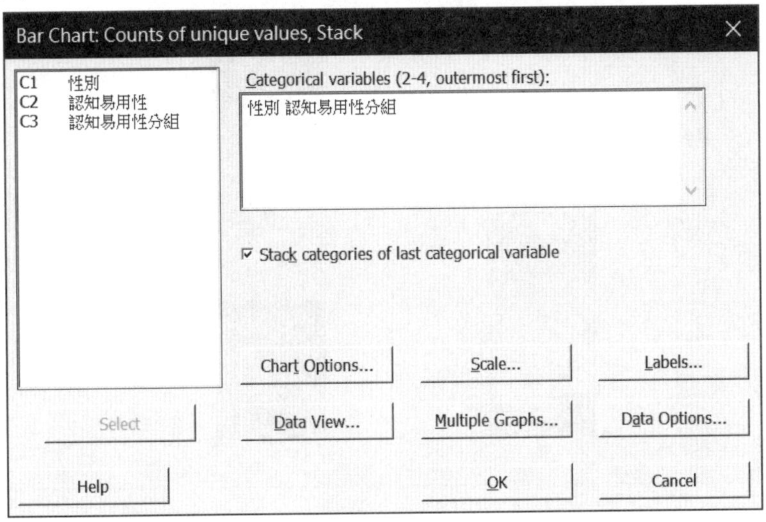

4. 如果要改用百分比表示，則在【Chart Options】下之【Percent and Accumulate】（百分比及累積）勾選【Show Y as Percent】（顯示 Y 為百分比），並選擇【Within categories at level 1 (outermost)】（第一層（最外層）的類別內）。

圖 4-24　Bar Chart: Options 對話框

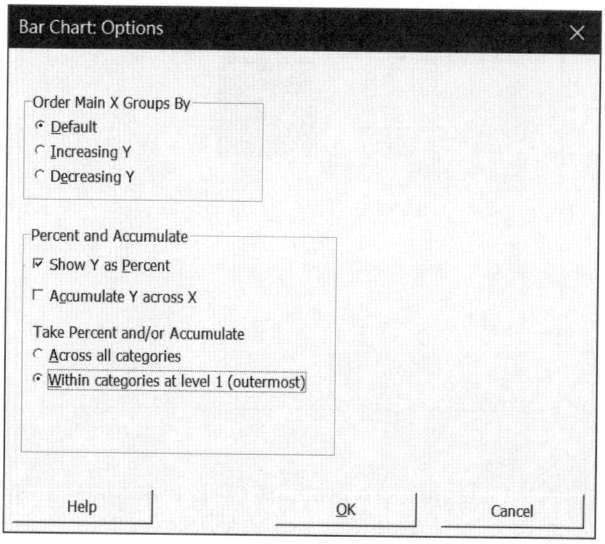

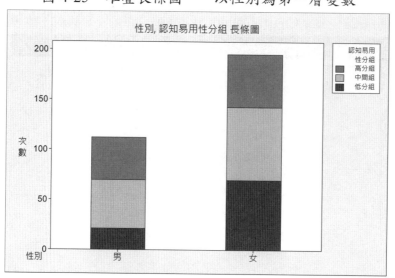

4.4.3　報表解讀

圖 4-25　堆疊長條圖——以性別為第一層變數

　　由圖 4-25 可看出：女性受訪者人數較多（196 人），男性較少（112 人）。其中女性在低分組及中間組的人數相差不多，而男性則是高分組及中間組人數約略相等。

圖 4-26　堆疊長條圖——以性別為第一層變數（百分比）

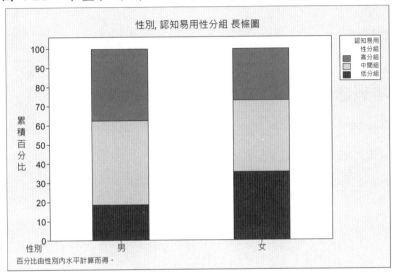

　　圖 4-26 是以兩性的人數為分母，各自計算三組的百分比。由圖中可看出：男性高分組的比例多於女性，而女性則是低分組的比例多於男性。

圖 4-27　堆疊長條圖——以認知易用性分組為第一層變數

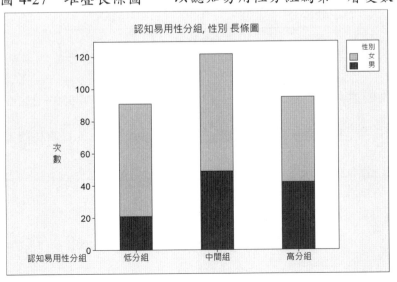

將上述兩個變數互相交換後,由圖 4-27 可看出:中間組人數最多,而在三組中,女性的人數都比男性多。然而由於女性受訪者總數較多,因此並無法清楚看出兩性的差異。

4.5　圓餅圖

4.5.1　基本概念

圓餅圖又稱圓形比例圖,是以在圓形中所占扇形面積的百分比來代表其數量,因此比較適合用來比較相對的比例。

例如:甲、乙兩生於暑假中每天自行複習課業的時間如表 4-2。

表 4-2　兩名學生之讀書時間

科目	甲生	乙生
國文	5.0	2.5
英文	3.0	1.5
數學	4.0	2.0
自然	2.0	1.0
社會	1.0	0.5
總計	15.0	7.5

其中甲生的國文時數為 5 小時,占總時數中之 $\frac{5}{15}=\frac{1}{3}=0.333=33.33\%$。因為圓形內角為 $360°$,因此國文這一扇形的圓心角為 $\frac{1}{3}\times360=120°$,其餘算法則依此類推。所畫圓餅圖如圖 4-28 所示。

圖 4-28　圓餅圖

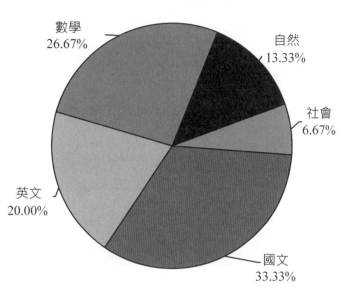

　　不過，圓餅圖有一缺點，就是不能顯示全體的量數。以表 4-3 為例，甲乙兩生每天讀書的總時數並不相同，但是比例卻相等，如果使用圓餅圖來表示兩人的讀書情形，會得到相同的結果，容易誤導閱讀者。此時，改用集群長條圖或是堆疊長條圖會比較恰當。

　　圓餅圖較適用於名義變數，此類變數在分類時應留意**互斥**及**完整**兩個原則。所謂互斥就是同一個觀察體不可以既是甲類又是乙類，如：把學歷分成自修、小學以下、中學、大學以上，這樣就是不恰當的，因為會有受訪者是自修取得中學學歷。所謂完整即是類別要涵蓋所有可能性，如把學歷分成小學、中學、大學、研究所，即少了未接受教育的分類。如果不確定是否涵蓋所有可能性，最好加上「其他」一項。

　　此外，如果類別太多，加上某些類別所占比例又太少，最好也不要使用圓餅圖，以避免顯示不清楚的問題。圓餅圖最好不要使用立體的形式呈現，以免因視角關係而使各部分的比例失準。

4.5.2 分析步驟

1. 在【Graph】（圖形）選單中選擇【Pie Chart】（圓餅圖）。

圖 4-29 Pie Chart 選單

2. 將變數選擇到【Categorical variables】（類別變數）中，再點擊【OK】（確定）按鈕，即可進行繪製。

圖 4-30 Pie Chart 對話框

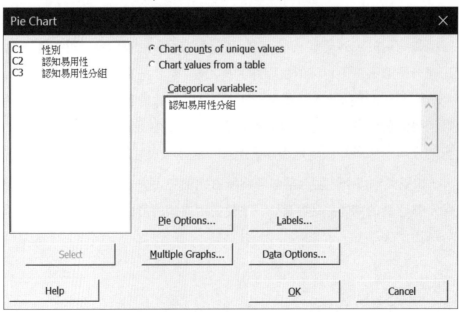

3. 如果要編輯數值的標籤，可以雙擊統計圖形【Category】（類別）框中的數字，逐一輸入中文名稱。

圖 4-31　Edit Text 對話框

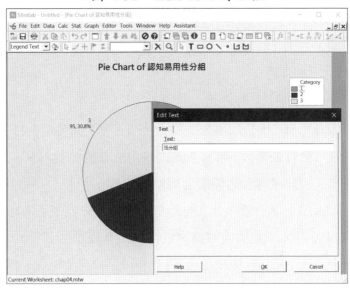

4.5.3　報表解讀

圖 4-32　圓餅圖

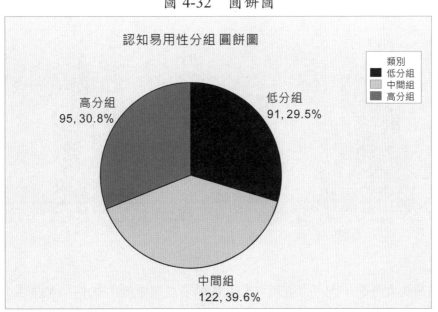

低中高三組人數分別為 91、122，及 95 人，百分比分別為 29.5%、39.6%，及 30.8%（注：總和不是 100%是因為有捨入誤差）。由於分組時就設定中間組人數最多，因此該組所占比例最高。

4.6　直方圖

4.6.1　基本概念

直方圖與長條圖相似，也是以條形的高度（或長度）來表示數據的大小，其差別在於長條圖比較適用於質的變數，而直方圖則適用於量的變數。因為直方圖是由量的變數加以分組而來，因此在繪製時條形之間應相連接。

由直方圖可以看出至少三種訊息：整體型態、偏態，及是否有離異值。

圖 4-33 左為 410 名大學生填答的身高直方圖（為假設性資料），右圖另加上折線，由圖可看出身高在 160.0 – 162.5 公分者最多，其次是 170.0 – 172.5 公分者，緊接著為 162.5 – 165.0 公分，因此大略呈現雙眾數的型態。會有這樣的現象，主要是因為未將男女分開繪製。

圖 4-33　大學生身高直方圖

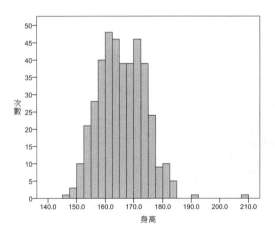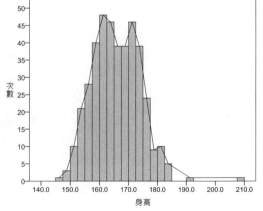

如果將男女分開，則可以發現多數女性的身高集中於 160.0 – 162.5 公分之間，其次為 157.5 – 160.0 公分及 162.5 – 165.0 公分之間，大略呈對稱分配。

圖 4-34　女性大學生身高直方圖

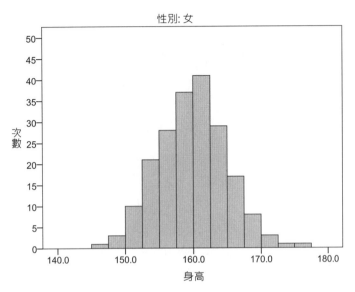

多數男性身高在 170.0－172.5 公分之間，其次為 172.5－175.0 公分及 167.5－170.0 公分。在 190.0－192.5 公分及 207.5－210.0 公分各有一個觀察體，為離異值，使得分配型態為正偏態分配。

圖 4-35　男性大學生身高直方圖

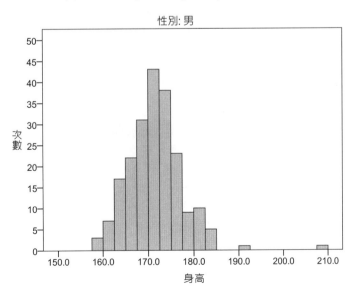

如果剔除兩個離異值，則分配型態即大致為對稱分配。

圖 4-36　刪除離異值之男性大學生身高直方圖

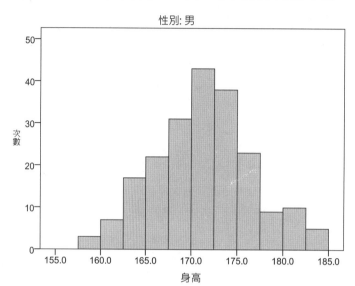

4.6.2　分析步驟

1.　在【Graph】（圖形）選單中選擇【Histogram】（直方圖）。

圖 4-37　Histogram 選單

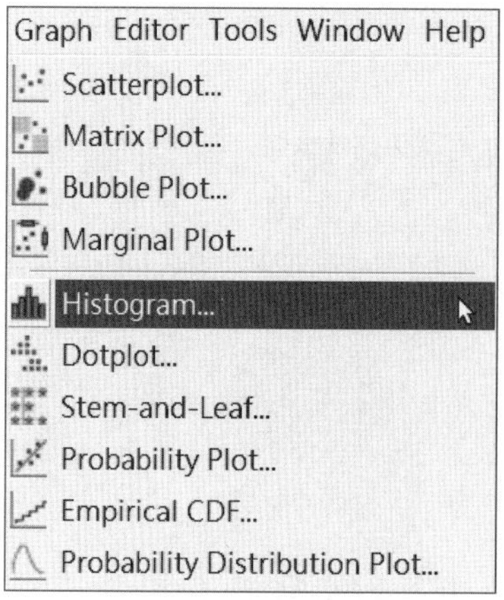

2. 其次，選擇【Simple】（簡單）直方圖。

圖 4-38　Histograms 對話框

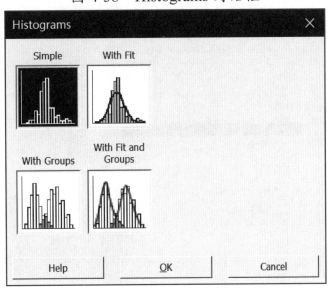

3. 將量的變數(認知易用性)選擇到【Graph variables】(圖形變數)中，並點擊【OK】（確定）按鈕進行繪製。

圖 4-39　Histogram: Simple 對話框

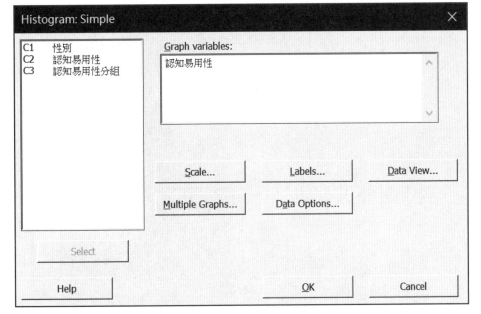

4. 要將直方圖重新分組，在繪製完成後，雙擊直方圖的長線，另外在【Binning】（分組）中設定其他的區間定義。（注：本範例以裁切點設定成 3 組）

圖 4-40　Edit Bars 對話框

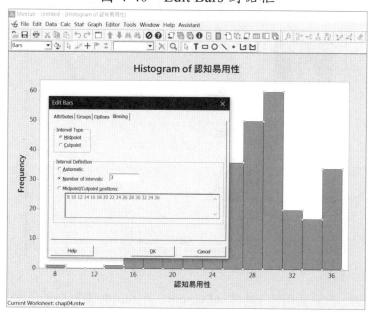

4.6.3　報表解讀

圖 4-41　直方圖（15 組）

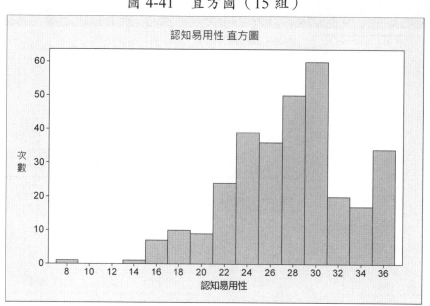

　　圖 4-41 為智慧型手機易用性認知之直方圖，由圖可看出受訪者在智慧型手機易用性認知量表得分的眾數在 29 – 31 分這組，分配型態大略呈負偏態（左偏態），另外進行描述統計分析，得到偏態值為 – 0.32。

圖 4-42　直方圖（3 組）

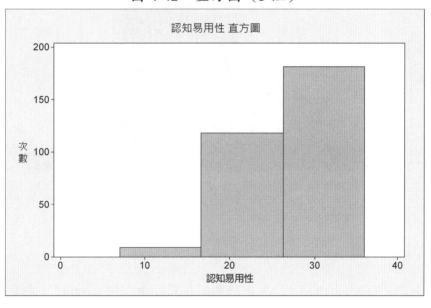

　　直方圖與長條圖不同之處在於：直方圖是由量的資料分組後畫成，因此組與組之間的長條應連在一起。直方圖的組距或組數可以由研究者自行設定，如果分組愈少，則浪費的資料就愈多。例如：如果等分為低、中、高 3 組（如圖 4-42），浪費的訊息就比分成 15 組來得多。

4.7　折線圖

4.7.1　基本概念

　　折線圖是以線段在 Y 軸上的高度來代表數據的大小，通常用來顯示分組後的次數，較少用來表示未分組之原始數據的次數。當它與直方圖合用時，折線下的面積會與直條的面積相等（圖 4-43）。

圖 4-43　折線圖與直方圖

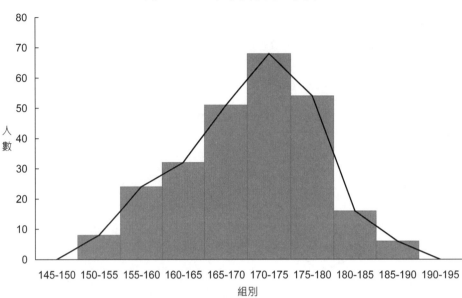

4.7.2　分析步驟

1.　首先強調，在 Minitab 中，繪製折線圖是在直方圖（Histogram）的程序中。因此在【Graph】（圖形）選單中選擇【Histogram】（直方圖）。

圖 4-44　Histogram 選單

2.　其次，選擇【Simple】（簡單）直方圖。

圖 4-45　Histograms 對話框

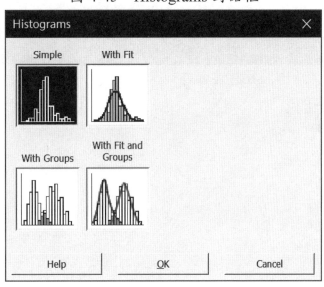

3.　將量的變數（認知易用性）選擇到【Graph variables】（圖形變數）中，接著點擊
　　【Data View】（資料檢視）按鈕設定其他選項。

圖 4-46　Histogram: Simple 對話框

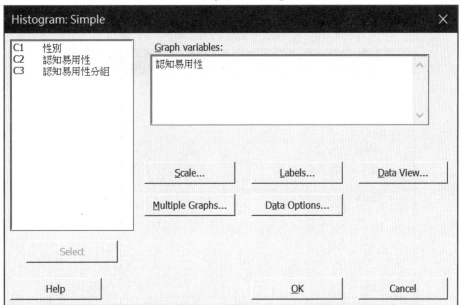

4. 在【Data Display】（資料顯示）中取消【Bars】（條形）選項，如果要加上圓點，則另外勾選【Symbols】（符號）。

圖 4-47　Histogram: Data View 對話框

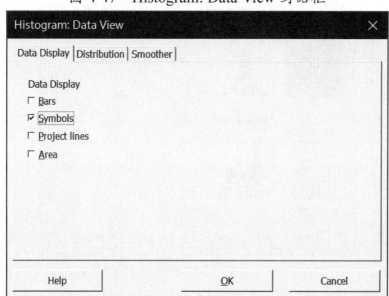

5. 在【Smoother】（平滑器）中選擇【Lowess】（局部加權平滑法）選項，將【Degree of smoothing】（平滑度）及【Number of steps】（步驟數）都設定為 0。

圖 4-48　Histogram: Data View 對話框

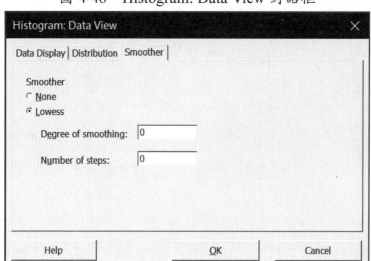

6. 如果要對量的變數進行分組，在繪製完成後，雙擊折線圖的線條，另外在【Binning】（分組）中設定其他的區間定義。

圖 4-49　Edit Lowess Smoother 對話框

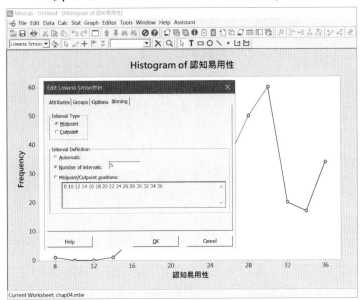

4.7.3　報表解讀

圖 4-50　折線圖（原始數據）

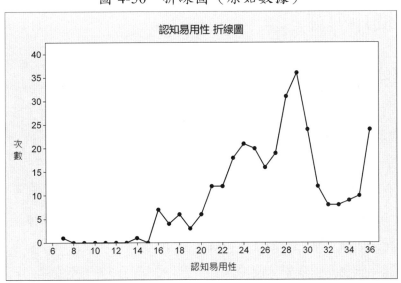

圖 4-50 是原始數據的折線圖，功能與次數分配表相似。由圖中可看出：得分 29 分的受訪者最多，有 36 人；其次為得分 28 分者，有 31 人（精確人數由次數分配表得知）。

圖 4-51　折線圖（重新分為五組）

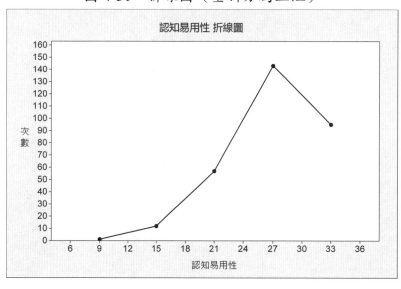

將原始數據等分為五組，繪製折線圖如圖 4-51，大致為負偏態（左偏）。

4.8　時間序列圖

4.8.1　基本概念

前一節的折線圖如果 X 軸上是不同的時間點，就是時間序列圖（或稱時間數列圖），這是較常見的線形圖。

以教育部公布各學年度國小學生人數所繪製之時間數列圖可看出：自 39 學年度開始，國小學生人數呈現逐年遞增的趨勢（一方面是出生人口增加，另一方面是入學率提高），一直到 61 學年度達到最多（學生數接近 246 萬人）。其後，可能是實施家庭計畫的結果，國小學生人數逐年下降，到 70 學年度為 221 萬人，自 71 學年度開始，由於龍年出生學生入學，使得人數再度增加，至 77 學年度達到約 241 萬人。78 學年度開始，學生數再度減少，至 84 學年度已少於 200 萬人（與 50 學年度相近），

88 學年度雖然微幅增加，但 89 學年度之後又再度下降，106 學年度約為 114.7 萬人，已經與 43 學年度的 113.3 萬人相差不多了。107 學年度因龍年出生者入學，比前一學年度增加 1.2 萬人，為 115.8 萬人，109 學年度為 117.4 萬，未來 5 年推估將持續增加。

圖 4-52　國小學生人數時間序列圖

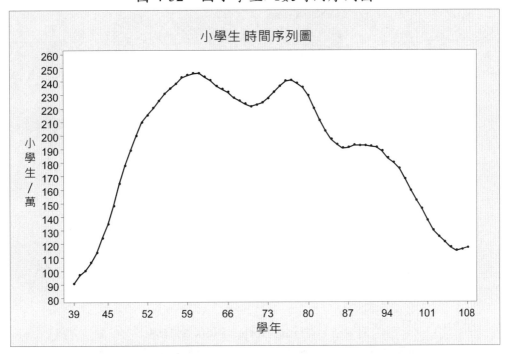

使用時間序列，可以進行未來數據之推估，其中最常被使用者為自我迴歸整合移動平均（autoregressive integrated moving average, ARIMA）模式，此部分可參考陳正昌（2004）之另一著作。

依據教育部（2019）推估，小學生人數在 113 學年度為 123.8 萬人，為未來最高學年度，此後將逐年遞減，到 123 學年度推估只剩 100.1 萬人，與 41 學年度的 100.3 萬人相當。

4.8.2 分析步驟

1. 在【Graph】（圖形）選單中選擇【Time Series Plot】（時間序列圖）。

圖 4-53　Time Series Plot 選單

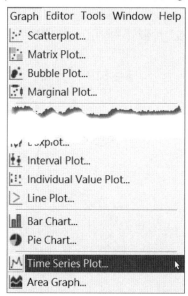

2. 選擇【Simple】（簡單）時間序列圖。

圖 4-54　Time Series Plots 對話框

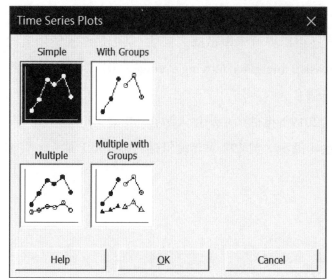

3. 將變數「大學生」選擇至【Series】（序列）中，並點擊【Time/Scale】（時間／尺度）按鈕，設定類別軸的時間。

圖 4-55　Time Series Plot: Simple 對話框

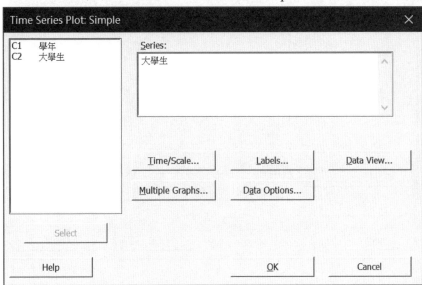

4. 在【Time】（時間）選擇【Stamp】（標記），並選擇 C1 學年變數。

圖 4-56　Time Series Plot: Time/Scale 對話框

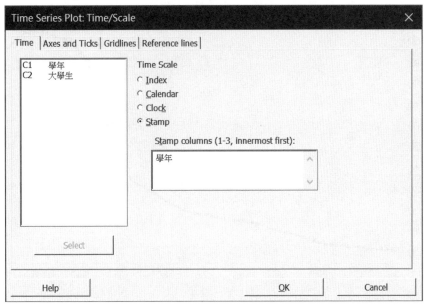

5. 完成設定後，點擊【OK】（確定）按鈕，進行繪製。

圖 4-57　Time Series Plot: Simple 對話框

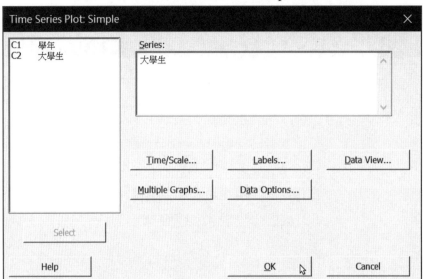

4.8.3　報表解讀

圖 4-58　大學生人數之時間序列圖

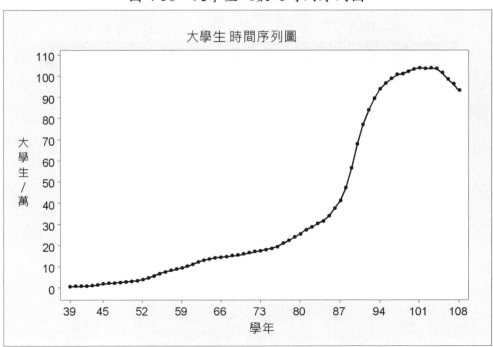

　　圖 4-58 為歷年大學學士班在學人數之序列圖。由圖中可大略看出：從 39 學年度至 76 學年度為第一個穩定增加的時期，77－84 學年度為第二個穩定增加的時期，85 學年度之後，大學生在學人數快速增加，98 學年度之後，增加的趨勢已減緩。自 104 學年度開始，大學生人數已逐年減少，106 學年度比 105 學生少了 2.9 萬人，學生總數已不到 100 萬。109 學年度比 108 學年度少了 1.5 萬人。依據教育部（2019）推估，大學一年新生人數在 117 學年度將降到最少，為 16.0 萬人，其後隨著龍年出生者進入大學，將逐年增加，123 學年度預測將有 18.8 萬人成為大學一年級新生。

4.9　盒形圖

4.9.1　基本概念

　　盒形圖由美國統計學家 Tukey 發展而來，可以用來了解變數的分配情形及是否有離異值，它包含盒子及鬚鬚兩部分。在圖 4-59（為了節省篇幅，改為橫式）的盒子部分共有三條橫線，中間部分為中位數（也等於第二個四分位數 Q_2），下面為第一個四分位數 Q_1，上面為第三個四分位數 Q_3。$Q_3 - Q_1 = IQR$（interquartile range，四分位距），中間 50% 的數值會在盒子中。$Q_3 + 1.5 \times IQR$ 及 $Q_1 - 1.5 \times IQR$ 稱為上下內圍（inner fence）。鬚最上端為非離異值的最大值（稱為上臨界值），鬚最下端則為非離異值的最小值（稱為下臨界值）。在上下內圍之外的觀察體稱為離異值（outlier）或極端值（extreme），報表中會用星號代表，圖中的上下內圍只是假想的線，並不會在報表中顯示，而 Minitab 圖中顯示的兩條短線最前沿分別代表上下臨界值。

圖 4-59　盒形圖示意

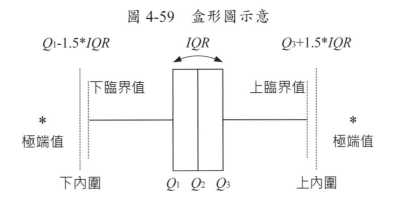

　　以圖 4-60 的大學生身高資料為例（假設性資料），中位數為 165.7 公分，Q_1 及 Q_3 分別為 159.9 及 171.6 公分（另行計算），因此 IQR（也就是盒子的高度）為 11.7 公分（171.6 − 159.9 = 11.7）。上內圍為 171.6 + 1.5 × 11.7 = 189.15，下內圍為 159.9 − 1.5 × 11.7 = 142.35。如果低於 142.35 公分或高於 189.15 公分稱為離異值（或極端值）。（**留意**：上下內圍並不會標示在圖中。）

　　排除兩個離異值之後，最大值是 184.9，最小值是 145.9，因此圖中兩豎線的最前沿就是 184.9 及 145.9（分別為上臨界值與下臨界值）。

圖 4-60　大學生身高盒形圖

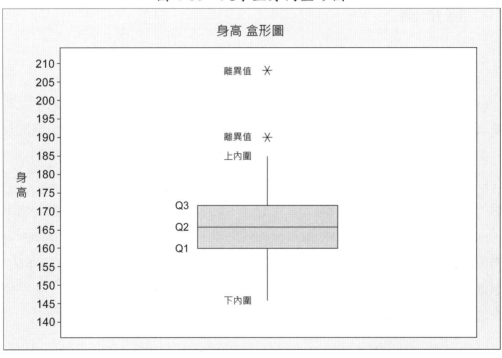

4.9.2　分析步驟

1. 在【Graph】（圖形）選單中選擇【Boxplot】（盒形圖）。

圖 4-61　Boxplot 選單

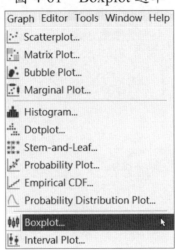

2. 選擇【Simple】（簡單）盒形圖。

圖 4-62　Boxplots 對話框

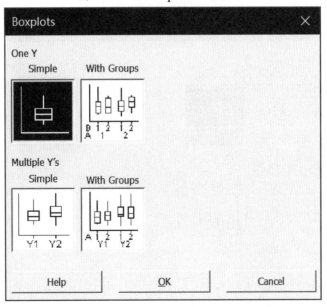

3. 將量的變數（認知易用性）選擇到【Graph variables】（圖形變數）中，接著點擊
   【OK】（確定）按鈕進行繪製。

圖 4-63　Boxplot: One Y, Simple 對話框

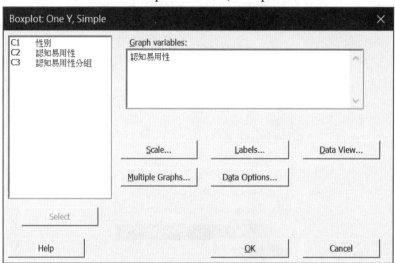

4. 如果要繪製不同組別的盒形圖，則選擇【With Groups】（含組）。

圖 4-64　Boxplots 對話框

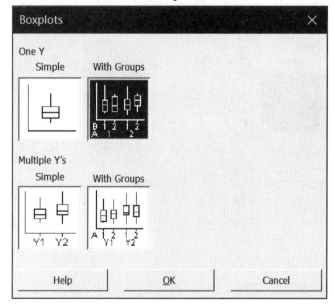

5. 將主要的變數選至【Graph variables】(圖形變數)中，分組變數點選至【Categorical variables for grouping (1-4, outermost first)】〔用於分組的類別變數（1-4，第一個為最外層）〕，再點擊【OK】(確定)按鈕即可進行繪製。

圖 4-65　Boxplot: One Y, With Groups 對話框

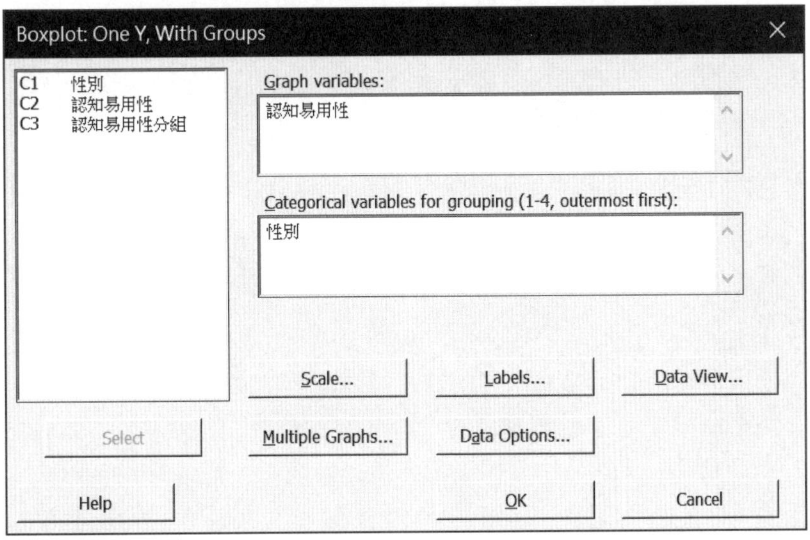

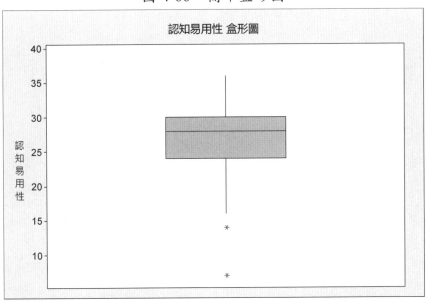

4.9.3　報表解讀

圖 4-66　簡單盒形圖

在圖 4-66 中，所有受訪者在「智慧型手機認知易用性量表」得分的中位數為 28 分，Q_3 及 Q_1 分別為 30 及 24，因此四分位距 IQR 為 6。上內圍為 39（30 + 1.5 × 6 = 39），但是最大值為 36（也是量表的總分），因此畫到 36（上臨界值）為止；下內圍為 15（24 − 1.5 × 6 = 15），排除兩個離異值後，最小值為 16，因此下臨界值為 16。

圖 4-67　分組盒形圖

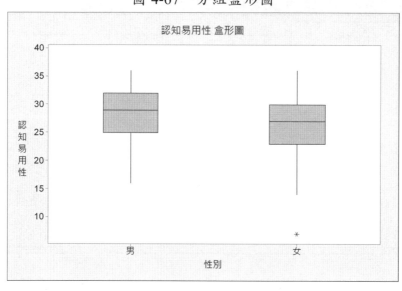

圖 4-67 將兩性分開計算，可以發現女性的中位數較男性為低（分別是女性 27 及男性 29），IQR 則都是 7，有一個女性受訪者為離異值。

4.10　莖葉圖

4.10.1　基本概念

莖葉圖可以顯示資料的分布及離散情形，它也是由 Tukey 發展，除了保留原始數據，也具有直方圖的功能。莖葉圖的製作順序為：1.先將原始數據排序。2.將最後一位數當葉片，其他部分當莖。3.依次將最後一位數填上葉片部分。

由圖 4-68 可看出：介於 50 – 59 的次數最多，其中有 1 人為 50 分，51 分有 2 人，52 分有 1 人，53 分有 3 人，54、55、56 分者都是 2 人，57 分有 3 人，58 及 59 分各有 2 人，共有 20 人。

圖 4-68　莖葉圖（10 分一組）

```
0.  9
1.  58
2.  223467779
3.  11113344467778899
4.  02222344466777889
5.  0112333445566777 8899
6.  02445566688899
7.  112234455689
8.  00112458899
9.  24668
```

將莖葉圖逆時針旋轉 90 度，就類似直方圖（圖 4-69）。

圖 4-69　逆時針旋轉後之莖葉圖

```
                      0112333445566777 8899
             02222344466777889
    11113344467778899
              02445566688899
223467779                112234455689
                  00112458899
58
9                                   24668

0.  1.  2.  3.  4.  5.  6.  7.  8.  9.
```

有時莖的部分太少，可以將它分成 2 分或 5 分一組。如圖 4-70 即以 5 分為 1 組，最後一位數（此處為個位數）是 0 - 4 為 1 組，5 - 9 者為另一組，亦即莖的部分在倒數第二位數（此處為十分位）分為 2 組。

圖 4-70 莖葉圖（5 分一組）

```
2 .
2 .  5
3 .  2344
3 .  577788
4 .  000011334
4 .  555666777789
5 .  00011111123333
5 .  778
6 .  011122344
6 .  5
7 .  4
```

4.10.2 分析步驟

1. 在【Graph】（圖形）選單中選擇【Stem-and-Leaf】（莖葉圖）。

圖 4-71 Stem-and-Leaf 選單

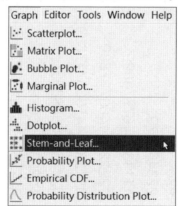

2. 將變數選擇至【Graph variables】（圖形變數）中，設定【Increment】（增加量）為 2，並點擊【OK】（確定）按鈕進行繪製。

圖 4-72　Stem-and-Leaf 對話框

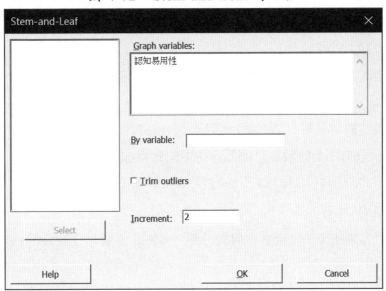

4.10.3　報表解讀

圖 4-73　莖葉圖

```
Stem-and-leaf of 認知易用性  N = 308
Leaf Unit = 1.0


    1    0  7
    1    0
    1    1
    1    1
    2    1  4
   13    1  66666667777
   22    1  888888999
   40    2  000000111111111111
   70    2  222222222223333333333333333333
  111    2  44444444444444444444445555555555555555555555
  146    2  66666666666666667777777777777777777777
  (67)   2  88888888888888888888888888888888889999999999999999999999999999999999999
   95    3  0000000000000000000000000111111111111
   59    3  2222222233333333
   43    3  44444444455555555555
   24    3  66666666666666666666666666
```

圖 4-73 的莖葉圖可分成三部分：

1. 中間的數字為莖，代表十位數，其中 1 與 2 都出現 5 次，代表每 2 分為一組（10 / 5 = 2）。

2. 右邊的數字是葉子，每個葉片代表 1 個受訪者，次數最多者為 29 分（36 人）及 28 分（31 人），共有 67 人。

3. 左邊的數字又可分為三個小部分：其中(67)代表中位數所在組（中位數為 28 分）；(67)之上的數字是由低分往中位數累加的次數，例如 111，表示 25 分以下共有 111 人；(67)之下的數字，是由高分往中位數累加的次數，例如 95，表示 30 分以上共有 95 人。

由分配的型態來看，大致為左偏的分配。另外進行描述統計分析，得到偏態值為 −0.32。

第 5 章
描述統計

本章旨在說明常用的描述統計（含集中量數及變異量數），並使用 Minitab 進行分析。

5.1　基本概念

5.1.1　集中量數

集中量數是使用一個量數來代表一組觀察體集中的情形，常用的集中量數有眾數、中位數（中數），及算術平均數（簡稱平均數）。

5.1.1.1　眾數（mode）

名義變數的集中量數一般使用**眾數**，其定義是「最多的類別」。例如：某大學學生來自北、中、南、東的學生人數各為 200、500、2400、100 人，則該校學生居住地的眾數為「南部」（非 2400）。

不過，眾數的使用有其限制。例如：某班學生考試的分數分別為：

65、70、80、85、95

則這個班考試的分數就沒有眾數。又如：另一班學生的成績分別為：

60、60、70、90、90

則該班的分數就有兩個眾數（60 分及 90 分），在 Minitab 軟體中，會列出多個眾數。

5.1.1.2　中位數（median）

次序變數的集中量數一般使用**中位數**，中位數是將觀察體依大小排列後，最中間那個觀察體的數值，中位數的**所在位置**為：

$$中位數之位置 = \frac{n+1}{2}$$

中位數等於第 2 個四分位數 Q_2，也是百分等級（percentile rank, PR）等於第 50 之百分位數（percentile）。

例如：某次考試，甲班學生的得分各是：

10、30、100、60、80

依大小排序後為：

10、30、60、80、100

中位數的位置為：

$$\frac{5+1}{2} = 3$$

第 3 個學生的得分為 60 分，因此中位數為 60。又如：乙班學生的得分各是：

20、60、40、80、70、100

排序後為：

20、40、60、70、80、100

中位數的位置為：

$$\frac{6+1}{2} = 3.5$$

由於不是整數，因此取 60（排序後第 3 個數值）及 70（排序後第 4 個數值）的平均數，所以中位數為 65（$\frac{60+70}{2} = 65$）。乙班的中位數是 65，但是 6 個學生都沒有正好考 65 分者，所以，中位數不一定會存在原始的數據中。

5.1.1.3　算術平均數（arithmetic median, mean）

等距及比率變數的集中量數一般使用**算術平均數**，母群體（population）的平均數公式是：

$$\mu = \frac{\sum_{i=1}^{N} X_i}{N} \quad \text{簡寫為} \quad \mu = \frac{\sum X}{N} \tag{公式 5-1}$$

樣本的平均數公式是：

$$M = \frac{\sum_{i=1}^{n} X_i}{n} \quad 簡寫為 \quad M = \frac{\Sigma X}{n}$$

（公式 5-2）

　　由於比率變數也是等距、次序及名義變數，因此也可以使用眾數、中位數來當集中量數。如果沒有極端值，等距及比率變數的集中量數還是使用算術平均數較佳，因為它考量每個樣本的數值，使用所有的訊息量，所以比較有代表性。反之，如果有極端值出現，則算術平均數就可能不足以代表大多數觀察體性質，此時最好改用中位數或是截尾平均數（trimmed mean）。

　　例如：某班學生考試成績分別為：

　　10、80、85、95、100

　　其算術平均數為：

$$\frac{10+80+85+95+100}{5} = 74$$

　　不過，由於有一極端值 10 分，因此可以發現有 4 個學生的分數高於算術平均數（74 分），僅有 1 個學生低於 74 分，可見用 74 分來代表這 5 個學生得分的集中情形並不恰當。此時，如果改用中位數，則為 85，應比較能代表整體的集中趨勢。

　　截尾平均數則是刪除一定比例的最大值及最小值（通常各取 5%，總計 10%），再計算算術平均數。前述例子中，最小值為 10，最大值為 100，刪去這兩個數值之後的平均數為：

$$\frac{80+85+95}{3} = 85$$

5.1.1.4　集中量數適用情形

　　綜合前面所述各種集中量數的說明，可以整理成表 5-1。如果是名義變數，則只能計算眾數，不可以求中位數或是平均數。次序變數不僅可以計算眾數，也可以求中位數，但是不能計算平均數。如果是等距及等比變數，則可以使用各種集中量數。

表 5-1　集中量數適用情形

	眾數	中位數	算術平均數
名義變數	✓		
次序變數	✓	✓	
等距變數	✓	✓	✓
等比變數	✓	✓	✓

5.1.2　變異量數

變異量數是對一組數據分散情形的描述，如果分散情形愈大，則變異程度愈大。常用的變異量數有：全距、四分位距（又稱四分位全距）、標準差，及變異數。

5.1.2.1　全距（range）

名義變數的變異量數可以使用**全距**（range），公式為最大值減最小值：

$$\omega = X_H - X_L \hspace{4cm} \text{（公式 5-3）}$$

全距的優點是計算容易，缺點則是只考量兩個極端值，因此比較不具代表性，且容易受到極端值的影響。

5.1.2.2　四分位距（interquartile range, IQR）

次序變數的變異量數通常使用**四分位距**表示，公式是：

$$IQR = Q_3 - Q_1 \hspace{4cm} \text{（公式 5-4）}$$

IQR 代表涵蓋 50% 觀察體的一段距離，這段距離愈大，表示分散的程度愈高。第 1 個四分位數 Q_1（百分等級為 25 之百分位數）的位置是：

$$\frac{n+1}{4}$$

假設有 16 個排序後的數值：

17、29、36、41、45、50、57、59、60、62、66、69、71、73、80、99

Q_1 位置是在：

$$\frac{16+1}{4} = 4.25$$

其中第 4 個數值為 41，第 5 個數值為 45，因此第 4.25 個數值為：

$$41 + 0.25 \times (45 - 41) = 42$$

第 3 個四分位數 Q_3（百分等級為 75 之百分位數）的位置是：

$$\frac{n+1}{4} \times 3$$

在 16 個數值中，Q_3 的位置在：

$$\frac{16+1}{4} \times 3 = 12.75$$

其中第 12 個數值為 69，第 13 個數值為 71，因此第 12.75 個數值為：

$$69 + 0.75 \times (71 - 69) = 70.5$$

所以，四分位全距等於：

$$IQR = 70.5 - 42 = 28.5$$

由四分位數也可以判斷變數的分配是否對稱。因為 Q_1 到 Q_2，或 Q_2 到 Q_3 都包含 25% 的觀察體，如果 $Q_2 - Q_1 > Q_3 - Q_2$，則呈負偏態分配，表示 Q_2 到 Q_3 之間的觀察體比較集中；反之，如果 $Q_2 - Q_1 < Q_3 - Q_2$，則呈正偏態。

5.1.2.3　變異數（variance）與標準差（standard deviation）

等距及比率變數的變異量數使用**變異數**或是**標準差**（等於 $\sqrt{變異數}$）表示，數值愈大，代表分散程度愈大。母群體的變異數及標準差公式分別為：

$$\sigma^2 = \frac{\sum_{i=1}^{N}(X_i - \mu)^2}{N} \text{ 簡寫為 } \sigma^2 = \frac{\Sigma(X - \mu)^2}{N} \tag{公式 5-5}$$

$$\sigma = \sqrt{\sigma^2} = \sqrt{\frac{\sum_{i=1}^{N}(X_i - \mu)^2}{N}} \tag{公式 5-6}$$

樣本的變異數及標準差公式分別為：

$$S^2 = \frac{\sum_{i=1}^{n}(X_i - \overline{X})^2}{n} \text{ 簡寫為 } S^2 = \frac{\Sigma(X - \overline{X})^2}{n} \qquad \text{(公式 5-7)}$$

$$S = \sqrt{S^2} = \sqrt{\frac{\sum_{i=1}^{n}(X_i - \overline{X})^2}{n}} \qquad \text{(公式 5-8)}$$

不過，S^2 是有偏誤的估計值，當應用在推論統計時，分母部分會改為 $n-1$（自由度），如此才是不偏估計值，所以變異數及標準差公式分別為：

$$s^2 = \frac{\sum_{i=1}^{n}(X_i - \overline{X})^2}{n-1} \text{ 簡寫為 } s^2 = \frac{\Sigma(X - \overline{X})^2}{n-1} \qquad \text{(公式 5-9)}$$

$$s = \sqrt{s^2} = \sqrt{\frac{\sum_{i=1}^{n}(X_i - \overline{X})^2}{n-1}} \qquad \text{(公式 5-10)}$$

Minitab 只能計算分母為 $n-1$ 的變異數及標準差。

5.1.2.4　變異係數（coefficient of variation, CV）

由於標準差會受到測量單位的影響，如果要比較相對的變異，可用**變異係數**表示，公式為：

$$CV = \frac{s}{M} \times 100 \qquad \text{(公式 5-11)}$$

假設臺灣地區男女大學生體重的標準差分別為 12 公斤及 10 公斤，我們不能武斷的說男性大學生體重的變異情形較大，因為兩性體重的平均數分別為 66 公斤及 52 公斤，兩者的 CV 分別為 $\frac{12}{66} \times 100 = 18.18$ 及 $\frac{10}{52} \times 100 = 19.23$，所以女性體重的變異反而較大。

5.1.2.5　變異量數適用情形

綜合前面所述各種變異量數的說明，可以整理成表 5-2。名義變數只能計算全距；次序變數不僅可以計算全距，也可以求四分位距，但是不能計算變異數及標準差；等距變數可以計算標準差及變異數；如果是等比變數，則可以使用各種變異量數，不過，標準差仍是使用最廣的變異量數。

表 5-2　變異量數適用情形

	全距	四分位全距	標準差、變異數	變異係數
名義變數	✓			
次序變數	✓	✓		
等距變數	✓	✓	✓	
等比變數	✓	✓	✓	✓

5.2　範例

某國小測量了 36 名六年級男學生的身高，得到表 5-3 的數據，請對該資料進行描述統計分析。（單位：公分，取整數。）

表 5-3　某國小 36 名六年級男學生身高

學生	身高	學生	身高	學生	身高
1	151	13	150	25	154
2	140	14	151	26	148
3	139	15	144	27	147
4	150	16	142	28	156
5	145	17	160	29	147
6	163	18	156	30	150
7	150	19	150	31	155
8	145	20	161	32	145
9	161	21	148	33	157

表 5-3（續）

學生	身高	學生	身高	學生	身高
10	155	22	144	34	146
11	145	23	148	35	154
12	147	24	154	36	152

5.3 使用 Minitab 進行分析

1. 完整的 Minitab 資料檔如圖 5-1。

圖 5-1 描述統計資料檔

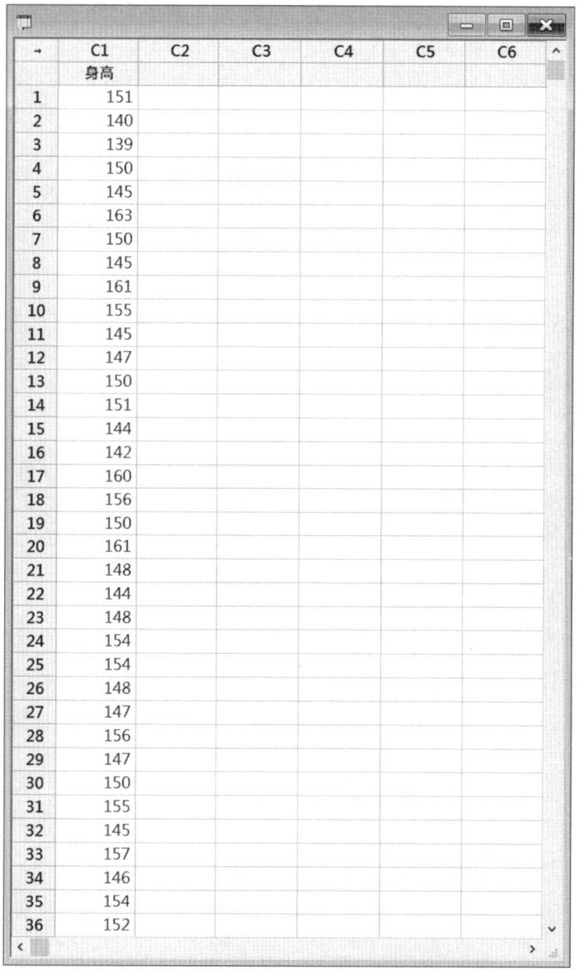

2.　在【Stat】（分析）選單中的【Basic Statistics】（基本統計量）選擇【Display Descriptive Statistics】（顯示描述性統計量）。

圖 5-2　Display Descriptive Statistics 選單

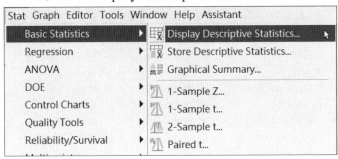

3.　將要分析的變數「身高」選擇到右邊的【Variables】（變數）框中。如果要進行分組的描述統計，可以將另一個分類變數選擇到右邊的【By variables (optional)】〔依照變數分組（選擇性）〕框中。

圖 5-3　Display Descriptive Statistics 對話框

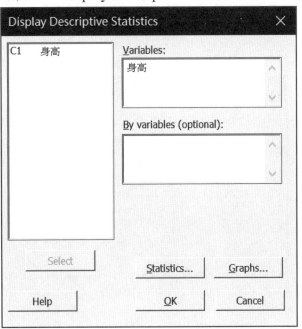

4. 在【Statistics】（統計量）下依研究需要勾選所欲分析的各種統計量數。（注：基於說明之需要，本處勾選全部的統計量。）

圖 5-4　Display Descriptive Statistics: Statistics

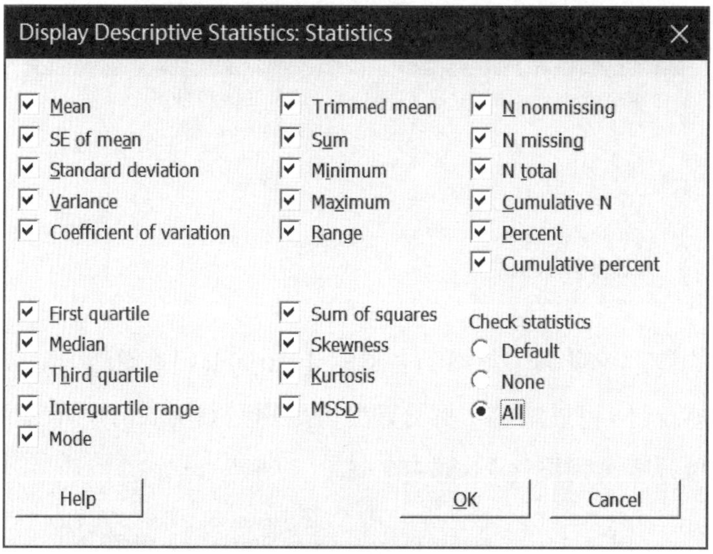

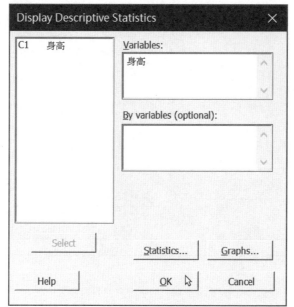

5. 完成選擇後，點擊【OK】（確定）按鈕進行分析。

圖 5-5　Display Descriptive Statistics 對話框

5.4　報表解讀

以下依照各種統計量之類別加以說明。

報表 5-1　Statistics

Variable	Total Count	N	N*	CumN	Percent	CumPct
身高	36	36	0	36	100	100

報表 5-1 是分析的樣本數及其百分比。其中 Total Count（全部樣本數）是 36 人；N*（遺漏值）為 0，N（有效樣本數）及 CumN（累積樣本數）都是 36 人；Percent（有效百分比）及 CumPct（累積百分比）都是 100%。

報表 5-2　Statistics

Variable	Mean	TrMean	Sum	Median	Mode	N for Mode
身高	150.28	150.22	5410.00	150.00	150	5

報表 5-2 是各種集中量數。算術平均數（Mean）為 150.28，由總和（Sum）5410 除以有效樣本數 36 而得：

$$M = \frac{5410}{36} = 150.28$$

截尾平均數為 150.22，中位數為 150，眾數為 150（有 5 人）。

報表 5-3　Statistics

Variable	SE Mean	StDev	Variance	CoefVar	Sum of Squares	MSSD
身高	0.994	5.96	35.58	3.97	814248.00	37.79

報表 5-3 是各種變異量數。平方和（Sum of Squares）是每個數值平方後的總和：

$$\sum_{i=1}^{n} X_i^2 = 814248$$

變異數（Variance）為：

$$s^2 = \frac{\sum_{i=1}^{n}(X_i - \bar{X})^2}{n-1} = \frac{\sum_{i=1}^{n}(X_i - 150.28)^2}{35} = 35.58$$

標準差（StDev）為變異數的平方根，

$$s = \sqrt{s^2} = \sqrt{35.58} = 5.96$$

變異係數（CoefVar）為：

$$CV = \frac{s}{M} \times 100 = \frac{5.96}{150.28} \times 100 = 3.97$$

平均數的標準誤為：

$$SE = \frac{s}{\sqrt{n}} = \frac{5.96}{\sqrt{36}} = 0.994$$

此部分請見第 6 章的說明。

均方遞差 MSSD（mean of the squared successive differences）在於檢驗變數中的數值是否為隨機排列，主要用於品質管制，它是將相鄰兩數值之差異取平方再除以 2 的平均值（再除以 $n-1$），公式為：

$$\frac{\sum_{i=1}^{n-1}(X_{i+1} - X_i)^2}{2(n-1)} = 37.79$$

報表 5-4　Statistics

Variable	Minimum	Q1	Median	Q3	Maximum	Range	IQR
身高	139.00	145.25	150.00	154.75	163.00	24.00	9.50

報表 5-4 也是變異量數。最大值（Maximum）是 163，最小值（Minimum）為 139，因此全距為 $163 - 139 = 24$。Q_3 是 154.75，Q_1 是 145.25，$IQR = 154.75 - 145.25 = 9.50$。而 $Q_3 - Q_2 = 154.75 - 150.00 = 4.75$，正好等於 $Q_2 - Q_1 = 150.00 - 145.25 = 4.75$，因此應大致成常態分配。

報表 5-5　Statistics

Variable	Skewness	Kurtosis
身高	0.30	-0.43

報表 5-5 是分配的型態。偏態值（Skewness）為 0.30，略微正偏（右偏）；峰度值（Kurtosis）為 −0.43，略微低闊。因為兩個數值都與 0 相差不多，所以身高此一變數並未太偏離常態分配。

綜合以上報表，可以得到以下的摘要表。

表 5-4　各項集中量數與變異量數

集中量數	眾數	中位數	平均數
數值	150	150	150.28
變異量數	全距	四分位全距	標準差
數值	24	9.50	5.96

第6章

平均數
信賴區間估計

在推論統計中，最主要的領域是**估計**（estimate）及**檢定**（test，或譯為**考驗、檢驗**），然而以往的研究多半重檢定而輕估計。美國心理學會（American Psychological Association, APA）在出版新的出版手冊之前，曾針對投稿該會期刊所使用的統計方法進行建議，工作小組建議在檢定之外應兼重估計（Wilkinson, 1999）。

估計有**點估計**（point estimation）及**區間估計**（interval estimation）兩種。點估計是以樣本（sample）的**統計量**（statistic）估計母群（population）的**母數**（parameter，或譯為**參數**），樣本的算術平均數 M（如果是 X 變數，也可以用 $\bar{X}$ 表示）最常用來當成是母群體平均數 μ 的不偏估計值。區間估計則是以樣本算術平均數加減某一段**誤差界限**（margin of error），希望經由反覆抽樣所得的這段區間，在 100 次中包含母群平均數 μ 的可能性為 95% 或 99%。

6.1　基本統計概念

6.1.1　標準常態分配機率值

在標準常態分配中（稱為 Z 分配，平均數 μ 為 0，標準差 σ 為 1），Z 在 $0 \pm 1\sigma$、$0 \pm 2\sigma$ 及 $0 \pm 3\sigma$ 這三段範圍的機率值分別為 0.6827、0.9545 及 0.9973（如圖 6-1）。此稱「68-95-99.7 法則」或「**經驗法則**」（the empirical rule）。

圖 6-1　$0 \pm 1\sigma$、$0 \pm 2\sigma$、$0 \pm 3\sigma$ 之機率值

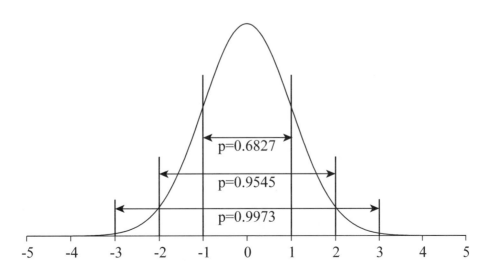

如果要精確計算，則 $0 \pm 1.960\sigma$ 及 $0 \pm 2.576\sigma$ 這兩段範圍的機率分別為 0.9500 及 0.9900（如圖 6-2），這是在進行平均數區間估計應了解的第一個觀念。

圖 6-2　$0 \pm 1.960\sigma$、$0 \pm 2.576\sigma$ 之機率值

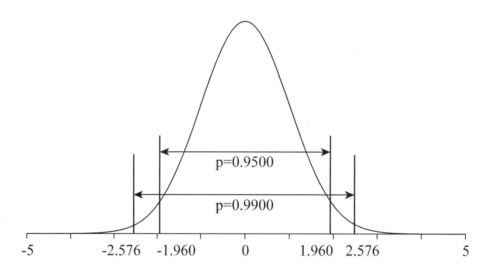

在 Minitab 中，可以利用【Probability Distribution Plot】（機率分配圖）來繪製上述的圖形，步驟如下：

1. 在【Graph】（圖形）中選擇【Probability Distribution Plot】（機率分配圖）。

圖 6-3　Probability Distribution Plot 選單

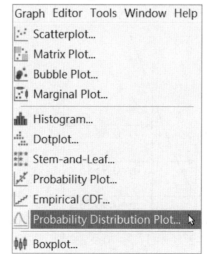

2. 在【Probability Distribution Plots】（機率分配圖）的對話框中選擇【View Probability】（檢視機率）。

圖 6-4 Probability Distribution Plots 對話框

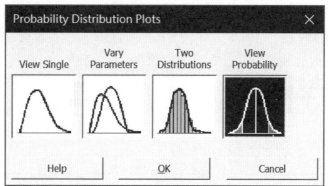

3. 在【Distribution】（分配）的對話框中內定為【Normal】（常態分配），【Mean】（平均數）為 0，【Standard Deviation】（標準差）為 1，所以是標準化常態分配。

圖 6-5 Probability Distribution Plot: View Probability 對話框

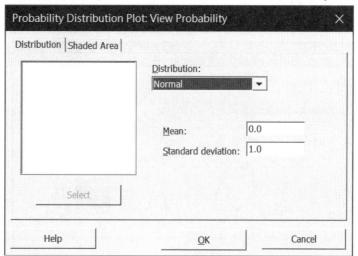

4. Minitab 有兩種繪圖方式：一是輸入機率值求 X 值；二是輸入 X 值求機率值。內定的機率值為 0.05。

圖 6-6　Probability Distribution Plot: View Probability 對話框

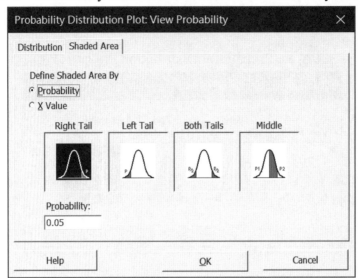

5.　將【Define Shaded Area By】（定義陰影區域按）改為【X Value】（X 值），
選擇【Middle】（中間），並輸入−1 及 1 兩個 X 值。設定完成後，點擊【OK】
（確定）按鈕即可繪製分配圖。

圖 6-7　Probability Distribution Plot: View Probability 對話框

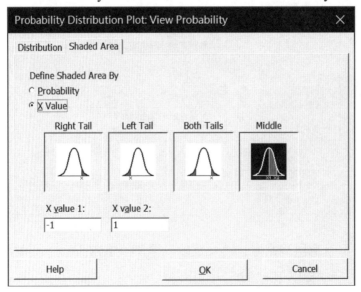

6. 由圖 6-8 可看出：在平均數 = 0，標準差 = 1 的標準常態分配中，在 Z 值
±1 之間的機率值為 0.6827。

圖 6-8　標準常態分配機率圖

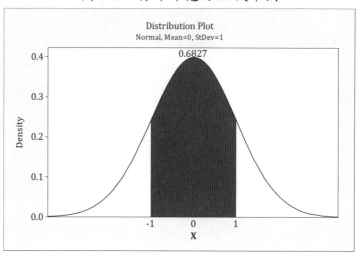

7. 重複前面的步驟，並將【Define Shaded Area By】（定義陰影區域按）改為
【Probability】（機率），選擇【Middle】（中間），並輸入 0.025 及 0.025 兩個
機率值（合計為 0.05）。設定完成後，點擊【OK】（確定）按鈕即可繪製分
配圖。

圖 6-9　Probability Distribution Plot: View Probability 對話框

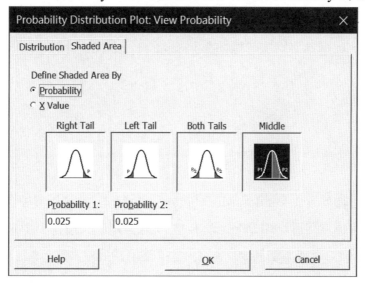

8. 由圖 6-10 可看出：在平均數 = 0，標準差 = 1 的標準常態分配中，機率值為 0.95 時，Z 值為 ±1.960。

圖 6-10　標準常態分配機率圖

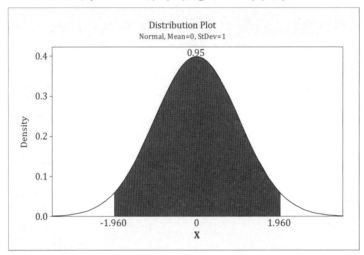

6.1.2　中央極限定理

其次，應了解**中央極限定理**（central limit theorem）。此定理宣稱：反覆從平均數為 μ，變異數為 σ^2 的母群體抽取樣本大小為 n（$n \geq 30$）的樣本，並且計算每一次的樣本平均數 $\overline{X}$，不管母群是何種分配，這些抽樣而得的平均數都會成為常態分配。而且樣本平均數的平均數 $\mu_{\overline{X}}$ 會等於 μ，樣本平均數的變異數 $\sigma^2_{\overline{X}}$ 為 $\dfrac{\sigma^2}{n}$，因此其標準差 $\sigma_{\overline{X}}$ 會等於 $\dfrac{\sigma}{\sqrt{n}}$，此稱為平均數的**標準誤**（standard error, SE）。綜言之，在中央極限定理中，

$$\mu_{\overline{X}} = \mu \tag{公式 6-1}$$

$$\sigma_{\overline{X}} = \frac{\sigma}{\sqrt{n}} \tag{公式 6-2}$$

假定母群為均勻分配（uniform distribution），當樣本為 1，反覆抽樣 10000 次時，其平均數分配會相當接近均勻分配（圖 6-11）；樣本增為 2 時，平均數就逐漸接近常態分配（圖 6-12）；當樣本增為 30 時，平均數就相當接近常態分配了（圖 6-13）。

圖 6-11　母群為均勻分配，$N=1$ 抽樣之平均數分配

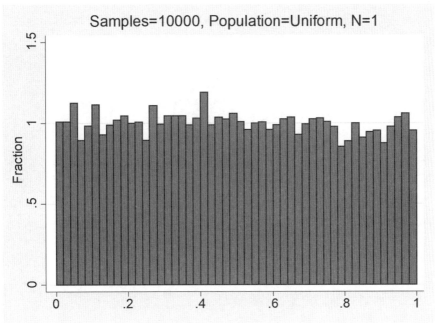

圖 6-12　母群為均勻分配，$N=2$ 抽樣之平均數分配

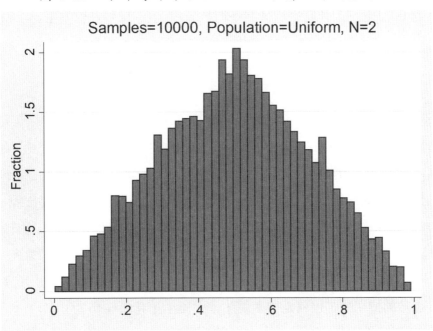

圖 6-13　母群為均勻分配，$N = 30$ 抽樣之平均數分配

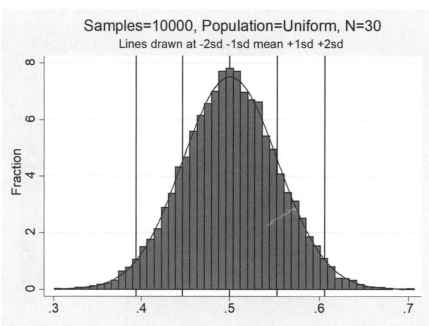

假定母群為標準常態分配，當樣本為 1，反覆抽樣 10000 次時，其平均數分配會相當接近標準常態分配，此時平均數之平均數 $\mu_{\bar{X}}$ 為 0，平均數之標準差 $\sigma_{\bar{X}}$ 為 1（$\frac{1}{\sqrt{1}} = 1$）（見圖 6-14）。當樣本增為 100 時，平均數之平均數 $\mu_{\bar{X}}$ 仍為 0，平均數之標準差 $\sigma_{\bar{X}}$ 則減為 0.1（$\frac{1}{\sqrt{100}} = 0.1$）（見圖 6-15）。

假設臺灣成年女性身高的平均數為 160 公分，標準差為 5 公分，如果每次抽取的樣本數為 1，則她的身高在 162.5 公分以上的機率為 0.3085，不算少見。如果每次抽取的樣本數為 9（有放回），並計算她們身高的平均數，這 9 個人之平均身高在 162.5 公分以上的機率就變成 0.0668，已經接近 0.05 了，算是不太容易出現了。如果樣本數增加為 100 人，則她們身高之平均數在 162.5 公分以上的機率已經非常接近 0 了（精確值為 0.0000003），幾乎不可能出現。換言之，每次抽樣的人數愈多，計算平均數時，極端身高者（極高或極矮）就會被抵消，因此每次計算所得的平均數會相差不多，平均數的標準差（也就是標準誤）就會變小（見圖 6-16）。

圖 6-14　母群為標準常態分配，$N = 1$ 抽樣之平均數分配

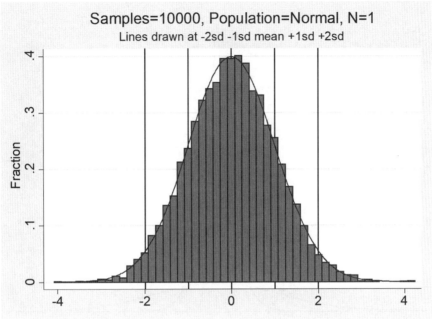

圖 6-15　母群為標準常態分配，$N = 100$ 抽樣之平均數分配

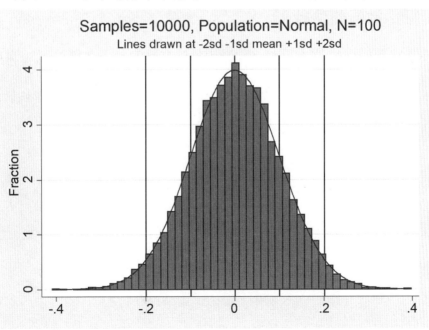

圖 6-16　不同樣本數之平均數分配

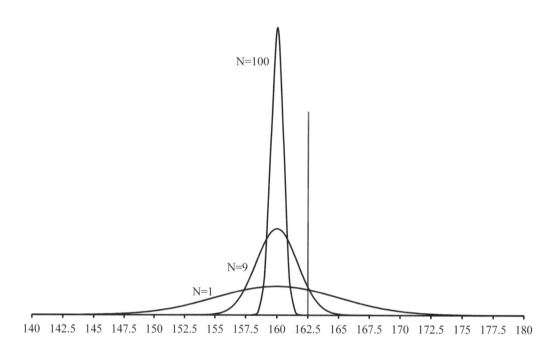

6.1.3　平均數區間估計

結合以上兩個觀念，我們可以知道在上述的抽樣中，$\mu \pm 1.960 \dfrac{\sigma}{\sqrt{n}}$（圖 6-17）及

$\mu \pm 2.576 \dfrac{\sigma}{\sqrt{n}}$（圖 6-18）這兩段範圍分別會包含 95% 及 99% 的樣本平均數 $\overline{X}$。上述

的公式可以寫成：

$\mu \pm$ 臨界值 × 平均數的標準誤　　　　　　　　　　　　　　　　（公式 6-3）

　其中，臨界值 × 平均數的標準誤 = 誤差界限　　　　　　　　　（公式 6-4）

圖 6-17　$\mu \pm 1.960 \dfrac{\sigma}{\sqrt{n}}$

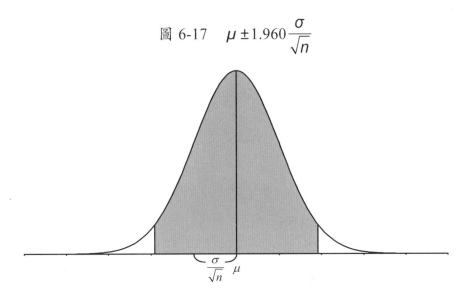

圖 6-18　$\mu \pm 2.576 \dfrac{\sigma}{\sqrt{n}}$

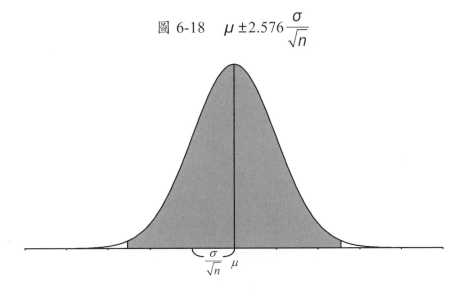

　　不過，應用在平均數的區間估計時，由於母群的平均數 μ 是未知的，所以每次抽樣所得的樣本平均數 $\bar{X}$ 後，再加減 $1.960 \times \dfrac{\sigma}{\sqrt{n}}$，在反覆進行 100 次後，會有 95 次（也就是 95%）包含 μ。以圖 6-19 為例，抽樣得到樣本平均數 $\bar{X}$，由於抽樣誤差，此時 $\bar{X}$ 不一定剛好等於母群平均數 μ。$\bar{X} \pm 1.960 \times \dfrac{\sigma}{\sqrt{n}}$ 可得到 95% 信賴區間（confidence interval）的下界及上界，如果是以單一次的信賴區間而言，能否包含母群 μ 的情形只有兩種：1.包含母群平均數 μ（圖 6-19）；2.未包含母群平均數 μ（圖 6-20）。

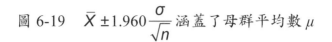

圖 6-19　$\bar{X} \pm 1.960 \dfrac{\sigma}{\sqrt{n}}$ 涵蓋了母群平均數 μ

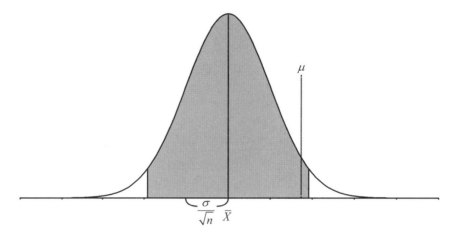

圖 6-20　$\bar{X} \pm 1.960 \dfrac{\sigma}{\sqrt{n}}$ 未涵蓋到母群平均數 μ

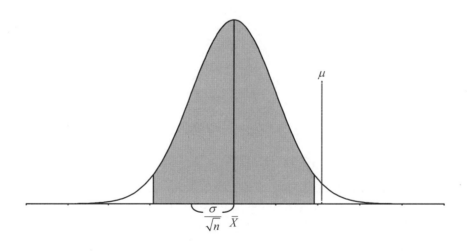

　　如果是圖 6-20 的情形，想要在區間中涵蓋母群平均數，可行的方法是擴大區間範圍，進行 99% 的信賴區間估計（見圖 6-21）。不過，由於母群平均數 μ 是未知的（所以才要進行估計），因此即使擴大了信賴區間，單一次的區間估計是否確實涵蓋 μ 也仍是不可知的，只能說，反覆進行 100 次 99% 信賴區間估計，會有 99 次涵蓋到 μ。

圖 6-21　$\bar{X} \pm 2.576 \dfrac{\sigma}{\sqrt{n}}$ 涵蓋了母群平均數 μ

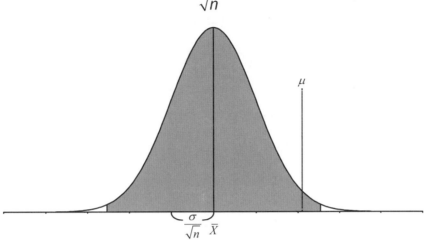

由於單一次的區間估計涵蓋母群平均數 μ 的結果不是 1 就是 0，不過從中央極限定理可知，如果反覆進行 100 次的抽樣並計算 $\bar{X} \pm 1.960 \times \dfrac{\sigma}{\sqrt{n}}$，其中會有 95 次包含母群體平均數 μ，只有 5 次是未包含 μ（中間直線所在位置）。以圖 6-22 的假設情形為例，由圖中可以看出，在反覆進行 20 次抽樣後求得樣本平均數（以〇表示）及 95% 信賴區間（以●表示上下界）後，有 19 次是涵蓋母群平均數 μ（也就是 μ 介於下界及上界之間），只有 1 次（箭頭所指處）是未涵蓋 μ。

圖 6-22　平均數信賴區間示意圖

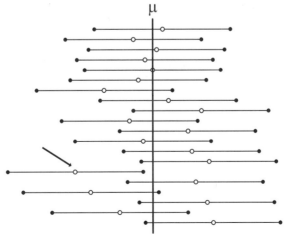

研究者如果希望增加涵蓋的次數，那麼，可以使用 $\bar{X} \pm 2.576 \times \dfrac{\sigma}{\sqrt{n}}$，則反覆進行 100 次後，會有 99 次（也就是 99%）包含 μ。所以當母群 σ（或 σ^2）已知時，μ 的 $100 \times (1-\alpha)\%$ 信賴區間為 $\bar{X} \pm z_{(\alpha/2)} \times \dfrac{\sigma}{\sqrt{n}}$，其中 α 是研究者所訂犯第一類型錯誤的機率，如果訂為 0.05，則信賴區間即為 95%。

當母群平均數 μ 未知時，母群變異數 σ^2 通常也是未知的。如果母群為常態分配，而 σ^2 未知時，我們會使用樣本的變異數 s^2 估計 σ^2，因此平均數的變異數為 $s_{\bar{X}}^2 = \dfrac{s^2}{\sqrt{n}}$，平均數的標準差 $s_{\bar{X}} = \dfrac{s}{\sqrt{n}}$。此時樣本平均數標準化後，為自由度 $n-1$ 的 t 分配，μ 的 $100 \times (1-\alpha)\%$ 信賴區間為 $\bar{X} \pm t_{\alpha/2, n-1} \times \dfrac{s}{\sqrt{n}}$。

t 分配是一個族系，當自由度（$v = n-1$）不同，t 分配就不同。圖 6-23 由下而上的線段分別是自由度為 1、9、29，及標準常態分配（最上面粗線部分）的比較圖，當 v 等於 29 時，t 分配就非常接近 Z 分配。因此，如果母群為常態分配，而 σ^2 未知，但為大樣本時，雖然也會使用樣本的變異數 s^2 估計 σ^2，μ 的 $100 \times (1-\alpha)\%$ 信賴區間可改為 $\bar{X} \pm Z_{\alpha/2} \times \dfrac{s}{\sqrt{n}}$。

當母群不是常態分配，但樣本大小大於 30 的情況下：

1. 如果 σ^2 已知，則樣本平均數近似常態分配，μ 的 $100 \times (1-\alpha)\%$ 信賴區間大約為 $\bar{X} \pm Z_{\alpha/2} \times \dfrac{\sigma}{\sqrt{n}}$。

2. 如果 σ^2 未知，則樣本平均數也近似常態分配，μ 的 $100 \times (1-\alpha)\%$ 信賴區間大約為 $\bar{X} \pm Z_{\alpha/2} \times \dfrac{s}{\sqrt{n}}$。

但是如果母群不是常態分配，而樣本大小又不到 30，此時就應改用無母數統計方法，或是設法增加樣本大小到 30。

圖 6-23　Z 分配與 t 分配

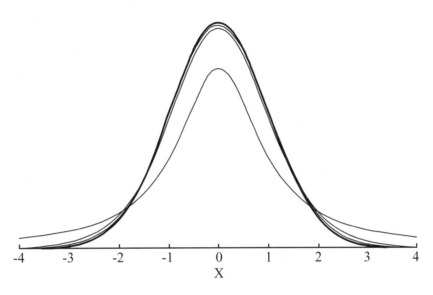

6.1.4　平均數區間估計流程

綜合以上所述，平均數區間估計流程可用圖 6-24 表示之。

圖 6-24　平均數區間估計流程

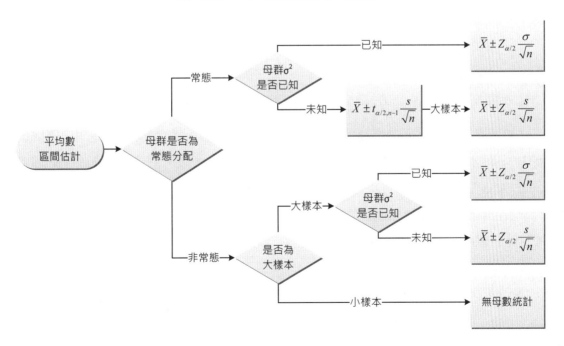

綜言之：

1. 當母群為常態分配而 σ^2 已知，樣本平均數為 Z 分配，其平均數的信賴區間為 $\bar{X} \pm Z_{\alpha/2} \times \dfrac{\sigma}{\sqrt{n}}$。不過，$\sigma^2$ 已知的情形較少見，主要適用於曾經進行大量研究已獲得母群變異數，或是使用標準化測驗進行的研究（如：魏氏智力測驗的變異數為 15^2）。

2. 如果母群為常態分配而 σ^2 未知，但為大樣本時（$N \geq 30$），樣本平均數為 Z 分配，其平均數的信賴區間為 $\bar{X} \pm Z_{\alpha/2} \times \dfrac{s}{\sqrt{n}}$。實務上，此公式較少使用。

3. 如果母群為常態分配而 σ^2 未知，且為小樣本時（$N < 30$），樣本平均數為 t 分配，其平均數的信賴區間為 $\bar{X} \pm t_{\alpha/2, n-1} \times \dfrac{s}{\sqrt{n}}$。由於大樣本時 Z 的臨界值與 t 的臨界值相當接近，因此多數統計軟體（如：SPSS）只提供此種平均數區間估計方法。

4. 如果母群不是常態分配，樣本大小最好在 30 以上，此時仍可使用基於 Z 分配的區間估計。

一般情形下，信賴區間都是雙側的，如果要計算單側的信賴區間，則公式中 α 值不除以 2 即可，此部分請參見第 7 章的說明。

6.2 範例

某研究者想了解屏東市消費者在某超商單次的平均消費額，於是在門口隨機選取 30 名顧客，調查他們該次的消費額，得到表 6-1 的數據。求該超商單次平均消費額的 95% 信賴區間（單位：元）。

表中雖然有 2 個變數，但是受訪者代號並不需要輸入 Minitab 的工作表中，因此分析時只使用「消費金額」這一變數，它的定義是顧客單次在便利商店的消費金額。數值愈大，代表消費金額愈高。

表 6-1　屏東市某超商 30 名顧客單次消費額

受訪者	消費金額	受訪者	消費金額	受訪者	消費金額
1	137	11	136	21	118
2	144	12	152	22	111
3	70	13	135	23	21
4	44	14	86	24	122
5	166	15	123	25	75
6	122	16	171	26	108
7	106	17	112	27	81
8	95	18	88	28	133
9	67	19	109	29	118
10	126	20	86	30	102

6.3　使用 Minitab 進行分析

1.　完整的 Minitab 資料檔如圖 6-25。

圖 6-25　平均數區間估計資料檔

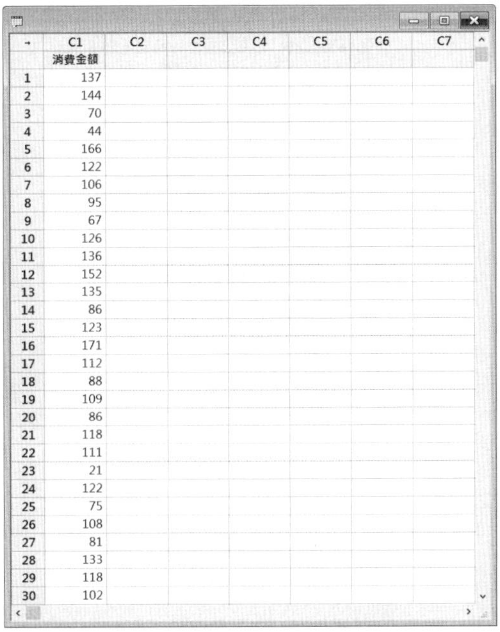

2. 在【Stat】（統計）選單的【Basic Statistics】（基本統計量）中選擇【1-Sample t】（單樣本 t）。

圖 6-26　1-Sample t 選單

Stat Graph Editor Tools Window Help Assistant

Basic Statistics	▶	𝄃x̄ Display Descriptive Statistics...
Regression	▶	𝄃x̄ Store Descriptive Statistics...
ANOVA	▶	⚎ Graphical Summary...
DOE	▶	
Control Charts	▶	𝄂 1-Sample Z...
Quality Tools	▶	𝄂 1-Sample t...
Reliability/Survival	▶	𝄂 2-Sample t...
Multivariate	▶	𝄂 Paired t...
Time Series	▶	🖳 1 Proportion...
Tables	▶	🖳 2 Proportions...
Nonparametrics	▶	𝄃 1-Sample Poisson Rate...
Equivalence Tests	▶	𝄃 2-Sample Poisson Rate...

3. 將 C1 欄的消費金額變數點擊【Select】（選擇）按鈕到右邊框中，並點擊【OK】（確定），進行分析。

圖 6-27　One-Sample t for the Mean 對話框

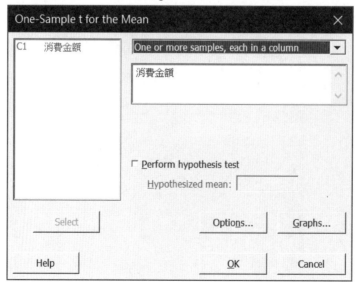

4. 如果是大樣本，則在【Stat】（統計）選單的【Basic Statistics】（基本統計量）中
   選擇【1-Sample Z】（單樣本 Z）。

圖 6-28　1-Sample Z 選單

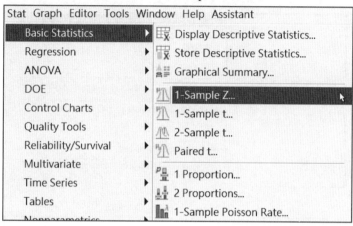

5. 由於 Minitab 的 Z 檢定是假設母群的標準差已知，如果要進行母群標準差未知的
   Z 檢定，只要在【Known standard deviation】（已知標準差）框中輸入樣本標準差
   即可。在此範例中，先經由描述統計分析得到樣本標準差為 33.67，因此將已知
   的標準差設定為 33.67。

圖 6-29　One-Sample Z for the Mean 對話框

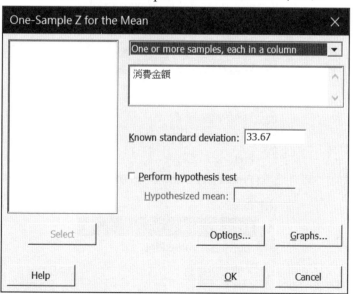

6. 如果母群標準差已知，則直接輸入即可（本範例假設母群平均數為 40）。

圖 6-30　One-Sample Z for the Mean 對話框

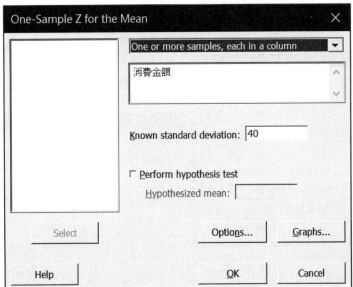

7. 如果要繪製平均數的信賴區間圖，在【Graph】（圖形）選單中選擇【Interval Plot】（區間圖）。

圖 6-31　Interval Plot 選單

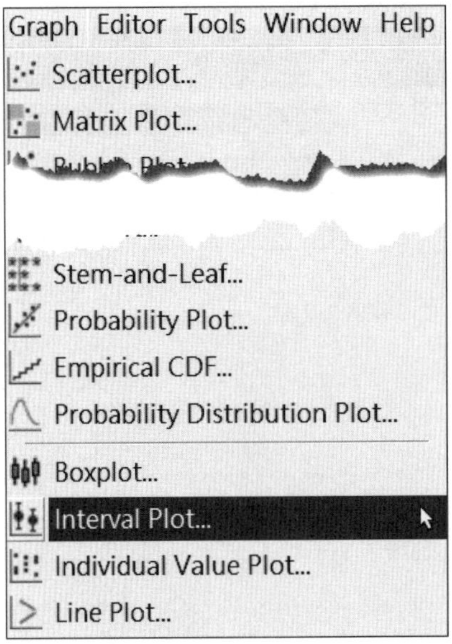

8. 接著，在【One Y】（一個 Y）中選擇【Simple】（簡單）。

圖 6-32 Interval Plots 對話框

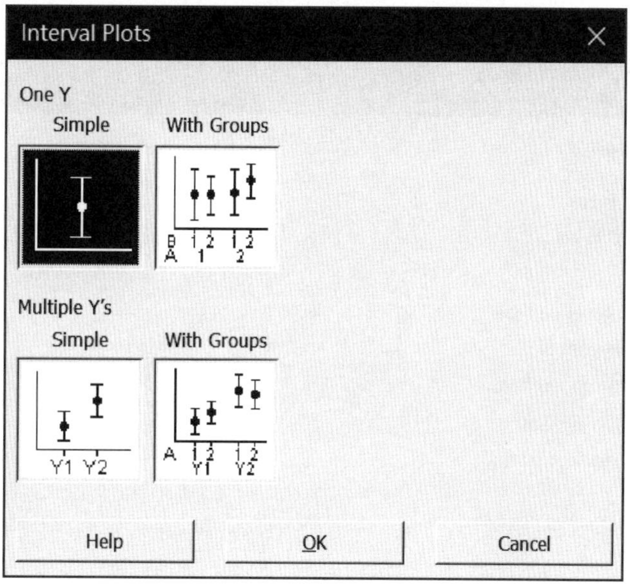

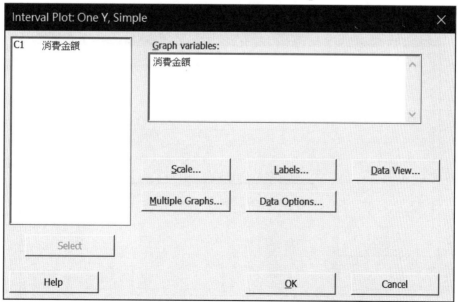

9. 將消費金額變數點選到右邊【Graph Variables】（圖形變數）框中，接著點擊【Data View】（資料檢視）按鈕。

圖 6-33 Interval Plot: One Y, Simple 對話框

10. 在【Data Display】（資料顯示）中取消【Mean Symbol】（平均數符號），再另外
    勾選【Bar】（長條圖），並點擊【OK】（確定），回到前一個畫面。

圖 6-34　Interval Plot: Data View 對話框

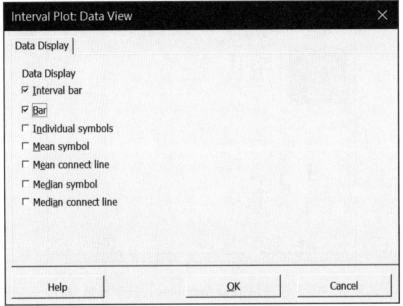

11. 完成設定後，點擊【OK】（確定）按鈕，進行繪圖。

圖 6-35　Interval Plot: One Y, Simple 對話框

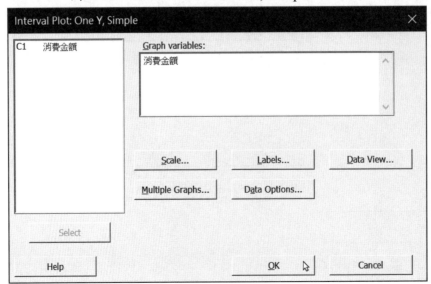

6.4　報表解讀

以下的報表分屬三種不同情形，讀者只要選擇一種適合自己資料的結果即可。

報表 6-1　One-Sample T: 消費金額

N	Mean	StDev	SE Mean	95% CI for μ
30	108.80	33.67	6.15	(96.23, 121.37)
μ: population mean of 消費金額				

報表 6-1 是小樣本且母群標準差未知的平均數區間估計。總共有 30 名受訪者，平均數的消費金額是 108.80 元，標準差為 33.67 元，平均數標準誤為 6.15，計算方法為：

$$\frac{33.67}{\sqrt{30}} = 6.15$$

如果以小樣本 t 分配來計算平均數的信賴區間，則此時的自由度為：

$$30 - 1 = 29$$

在自由度為 29 的 t 分配中，$\alpha = 0.05$ 時的臨界值為 2.045（見圖 6-36），則母群平均數 μ 的 95% 信賴區間為：

$$108.80 \pm 2.045 \times \frac{33.67}{\sqrt{30}}$$

計算結果為：(96.23, 121.37)。

上述的計算公式，以文字說明為：

母群平均數的信賴區間 ＝ 樣本平均數 ± 臨界值 × 平均數的標準誤

圖 6-36　自由度 29、α = 0.05 時，t 的雙側臨界值為 2.045

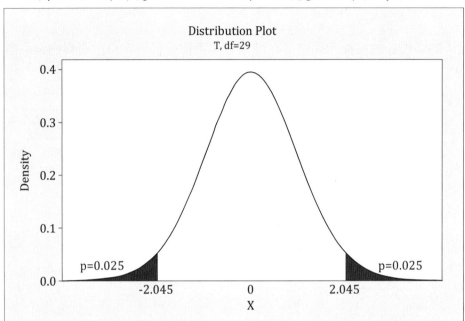

圖 6-37　平均數 95% 信賴區間

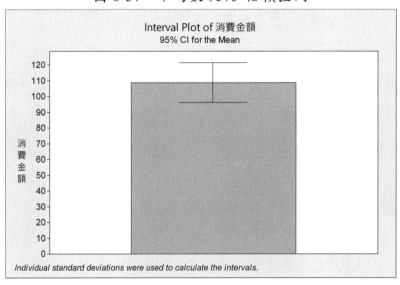

　　圖 6-37 是平均數 95% 信賴區間圖，長條頂端為平均數（108.80），上面的短橫線為上界（121.37），下面短橫線為下界（96.23）。

報表 6-2　One-Sample Z: 消費金額

N	Mean	StDev	SE Mean	95% CI for μ
30	108.80	33.67	6.15	(96.75, 120.85)
μ: population mean of 消費金額				
Known standard deviation = 33.67				

報表 6-2 是大樣本且母群標準差未知的平均數區間估計，使用 Z 分配，$\alpha = 0.05$ 時的臨界值為 1.960（見圖 6-2），則母群平均數 μ 的 95% 信賴區間為：

$$108.80 \pm 1.960 \times \frac{33.67}{\sqrt{30}}$$

計算結果為：(96.75, 120.85)。

報表 6-3　One-Sample Z: 消費金額

N	Mean	StDev	SE Mean	95% CI for μ
30	108.80	33.67	7.30	(94.49, 123.11)
μ: population mean of 消費金額				
Known standard deviation = 40				

報表 6-3 是母群標準差已知的平均數區間估計。本範例中假設已知母群的標準差是 40，則平均數的標準誤為：

$$\frac{40}{\sqrt{30}} = 7.30$$

此時使用 Z 分配來計算平均數的信賴區間，$\alpha = 0.05$ 時的臨界值為 1.960（見圖 6-2 或圖 6-10），則母群平均數 μ 的 95% 信賴區間為：

$$108.80 \pm 1.960 \times \frac{40}{\sqrt{30}}$$

計算結果為：(94.49, 123.11)。

6.5 以 APA 格式撰寫結果

對 30 名屏東市消費者進行調查,單次消費金額平均數為 108.80 元 $(SD = 33.67)$,平均數 95% 信賴區間為 [96.23, 121.37]。(注:在此仍使用小樣本的平均數信賴區間。)

6.6 中位數的信賴區間估計

在 Minitab 中要計算中位數信賴區間,可以使用【Stat】(統計)選單【Nonparametrics】(無母數)中的【1-Sample Sign】(單樣本符號)。

圖 6-38　1-Sample Sign 選單

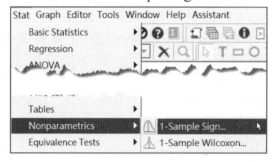

接著將變數選到【Variables】(變數)框中,【Confidence Interval】(信賴區間)預設為 95。最後,點擊【OK】(確定)進行分析。

圖 6-39　1-Sample Sign 對話框

報表 6-4　Method

η: median of 消費金額

報表 6-4 說明消費金額變數的中位數代號為 η。

報表 6-5　Descriptive Statistics

Sample	N	Median
消費金額	30	111.5

報表 6-5 說明樣本數為 30，中位數為 111.5。

報表 6-6　95% Confidence Interval for η

Sample	CI for η	Achieved Confidence	Position
消費金額	(102, 122)	90.13%	(11, 20)
	(96.6010, 122.771)	95.00%	Interpolation
	(95, 123)	95.72%	(10, 21)

報表 6-6 說明如果使用插補法計算精確的中位數 95%信賴區間，為 (96.6010, 122.771)，但是，一般會取 (95, 123)，此時，實際的信賴區間為 95.72%。此結果與 R 及 SPSS 一致。

第 7 章
檢定的基本概念

進行假設檢定時，主要有以下三個步驟。

1. 根據研究假設寫出**虛無假設**（null hypothesis, H_0）及**對立假設**（alternative hypothesis, H_1 或 H_a）。
2. 宣稱願意犯的**第一類型錯誤**之大小，並劃定拒絕區。
3. 進行統計分析、做裁決，並解釋結果。

以下將針對相關概念加以說明。

7.1　虛無假設與對立假設

進行研究時，研究者會以疑問句的形式敘述待答問題，例如：

> 屏東縣便利商店顧客單次平均消費額與 100 元是否有差異？

此時，我們通常都寫成肯定的句型，並將其化為研究假設：

> 屏東縣便利商店顧客單次平均消費額與 100 元有顯著差異。

進行統計分析時，此研究假設通常直接化為對立假設，並選用適當的母數符號表示。因此，其對立假設便為：

$$H_1 : \mu \neq 100$$

雖然研究者關心的研究假設是化成對立假設，使用 Minitab 分析時，也須設定對立假設，但是進行統計分析時，卻是對虛無假設加以檢定，藉由對虛無假設的否證，間接支持對立假設（也就是研究假設）。虛無假設應與對立假設相反，且包含等號，因此寫為：

$$H_0 : \mu = 100$$

綜言之，上述問題的統計假設是：

$$\begin{cases} H_0 : \mu = 100 \\ H_1 : \mu \neq 100 \end{cases}$$

以日常用語為例，我們常說：「天下烏鴉一般黑。」化為對立假設就是：

H_1：所有的烏鴉都是黑色的。

而虛無假設則是：

H_0：並非所有的烏鴉都是黑色的。

如果要證明對立假設，就必須看過世界所有的烏鴉，這在實務上是不可能的。反之，只要能找出一隻「非黑色的烏鴉」（接受虛無假設），就可以否定「天下烏鴉一般黑」的說法。假如遍尋各地都找不到「非黑色的烏鴉」，最後拒絕虛無假設，此時我們就比較有把握說「天下烏鴉一般黑」。因此採用對虛無假設的否證，是相對較容易的做法。

7.2　雙尾檢定與單尾檢定

在前述的檢定中，研究者只關心：

母群的單次消費平均數與 100 元是否有差異？

而不關心究竟是「多於 100 元」或是「少於 100 元」，此檢定形式稱為**雙尾檢定**（two tailed test，或稱**雙側檢定**）的問題（拒絕區位在兩側，如圖 7-1）。

圖 7-1　雙尾檢定，拒絕區在兩側

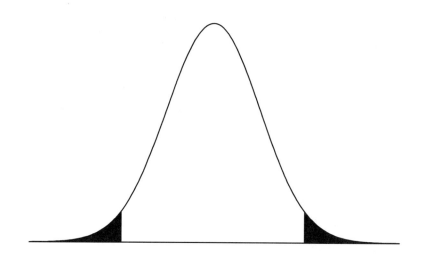

如果研究者關心：

屏東縣便利商店顧客單次平均消費額是否高於 100 元？

其研究假設為：

屏東縣便利商店顧客單次平均消費額高於 100 元。

化成對立假設則為：

$$H_1 : \mu > 100 \quad 或 \quad H_1 : \mu - 100 > 0$$

虛無假設便為：

$$H_0 : \mu \le 100 \quad 或 \quad H_0 : \mu - 100 \le 0$$

由於寫統計假設時，通常先寫 H_0，認為平均消費額與 100 無差異（也就是相等），因此，在 Minitab 中，虛無假設都只寫等號：

$$H_0 : \mu = 100 \quad 或 \quad H_0 : \mu - 100 = 0$$

此時，研究者只關心母群平均數是否「高於 100 元」，這是**單尾檢定**（one tailed test）的問題，它的拒絕區位在右側，是**右尾檢定**（right tailed test）（由對立假設判斷，「大於」是右尾，「小於」是左尾）。

圖 7-2　右尾檢定，拒絕區在右側

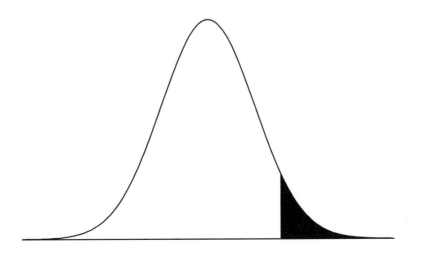

相反的，如果研究者關心：

屏東縣便利商店顧客單次平均消費額是否低於 100 元？

其對立假設為：

$$H_1 : \mu < 100 \quad 或 \quad H_1 : \mu - 100 < 0$$

虛無假設為：

$$H_0 : \mu \geq 100 \quad 或 \quad H_0 : \mu - 100 \geq 0$$

或是：

$$H_0 : \mu = 100 \quad 或 \quad H_0 : \mu - 100 = 0$$

這也是單尾檢定，但是其拒絕區在左側，是左尾檢定（left tailed test）。

圖 7-3　左尾檢定，拒絕區在左側

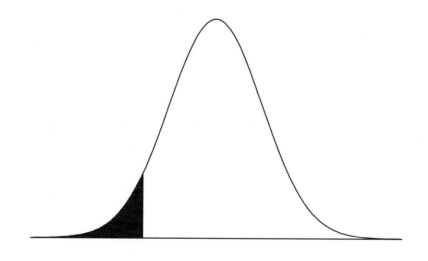

7.3　第一類型錯誤與第二類型錯誤

檢定之後，須進行裁決，在下表中可以看出裁決後的四種可能結果。

母群的真正性質

	H_0 為真	H_0 為假
拒絕 H_0	第一類型錯誤 α （假陽性）	裁決正確 $1-\beta$ 統計檢定力 （真陽性）
不拒絕 H_0	裁決正確 $1-\alpha$ （真陰性）	第二類型錯誤 β （假陰性）

（左側為「裁決」）

1.　拒絕 H_0，但是事實上 H_0 是真的，那麼研究者就犯了**第一類型錯誤**（type I error），其機率用 α 表示，通常是研究者於**分析前**決定。一般慣例，α 最常訂為 0.05 或是 0.01。

2.　不能拒絕 H_0（一般說成「接受 H_0」，有爭議），但是事實上 H_0 是假的，那麼研究者就犯了**第二類型錯誤**（type II error），其機率用 β 表示。

3.　不能拒絕 H_0，事實上 H_0 也是真的，那麼研究者的裁決就是正確的，其機率以 $1-\alpha$ 表示。

4.　拒絕 H_0，事實上 H_0 也是假的，那麼研究者的裁決就是正確的，此稱為**統計檢定力**（statistical power），其機率以 $1-\beta$ 表示。統計檢定力是研究者正確拒絕虛無假設，接受研究假設的機率，因此應特別留意。

舉例而言，某藥廠研究發明某種新藥期望完全治癒愛滋病（或消滅人體中的 HIV 病毒），在進行人體試驗前，該藥廠研究人員提出的對立假設是：

　　H_1：新藥可以治癒愛滋病

那麼其虛無假設是：

　　H_0：新藥不能治癒愛滋病

經實驗及統計分析後，如果拒絕 H_0，結論便是「新藥可以治癒愛滋病」，因此藥物就得以上市。但是，如果事實上 H_0 才是真的，就表示「新藥不能治癒愛滋病」，此時會導致許多人因為使用此種新的藥物，而延誤了接受其他適當治療的機會，嚴重些

則可能危害患者的生命。此種錯誤在統計學上稱為第一類型錯誤。

反之，如果研究的結果是不能拒絕 H_0，結論便是「新藥不能治癒愛滋病」，因此藥物便無法上市。但是，如果事實上 H_0 是假的，也就表示「新藥可以治癒愛滋病」。由於裁決錯誤，使得有療效的藥物無法上市，因此也就無法嘉惠患者。此種錯誤在統計學上稱為第二類型錯誤。

一般而言，犯第一類型錯誤會比犯第二類型錯誤來得嚴重。由上面例子可看出，犯第二類型錯誤是少救了許多人，犯第一類型錯誤則是多危害了一些人。兩相權衡之下，研究者可能寧願犯第二類型錯誤，而不願犯第一類型錯誤。然而，是否把第一類型錯誤訂得低一點就比較好呢？事實也不盡然。

再舉一例子，醫師會經由許多檢驗結果來判斷就診者是否罹患某種疾病（如：肝癌或新冠肺炎）。此時，對立假設是：

H_1：就診者罹患某種疾病

虛無假設就是：

H_0：就診者並未罹患該種疾病

假使醫師看了各種檢驗的數據後，拒絕 H_0，做出「就診者罹患該種疾病」的診斷（也就是接受 H_1，診斷為陽性），因此要就診者接受某種治療或手術。如果事實上就診者並未罹患該種疾病（也就是 H_0 才是真的），這是**誤診**，在醫學上稱為**假陽性**（false positive），就診者便要接受許多不必要的治療，此為第一類型錯誤。

反之，如果醫師不拒絕 H_0，做出「就診者並未罹患該種疾病」的診斷（也就是陰性），但是事實上就診者確實罹患該種疾病（也就是 H_0 是假的），此是**漏診**，在醫學上稱為**假陰性**（false negative），就診者便錯失了及時治療的機會，也可能因此使其他人受到傳染，這就是第二類型錯誤。

假使醫師為了避免誤診而犯第一類型錯誤，因此非到不得已不做出「就診者罹患該種疾病」的診斷，絕大多數就診者就會被診斷為陰性，此時，被漏診（假陰性）的機率反而增加。因此，第一類型錯誤的機率訂得太低，犯第二類型錯誤的機率反而會隨之提高，這兩者呈現彼此消長的關係。如果要同時降低這兩種錯誤，就須再進行不同的檢查、更換試劑，或是再請教其他醫師。當然，醫師本身的經驗及細心也有助於減少這兩種錯誤。

另兩種情形是：如果醫師不拒絕 H_0，做出「就診者並未罹患該種疾病」的診斷，而就診者實際上也未罹患該種疾病（**真陰性**，true negative），此時醫師是做了正確的裁決，$\dfrac{\text{真陰性}}{\text{真陰性}+\text{假陽性}}$ 在醫學上稱為**特異性**（specificity）或真陰性率。如果醫師拒絕 H_0，做出「就診者罹患該種疾病」的診斷，而就診者實際上也真的罹患該種疾病（**真陽性**，true positive），此時醫師也做了正確的裁決，$\dfrac{\text{真陽性}}{\text{真陽性}+\text{假陰性}}$ 在醫學上稱為**敏感性**（sensitivity）或真陽性率。另外，$\dfrac{\text{真陰性}}{\text{真陰性}+\text{假陰性}}$ 稱為**陰性檢測率**，$\dfrac{\text{真陽性}}{\text{真陽性}+\text{假陽性}}$ 稱為**陽性檢測率**。

二○二○年造成許多人感染甚至死亡的 COVID-19，使用試劑檢驗時，常有假陽性或假陰性的問題，這與試劑的敏感性及特異性有關，可見一次的檢驗，要完全正確無誤，很難達成。

7.4　裁決的規準

假設某公司品管部門想要了解該公司生產的 T5 日光燈管的平均使用壽命是否與 10000 小時不同，於是他們從生產線隨機選取了 20 支燈管進行測試，得到平均數 10500 小時，標準差為 1200 小時。請問：該公司是否可以宣稱：

本公司生產的日光燈管平均使用壽命顯著不同於 10000 小時？

在此範例中，統計假設為：

$$\begin{cases} H_0 : \mu = 10000 \\ H_1 : \mu \neq 10000 \end{cases}$$

由於母群標準差未知，又是小樣本，因此使用一個樣本 t 檢定（詳見第 8 章），計算結果為：

$$t = \frac{10500 - 10000}{\dfrac{1200}{\sqrt{20}}} = \frac{500}{268} = 1.86 \quad （配合 Minitab 報表，取近似值）$$

使用 Minitab 進行分析，步驟如下。

1.　首先，在【Stat】（統計）中的【Basic Statistics】（基本統計量）中選擇【1-Sample t】（單樣本 t）。

圖 7-4　1-Sample t 選單

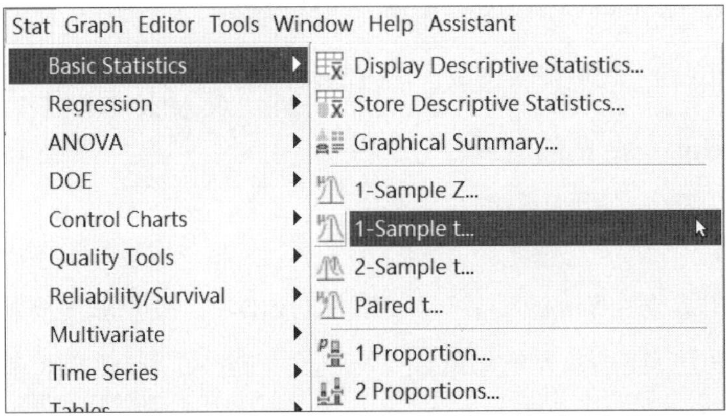

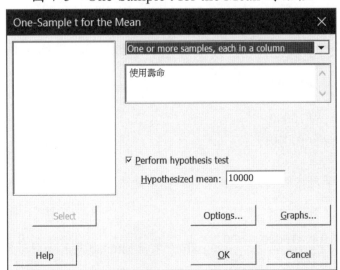

2.　其次，將「使用壽命」變數點擊【Select】（選擇）按鈕到右邊框中，勾選【Perform hypothesis test】（進行假設檢定），並在【Hypothesized mean】（假設平均數）中輸入檢定值 10000，再點擊【Options】（選項）進行對立假設之設定。

圖 7-5　One-Sample t for the Mean 對話框

3.　再次，在【Options】（選項）下設定【Alternative hypothesis:】（對立假設）為【Mean ≠ hypothesized mean】（母群平均數不等於假設的平均數，也就是 $H_1 : \mu \neq 10000$），並點擊【OK】（確定）回到前一個畫面。留意：【Confidence level】（信賴水準）中內定為 95.0%，此時 α 值設為 $1 - 0.95 = 0.05$。

圖 7-6　One-Sample t: Options 對話框

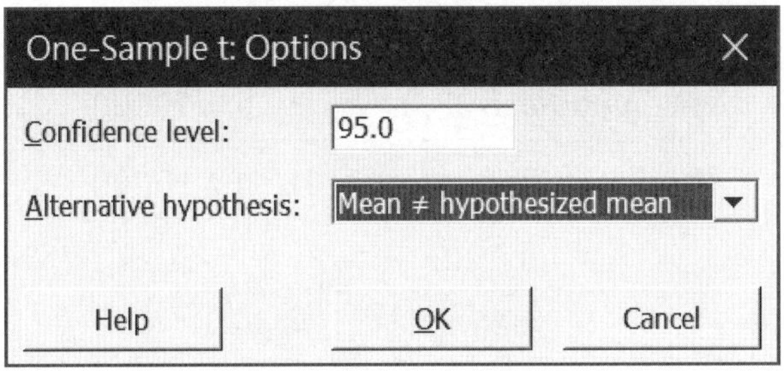

4.　最後，點擊【OK】（確定）進行分析。

圖 7-7　One-Sample t for the Mean 對話框

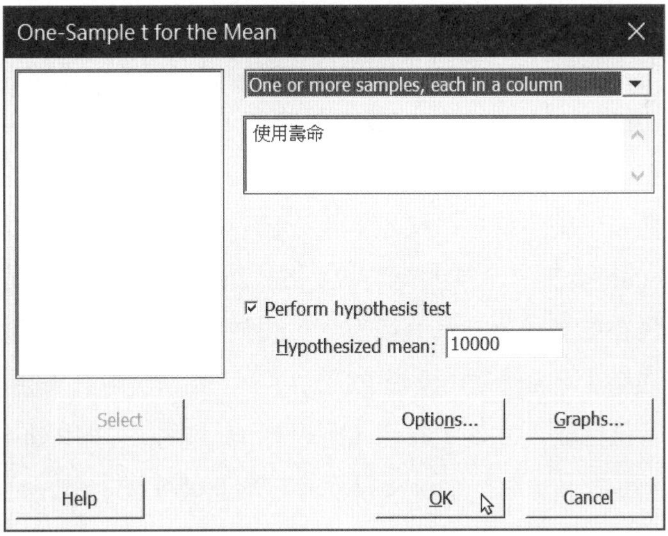

　　分析後得到報表 7-1 及 7-2。報表 7-1 為描述統計，$M = 10500$，$SD = 1200$，平均數的標準誤為 268，母群平均數 μ 的 95%信賴區間為 (9938, 11062)。報表 7-2 為檢定結果，第一部分為 H_0 及 H_1，第二部分得到 $T = 1.86$，$P = 0.078$。

報表 7-1　Descriptive Statistics

N	Mean	StDev	SE Mean	95% CI for μ
20	10500	1200	268	(9938, 11062)
μ: population mean of 使用壽命				

報表 7-2　Test

Null hypothesis	H_0: μ = 10000
Alternative hypothesis	H_1: μ ≠ 10000

T-Value	P-Value
1.86	0.078

檢定之後，應依據什麼規準做出裁決？在 Minitab 中常用的方法有三種。

7.4.1　p 值法

第一種是 p 值法，是目前統計軟體通用的方法，也是研究者最常採用的規準。在此先強調：Minitab 內定使用雙尾檢定，讀者應留意您的檢定是雙尾或單尾，而單尾檢定更應留意是右尾檢定或左尾檢定，以正確設定對立假設，否則得到的 p 值就會有錯。（注：Minitab 報表中 P 為大寫，APA 格式為小寫 p，本書 P 與 p 交互使用。）

所謂 p 值，是在虛無假設為真的情形下，大於檢定所得值（可以是 Z 值、t 值、F 值，或 χ^2 值）的機率（probability）。如果 $p \leq \alpha$，表示出現計算後檢定值的機率很小，換言之，檢定值已經很大了，此時，應拒絕 H_0；反之，如果 $p > \alpha$，則不能拒絕 H_0。α 是研究者設定的第一類型錯誤機率，通常為 0.05（注：APA 格式寫為 .05，本書配合 Minitab 報表，寫為 0.05。）

在報表 7-2 可看到：H_1: μ ≠ 10000，所以它是採取雙尾檢定。樣本數 20，在自由度為 19（樣本數減 1）的 t 分配下，Minitab 中顯示的雙尾 P 值為 0.078，並未小於 0.05，不能拒絕虛無假設，所以該公司不能宣稱燈管的平均使用壽命與 10000 小時有顯著差異。（注：在圖 7-8 中，$t \geq 1.86$ 的 $p = 0.039$，$t < -1.86$ 的 $p = 0.039$，因此雙尾 p 值為 0.078，見報表 7-2。）

圖 7-8　雙尾檢定之 $p = 0.078$

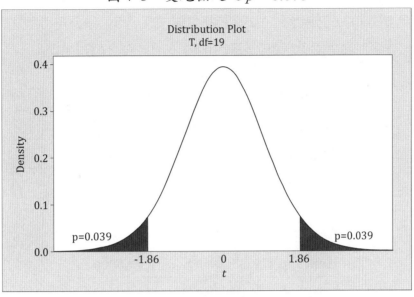

然而，站在委託生產公司的立場，他們關心的重點是：該工廠生產的日光燈管平均使用壽命是否**高於** 10000 小時？此時統計假設便為：

$$\begin{cases} H_0 : \mu = 10000 \\ H_1 : \mu > 10000 \end{cases} \quad 或 \quad \begin{cases} H_0 : \mu \le 10000 \\ H_1 : \mu > 10000 \end{cases}$$

此時拒絕區在右尾，在 Minitab 中應設定【Alternative hypothesis】（對立假設）為【Mean > hypothesized mean】（母群平均數大於假設的平均數，也就是 $H_1 : \mu > 10000$）。

圖 7-9　One-Sample t: Options 對話框

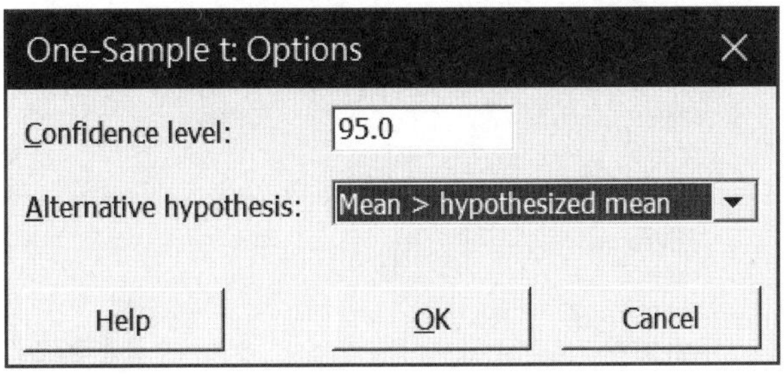

分析後得到報表 7-3 及 7-4。此時 t 值仍為 1.86，但因為是右尾檢定，所以 $P =$ 0.039（也見圖 7-10），已經小於 0.05，拒絕虛無假設，因此該公司可以宣稱：本公司生產的日光燈管平均使用壽命顯著高於 10000 小時，符合契約規定。

報表 7-3　Descriptive Statistics

N	Mean	StDev	SE Mean	95% Lower Bound for μ
20	10500	1200	268	10036
μ: population mean of 使用壽命				

報表 7-4　Test

Null hypothesis	$H_0: μ = 10000$
Alternative hypothesis	$H_1: μ > 10000$

T-Value	P-Value
1.86	0.039

圖 7-10　右尾檢定之 $p = 0.039$

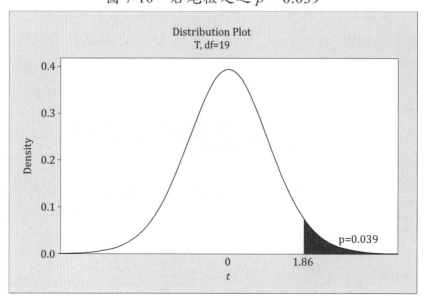

站在消費者的立場，他們關心的焦點是：該工廠生產的日光燈管平均使用壽命是否**低於** 10000 小時？此時統計假設便為：

$$\begin{cases} H_0 : \mu = 10000 \\ H_1 : \mu < 10000 \end{cases} \quad 或 \quad \begin{cases} H_0 : \mu \geq 10000 \\ H_1 : \mu < 10000 \end{cases}$$

此時拒絕區在左尾，在 Minitab 中應設定【Alternative hypothesis】（對立假設）為【Mean < hypothesized mean】（母群平均數小於假設的平均數，也就是 $H_1 : \mu < 10000$）。

圖 7-11　One-Sample t: Options 對話框

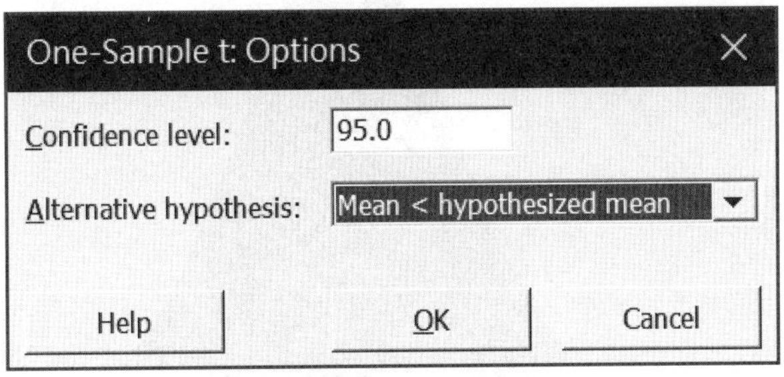

分析後得到報表 7-5 及 7-6。此時 t 值仍為 1.86，但因為是左尾檢定，所以 $P = 0.961$（也見圖 7-12），並未小於 0.05，不能拒絕虛無假設，因此該公司可以宣稱：本公司生產的日光燈管平均使用壽命未低於 10000 小時，也就是可能等於或高於 10000 小時，所以並未欺騙消費者。

報表 7-5　Descriptive Statistics

N	Mean	StDev	SE Mean	95% Upper Bound for μ
20	10500	1200	268	10964
μ: population mean of 使用壽命				

報表 7-6　Test

Null hypothesis	$H_0 : \mu = 10000$
Alternative hypothesis	$H_1 : \mu < 10000$

報表 7-6（續）

T-Value	P-Value
1.86	0.961

圖 7-12　左尾檢定之 $p = 0.961$

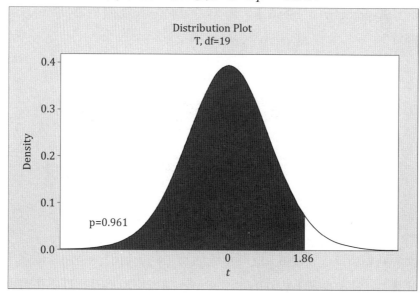

綜合上述的分析，檢定後得到 $t = 1.86$，裁決如下：

1. 如果採雙尾檢定，$p = 0.078$，大於 0.05，因此不能拒絕虛無假設。

2. 如果採右尾檢定，$p = 0.039$（等於 $0.078 \div 2$），小於 0.05，因此應拒絕虛無假設。

3. 如果採左尾檢定，$p = 0.961$（等於 $1 - 0.078 \div 2$），大於 0.05，因此不能拒絕虛無假設。

Minitab 的繪圖功能提供各種分配及其機率值，接著，說明如何使用 Minitab 計算 t 值的機率值 p。

1.　在【Graph】（圖形）中選擇【Probability Distribution Plot】（機率分配圖）。

圖 7-13　Probability Distribution Plot 選單

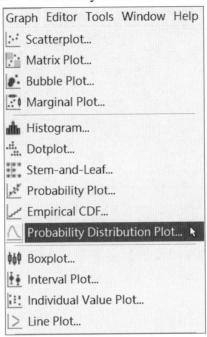

2.　選擇【View Probability】（檢視機率）。

圖 7-14　Probability Distribution Plots 對話框

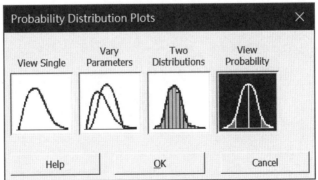

3.　在【Distribution】（分配）中選擇【t】，並在【Degrees of freedom】（自由度）中輸入本範例的自由度 19（為樣本數 20 減 1）。

圖 7-15　Probability Distribution Plot: View Probability 對話框

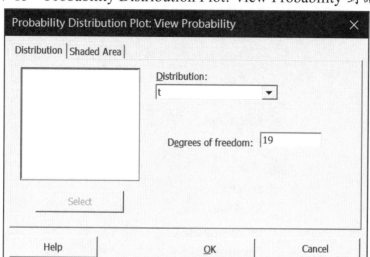

4.　點選左上角的【Shaded Area】（陰影區域），在【X Value】（X 值）框中輸入
　　【1.86】（計算所得的 t 值），並選擇【Both Tails】（雙尾），最後點擊【OK】
　　按鈕，繪製圖形。

圖 7-16　Probability Distribution Plot: View Probability 對話框

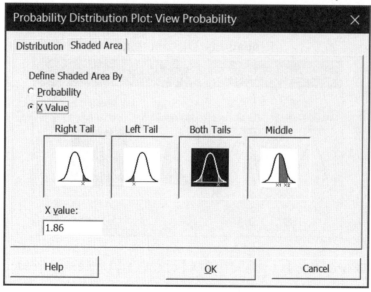

5. 在 $df = 19$ 的 t 分配中，繪製所得的 $|t| \geq 1.86$ 的 p 值為 $0.039 + 0.039 = 0.078$。

圖 7-17　自由度 19 時，$|t| \geq 1.86$ 的機率 $p = 0.078$

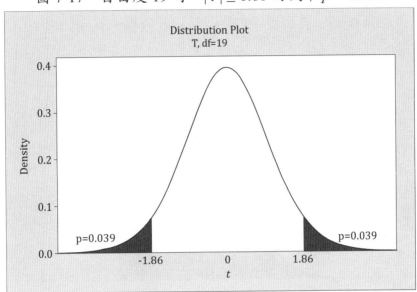

6. 如果是左尾檢定，則選擇【Left Tail】；反之，如果是右尾檢定，則選擇【Right Tail】

圖 7-18　Probability Distribution Plot: View Probability 對話框

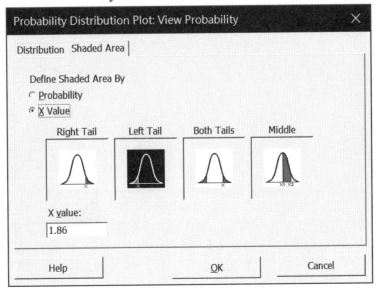

7. 繪製所得的 $t \leq 1.86$ 的 p 值為 0.961（見圖 7-19）；反之，$t \geq 1.86$ 的 p 值為 0.039（見圖 7-20）。

圖 7-19　自由度 19 時，$t \leq 1.86$ 的機率 $p = 0.961$

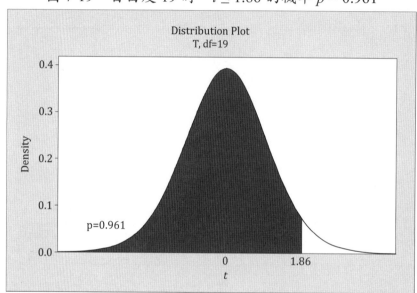

圖 7-20　自由度 19 時，$t \geq 1.86$ 的機率 $p = 0.039$

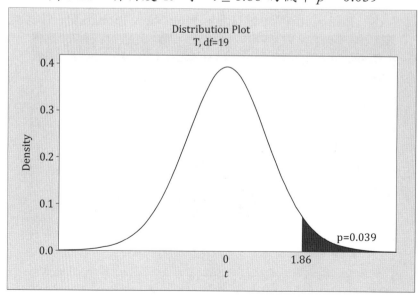

7.4.2 標準臨界值法

第二種是**標準臨界值法**,為較傳統取向的做法。這是在某種分配下(在此以 t 分配為例),比較檢定之後所得的值與**臨界值**(critical value)的大小。

1. 雙尾檢定中,計算所得 t 的**絕對值是否大於臨界值**。如果大於或等於臨界值,則拒絕虛無假設;如果小於臨界值,則不能拒絕虛無假設。

2. 右尾檢定中,計算所得 t 值是否**大於右尾臨界值**。如果大於或等於右尾臨界值,則拒絕虛無假設;如果小於右尾臨界值,則不能拒絕虛無假設。

3. 左尾檢定中,計算所得 t 值是否**小於左尾臨界值**。如果小於或等於左尾臨界值,則拒絕虛無假設;如果大於左尾臨界值,則不能拒絕虛無假設。

前述的例子中,計算所得的 t 值為 1.86,如果是雙尾檢定,在自由度為 19 的 t 分配中,$\alpha = 0.05$ 時的臨界值為 ±2.093,|1.86|未大於 2.093,並未落入拒絕區(圖 7-21 中黑色區域),因此不能拒絕虛無假設。

圖 7-21　自由度 19,$\alpha = 0.05$ 時,雙尾檢定之臨界值為 2.093

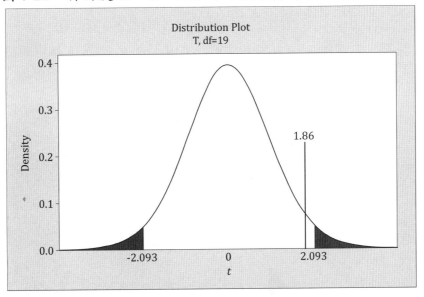

同樣的範例,如果使用右尾檢定,右尾臨界值為 1.729,計算所得 t 值 1.86 已落入拒絕區,因此應拒絕虛無假設(見圖 7-22)。

圖 7-22　自由度 19，$\alpha = 0.05$ 時，右尾檢定之臨界值為 1.729

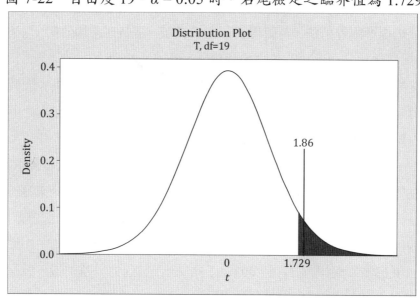

反之，如果改採左尾檢定，左尾臨界值為 -1.729，計算所得 t 值 1.86 並未落入拒絕區，因此不能拒絕虛無假設（見圖 7-23）。

圖 7-23　自由度 19，$\alpha = 0.05$ 時，左尾檢定之臨界值為 -1.729

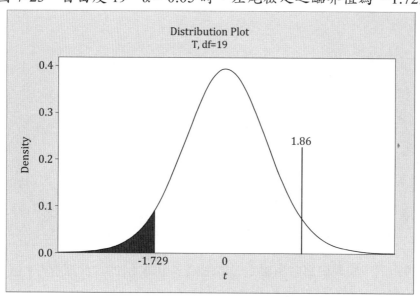

綜合上述分析，裁決如下：

1. 如果採雙尾檢定，計算所得 $t = 1.86$，$|t|$ 小於 2.039，因此不能拒絕虛無假設。

2. 如果採右尾檢定，計算所得 $t = 1.86$，t 大於 1.729，因此應拒絕虛無假設。

3. 如果採左尾檢定，計算所得 $t = 1.86$，t 未小於 -1.729，因此不能拒絕虛無假設。

標準臨界值法是電腦及統計軟體不普遍時使用的方法，由於需要查閱統計書籍的附表，目前已較少採用此種方法。在 Minitab 中可以使用繪圖方式求得各種臨界值，步驟如下：

1. 在【Graph】（圖形）中選擇【Probability Distribution Plot】（機率分配圖）。

圖 7-24　Probability Distribution Plot 選單

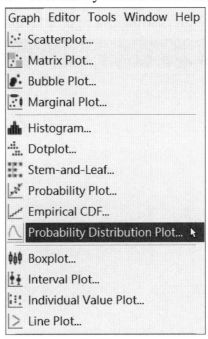

2. 選擇【View Probability】（檢視機率）。

圖 7-25　Probability Distribution Plot 對話框

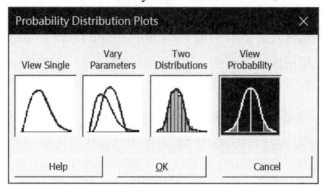

3. 在【Distribution】（分配）中選擇【t】，並在【Degrees of freedom】（自由度）中輸入本範例的自由度 19（等於樣本數 20 減 1）。

圖 7-26　Probability Distribution Plot: View Probability 對話框

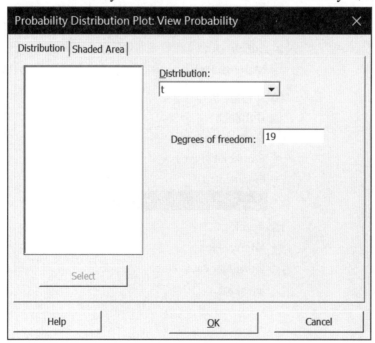

4.　點選左上角的【Shaded Area】（陰影區域），在【Probability】（機率）框中輸入【0.05】，並選擇【Both Tails】（雙尾），最後點擊【OK】（確定）按鈕，繪製圖形。

圖 7-27　Probability Distribution Plot: View Probability 對話框

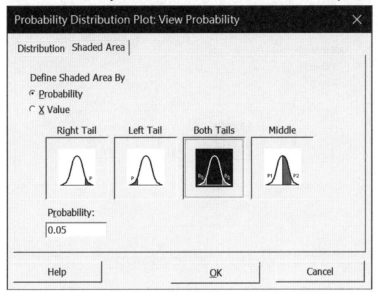

5.　繪製所得的雙尾臨界值為 ±2.093。

圖 7-28　自由度 19，$\alpha = 0.05$ 時，雙尾檢定之臨界值為±2.093

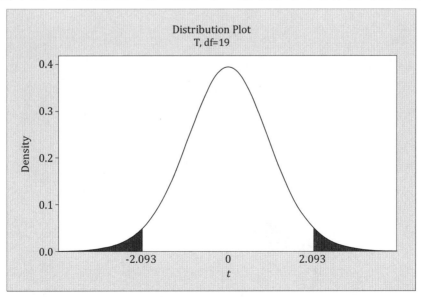

6. 如果是左尾檢定，則選擇【Left Tail】；反之，如果是右尾檢定，則選擇【Right Tail】

圖 7-29　Probability Distribution Plot: View Probability 對話框

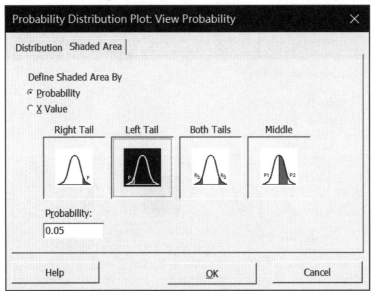

7. 繪製所得的左尾臨界值為 -1.729（見圖 7-30）；如果是右尾檢定，則臨界值為 $+1.729$。

圖 7-30　自由度 19，$\alpha = 0.05$ 時，左尾檢定之臨界值為 -1.729

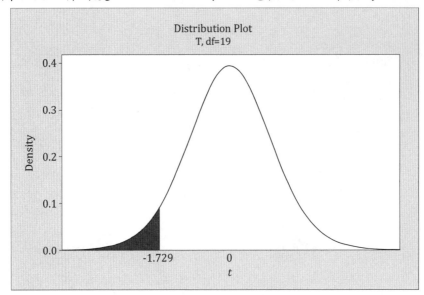

7.4.3　原始信賴區間法

　　第三種是**原始信賴區間法**。雙尾信賴區間的計算方法已在前一章上說明，它與雙尾檢定也可以同時並用。

　　上述例子如果 α 訂為 0.05，則原始信賴區間為 $1 - \alpha = .95 = 95\%$。20 個樣本的平均數為 10500，母群平均數 μ 的 95% 信賴區間的計算公式為：

$$10500 \pm 2.093 \times \frac{1200}{\sqrt{20}} = 10500 \pm 562$$

　　計算後，下界為 9938，上界為 11062（請見報表 7-1），在 [9938, 11062] 的區間中包含了 10000（要檢定的值），因此母群的平均數極有可能等於 10000，應接受 H_0，所以 $\mu = 10000$。（見圖 7-31）

圖 7-31　雙尾檢定，平均數 95%信賴區間上下界包含檢定值 10000

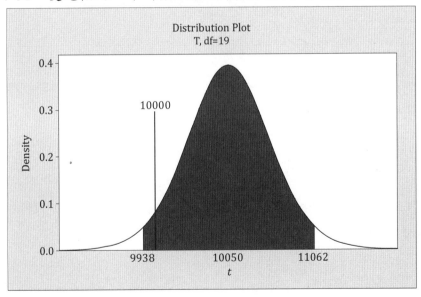

　　如果此時採右尾檢定，H_1 是 $\mu > 10000$，則 H_0 是 $\mu \le 10000$，此時要計算單尾信賴區間的下界，公式是：

$$10500 - 1.729 \times \frac{1200}{\sqrt{20}} = 10036$$

在 95% 下界 10036（請見報表 7-3）以上這段範圍（圖 7-32 中灰黑部分），不包含 10000，應拒絕 H_0，因此 $\mu > 10000$。

圖 7-32　右尾檢定，平均數 95% 信賴區間下界未包含檢定值 10000

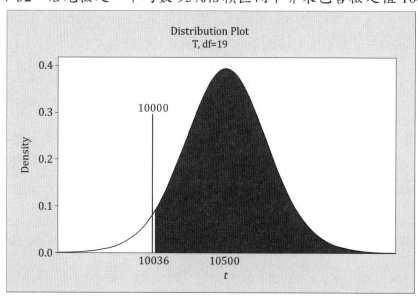

假使改採左尾檢定，H_1 是 $\mu < 10000$，則 H_0 是 $\mu \geq 10000$，此時要反過來計算單尾信賴區間的上界，公式是：

$$10500 + 1.729 \times \frac{1200}{\sqrt{20}} = 10964$$

在 95% 上界 10964（請見報表 7-5）以下這段範圍，包含 10000，應接受 H_0，因此 $\mu \geq 10000$。（見圖 7-33）

圖 7-33　左尾檢定，平均數 95%信賴區間上界包含檢定值 10000

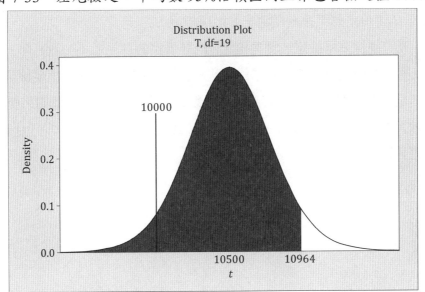

總之，使用 Minitab 進行【1-Sample t】檢定，將假設平均數設定為 10000，並應留意：

1.　如果是雙尾檢定，則在【Option】下設定【Alternative hypothesis】為【Mean ≠ hypothesis mean】，得到結果如報表 7-1，此時要檢視平均數信賴區間的上下界。

2.　假如是右尾檢定，設定【Mean > hypothesis mean】，結果如報表 7-3，此時只看信賴區間的下界。

3.　假如是左尾檢定，設定【Mean < hypothesis mean】，結果如報表 7-5，此時只看信賴區間的上界。

綜合上述的分析，裁決如下：

1.　如果採雙尾檢定，平均數 95% 信賴區間上下界為 [9938, 11062]，中間包含 10000，因此不能拒絕虛無假設。

2.　如果採右尾檢定，平均數 95% 信賴區間下界為 10036，高於 10000，因此應拒絕虛無假設。

3.　如果採左尾檢定，平均數 95% 信賴區間上界為 10964，未低於 10000，因此不能拒絕虛無假設。

　　由以上三種裁決方法可得到一致的結果：如果一開始是採雙尾或左尾檢定，分析後都應接受 H_0，但是如果採右尾檢定，則應拒絕 H_0。

　　但是，究竟應採單尾檢定或雙尾檢定，統計學家的意見並不一致。有一部分學者認為，如果對研究主題已有充分的了解或是預期的方向，應該使用單尾檢定；但是也有部分學者認為雙尾檢定比較不容易顯著（臨界值要更大些），因此如果雙尾檢定顯著，就比較具有說服力（Aron, Coups, & Aron, 2013）。Cohen（2007）也指出，雙尾檢定是心理學研究的慣例。

第 8 章
單一樣本
平均數 t 檢定

　　單一樣本平均數 t 檢定用於比較樣本在某個量的變數之平均數與一個常數是否有差異，此常數在 Minitab 中稱為**假定的平均數**（hypothesized mean）。雖然此種統計方法在實務上相當少用，但是了解單一樣本平均數 t 檢定的統計概念之後，對相依樣本 t 檢定的掌握會有助益，因此仍應認識它。

8.1　基本統計概念

8.1.1　目的

　　單一樣本平均數 t 檢定旨在考驗一個平均數與特定的常數（檢定值）是否有差異，這個研究者關心的常數可以是以下幾種數值：

1. **量表或測驗的中位數或平均數**。如：受訪者在 7 點量表中的回答是否與平均數 4 有顯著差異。

2. **以往相關研究發現的平均數**。如：檢定某所大學的學生平均睡眠時數與 8 小時是否有顯著差異。

3. **已知的母群平均數**。如：檢定某校學生在魏氏智力測驗的平均得分與 100 是否有顯著差異。

4. **由機率獲得的某個數值**。如：受試學生在 4 個選項的選擇題測驗中，平均得分是否高於 25 分（等於是隨機猜測的分數）。

8.1.2　單一樣本的定義

　　單一樣本，指的是研究者從關心的母群體中抽樣而得的一組具代表性的樣本，他們可以是：

1. 學校中的某些學生。

2. 生產線的某些產品。

3. 罹患某種疾病的部分患者。

4. 某地區的部分地下水。

5. 市場或商店中的某些貨品。

抽取樣本之後，研究者會針對這些樣本的某種屬性或特性加以測量，而測量所得

的值須為量的變數（quantitative variable，含等距及等比尺度），例如：

1. 在某測驗的得分。
2. 使用壽命或存活時間。
3. 某種化學物質（如砷、防腐劑，或瘦肉精）含量。

8.1.3 分析示例

依據上述說明，以下的研究問題都可以使用單一樣本平均數 t 檢定：

1. 某所學校全體學生在閱讀理解測驗的平均得分與全國平均 450 分是否有差異？
2. 某工廠的產品，平均使用壽命與競爭對手的 5000 小時是否有差異？
3. 某地區地下水的砷含量是否低於 0.01mg/L？（此為左尾檢定）
4. 某類產品的防腐劑含量是否超過 30 ppm？（此為右尾檢定）

8.1.4 統計公式

一個平均數的假設檢定，是透過計算樣本平均數的 Z 分數進行。而在此要重申兩個相關的概念。首先，本書第 3 章曾提及，個別數值的 Z 分數公式為：

$$Z = \frac{X - \mu}{\sigma} \tag{公式 8-1}$$

$|Z|$ 愈大，代表「個別數值與平均數的距離」和「標準差」的比率愈大，如果超過某個界限，我們就說這個比率已經非常大了。

而中央極限定理也宣稱：樣本平均數的平均數為：

$$\mu_{\bar{X}} = \mu \tag{公式 8-2}$$

樣本平均數的標準差（即平均數標準誤）為：

$$\sigma_{\bar{X}} = \frac{\sigma}{\sqrt{n}} \tag{公式 8-3}$$

如果應用在母群變異數 σ^2 已知的抽樣分配中，將公式 8-1 中的 X 改為樣本平均數 $\bar{X}$ 之後，再將公式 8-2 及公式 8-3 代入公式 8-1，則為：

$$Z = \frac{\overline{X} - \mu_{\overline{X}}}{\sigma_{\overline{X}}} = \frac{\overline{X} - \mu}{\dfrac{\sigma}{\sqrt{n}}}$$　　　　　　　　　　（公式 8-4）

此即為 σ^2 已知的平均數 Z 檢定，它可以寫成：

$$\text{平均數}Z\text{檢定} = \frac{\text{樣本平均數與檢定值之差異}}{\text{平均數的標準誤}}$$　　　（公式 8-5）

然而，多數情形下，研究者並不知道母群的變數異 σ^2，此時，便以樣本變異數 s^2 估計 σ^2，此時，樣本平均數的標準差為：

$$s_{\overline{X}} = \frac{s}{\sqrt{n}}$$　　　　　　　　　　　　　（公式 8-6）

且當樣本數在 30 以上時，抽樣的平均數會呈常態分配，Z 檢定的公式改為：

$$Z = \frac{\overline{X} - \mu}{\dfrac{s}{\sqrt{n}}}$$　　　　　　　　　　　　（公式 8-7）

當樣本數小於 30 時，抽樣的平均數會呈 t 分配，此時，便稱為平均數 t 檢定，公式為：

$$t = \frac{\overline{X} - \mu}{\dfrac{s}{\sqrt{n}}}$$　　　　　　　　　　　　（公式 8-8）

圖 8-1 顯示，當樣本數等於 30 時（自由度 29），t 分配（虛線）已經非常接近標準化常態分配（實線為 Z 分配），所以在 Minitab 中可以用 t 檢定代替 Z 檢定。

當母群不是常態分配，而樣本量大於 30 時，根據中央極限定理，樣本的平均數還是會接近常態分配。母群變異數 σ^2 有兩種情況：

1. 如果母群變異數 σ^2 已知，仍然可以使用公式 8-4 的 Z 檢定。

2. 如果母群變異數 σ^2 未知，改用樣本變異數 s^2 估計 σ^2，仍可使用公式 8-8 的 Z 檢定。

但是，如果母群不是常態分配，而且樣本數不到 30，則建議改用無母數統計方法，如本章後面說明的中位數 Wilcoxon 符號等級檢定（Wilcoxon signed ranks test）。

圖 8-1　Z 分配與自由度為 29 的 t 分配

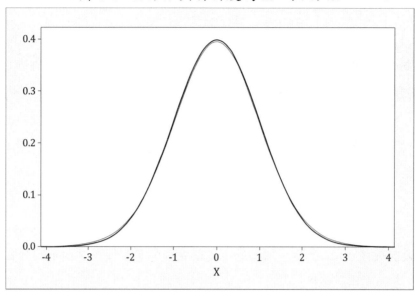

8.1.5　分析流程

綜合以上所述，單一樣本平均數檢定的流程如圖 8-2。

圖 8-2　單一樣本平均數檢定流程

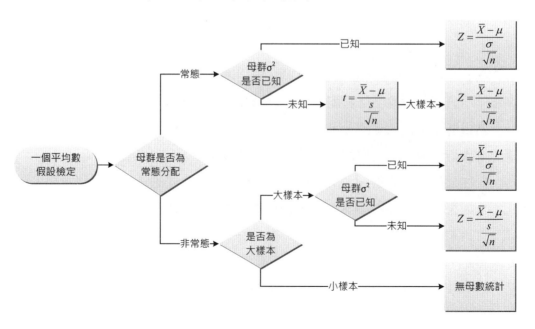

8.1.6　效果量

單一樣本平均數 t 檢定的效果量常用 Cohen 的 d 值（稱為 Hedges 的 g 較恰當），公式為：

$$d = \frac{|樣本平均數與檢定值的差異|}{標準差} = \frac{|平均差異|}{標準差} = \frac{|\bar{X} - \mu_0|}{\sigma}$$

在樣本中，公式為：

$$d = \frac{|\bar{X} - \mu_0|}{s} \qquad\qquad\qquad （公式 8-9）$$

Cohen 的 d 值也可以使用另一個公式求得

$$d = \frac{t值}{\sqrt{個數}} \qquad\qquad\qquad （公式 8-10）$$

根據 Cohen（1988）的經驗法則，d 的小、中、大效果量，分別為 .20、.50，及 .80。依此準則可以歸納如下的原則：

1.　$d < .20$ 時，效果量非常小，幾乎等於 0。

2.　$.20 \leq d < .50$，為小的效果量。

3.　$.50 \leq d < .80$，為中度的效果量。

4.　$d \geq .80$，為大的效果量。

8.2　範例

某國民小學校長想了解該校六年級學生的閱讀理解能力，於是隨機選取 20 名學生，讓他們接受學校自編的「閱讀理解測驗」（40 題），得到表 8-1 的數據。請問：該校六年級學生平均閱讀理解能力與 20 分（50%答對率）是否有不同？

表 8-1　某國小 20 名學生在閱讀理解測驗的得分

學生	閱讀理解	學生	閱讀理解
1	29	11	5
2	24	12	11
3	18	13	35
4	40	14	28
5	34	15	30
6	9	16	23
7	22	17	24
8	26	18	25
9	25	19	39
10	26	20	31

8.2.1　變數與資料

表 8-1 中，雖然有 2 個變數，但是學生的代號並不需要輸入 Minitab 中，因此分析時只使用「閱讀理解」這一變數，它的定義是學生在學校自編「閱讀理解測驗」的得分，介於 0–40 之間，屬於量的變數。分數愈高，代表學生的閱讀理解能力愈佳。

8.2.2　研究問題

在本範例中，研究者想要了解的問題可以陳述如下：

　　該國小六年級學生的平均閱讀理解能力與 20 分是否有差異？

8.2.3　統計假設

根據研究問題，虛無假設宣稱「該國小六年級學生的平均閱讀理解能力等於 20 分」，以統計符號表示為：

$$H_0 : \mu = 20$$

而對立假設則宣稱「該國小六年級學生的平均閱讀理解能力不等於 20 分」，以統計符號表示為：

$$H_1 : \mu \neq 20$$

總之，統計假設寫為

$$\begin{cases} H_0 : \mu = 20 \\ H_1 : \mu \neq 20 \end{cases}$$

8.3　使用 Minitab 進行分析

1. 完整的 Minitab 資料檔如圖 8-3。

圖 8-3　獨立樣本 t 檢定資料檔

→	C1	C2	C3	C4	C5	C6
	閱讀理解					
1	29					
2	24					
3	18					
4	40					
5	34					
6	9					
7	22					
8	26					
9	25					
10	26					
11	5					
12	11					
13	35					
14	28					
15	30					
16	23					
17	24					
18	25					
19	39					
20	31					

2. 在【Stat】（統計）中的【Basic Statistics】（基本統計量）中選擇【1-Sample t】（單樣本 t）。

圖 8-4　1-Sample t 選單

Stat	Graph	Editor	Tools	Window	Help	Assistant
Basic Statistics	▶			Display Descriptive Statistics...		
Regression	▶			Store Descriptive Statistics...		
ANOVA	▶			Graphical Summary...		
DOE	▶			1-Sample Z...		
Control Charts	▶			1-Sample t...		

3. 將閱讀理解變數點擊【Select】（選擇）按鈕到右邊框中。

圖 8-5　One-Sample t for the Mean 選單

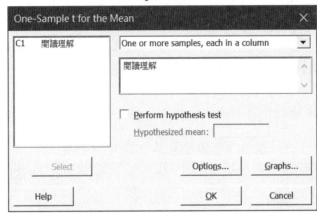

4. 勾選【Perform hypothesis test】（進行假設檢定），並在【Hypothesized mean】（假設平均數）中輸入檢定值 20，再點擊【OK】（確定）進行分析。

圖 8-6　One-Sample t for the Mean 選單

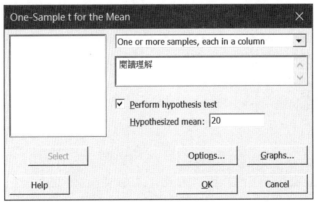

5. 如果要改變信賴區間或對立假設的方向，可以在【Options】（選項）下設定。

圖 8-7　One-Sample t: Options 選單

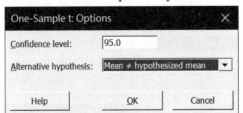

6. 如果已經有現成描述統計量，可以選擇【Summarized data】（匯總資料），分別輸入【Sample size】（樣本數）、【Sample mean】（樣本平均數）、【Standard deviation】（標準差），並在【Hypothesized mean】（假設平均數）中輸入檢定值 20，再點擊【OK】（確定）進行檢定。

圖 8-8　使用 Summarized data 進行檢定

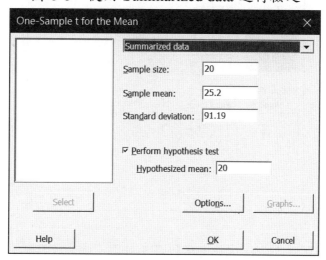

7. 如果要繪製平均數信賴區間圖，在【Graph】（圖形）中選擇【Interval Plot】（區間圖）。

圖 8-9　Interval Plot 選單

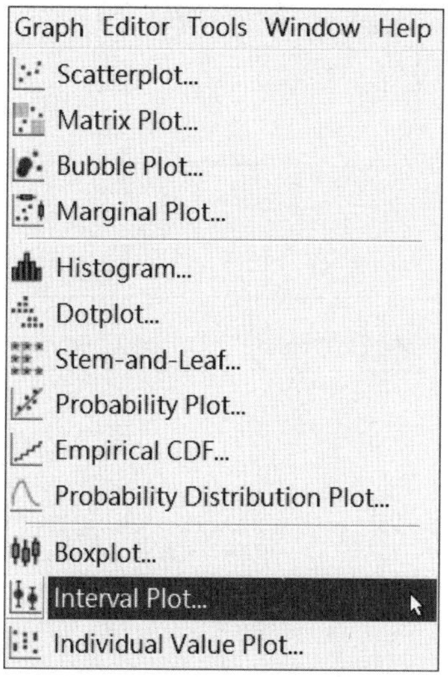

8. 由於只有一個樣本，因此在【One Y】（一個 Y）中選擇【Simple】（簡單），並點擊【OK】（確定）。

圖 8-10　Interval Plots 對話框

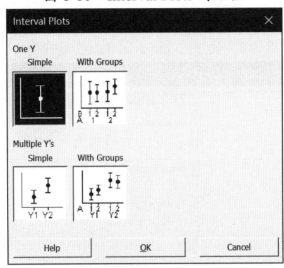

9. 將閱讀理解選擇到【Graph variable】（圖形變數）中，並點擊【Scale】（量尺）按鈕。

圖 8-11　Interval Plot: One Y, Simple 對話框

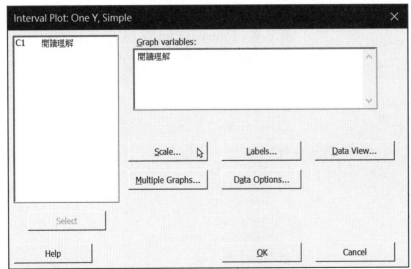

10. 在【Reference Lines】（參考線）中的【Show reference lines at Y values】（顯示 Y
的參考線）輸入檢定值 20，並點擊【OK】（確定）按鈕回到前一畫面。

圖 8-12　Interval Plot: Scale 對話框

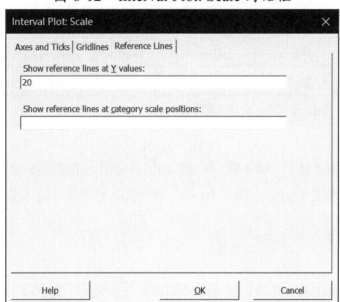

11. 點擊【OK】（確定）按鈕繪製圖形。

圖 8-13　Interval Plot: One Y, Simple 對話框

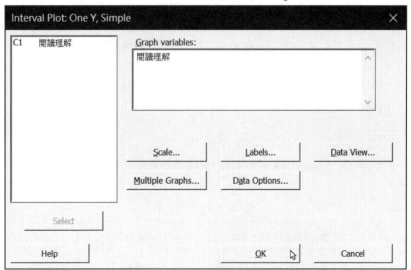

8.4 報表解讀

分析後得到「One-Sample T: 閱讀理解」總報表，共分為兩部分，詳細說明如後。

報表 8-1　Descriptive Statistics

N	Mean	StDev	SE Mean	95% CI for μ
20	25.20	9.19	2.06	(20.90, 29.50)
μ: population mean of 閱讀理解				

報表 8-1 為描述統計。樣本數（N）為 20 人，他們的閱讀理解平均成績（Mean）為 25.20 分，標準差（StDev）為 9.19 分。平均數的標準誤（SE Mean），公式為：

$$平均數的標準誤 = \frac{標準差}{\sqrt{個數}}$$

將報表中的 StDev（標準差）及 N（個數）代入公式，得到：

$$平均數的標準誤 = \frac{9.19}{\sqrt{20}} = 2.06$$

平均數 95% 信賴區間下界與上界為 [20.90, 29.50]，公式分別為：

下界 ＝ 樣本平均數 － 臨界值×平均數的標準誤
上界 ＝ 樣本平均數 ＋ 臨界值×平均數的標準誤

在自由度為 19（等於 20－1）時，臨界 t 值為 2.093（在後面說明），代入報表中的數值後，得到：

下界 ＝ $25.20 - 2.093 \times 2.06 = 20.90$
上界 ＝ $25.20 + 2.093 \times 2.06 = 29.50$

報表 8-2　Test

Null hypothesis	$H_0: \mu = 20$
Alternative hypothesis	$H_1: \mu \neq 20$

報表 8-2（續）

T-Value	P-Value
2.53	0.020

報表 8-2 是單一樣本平均數 t 檢定的結果，分為兩部分，第一部分說明統計假設為：

$$\begin{cases} H_0 : \mu = 20 \\ H_1 : \mu \neq 20 \end{cases}$$

第二部分是檢定所得的 T 值（通常為小寫斜體的 t），公式是：

$$t = \frac{\text{樣本平均數與檢定值的差異}}{\text{平均數的標準誤}} = \frac{\text{平均差異}}{\text{平均數的標準誤}}$$

從報表 8-1 代入適當的數值，可得到：

$$t = \frac{25.20 - 20}{2.06} = \frac{5.20}{2.06} = 2.53$$

至於檢定結果如何，有三種判斷方式。

首先，可以由報表 8-2 中的 P 值（APA 的格式，p 為小寫斜體）來判斷。在自由度 19（樣本數 20 減 1）的 t 分配中，t 的絕對值（因為是雙尾檢定，所以要取絕對值）要大於 2.53 的機率（P）為 0.020，已經小於研究者設定的 α 值（通常設為 0.05），因此應拒絕虛無假設。

圖 8-14 顯示，在自由度等於 19 的 t 分配中，$|t| > 2.53$ 的 p 值為 $0.010 + 0.010 = 0.020$（雙尾），由於已經小於研究者設定的 $\alpha = 0.05$，因此應拒絕虛無假設。

其次，檢視平均數 95% 信賴區間是否不包含檢定值（在此例為 20）。由於平均數的 95% 信賴區間不包含 20（圖 8-15 中的虛線），因此樣本平均數 25.20 與檢定值 20 就有顯著的差異。

圖 8-14　自由度為 19 時，$|t| > 2.53$ 的 p ＝ 0.020

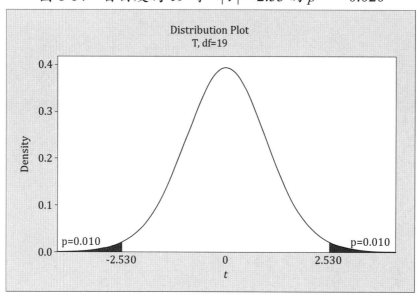

圖 8-15　平均數 95%信賴區間不包含檢定值 20

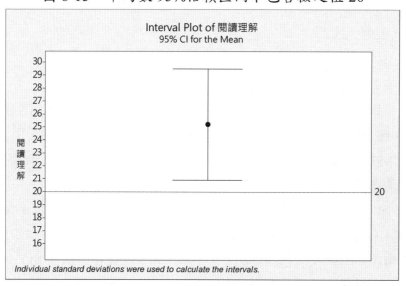

再次，另外補充說明臨界值（critical value, CV）的觀念。在本範例，自由度為 19 的 t 分配中，如果是雙尾檢定，當設定 $\alpha = 0.05$ 時，查表所得的臨界值是 ±2.093（如圖 8-16 所示）。如果計算所得的 t 值超過臨界值，就落入拒絕區，此時就要拒絕虛無假設；反之，如果計算所得的 t 值未超過此值，就不能拒絕虛無假設。在本範例

中，計算所得的 t 值是 2.530，它的絕對值已經大於 2.093 了，所以落入拒絕區，因此應拒絕虛無假設。

圖 8-16　自由度為 19、$\alpha = 0.05$ 時的臨界 t 值為 ±2.093

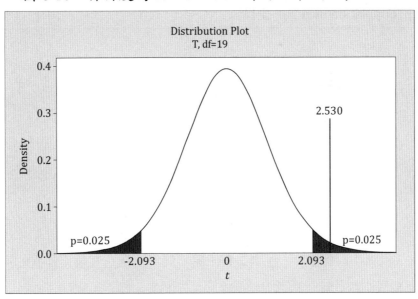

總之，要判斷檢定結果是否顯著，有三種方法，它們的結論會是一致的。

1. 最簡單的方式是看報表 8-2 中的 P 值是否小於或等於研究者設定的 α 值（通常都設為 0.05），如果 $P \le \alpha$，則應拒絕虛無假設。這是目前統計軟體的做法。

2. 看平均數的 95%信賴區間，如果上下界不包含要檢定的值，表示樣本平均數與檢定值有顯著差異。這是 APA 較建議的做法，多數統計軟體也提供這個報表。

3. 判斷報表 8-2 中 T 的絕對值是否大於臨界值，如果是，則應拒絕虛無假設。不過，由於臨界值需要另外計算或查統計表，因此並不方便。這是過去電腦不發達時代的做法，目前已較少採用。Minitab 的機率分配圖，很容易就可以求得臨界值。

在 Minitab 中，一個樣本 t 檢定也可以先計算變數與檢定值的「差異」，再以「差異」進行一個樣本 t 檢定，並設定檢定值為 0。分析後可得到報表 8-3 及 8-4。

報表 8-3　Descriptive Statistics

N	Mean	StDev	SE Mean	95% CI for μ
20	5.20	9.19	2.06	(0.90, 9.50)
μ: population mean of　差異				

報表 8-4　Test

Null hypothesis	$H_0: \mu = 0$
Alternative hypothesis	$H_1: \mu \neq 0$

T-Value	P-Value
2.53	0.020

報表 8-3 及 8-4 與報表 8-1 及 8-2 有三處不同，一是它在檢定差異的平均數與 0 是否有顯著差異，因此統計假設為：

$$\begin{cases} H_0 : \mu - 20 = 0 \\ H_1 : \mu - 20 \neq 0 \end{cases}$$

二是 Mean（平均數）中的 5.20 是閱讀理解減 20 之後的平均數。三是差異平均數的 95%信賴區間（95% CI）為 [0.90, 9.50]，不包含 0，表示差異（閱讀理解減 20）的平均數不等於 0，換言之，閱讀理解成績不等於 20。

8.5　計算效果量

檢定後如果達到統計上的顯著，APA 要求列出效果量（effect size），這是實質上的顯著性，代表差異的強度。

在此，可以計算 Cohen 的 d 值，它的公式是：

$$d = \frac{|樣本平均數與檢定值的差異|}{標準差} = \frac{|平均差異|}{標準差}$$

從報表 8-1 找到對應的數值，代入之後得到：

$$d = \frac{|25.20 - 20|}{9.19} = \frac{5.20}{9.19} = 0.57$$

它代表該國小六年級學生的平均得分 25.20 與 20 分（50%答對率）的差異 5.20，是標準差的 0.57 倍。依據 Cohen（1988）的經驗法則，d 值之小、中、大的效果量分別是 .20、.50，及 .80，因此，本範例為中度的效果量。

Cohen 的 d 值也可以使用另一個公式求得：

$$d = \frac{t值}{\sqrt{個數}}$$

代入報表 8-1 及 8-2 中的數值，得到：

$$d = \frac{2.53}{\sqrt{20}} = 0.57$$

兩種公式的計算結果相同。

8.6　以 APA 格式撰寫結果

研究者對某國小 20 名六年級學生實施自編「閱讀理解測驗」，並進行單一樣本平均數 t 檢定，樣本的平均得分為 25.20 ($SD = 9.19$)，95%信賴區間為 [20.90, 29.50]，與 20 分有顯著差異，而且比 20 分高，$t(19) = 2.53$，$p = .02$，效果量 $d = 0.57$。

8.7　單一樣本平均數 t 檢定的假定

單一樣本平均數 t 檢定應符合以下兩個假定。

8.7.1　觀察體要能代表母群體，且彼此間獨立

觀察體獨立代表各個樣本不會相互影響。如果學生互相參考彼此的答案，或是一個學生填寫兩份以上的測驗，則觀察體間就不獨立。另外，如果使用叢集抽樣，使得

所有樣本都來自於同一個班級，由於他們都接受相同老師的教導，平時也會互相影響，就可能違反觀察體獨立的假定。

　　觀察體間不獨立，計算所得的 p 值就不準確，如果有證據支持違反了這項假定，就不應使用單一樣本平均數 t 檢定。

8.7.2　依變數在母群中須為常態分配

　　此項假定是指該校六年級全體學生在閱讀理解的得分要呈常態分配。如果依變數不是常態分配，會降低檢定的統計檢定力。不過，當樣本數在 30 以上時，即使違反了這項假定，對於單一樣本平均數 t 檢定的影響也不大。

　　在 Minitab 中，可以使用【Stat】（統計）選單中的【Basic Statistics】（基本統計量）之【Normality Test】（常態檢定）繪製常態機率圖，並進行 Anderson-Darling、Ryan-Joiner（類似 Shapiro-Wilk）、Kolmogorov-Smirnov 等三種檢定，以檢查資料是否符合常態分配。

8.8　單一樣本中位數 Wilcoxon 符號等級及符號等級檢定

　　如果不符合常態分配假設，但資料為對稱，可以改用 Wilcoxon 符號等級檢定（Wilcoxon signed ranks test）。分析過程及報表解讀如後。

　　此外，也可以使用單樣本符號檢定（one sample sign test），不過，它的統計檢驗力比 Wilcoxon 符號等級檢定低。

8.8.1　分析過程

1. 在【Stat】（統計）中的【Nonparametrics】（無母數統計）中選擇【1-Sample Wilcoxon】（單樣本 Wilcoxon），或【1-Sample Sign】（單樣本符號檢定）。

圖 8-17　一個樣本 Wilcoxon 檢定

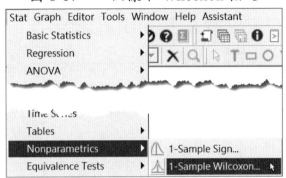

2. 將閱讀理解變數點擊【Select】（選擇）按鈕到右邊框中，選擇【Test median】（檢定中位數），並輸入檢定值 20，再點擊【OK】（確定）進行分析。

圖 8-18　檢定中位數為 20

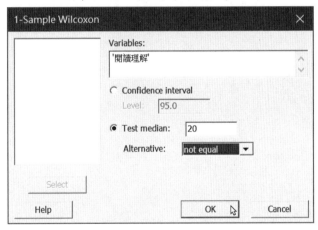

8.8.2　報表解讀

分析後得到「Wilcoxon Signed Rank Test: 閱讀理解」總報表，共分為三部分，說明如下。

報表 8-5　Method

η: median of 閱讀理解

報表 8-5 說明 η 代表閱讀理解的中位數。

報表 8-6　Descriptive Statistics

Sample	N	Median
閱讀理解	20	25.5

報表 8-6 為描述統計，樣本數為 20，中位數為 25.5。

報表 8-7　Test

Null hypothesis	$H_0: \eta = 20$
Alternative hypothesis	$H_1: \eta \neq 20$

Sample	N for Test	Wilcoxon Statistic	P-Value
閱讀理解	20	165.00	0.026

報表 8-7 先說明統計假設為：

$$\begin{cases} H_0 : \eta = 20 \\ H_1 : \eta \neq 20 \end{cases}$$

檢定後得到 Wilcoxon 等級和 $V = 165$，$P = 0.026$，因此閱讀成績的中位數 25.5 與 20 有顯著差異。

報表 8-8　Test

Sample	Number < 20	Number = 20	Number > 20	P-Value
閱讀理解	4	0	16	0.012

報表 8-8 為符號等級檢定結果，在 20 個樣本中，得分比 20 分低的有 4 人，比 20 分高的有 16 人，檢定所得 $P = 0.012$，小於 0.05，拒絕 H_0，因此中位數 25.5 與 20 有顯著差異。

第 9 章
相依樣本
平均數 t 檢定

相依樣本平均數 t 檢定旨在比較兩個相依樣本，在某個量的變數的平均數是否有差異，適用的情境如下：

自變數：兩個有關聯的組別，為**質的變數**。

依變數：**量的變數**。

相依樣本平均數 t 檢定也可以使用本書第 12 章的單因子相依樣本變異數分析，此時 $F = t^2$，分析的結論是一致的。

9.1　基本統計概念

9.1.1　目的

相依樣本（以下或稱為**成對樣本**、**配對樣本**）t 檢定用於比較：

1. 一群樣本於兩個時間點或情境中，在某個變數的平均數是否有差異。

2. 兩群有關聯之樣本在某個變數的平均數是否有差異。

在概念上，它與單一樣本 t 檢定有雷同之處。分析時，樣本在變數中都要有成對的數據，不可以有遺漏值。

9.1.2　相依樣本的定義

相依樣本平均數 t 檢定旨在檢定兩個相關聯群組在某一變數之平均數是否有差異。而相依樣本可以是：

1. **一群樣本，接受兩次相同或類似的觀測**，這是重複量數（repeated measures）或是受試者內（within-subjects）的設計。例如：運動員在訓練前後的成績，或是受訪者對兩個不同議題的關心程度。

2. **兩群有自然關係的樣本**（血親或是姻親），接受一次同樣的觀測，這是成對樣本（paired samples）。例如：同卵雙胞胎的智力，或是夫妻每個月各自的收入。

3. 實驗配對的樣本，接受一次同樣的觀測，這是配對樣本（matched sample）。例如：經由相同智力的配對及隨機分派後，接受不同教學法的兩組學生，在

數學推理能力測驗的得分。在醫學研究上，將類似身體狀況的受試者加以配對，再以隨機分派的方式服用兩種藥物（通常一組為新藥，一組為安慰劑），最後再檢測其效果（如，血糖值）。

9.1.3 分析示例

除了上述的例子外，以下的研究問題都可以使用相依樣本平均數 t 檢定：

1. 制度變革前後，員工對公司的忠誠度。
2. 教學前後，學生的數學迷思概念（misconception）。
3. 選民對兩位候選人的滿意度（以分數表示）。
4. 長子與非長子的冒險性格。
5. 經由配對及隨機分派，各自服用兩種不同藥物（或是一組服用藥物，一組服用安慰劑）一星期後的收縮壓（systolic blood pressure）。

9.1.4 統計公式

相依樣本平均數 t 檢定一開始先計算兩個量的變數之差異 d：

$$d = X_1 - X_2$$

此時，差異值 d 的平均數 $\overline{d}$ 為：

$$\overline{d} = \overline{X}_1 - \overline{X}_2$$

差異的變異數，在母群中公式為：

$$\sigma_d^2 = \sigma_1^2 + \sigma_2^2 - 2\rho\sigma_1\sigma_2 \tag{公式 9-1}$$

差異的標準差即為：

$$\sigma_d = \sqrt{\sigma_d^2} = \sqrt{\sigma_1^2 + \sigma_2^2 - 2\rho\sigma_1\sigma_2} \tag{公式 9-2}$$

在樣本中，差異之變異數及標準差的公式分別為：

$$s_d^2 = s_1^2 + s_2^2 - 2rs_1s_2 \tag{公式 9-3}$$

$$s_d = \sqrt{s_d^2} = \sqrt{s_1^2 + s_2^2 - 2rs_1s_2} \tag{公式 9-4}$$

因此，如果要檢定兩個相依樣本的平均數差異，通用的公式為：

$$\frac{(兩變數在樣本的平均差異)-(兩變數在母群的平均差異)}{兩變數差異之平均數的標準誤}$$

$$=\frac{(兩變數在樣本的平均差異)-(兩變數在母群的平均差異)}{\sqrt{\dfrac{兩變數差異的變異數}{樣本數}}}$$

化為統計符號，在母群中公式為：

$$\frac{(\overline{X}_1-\overline{X}_2)-(\mu_1-\mu_2)}{\sqrt{\dfrac{\sigma_1^2+\sigma_2^2-2\rho\sigma_1\sigma_2}{n}}} \tag{公式 9-5}$$

在樣本中則為：

$$\frac{(\overline{X}_1-\overline{X}_2)-(\mu_1-\mu_2)}{\sqrt{\dfrac{s_1^2+s_2^2-2rs_1s_2}{n}}} \tag{公式 9-6}$$

上述兩個公式中的 $\mu_1-\mu_2$ 是兩個變數在母群中平均數差異的期望值，除了少數情形外，通常都設定為 0。

在實際計算時，較少直接使用公式 9-5，而會將公式 9-1 代入公式 9-5 中，得到：

$$\frac{(\overline{X}_1-\overline{X}_2)-(\mu_1-\mu_2)}{\sqrt{\dfrac{\sigma_d^2}{n}}}=\frac{\overline{d}-\mu_d}{\dfrac{\sigma_d}{\sqrt{n}}} \tag{公式 9-7}$$

將公式 9-3 代入公式 9-6 中，則得到：

$$\frac{(\overline{X}_1-\overline{X}_2)-(\mu_1-\mu_2)}{\sqrt{\dfrac{s_d^2}{n}}}=\frac{\overline{d}-\mu_d}{\dfrac{s_d}{\sqrt{n}}} \tag{公式 9-8}$$

因此，進行兩個相依樣本平均數檢定時，如果母群體差異的變異數 σ_d^2 已知，則差異的平均數 $\overline{d}$ 呈常態分配，此時使用 Z 檢定進行分析，公式 9-7 即為：

$$Z=\frac{\overline{d}-\mu_d}{\dfrac{\sigma_d}{\sqrt{n}}} \tag{公式 9-9}$$

其中 μ_d 通常設為 0

差異平均數 $\bar{d}$ 的 $100 \times (1-\alpha)\%$ 信賴區間為：

$$\bar{d} \pm Z_{\left(\alpha/2\right)} \times \frac{\sigma_d}{\sqrt{n}} \qquad \text{(公式 9-10)}$$

如果 σ_d^2 未知但為大樣本時，則以 s_d^2 估計 σ_d^2，此時差異的平均數 $\bar{d}$ 呈常態分配，因此仍使用 Z 檢定進行分析，公式 9-8 即為：

$$Z = \frac{\bar{d} - \mu_d}{\frac{s_d}{\sqrt{n}}} \qquad \text{(公式 9-11)}$$

差異平均數 $\bar{d}$ 的 $100 \times (1-\alpha)\%$ 信賴區間為：

$$\bar{d} \pm Z_{\left(\alpha/2\right)} \times \frac{s_d}{\sqrt{n}} \qquad \text{(公式 9-12)}$$

如果 σ_d^2 未知且為小樣本時，則以 s_d^2 估計 σ_d^2，此時差異的平均數 $\bar{d}$ 為 t 分配，因此使用 t 檢定進行分析，公式 9-8 改為：

$$t = \frac{\bar{d} - \mu_d}{\frac{s_d}{\sqrt{n}}} \qquad \text{(公式 9-13)}$$

t 為自由度 $n-1$ 之分配

差異平均數 $\bar{d}$ 的 $100 \times (1-\alpha)\%$ 信賴區間為：

$$\bar{d} \pm t_{\left(\alpha/2, n-1\right)} \times \frac{s_d}{\sqrt{n}} \qquad \text{(公式 9-14)}$$

當母群的差異值不是常態分配，而樣本量大於 30 時，根據中央極限定理，樣本的差異平均數還是會接近常態分配。母群差異的變異數 σ_d^2 有兩種情況：

1. 如果母群差異的變異數 σ_d^2 已知，仍然可以使用公式 9-9 的 Z 檢定。
2. 如果母群差異的變異數 σ_d^2 未知，以 s_d^2 估計 σ_d^2，仍可使用公式 9-13 的 Z 檢定。

但是，如果母群差異值不是常態分配，而且樣本數不到 30，則建議改用無母數統計方法，如 Wilcoxon 符號等級檢定（Wilcoxon signed ranks test）。

9.1.5　分析流程

綜合以上所述，分析流程可用圖 9-1 表示之：

圖 9-1　兩個相依樣本平均數檢定的分析流程

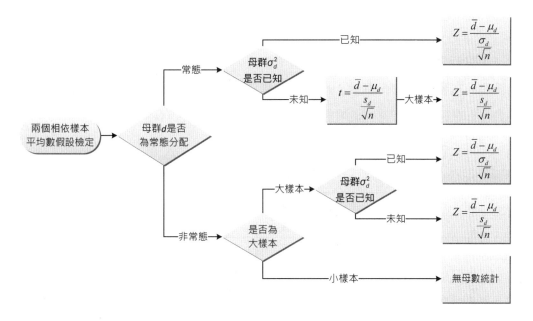

9.1.6　效果量

相依樣本平均數 t 檢定的效果量公式為：

$$d = \frac{|成對變數差異的平均數|}{成對變數差異的標準差}$$

在推論統計中，使用公式 9-15 估計之：

$$d = \frac{|M_d|}{s_d} \tag{公式 9-15}$$

根據 Cohen（1988）的經驗法則，d 的小、中、大效果量，分別為 .20、.50，及 .80。依此準則可以歸納如下的原則：

1. $d < .20$ 時，效果量非常小，幾乎等於 0 。
2. $.20 \le d < .50$，為小的效果量。

3.　.50 ≤ d < .80，為中度的效果量。

4.　d ≥ .80，為大的效果量。

9.2　範例

某醫師想要研究患者服用降血壓藥物後的血壓變化，於是徵求 30 位自願參與的實驗者，在服藥前及服藥後 1 小時，分別測得舒張壓（diastolic blood pressure），得到表 9-1 的資料。請問：服藥前後，患者的舒張壓是否有差異？

表 9-1　30 名受試者服藥前後的舒張壓值

受試者	前測	後測	受試者	前測	後測
1	119	114	16	107	110
2	114	103	17	111	106
3	125	131	18	93	98
4	113	105	19	90	88
5	119	121	20	125	112
6	113	105	21	96	102
7	105	99	22	117	124
8	92	96	23	90	85
9	104	100	24	122	114
10	111	105	25	97	101
11	111	107	26	104	99
12	125	113	27	113	104
13	112	105	28	117	122
14	111	108	29	122	114
15	103	100	30	119	122

9.2.1　變數與資料

表 9-1 中有 3 個變數，但是受試者的代號並不需要輸入 Minitab 中，因此分析時只使用「前測舒張壓」及「後測舒張壓」2 個變數，它們的定義是受試者分別在服藥前後的舒張壓，數值愈大，代表血壓愈高。

由於受試者的舒張壓是成對的，輸入時務必保持在同一列（同一受試者）。要留意的是，本範例屬於「單組前後測」設計，在研究上有許多限制，讀者應儘量避免採用此種實驗設計。

9.2.2　研究問題

在本範例中，研究者想要了解的問題可以陳述如下：

　　高血壓患者在服藥前後的舒張壓值是否有差異？

9.2.3　統計假設

根據研究問題，虛無假設宣稱「高血壓患者在服藥前後的舒張壓值沒有差異」：

$$H_0 : \mu_{前測} = \mu_{後測}$$ ，移項後可寫成 $H_0 : \mu_{前測} - \mu_{後測} = 0$

而對立假設則宣稱「高血壓患者在服藥前後的舒張壓值有差異」：

$$H_1 : \mu_{前測} \neq \mu_{後測}$$ ，移項後可寫成 $H_1 : \mu_{前測} - \mu_{後測} \neq 0$

總之，統計假設寫為：

$$\begin{cases} H_0 : \mu_{前測} = \mu_{後測} \\ H_1 : \mu_{前測} \neq \mu_{後測} \end{cases}$$

移項之後寫為：

$$\begin{cases} H_0 : \mu_{前測} - \mu_{後測} = 0 \\ H_1 : \mu_{前測} - \mu_{後測} \neq 0 \end{cases}$$

9.3　使用 Minitab 進行分析

1.　完整的 Minitab 資料檔如圖 9-2。

圖 9-2 相依樣本平均數 t 檢定資料檔

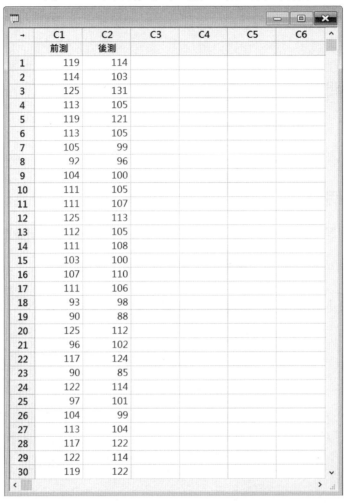

	C1	C2	C3	C4	C5	C6
	前測	後測				
1	119	114				
2	114	103				
3	125	131				
4	113	105				
5	119	121				
6	113	105				
7	105	99				
8	92	96				
9	104	100				
10	111	105				
11	111	107				
12	125	113				
13	112	105				
14	111	108				
15	103	100				
16	107	110				
17	111	106				
18	93	98				
19	90	88				
20	125	112				
21	96	102				
22	117	124				
23	90	85				
24	122	114				
25	97	101				
26	104	99				
27	113	104				
28	117	122				
29	122	114				
30	119	122				

2. 在【Stat】（統計）中的【Basic Statistics】（基本統計量）中選擇【Paired t】（配對 t）。

圖 9-3 Paired t 選單

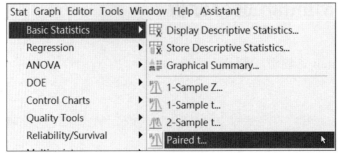

3. 分別將前測及後測選擇到【Sample 1】（第一樣本）及【Sample 2】（第二樣本）中，並點擊【OK】（確定）進行分析。

圖 9-4　Paired t for the Mean 對話框

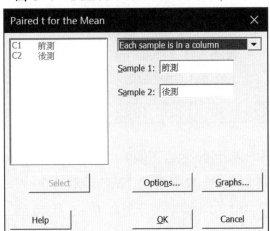

4. 如果已經有現成描述統計量，可以選擇【Summarized data (differences)】〔匯總資料（差異）〕，分別輸入差值的【Sample size】（樣本數）、【Sample mean】（樣本平均數）、【Standard deviation】（標準差），再點擊【OK】（確定）進行檢定。

圖 9-5　使用 Summarized data 進行檢定

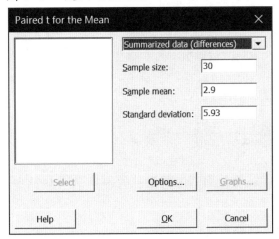

9.4 報表解讀

分析後得到「Paired T-Test and CI: 前測, 後測」總報表，共分三個部分，詳細說明如後。

報表 9-1　Descriptive Statistics

Sample	N	Mean	StDev	SE Mean
前測	30	110.00	10.65	1.94
後測	30	107.10	10.35	1.89

報表 9-1 是前後測的統計量，包含了個數（N）、平均數（Mean）、標準差（StDev），及平均數的標準誤（SE Mean）。表中顯示受試的人數為 30 人，在服藥前後的舒張壓平均數分別為 110.00 及 107.10，標準差分別為 10.65 及 10.35。

報表 9-2　Estimation for Paired Difference

Mean	StDev	SE Mean	95% CI for μ_difference
2.90	5.93	1.08	(0.69, 5.11)
μ_difference: population mean of (前測 － 後測)			

報表 9-2 是成對樣本統計量，前測減去後測，得到差異值，它的平均數為 2.90，標準差為 5.93，報表中平均數的標準誤，公式為：

$$平均數的標準誤 = \frac{標準差}{\sqrt{個數}}$$

將報表中的標準差及個數代入公式，得到：

$$平均數的標準誤 = \frac{5.93}{\sqrt{30}} = 1.08$$

兩個平均數是否有顯著差異（也就是差異平均數與 0 是否有顯著不同），要看報表 9-3 的檢定結果。

成對變數差異的平均數之 95% 信賴區間為[0.69, 5.11]，公式為：

下界 ＝ 樣本平均數差異 － 臨界值 × 平均數差異的標準誤

上界 ＝ 樣本平均數差異 ＋ 臨界值 × 平均數差異的標準誤

在自由度為 29（等於 30 − 1）時，臨界 t 值為 2.045（在後面說明），代入報表 9-2 中的數值後，得到：

下界 $= 2.90 - 2.045 \times 1.08 = 0.69$

上界 $= 2.90 + 2.045 \times 1.08 = 5.11$

差異平均值的 95%信賴區間可以另外使用 Minitab Graph 的 Interval Plot 程序來繪圖。圖 9-6 中，實心圓點為差異平均數 2.90，上端的短橫線為上界 5.11，下端的短橫線為下界 0.69。

圖 9-6　差異平均數 95%信賴區間

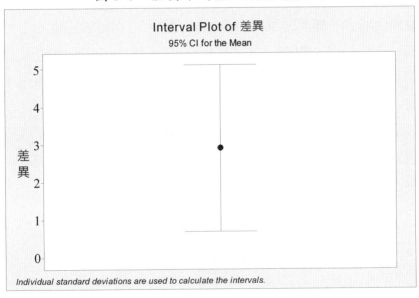

報表 9-3　Test

Null hypothesis	H_0: μ_difference = 0
Alternative hypothesis	H_1: μ_difference ≠ 0

T-Value	P-Value
2.68	0.012

報表 9-3 是配對樣本檢定結果，分為兩部分，第一部分說明統計假設為：

$$\begin{cases} H_0 : \mu_d = 0 \\ H_1 : \mu_d \neq 0 \end{cases}$$

第二部分是檢定所得的 T 值，公式是：

$$t = \frac{成對變數差異的平均數}{平均數的標準誤}$$

從報表 9-2 找到數值代入，可得到：

$$t = \frac{110.00 - 107.10}{1.08} = \frac{2.90}{1.08} = 2.68$$

至於檢定結果如何，可以由兩組數值來判斷。

一是在自由度 29（樣本數 30 減 1）的 t 分配中，t 的絕對值要大於 2.68 的機率（P）為 0.012（如圖 9-7，雙尾的 p 值相加），已經小於 0.05，因此應拒絕虛無假設。

二是由差異平均數的 95% 信賴區間來判斷，報表 9-2 中下界為 0.69，上界為 5.11，中間不包含 0，因此差異的平均數 2.90 顯著不等於 0。

另外，如果以傳統取向的臨界值來看，在自由度是 29 的 t 分配中，$\alpha = 0.05$ 時的雙尾臨界值為 2.045（見圖 9-8），而計算所得 $t = 2.68$，絕對值（因為是雙尾檢定）已經大於臨界值，所以應拒絕虛無假設。（注：此方法目前較少使用。）

圖 9-7　$df = 29$ 時，$|t|$ 大於 2.68 的 $p = 0.012$

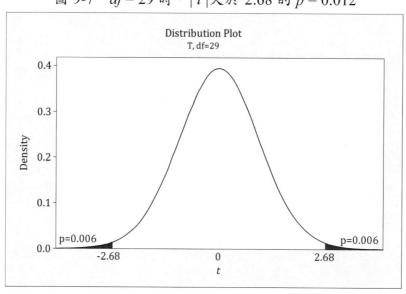

圖 9-8　$\alpha = 0.05$，$df = 29$ 時，t 分配的雙尾臨界值為 ±2.045

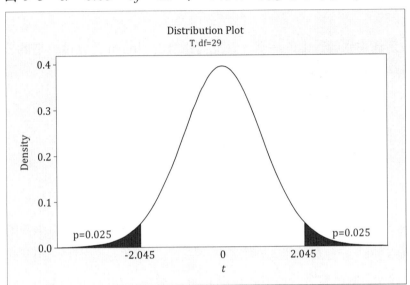

在 Minitab 中，相依樣本平均數 t 檢定也可以先計算前測減後測的「差異」，再以「差異」進行一個樣本 t 檢定，並設定檢定值為 0。分析後可得到「One-Sample T: 差異」總報表。

報表 9-4　Descriptive Statistics

N	Mean	StDev	SE Mean	95% CI for μ
30	2.90	5.93	1.08	(0.69, 5.11)
μ: population mean of 差異				

報表 9-4 與報表 9-2 一致，只是多了樣本數 N。

報表 9-5　Test

Null hypothesis	H_0: μ = 0
Alternative hypothesis	H_1: μ ≠ 0

T-Value	P-Value
2.68	0.012

報表 9-5 與報表 9-3 一致，T 值及 P 值都相同。

9.5 計算效果量

由於檢定後達到統計上的顯著，在此可以計算 Cohen 的 d 值，它的公式是：

$$d = \frac{成對變數差異的平均數}{成對變數差異的標準差}$$

從報表 9-2 可以找到對應的數值，代入之後得到：

$$d = \frac{2.90}{5.93} = 0.49$$

它代表高血壓患者在服藥前後的舒張壓平均數 2.90，是差異標準差的 0.49 倍。依據 Cohen（1988）的經驗法則，d 值之小、中、大的效果量分別是 .20、.50，及 .80。而 Lipsey（1990）進行整合分析（meta analysis）發現，.00 − .32、.33 − .55、.56 − 1.20 則分別是小、中、大的效果量。因此，本範例為中度的效果量。

Cohen 的 d 值也可以使用另一個公式求得：

$$d = \frac{t值}{\sqrt{個數}}$$

代入報表 9-2 及報表 9-3 中的數值，得到：

$$d = \frac{2.68}{\sqrt{30}} = 0.49$$

兩種公式的計算結果相同。

9.6 以 APA 格式撰寫結果

對 30 名受試者實施服藥前後的血壓測量，舒張壓的平均數分別為 110.00 ($SD = 10.65$) 及 107.10 ($SD = 10.35$)，前後測的平均差異為 2.90 ($SD = 5.93$)，95%信賴區間為 [0.69, 5.11]，有顯著差異，而且服藥後的舒張壓比服藥前低，$t(29) = 2.68$，$p = .012$，效果量 $d = 0.49$。

9.7　相依樣本平均數 t 檢定的假定

相依樣本平均數 t 檢定應符合以下兩個假定。

9.7.1　觀察體要能代表母群體，且彼此間獨立

觀察體獨立代表組內的各個樣本間（受試者間，between subjects）不會相互影響。由於是相依樣本，所以組間是不獨立的，也就是同一個受試者會接受兩份不同的測驗，或是不同的時間接受同一種測驗。不過，如果受試者在同一個時間接受兩份相同的測驗，則違反組內獨立的假定。

觀察體間不獨立，計算所得的 p 值就不準確，如果有證據支持違反了這項假定，就不應使用相依樣本平均數 t 檢定。

9.7.2　依變數的差異在母群中須為常態分配

此項假定是指服藥前後的舒張壓差異要呈常態分配。如果差異不是常態分配，會降低檢定的統計檢定力。不過，當樣本數在 30 以上時，即使違反了這項假定，對於相依樣本平均數 t 檢定的影響也不大。

9.8　相依樣本中位數 Wilcoxon 符號等級檢定

如果不符合差值常態分配假設，可以改用單樣本 Wilcoxon 符號等級檢定或符號檢定，分析過程及報表解讀如後。

9.8.1　分析過程

1.　由於是配對樣本，所以可使用前後測的差值進行單樣本檢定。因此，先在【Calc】（計算）選單中選擇【Calculator】（計算器）。

圖 9-9　使用計算功能

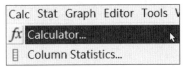

2. 將前測減後測，計算結果存在「差異」這一變數。

圖 9-10　一個樣本 Wilcoxon 檢定

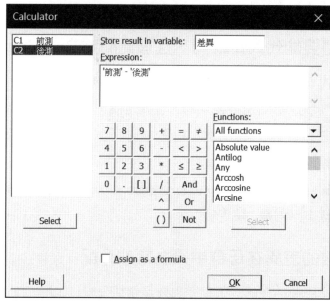

3. 在【Stat】（統計）中的【Nonparametrics】（無母數統計）中選擇【1-Sample Wilcoxon】（單樣本 Wilcoxon），或【1-Sample Sign】（單樣本符號檢定）。

圖 9-11　一個樣本 Wilcoxon 檢定

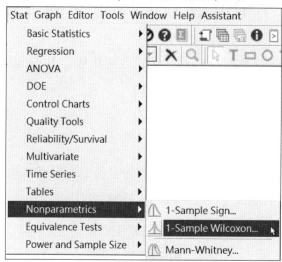

4. 將差異變數點擊【Select】（選擇）按鈕到右邊框中，選擇【Test median】（檢定中位數），並輸入檢定值 0，再點擊【OK】（確定）進行分析。

圖 9-12　檢定中位數為 0

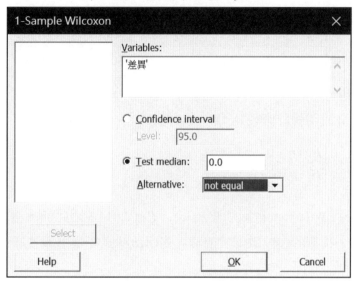

9.8.2　報表解讀

分析後得到「Wilcoxon Signed Rank Test: 閱讀理解」總報表，共分為三部分，說明如下。

報表 9-6　Method

η: median of 差異

報表 9-6 說明 η 代表閱讀理解的中位數。

報表 9-7　Descriptive Statistics

Sample	N	Median
差異	20	3

報表 9-7 為描述統計，樣本數為 20，差異的中位數為 3。

報表 9-8　Test

Null hypothesis	H_0: η = 0
Alternative hypothesis	H_1: η ≠ 0

Sample	N for Test	Wilcoxon Statistic	P-Value
差異	20	352.00	0.014

報表 9-8 先說明統計假設為：

$$\begin{cases} H_0 : \eta = 0 \\ H_1 : \eta \neq 0 \end{cases}$$

檢定後得到 Wilcoxon 等級和 $V = 352$，$P = 0.014$，因此前後測的中位數差值 4.5 顯著不等於 0，後測的中位數低於前測，表示服藥後舒張壓顯著降低。

報表 9-9　Test

Sample	Number < 0	Number = 0	Number > 0	P-Value
閱讀理解	10	0	20	0.099

報表 9-9 為符號等級檢定結果，在 20 個樣本中，差異值比 0 分低的（後測比前測高，沒有改善）有 10 人，比 0 分高的（前測比後測高，有改善）有 20 人，檢定所得 $P = 0.099$，大於 0.05，不拒絕 H_0，因此差異中位數 320 沒有顯著差異，此檢定結果與 Wilcoxon 檢定不一致。由於符號等級檢定只計算正負號，未考慮差值大小，因此較不精確，建議以 Wilcoxon 檢定為準。

第 10 章
獨立樣本
平均數 t 檢定

獨立樣本 t 檢定旨在比較兩群沒有關聯之樣本在某個變數的平均數是否有差異，適用的情境如下：

自變數：兩個獨立而沒有關聯的組別，為**質的變數**。

依變數：**量的變數**。

獨立樣本 t 檢定也可以使用本書第 11 章的單因子獨立樣本變異數分析，此時 $F = t^2$，分析的結論是一致的。

10.1　基本統計概念

10.1.1　目的

獨立樣本 t 檢定旨在檢定兩群獨立樣本（沒有關聯），在某一變數之平均數是否有差異。兩個獨立的組別可以是：

1. **是否接受某種處理**。如：實驗設計中的實驗組與控制組。

2. **是否具有某種特質或經驗**。如：母親是否為外籍配偶，或是否有國外留學經驗。

3. **變數中的兩個類別**。如：高中與高職的學生，公立大學與私立大學的學生，或女性與男性。

4. **某種傾向的高低**。如：創造力的高低，或是外控型與內控型。

10.1.2　分析示例

以下的研究問題都可以使用獨立樣本 t 檢定：

1. 兩家公司員工對所屬公司的向心力。

2. 使用不同教學法之後，兩班學生的問題解決能力。

3. 不同政黨支持者（泛綠或泛藍）對某位政治人物的滿意度（以分數表示）。

4. 不同運動程度者（分為多與少）每年感冒的次數。

5. 隨機分派後的高血壓患者，各自服用兩種不同藥物（或是一組服用藥物，一組服用安慰劑）一星期後的血壓值。

10.1.3 統計公式

獨立樣本 t 檢定的公式是：

$$t = \frac{平均數的差異}{差異平均數的標準誤}$$

在單一樣本時，t 檢定的公式為：

$$t = \frac{\overline{X} - \mu}{\dfrac{s}{\sqrt{n}}}$$ (公式 10-1)

公式 10-1 中，分子部分的平均數差異為：

$$\overline{X} - \mu$$

如果是兩個獨立樣本，則分子變為：

$$(\overline{X}_1 - \mu_1) - (\overline{X}_2 - \mu_2) = (\overline{X}_1 - \overline{X}_2) - (\mu_1 - \mu_2)$$ (公式 10-2)

其中 $\mu_1 - \mu_2$ 是兩個母群平均數差異的期望值，多數檢定中都設為 0，因此分子通常只保留 $\overline{X}_1 - \overline{X}_2$。

公式 10-1 中，分母部分的平均數標準誤公式為：

$$\frac{s}{\sqrt{n}} = \frac{\sqrt{s^2}}{\sqrt{n}} = \sqrt{\frac{s^2}{n}}$$

如果是兩個獨立樣本，則分母為：

$$\sqrt{\frac{s_1^2}{n_1} + \frac{s_2^2}{n_2}}$$ (公式 10-3)

因此，由公式 10-2 及公式 10-3 可以得到兩個獨立樣本 t 檢定的公式：

$$t = \frac{(\overline{X}_1 - \overline{X}_2) - (\mu_1 - \mu_2)}{\sqrt{\dfrac{s_1^2}{n_1} + \dfrac{s_2^2}{n_2}}}$$ (公式 10-4)

公式 10-4 適用於兩個母群的**變異數不相等**（ $\sigma_1^2 \neq \sigma_2^2$ ）的情形，自由度採 Welch-Satterthwaite 的公式：

$$\nu = \frac{\left(s_1^2 \middle/ n_1 + s_2^2 \middle/ n_2 \right)^2}{\left[\left(s_1^2 \middle/ n_1 \right)^2 \middle/ (n_1 - 1) \right] + \left[\left(s_2^2 \middle/ n_2 \right)^2 \middle/ (n_2 - 1) \right]} \qquad \text{（公式 10-5）}$$

此時母群平均數差異（ $\mu_1 - \mu_2$ ）的 $100 \times (1 - \alpha)\%$ 信賴區間為：

$$(\bar{X}_1 - \bar{X}_2) \pm t_{\left(\alpha/2, df \right)} \times \sqrt{\frac{s_1^2}{n_1} + \frac{s_2^2}{n_2}} \qquad \text{（公式 10-6）}$$

如果兩個母群的**變異數相等**（ $\sigma_1^2 = \sigma_2^2$ ），則可以將變異數合併，此時，t 檢定的公式變成：

$$t = \frac{(\bar{X}_1 - \bar{X}_2) - (\mu_1 - \mu_2)}{\sqrt{s_p^2 \left(\frac{1}{n_1} + \frac{1}{n_2} \right)}} \qquad \text{（公式 10-7）}$$

其中，s_p^2 是兩群樣本的合併變異數，公式為：

$$s_p^2 = \frac{SS_1 + SS_2}{(n_1 - 1) + (n_2 - 1)} = \frac{s_1^2(n_1 - 1) + s_2^2(n_2 - 1)}{n_1 + n_2 - 2} \qquad \text{（公式 10-8）}$$

當兩個母群的變異數相等時，母群平均數差異（ $\mu_1 - \mu_2$ ）的 $100 \times (1 - \alpha)\%$ 信賴區間為：

$$(\bar{X}_1 - \bar{X}_2) \pm t_{\left(\alpha/2, df \right)} \times \sqrt{s_p^2 \left(\frac{1}{n_1} + \frac{1}{n_2} \right)} \qquad \text{（公式 10-9）}$$

此時自由度為：

$$\nu = (n_1 - 1) + (n_2 - 1) = n_1 + n_2 - 2$$

公式 10-4 及公式 10-7 是小樣本時的 t 檢定公式，如果用在大樣本的情境，則將

它們稱為 Z 值即可（也就是 Z 檢定）。如果母群的變異數已知，則將兩個公式中的 s^2 改為 σ^2，並稱為 Z 檢定。

至於兩個母群的變異數是否相等，則必須另外進行檢定，目前 Minitab 採用三種檢定方法，計算 F 值。

雖然 Student 的 t 檢定在變異數不等但樣本數較小且相等時仍具有強韌性，但是調查研究通常各組樣本數不相等，即使實驗研究也會因為樣本流失或缺失值使得各組樣本數不相等，再加上變異數同質的假定很難達到，此時仍使用 Student 的 t 檢定並不恰當。Delacre、Lakens、及 Leys（2017）研究發現，當變異數都不相等時，Welch 的 t 檢定會比 Student 的 t 檢定更具能控制型 I 錯誤，即使變異數相等時，Welch 的 t 檢定也僅比 Student 的 t 檢定少一些強韌性，因此他們建議心理學研究者應將 Welch 的 t 檢定當成預設的檢定方法，而不是採用 Student 的 t 檢定。Minitab 預設採用變異數不同質的 t 檢定。

10.1.4 分析流程

兩個獨立樣本平均數檢定的分析流程可用圖 10-1 表示之。在進行分析時，要判斷以下四點，以決定使用的公式。

1. **兩個母群是否為常態分配**。獨立樣本平均數檢定假設兩個母群都是常態分配，如果不是常態分配，但為大樣本（$n \geq 30$），仍可採用本章的檢定方法。

2. **兩個母群的變異數是否已知**。如果母群為常態分配且變異數已知，使用 Z 檢定。母群為常態分配但變異數未知，則使用樣本變異數估計母群變異數，並使用 t 檢定，如果為大樣本，雖可以改用 Z 檢定，但統計軟體仍用 t 檢定。

3. **兩個母群的變異數是否相等**。如果變異數相等，則使用合併變異數；如果變異數不相等，則使用個別的變異數。

4. **樣本大小**。無論母群是什麼分配，如果是大樣本，都使用 Z 檢定。如果是小樣本，但兩個母群都是常態分配，可以使用 t 檢定。如果母群不是常態分配，又是小樣本，則建議改用無母數統計分析。

由於變異數已知的情形相當少見，而 Minitab 也未區分大樣本及小樣本（大樣本時，t 值已經非常接近 Z 值了），因此一般只使用流程圖中的第 2 個及第 4 個公式。

圖 10-1　兩個獨立樣本平均數檢定的分析流程

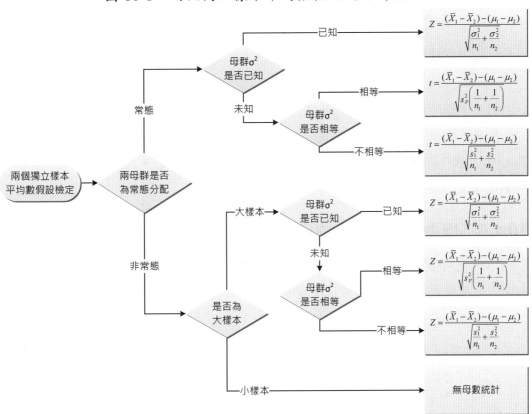

10.1.5　效果量

獨立樣本 t 檢定的效果量有兩種。第一種是計算標準化的差異，公式為：

$$d = \frac{\mu_1 - \mu_2}{\sigma_p}$$
(公式 10-10)

由於計算合併的標準差 σ_p（如果是樣本，則計算 s_p）較為麻煩，因此可以直接使用 t 值及自由度求得 d 值，公式為：

$$d = \frac{2t}{\sqrt{df}}$$
(公式 10-11)

依據 Cohen（1988）的經驗法則，d 的小、中、大效果量分別為 .20、.50，及 .80。第二類為計算自變數與依變數的關聯 r 或 η^2。

$$r = \sqrt{\frac{t^2}{t^2 + df}}$$ (公式 10-12)

$$r^2 = \frac{t^2}{t^2 + df} = \eta^2$$ (公式 10-13)

其中 r 也等於自變數與依變數的點二系列相關係數，而 η^2（或 r^2）則是自變數對依變數的解釋力。依據 Cohen（1988）的經驗法則，r 的小、中、大效果量分別為 .10、.30，及 .50，而 McGrath 及 Meyer 的建議則為 .10、.24、.37（引自 Fritz, Morris, & Richler, 2011）。

10.1.6　標準差及變異數之區間估計

由於兩個樣本平均數的 t 檢定需要符合變異數相等的假定，因此一併說明一個變異數（或標準差）的區間估計及兩個變異數的同質檢定。

如果變數符合常態分配，則其變異數的下界公式為：

$$\frac{(n-1)s^2}{\chi^2_{(n-1,1-\alpha/2)}}$$

上界為：

$$\frac{(n-1)s^2}{\chi^2_{(n-1,\alpha/2)}}$$

在後面範例中，第一組的人數為 19，標準差為 4.800（變異數為 $4.800^2 = 23.041$），在自由度為 18（等於樣本數減 1），$\alpha = 0.05$ 的 χ^2 分配中，雙尾的臨界值分別為 31.526 及 8.231（見圖 10-2）。變異數 23.041 的 95% 信賴區間下界為：

$$\frac{18 \times 23.041}{31.526} = 13.155$$

上界為：

$$\frac{18 \times 23.041}{8.231} = 50.389$$

標準差 4.800 的 95% 信賴區間下界及上界則是將 13.155 及 50.389 分別取平方根，得到 3.627 及 7.099。（請見後面之報表 10-2）

圖 10-2　自由度 18 時，χ^2 之雙尾臨界值為 8.231 及 31.526

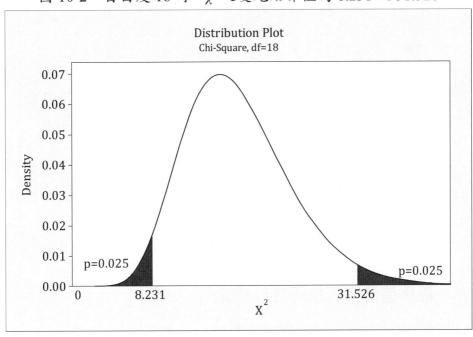

在範例中，第二組的人數為 17，標準差為 8.391（變異數為 $8.391^2 = 70.404$），在自由度為 16，$\alpha = 0.05$ 的 χ^2 分配中，雙尾的臨界值分別為 28.845 及 6.908（見圖 10-3）。變異數 70.404 的 95% 信賴區間下界為：

$$\frac{16 \times 70.404}{28.845} = 39.052$$

上界為：

$$\frac{16 \times 70.404}{6.908} = 163.075$$

標準差 8.391 的 95% 信賴區間下界及上界則是將 39.052 及 163.075 分別取平方根，得到 6.249 及 12.770。（請見後面之報表 10-2）

圖 10-3　自由度 16 時，χ^2 之雙尾臨界值為 6.908 及 28.845

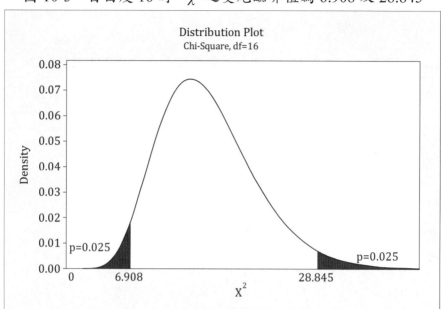

10.1.7　標準差及變異數同質性檢定

要檢定兩個變異數是否相等（具有同質性），統計假設為：

$$\begin{cases} H_0 : \sigma_1^2 = \sigma_2^2 \\ H_1 : \sigma_1^2 \neq \sigma_2^2 \end{cases}$$

移項後為：

$$\begin{cases} H_0 : \dfrac{\sigma_1^2}{\sigma_2^2} = 1 \\ H_1 : \dfrac{\sigma_1^2}{\sigma_2^2} \neq 1 \end{cases}$$

假定資料為常態分配，檢定的公式是計算兩組樣本變異數的比率：

$$F = \frac{s_1^2}{s_2^2}$$

在報表 10-2 中，兩組的變異數分別為 23.041 及 70.404，代入公式得到：

$$F = \frac{23.010}{70.404} = 0.3273 \approx 0.33$$

在分子及分母自由度分別是 18 及 16 的 F 分配中，F 值的雙尾機率為 0.0249（見圖 10-4 中 0.01244 + 0.01244）已經小於 0.05，應拒絕虛無假設，因此兩群的變異數並不相等。（注：此時分子及分母自由度分別為第 1 組及第 2 組樣本數各減 1）

圖 10-4　自由度為 18, 16 時，$F = 0.3273$ 的雙尾 p 值為 0.0249

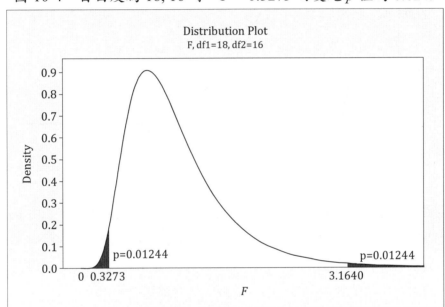

要計算兩群變異數比率的信賴區間，則將 F 值分別除以自由度是 18,16 的 F 臨界值。當 $\alpha = 0.05$ 時，臨界值分別為 2.7170 及 0.3787（見圖 10-5），因此兩個變異數比率的上下界分別為：

下界：$0.3273 \div 2.7170 = 0.1205$

上界：$0.3273 \div 0.3787 = 0.8641$

由於變異數比率的 95% 信賴區間 [0.1205, 0.8641] 不包含 1，因此應拒絕 $\sigma_1^2 / \sigma_2^2 = 1$ 的虛無假定，所以 $\sigma_1^2 / \sigma_2^2 \neq 1$，換言之，$\sigma_1^2 \neq \sigma_2^2$。

圖 10-5　自由度為 18, 16，$\alpha = 0.05$ 時的雙尾臨界值為 0.3787 及 2.7170

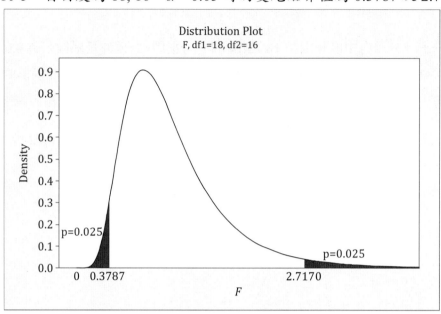

假定資料不是常態分配，Minitab 使用 Levene 變異數同質性檢定（由 Levene 於 1960 年發展，1974 年再由 Brown 及 Forsythe 加以擴展），它的步驟如下：

1. 分別計算各組依變數的中位數。
2. 將各組的依變數減去各自的中位數，並取絕對值。
3. 以差異的絕對值為依變數，進行變異數分析，求得 F 值。此時的 F 檢定即為 Levene 變異數同質性檢定。
4. 另一套統計軟體 SPSS 是以算術平均數取代中位數，其餘計算步驟相同，此為 Levene 的原計算方式。

Minitab 19 版另外採用 Bonett 在 2006 年提出的檢定方法，它合併了兩組的峰度值，更適合非常態及小樣本的資料，然而計算過程比較繁複，因此本書不加以介紹，讀者可自行參考 Bonett 的原著。

10.2　範例

某研究者想要了解資訊科技融入英語教學是否可以提高學生的學習成效，於是

在某國中找兩個隨機編班後的七年級班級，其中一班接受電子白板融入英語教學（實驗組，代碼為 1，有 19 名學生），另一班則接受一般英語教學（控制組，代碼為 2，有 17 名學生）。經過一學期的教學後，所有學生接受研究者自編的英語成就測驗，得到表 10-1 的數據。請問：接受資訊科技融入英語教學與接受一般英語教學的學生之平均英文能力是否有不同？

表 10-1　36 名學生在英文測驗的得分

學生	組別	英文能力	學生	組別	英文能力
1	1	86	19	1	85
2	1	90	20	2	87
3	1	91	21	2	83
4	1	89	22	2	86
5	1	88	23	2	67
6	1	81	24	2	76
7	1	77	25	2	80
8	1	85	26	2	85
9	1	84	27	2	81
10	1	81	28	2	82
11	1	76	29	2	79
12	1	83	30	2	81
13	1	78	31	2	67
14	1	81	32	2	56
15	1	85	33	2	88
16	1	77	34	2	78
17	1	90	35	2	85
18	1	79	36	2	79

10.2.1　變數與資料

表 10-1 中有 3 個變數，但是學生的代號並不需要輸入 Minitab 中，因此分析時只使用「組別」及「英文能力」2 個變數。依變數「英文能力」是學生在研究者自編

「英文成就測驗」的得分，分數愈高，代表學生英文能力愈佳。而自變數（組別）中，實驗組登錄為 1，控制組登錄為 2。由於組別是名義變數，數值僅代表不同的類別，因此可以輸入任意的 2 個數值。

10.2.2 研究問題

在本範例中，研究者想要了解的問題可以陳述如下：

接受資訊科技融入英語教學與接受一般英語教學的學生之平均英文能力是否有不同？

10.2.3 統計假設

根據研究問題，虛無假設宣稱「接受資訊科技融入英語教學與接受一般英語教學的學生之平均英文能力沒有差異」：

$$H_0 : \mu_{資訊科技} = \mu_{一般教學}$$

而對立假設則宣稱「接受資訊科技融入英語教學與接受一般英語教學的學生之平均英文能力有差異」：

$$H_1 : \mu_{資訊科技} \neq \mu_{一般教學}$$

總之，統計假設寫為：

$$\begin{cases} H_0 : \mu_{資訊科技} = \mu_{一般教學} \\ H_1 : \mu_{資訊科技} \neq \mu_{一般教學} \end{cases}$$

10.3　使用 Minitab 進行分析

1. 完整的 Minitab 資料檔如圖 10-6。

圖 10-6　獨立樣本 t 檢定資料檔

→	C1	C2	C3	C4	C5	C6	C7	^
	組別	英文能力						
1	1	86						
2	1	90						
3	1	91						
4	1	89						
5	1	88						
6	1	81						
7	1	77						
8	1	85						
9	1	84						
10	1	81						
11	1	76						
12	1	83						
13	1	78						
14	1	81						
15	1	85						
16	1	77						
17	1	90						
18	1	79						
19	1	85						
20	2	87						
21	2	83						
22	2	86						
23	2	67						
24	2	76						
25	2	80						
26	2	85						
27	2	81						
28	2	82						
29	2	79						
30	2	81						
31	2	67						
32	2	56						
33	2	88						
34	2	78						
35	2	85						
36	2	79						

2. 正式分析前，先檢定兩組變異數是否相等。首先，在【Stat】（分析）選單中的 【Basic Statistics】（基本統計量）選擇【2 Variances】（雙變異數）。

圖 10-7　2 Variances 選單

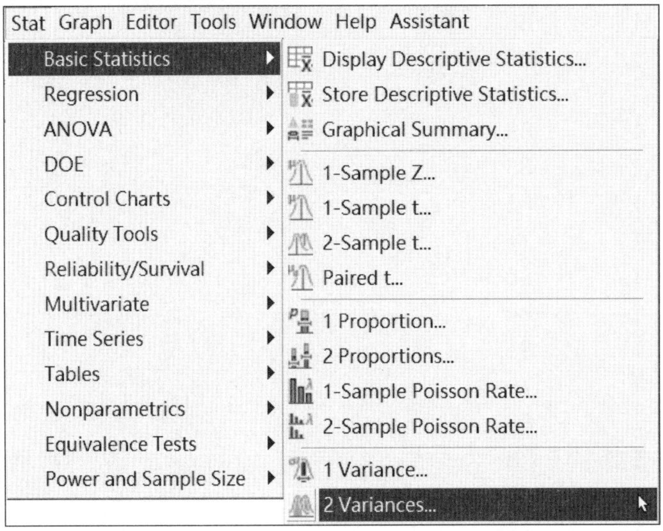

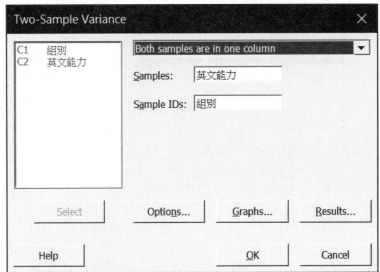

3. 將依變數英文能力選擇到【Samples】（樣本）中，自變數組別選擇到【Sample IDs】 （樣本識別碼）中，接著點擊【Options】（選項）按鈕。

圖 10-8　Two-Sample Variance 對話框

4. 在【Ratio】（比率）中選擇【(sample 1 variance / sample 2 variance)】（樣本 1 變異數 / 樣本 2 變異數），如果符合常態分配，則勾選【Use test and confidence intervals bases on normal distribution】（以常態分配進行檢定及信賴區間）。

圖 10-9　Two-Sample Variance: Options 對話框

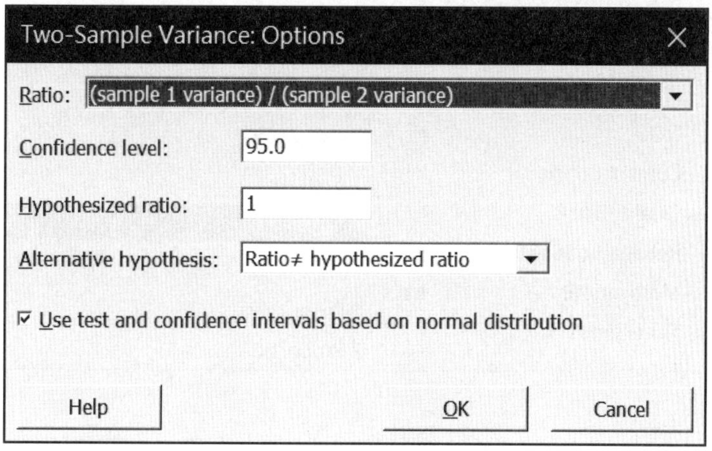

5. 如果不符合常態分配，則不勾選【Use test and confidence intervals bases on normal distribution】（以常態分配進行檢定及信賴區間）。

圖 10-10　Two-Sample Variance: Options 對話框

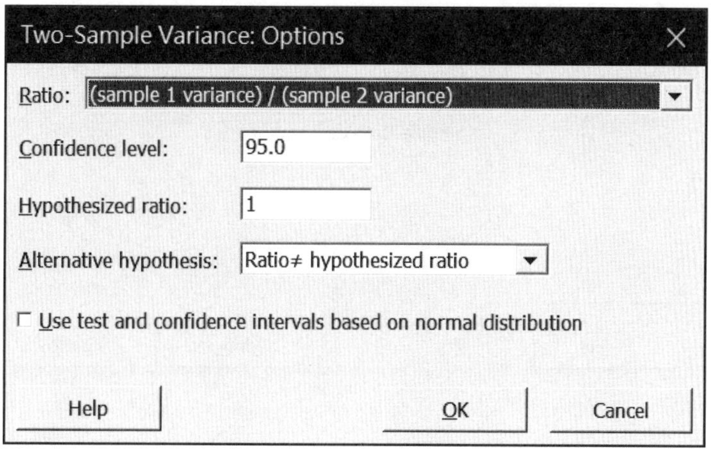

6. 其次，在【Stat】(分析)選單中的【Basic Statistics】(基本統計量)選擇【2-Sample t】(雙樣本 t)。

圖 10-11　2-Sample t 選單

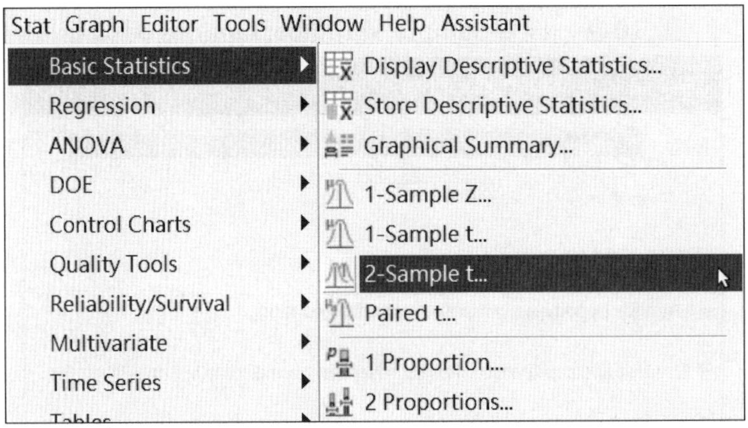

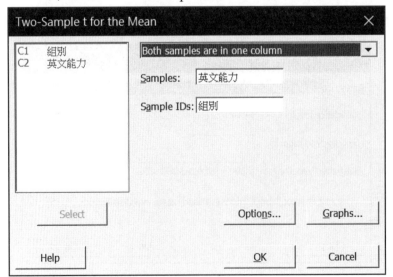

7. 將依變數英文能力選擇到【Samples】(樣本)中，自變數組別選擇到【Sample IDs】(樣本識別碼)中，接著點擊【Options】(選項)按鈕。

圖 10-12　Two-Sample t for the Mean 對話框

8. 如果符合變異數同質性假定，則勾選【Assume equal variances】（假定相等變異數）。

圖 10-13　Two-Sample t: Options 對話框

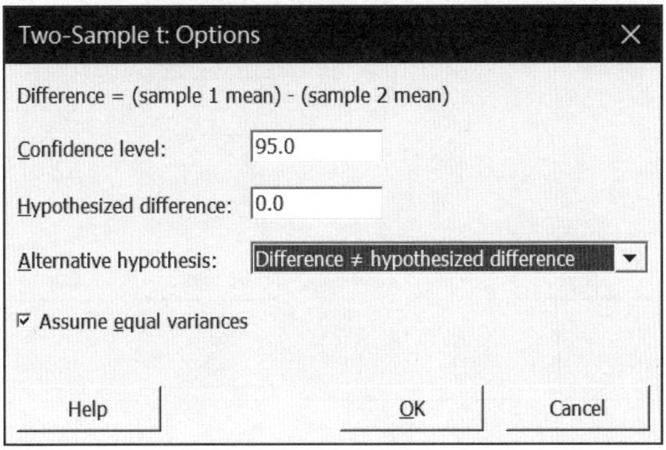

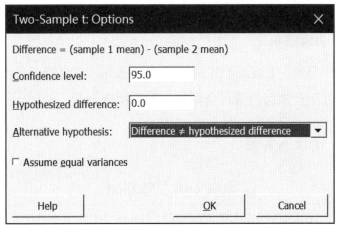

9. 如果不符合變異數同質性假定，則不勾選【Assume equal variances】（假定相等變異數）。

圖 10-14　Two-Sample t: Options 對話框

10. 選擇完成後，點擊【OK】（確定）按鈕進行分析。

圖 10-15　Two-Sample t for the Mean 對話框

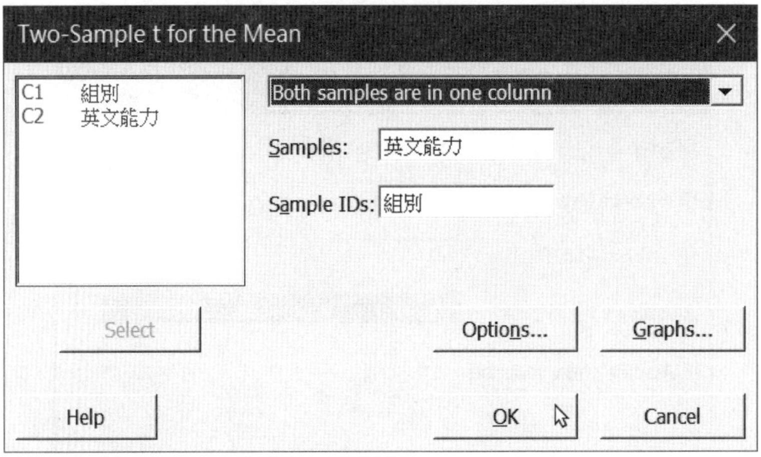

10.4　報表解讀

以下報表分成兩部分，前半部是變異數同質性檢定，後半部是平均數同質性檢定，分別詳細說明之。

10.4.1　變異數同質性檢定

以下報表總標題為「Test and CI for Two Variances: 英文能力 vs 組別」，又分為假設資料為常態分配及未假設資料為常態分配兩種情形。

10.4.1.1　假設資料為常態

報表 10-1　Method

σ_1: standard deviation of 英文能力 when 組別 = 1
σ_2: standard deviation of 英文能力 when 組別 = 2
Ratio: σ_1/σ_2
F method was used. This method is accurate for normal data only.

報表 10-1 說明第 1 組（資訊科技）的英文能力標準差為 σ_1，第 2 組（一般教學）的英文能力標準差為 σ_2，兩者的比率 $F = \sigma_1 / \sigma_2$，此方法只適用於常態資料。

報表 10-2　Descriptive Statistics

組別	N	StDev	Variance	95% CI for σ^2
1	19	4.800	23.041	(13.155, 50.389)
2	17	8.391	70.404	(39.052, 163.075)

報表 10-2 是兩組的描述統計量。第一組的變異數為 23.041，變異數 95%信賴區間為 [13.155, 50.389]；第二組的變異數為 70.404，變異數 95%信賴區間為 [39.052, 163.075]（計算過程請見 10.1.6 節的說明）。將變異數 95%信賴區間取平方根，即為標準差的 95%信賴區間。

報表 10-3　Ratio of Variances

Estimated Ratio	95% CI for Ratio using F
0.327266	(0.120, 0.864)

報表 10-3 是符合常態分配時的變異數比率區間估計，將第一組的變異數 23.041 除以第二組的變異數 70.404，得到變異數比率 0.327266。0.327 分別除以 F 的臨界值 2.7170 及 0.3787，得到變異數比率的 95%信賴區間 [0.120, 0.864]，變異數分別取平方根，即為標準差的 95%信賴區間 [0.347, 0.930]（計算過程請見 10.1.7 節的說明）。由於信賴區間不包含 1，因此兩組變異數（或標準差）不相等。

報表 10-4　Test

Null hypothesis	H_0: $\sigma_1^2 / \sigma_2^2 = 1$
Alternative hypothesis	H_1: $\sigma_1^2 / \sigma_2^2 \neq 1$
Significance level	$\alpha = 0.05$

Minitab 與統計分析

報表 10-4（續）

Method	Test Statistic	DF1	DF2	P-Value
F	0.327	18	16	0.025

報表 10-4 分成兩部分，第一部分在說明虛無假設、對立假設，及顯著水準。報表中的前兩列化為統計符號是：

$$\begin{cases} H_0 : \dfrac{\sigma_1^2}{\sigma_2^2} = 1 \\[2mm] H_1 : \dfrac{\sigma_1^2}{\sigma_2^2} \neq 1 \end{cases}$$

第三列則說明顯著水準設為 $\alpha = 0.05$。

第二部分是 F 檢定結果，$F = 0.328$，在分子自由度 18，分母自由度 16 的 F 分配中，雙尾機率值為 0.025（見圖 10-4），$P < 0.05$，應拒絕虛無假設，因此兩組的變異數不相等，也就是變異數不同質。

圖 10-16　Test and CI for Two Variances: 英文能力 vs 組別

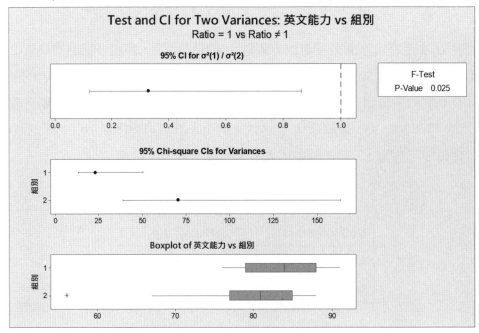

236

　　圖 10-16 包含三種統計圖。第一個圖是變異數比率的 95% 信賴區間，不包含 1（圖中虛線），F 檢定所得 P 值是 0.025，表示兩組的變異數有顯著差異。第二個圖是兩組變異數的個別 95% 信賴區間。第三個圖是兩組的盒形圖，* 號部分是離異值，此部分請見本書第 4 章的說明。

10.4.1.2　假設資料非常態

報表 10-5　Ratio of Variances

Estimated Ratio	95% CI for Ratio using Bonett	95% CI for Ratio using Levene
0.327266	(0.129, 2.180)	(0.162, 2.632)

　　報表 10-5 是違反常態分配時的變異數比率區間估計，無論是使用 Bonett 或 Levene 的方法，變異數比例的 95%信賴區間都包含 1，因此不能拒絕 $\sigma_2^2/\sigma_1^2 = 1$ 的虛無假設，兩組的變異數視為相等。

報表 10-6　Tests

Method	Test Statistic	DF1	DF2	P-Value
Bonett	*			0.175
Levene	0.971	1	34	0.331

　　報表 10-6 使用 Levene 的變異數同質性檢定，得到 F 值為 0.971，在分子自由度為 1（等於組數減 1），分母自由度為 34（等於總人數 36 減組數 2）的 F 分配中，右尾 P 值為 0.331，大於 0.05，應接受虛無假設，所以兩組的變異數沒有顯著差異。如果使用 Bonett 法，則 P 值為 0.175，也大於 0.05。

　　次頁圖 10-17 與圖 10-16 相似，只是在第一個圖形中，無論使用 Bonett 或是 Levene 法計算變異數比率的 95%信賴區間，都包含 1，P 值分別為 0.175 及 0.331，因此兩個變異數沒有顯著差異。

圖 10-17　Test and CI for Two Variances: 英文能力 vs 組別

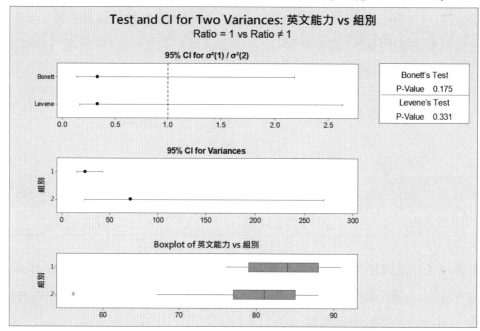

10.4.2　平均數同質性檢定

以下報表總標題為「Two-Sample T-Test and CI: 英文能力, 組別」,又分為假設變異數同質與未假設變異數同質兩部分。

10.4.2.1　假設變異數同質

報表 10-7　Method

μ_1: population mean of 英文能力 when 組別 = 1
μ_2: population mean of 英文能力 when 組別 = 2
Difference: $\mu_1 - \mu_2$
Equal variances are assumed for this analysis.

報表 10-7 說明第 1 組(資訊科技)的英文能力標準差為 μ_1,第 2 組(一般教學)的英文能力標準差為 μ_2,兩者的差值為 $\mu_1 - \mu_2$,以下的分析,假設兩組的變異數相等。

報表 10-8　Descriptive Statistics: 英文能力

組別	N	Mean	StDev	SE Mean
1	19	83.47	4.80	1.10
2	17	78.82	8.39	2.04

　　報表 10-8 是兩組的描述統計，包含樣本（N）、平均數（Mean）、標準差（StDev），及平均數的標準誤（SE Mean）。其中平均數標準誤為：

$$平均數標準誤 = \frac{標準差}{\sqrt{樣本數}}$$

代入數值，兩組的平均數標準誤分別為：

$$\frac{4.80}{\sqrt{19}} = 1.10$$

$$\frac{8.39}{\sqrt{17}} = 2.04$$

報表 10-9　Estimation for Difference

Difference	Pooled StDev	95% CI for Difference
4.65	6.73	(0.08, 9.22)

　　報表 10-9 是平均數差異的 95% 信賴區間法。兩組平均數的差異為 4.65，在自由度 34 的 t 分配中，$\alpha = 0.05$ 時的臨界值為 ± 2.032（見圖 10-18），平均數標準誤為 2.248（算法在後面），平均數差異的 95% 信賴區間的上下界為：

　　　　下界：$4.65 - 2.032 \times 2.248 = 0.08$

　　　　上界：$4.65 + 2.032 \times 2.248 = 9.22$

　　由於上下界不包含 0，應拒絕 $H_0: \mu_1 - \mu_2 = 0$ 的虛無假設，所以兩組的平均數有顯著差異。

　　其中合併的標準差 6.73，須代入兩組個別的標準差及樣本數，算法如下：

$$\sqrt{\frac{(19-1)4.80^2+(17-1)8.39^2}{19+17-2}}=6.73$$

而合併的平均數標準誤算法為：

$$\sqrt{6.73^2\left(\frac{1}{19}+\frac{1}{17}\right)}=2.248$$

圖 10-18　自由度 34，$\alpha=0.05$ 時，t 的雙尾臨界值為 ±2.032

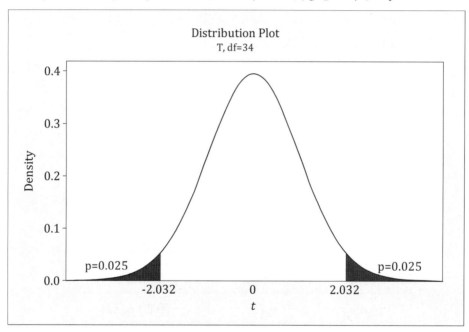

報表 10-10　Test

Null hypothesis	$H_0: \mu_1 - \mu_2 = 0$
Alternative hypothesis	$H_1: \mu_1 - \mu_2 \neq 0$

T-Value	DF	P-Value
2.07	34	0.046

報表 10-10 有兩部分，第一部分是統計假設，合寫為：

$$\begin{cases} H_0 : \mu_1 = \mu_2 \\ H_1 : \mu_1 \neq \mu_2 \end{cases}$$

第二部分是**假定兩組變異數相等**時所進行的 *t* 檢定，計算方法為：

$$t = \frac{83.47 - 78.82}{\sqrt{6.7327^2 \left(\dfrac{1}{19} + \dfrac{1}{17} \right)}} = \frac{4.65}{2.248} = 2.07$$

在自由度是 34（等於總人數減 2）的 *t* 分配中，$|t| \geq 2.07$ 的 *p* 值為 0.046（見圖 10-19），已經小於 0.05，應拒絕虛無假設，因此兩組的平均數有顯著差異。

圖 10-19　自由度 34 時，$|t| \geq 2.07$ 的 *p* 值為 0.046

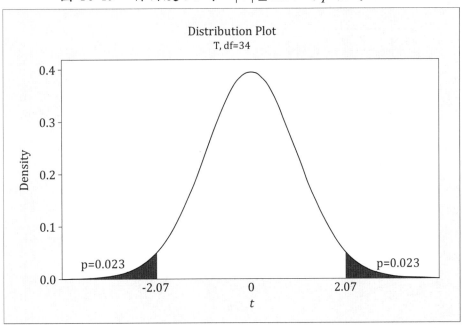

10.4.2.2　假設變異數不同質

由此處開始，是**假定兩組變異數不相等**時所進行的分析。

報表 10-11　　Estimation for Difference

Difference	95% CI for Difference
4.65	(-0.13, 9.43)

　　報表 10-11 為平均數差異及其信賴區間估計。兩組平均數的差異為 4.65，在自由度 24 的 t 分配中，$\alpha = 0.05$ 時的臨界值為 ± 2.064（見圖 10-20），平均數標準誤為 2.314（算法在後面），平均數差異的 95% 信賴區間的上下界為：

下界：$4.65 - 2.064 \times 2.314 = -0.13$

上界：$4.65 + 2.064 \times 2.314 = 9.43$

　　由於上下界包含 0，不能拒絕 $H_0: \mu_1 - \mu_2 = 0$ 的虛無假設，所以兩組的平均數沒有顯著差異。上述平均數標準誤算法為：

$$\sqrt{\frac{4.80^2}{19} + \frac{8.39^2}{17}} = 2.314$$

圖 10-20　　自由度 24，$\alpha = 0.05$ 時，t 的雙尾臨界值為 ± 2.064

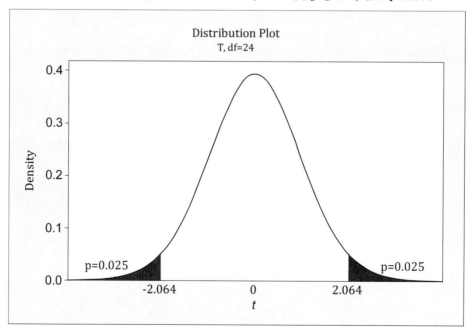

報表 10-12　Test

Null hypothesis	H_0: $\mu_1 - \mu_2 = 0$
Alternative hypothesis	H_1: $\mu_1 - \mu_2 \neq 0$

T-Value	DF	P-Value
2.01	24	0.056

報表 10-12 為變異數不同質的 t 檢定，計算方法為：

$$t = \frac{83.47 - 78.82}{\sqrt{\dfrac{4.80^2}{19} + \dfrac{8.39^2}{17}}} = \frac{4.65}{\sqrt{1.10^2 + 2.04^2}} = \frac{4.65}{2.314} = 2.01$$

此時自由度採 Welch-Satterthwaite 的公式計算，近似值為 24。在自由度是 24 的 t 分配中，$|t| \geq 2.01$ 的 p 值為 0.056（見圖 10-21），已經大於 0.05，不能拒絕虛無假設，因此兩組的平均數沒有顯著差異。

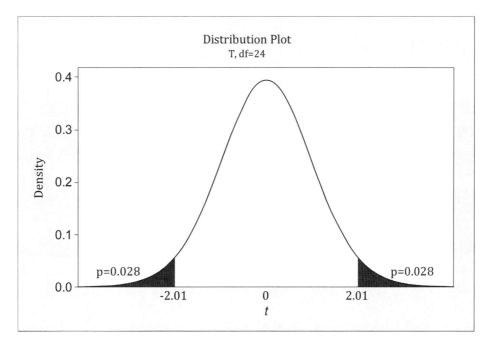

圖 10-21　自由度 24 時，$|t| \geq 2.01$ 的 p 值為 0.056

總結上述，使用 Minitab 進行兩個獨立樣本平均數 t 檢定之前，應先檢定兩個變異數是否相等（同質）。當變數為常態分配時，Minitab 使用變異數比率的 F 檢定，進行變異數同質性檢定，這也是 SAS、Stata，及 Systat 等統計軟體使用的方法；當變數不是常態分配時，Minitab 使用 Levene 及 Bonett 的 F 檢定，SPSS 也採用 Levene 的方法。為配合筆者的另一本《SPSS 與統計分析》著作，本書採用 Levene 的變異數同質性檢定結果，不拒絕 $H_0 : \sigma_1^2 = \sigma_2^2$ 的虛無假設。

由於變異數同質，因此合併兩組的變異數以進行平均數差異 t 檢定，得到報表 10-10 的 $t(34) = 2.07$，$P = 0.046$，兩組的平均數差異 4.65 顯著不等於 0。

在本範例中，使用不同的 t 檢定公式，會得到相反的結論，讀者務必留意。

10.5　計算效果量

由於檢定後達到統計上的顯著，在此可以計算 Cohen 的 d 值，它的公式是：

$$d = \frac{2t}{\sqrt{df}}$$

從報表 10-10 找到對應的數值，代入之後得到：

$$d = \frac{2 \times 2.07}{\sqrt{34}} = 0.71$$

依據 Cohen（1988）的經驗法則，本範例為中度的效果量。而另一種效果量的計算公式是：

$$\eta^2 = \frac{t^2}{t^2 + df}$$

代入報表 10-10 的數值得到：

$$\eta^2 = \frac{2.07^2}{2.07^2 + 34} = 0.11$$

η^2 代表依變數的變異，可用自變數解釋的比例。依據 Cohen（1988）的經驗法則，η^2 值之小、中、大的效果量分別是 .01、.06，及 .14。因此，本範例為中度的效果量。

10.6　以 APA 格式撰寫結果

　　研究者以兩班七年級學生為受試者，其中接受資訊科技融入英語教學者的英語能力 ($M = 83.47$，$SD = 4.80$，$N = 19$) 顯著高於接受一般英語教學的學生 ($M = 78.82$，$SD = 8.39$，$N = 17$)，兩組的平均得分差異為 4.65，95%信賴區間為 $[0.08, 9.22]$，$t(34) = 2.07$，$p = .046$，效果量 $d = 0.71$。$\eta^2 = 0.11$，表示七年級學生英語能力的變異，有 11%來自於教學時採用資訊科技與否所致。

10.7　獨立樣本平均數 t 檢定的假定

　　獨立樣本 t 檢定應符合以下三個假定。

10.7.1　觀察體要能代表母群體，且彼此間獨立

　　觀察體獨立代表各個樣本不會相互影響，假使觀察體間不獨立，計算所得的 p 值就不準確。如果有證據支持違反了這項假定，就不應使用獨立樣本 t 檢定。

10.7.2　依變數在兩個母群中須為常態分配

　　此項假定是指兩組的英文成就測驗得分都要呈常態分配，如果不是常態分配，會降低檢定的統計考驗力。不過，當每一組的樣本數在 15 以上，即使違反了這項假定，對於獨立樣本 t 檢定的影響也不大。

10.7.3　依變數的變異數在兩個母群中須相等

　　此項假定是指兩組的英文成就測驗得分的變異數要相等，如果不相等，則計算所得的 t 值及 p 值就不可靠。Minitab 採用三種 F 檢定來分析這個假定，當違反此項假定時，則應改採 Welch 的公式計算 t 值，分析時要留心選擇。

　　當兩組樣本數相等時，變異數是否同質，便不會影響 t 值的計算（但 p 值會有不同），因此在進行實驗時，最好採用平衡設計。

10.8 獨立樣本中位數 Mann-Whitney-Wilcoxon 檢定

如果不符合常態分配與變異數同質假設，可以使用無母數 Mann-Whitney U 檢定或 Wilcoxon 等級和檢定（Wilcoxon rank sum test）。分析過程及報表解讀如後。

1. 在【Stat】（統計）中的【Nonparametrics】（無母數統計）中選擇【Mann-Whitney】。

圖 10-22 Mann-Whitney 選單

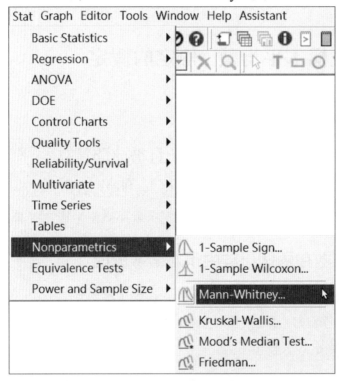

2. Mann-Whitney 檢定要使用非堆疊的資料，輸入時將使用資訊科技教學法的英文能力得分輸入在第 1 欄，第 2 欄為一般教學法的英文能力得分。分析時將資訊_英文變數選擇到【Frist Sample】（第一樣本），一般_英文變數選擇到【Second Sample】（第二樣本），再點擊【OK】（確定）即可。

圖 10-23　Mann-Whitney 對話框

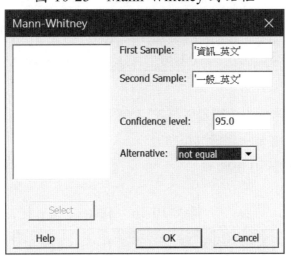

分析後得到「Mann-Whitney: 資訊_英文, 一般_英文」總報表，共分四部分，以下簡要說明之。

報表 10-13　Method

η_1: median of 資訊_英文
η_2: median of 一般_英文
Difference: $\eta_1 - \eta_2$

報表 10-13 說明資訊科技組的英文能力中位數代號為 η_1，一般教學組英文能力中位數代號為 η_2，兩組的中位數差異為 $\eta_1 - \eta_2$。

報表 10-14　Descriptive Statistics

Sample	N	Median
資訊_英文	19	84
一般_英文	17	81

報表 10-14 為描述統計，兩組樣本數分別為 19 及 17，中位數分別為 84 及 81。

報表 10-15　Estimation for Difference

Difference	CI for Difference	Achieved Confidence
3	(-1, 8)	95.05%

報表 10-15 說明兩組中位數差值為 3，信賴區間為 [−1, 8]，中間包含 0，因此兩組的中位數沒有顯著差異。雖然分析時設定為 95%信賴區間，但是由於樣本數的影響，精確的信賴區間為 95.05%。

報表 10-16　Test

Null hypothesis	$H_0: \eta_1 - \eta_2 = 0$
Alternative hypothesis	$H_1: \eta_1 - \eta_2 \neq 0$

Method	W-Value	P-Value
Not adjusted for ties	400.50	0.124
Adjusted for ties	400.50	0.123

報表 10-16 分為兩部分，第一部分為統計假設，合寫為：

$$\begin{cases} H_0 : \eta_1 = \eta_2 \\ H_1 : \eta_1 \neq \eta_2 \end{cases}$$

第二部分是檢定結果，Wilcoxon 的 $W = 400.5$（實驗組的等級和），$P = 0.123$（有同分，以等值結調整），因此兩組的中位數 84 及 81 沒有顯著差異。

留意：如果將兩組的資料交換欄位，會得到 $W = 265.5$，$P = 0.123$。這是因為 Minitab 將所有數值由小到大排序，給予等級，如果有同分（結），則求平均等級，最後將第一欄的等級加總，得到 W 值，如果交換欄位，就會有不同的 W 值。不過，P 值則都相同。兩個 W 的和為 666，等於 1 – 36（$N = 36$）的總和。

第 11 章
單因子獨立樣本
變異數分析

　　單因子獨立樣本變異數分析（analysis of variance, ANOVA）旨在比較兩群以上沒有關聯之樣本，在某個變數的平均數是否有差異，適用的情境如下：

　　自變數：兩個以上獨立而沒有關聯的組別，為**質的變數**。自變數又稱因子（factor，或譯為**因素**），而單因子就是只有一個自變數。

　　依變數：量的變數。

　　本章先介紹單因子獨立樣本變異數分析的整體檢定，接著說明所有成對的事後比較（post hoc comparison）。

11.1　基本統計概念

11.1.1　目的

　　單因子獨立樣本變異數分析旨在檢定兩組以上沒有關聯的樣本，在某一變數之平均數是否有差異。當只有兩群樣本時，研究者通常會使用獨立樣本 t 檢定，而不使用單因子獨立樣本變異數分析，由於此時 $F = t^2$，所以兩種分析的結果是一致的。

　　然而，如果是三組以上的樣本，仍舊使用 t 檢定，則會使得 α 膨脹。例如，當自變數有四個群組，如果兩兩之間都要比較平均數差異，則要進行 6 次 t 檢定：

$$C_2^4 = \frac{4 \times 3}{2} = 6$$

如果每次 t 檢定都設定 $\alpha = 0.05$，則 6 次檢定所犯的總錯誤機率是：

$$1 - (1 - 0.05)^6 = 0.265$$

這個值大約等於：

$$0.05 \times 6 = 0.30$$

變異數分析的主要目的即在同時進行多組平均數差異比較，而又能控制 α。

11.1.2　分析示例

　　以下的研究問題都可以使用單因子獨立樣本變異數分析：

1.　三家公司員工對所屬公司的滿意度（以分數表示）。
2.　不同職務等級（委任、薦任、簡任）公務員的公民素養。

3.　四種品牌日光燈的使用壽命。

4.　不同學業成績（分為低、中、高）學生的自我效能感。

5.　隨機分派後的幼魚，各自接受四種餵食量，一星期後的換肉率。

11.1.3 整體檢定（*F* 檢定）

第 5 章的公式 5-9 提到母群變異數的不偏估計值為：

$$s^2 = \frac{\Sigma(X - \bar{X})^2}{n-1}$$
（公式 5-9）

其中分子部分 $\Sigma(X - \bar{X})^2$ 稱為**離均差平方和**（sum of squares, SS），$n-1$ 就是**自由度**。

單因子變異數分析就是在計算**組間**（between groups）及**組內**（within groups）的離均差平方和，然後除以適當的自由度，以得到**均方**（mean square, MS），*MS* 就是母群體變異數的不偏估計值 s^2（林清山, 1992），接著將組間的變異數（s_b^2）除以組內變異數（s_w^2）以得到 *F* 值。

$$F = \frac{s_b^2}{s_w^2}$$
（公式 11-1）

然後再考驗 *F* 值是否達到顯著，因此變異數分析是使用 *F* 考驗。

以表 11-1 為例，研究者隨機抽取 9 名學生，再以隨機分派方式將他們分成 3 組，分別以不同的方法進行教學，經過一學期後，測得他們的數學成績。試問：三種教學法的效果是否有差異？

表 11-1　三組學生的數學成績

組別	第 1 組	第 2 組	第 3 組
受試者 1	2	3	6
受試者 2	3	5	7
受試者 3	4	7	8
組平均數	3	5	7
總平均數	5		

本例只有教學法一個自變數（又稱為**因子**或**因素**），因此稱為**單因子變異數分析**（one-way ANOVA）。自變數有三個類別（或稱水準，level），三組的受試者為不同的樣本，因此稱為獨立樣本單因子變異數分析。

11.1.3.1　虛無假設與對立假設

在此例中，待答問題是：

數學成績是否因使用的教學法而有不同？

虛無假設是假定母群中三種教學法的學生數學平均成績相同：

$$H_0 : \mu_{\text{第1組}} = \mu_{\text{第2組}} = \mu_{\text{第3組}}$$

或寫成：

$$H_0 : \mu_i = \mu_j \text{，存在於所有的 } i \text{ 及 } j$$

然而，對立假設卻不能寫成：

$$H_1 : \mu_{\text{第1組}} \neq \mu_{\text{第2組}} \neq \mu_{\text{第3組}}$$

這是因為要拒絕虛無假設並不一定需要三組的平均數都不相等，而只要至少兩組的平均數不相等即可（即，$\mu_{\text{第1組}} \neq \mu_{\text{第2組}}$、$\mu_{\text{第1組}} \neq \mu_{\text{第3組}}$、$\mu_{\text{第2組}} \neq \mu_{\text{第3組}}$，或者是 $\mu_{\text{第1組}} \neq \mu_{\text{第2組}} \neq \mu_{\text{第3組}}$）。所以，對立假設可以寫成：

$$H_1 : \text{至少一組的母群平均數與其他組不同}$$

或是：

$$H_1 : \mu_i \neq \mu_j \text{，存在於部分的 } i \text{ 及 } j$$

或者簡單寫成：

$$H_1 : H_0 \text{ 為假}$$

11.1.3.2　*SS* 及自由度的計算

要進行整體檢定，需要計算三種 *SS*，分別是：

全體 SS_t = [(各個數值−總平均數)^2]之總和　　　　　　　　　　(公式 11-2)

組間 SS_b = [(各組平均數−總平均數)^2×各組樣本數]之總和　　　(公式 11-3)

組內 SS_w = [(各個數值−各組平均數)^2]之總和　　　　　　　(公式 11-4)

全體 SS_t 等於 36，計算過程如下：

$$(2-5)^2+(3-5)^2+(4-5)^2+$$
$$(3-5)^2+(5-5)^2+(7-5)^2+$$
$$(6-5)^2+(7-5)^2+(8-5)^2+$$
$$=9+4+1+4+0+4+1+4+9$$
$$=36$$

組間 SS_b 等於 24，計算過程如下：

$$(3-5)^2 \times 3+(5-5)^2 \times 3+(7-5)^2 \times 3=12+0+12=24$$

組內 SS_w 等於 12，需要分別計算 3 組的組內 SS。其中，第 1 組組內 SS_w 等於 2，計算過程如下：

$$(2-3)^2+(3-3)^2+(4-3)^2=1+0+1=2$$

第 2 組組內 SS_w 等於 8，計算過程如下：

$$(3-5)^2+(5-5)^2+(7-5)^2=4+0+4=8$$

第 3 組組內 SS_w 等於 2，計算過程如下：

$$(6-7)^2+(7-7)^2+(8-7)^2=1+0+1=2$$

將 3 個組內 SS_w 加總之後得到聯合組內 SS_w，為 12。

$$2+8+2=12$$

由計算結果可看出：

全體 SS_t = 組間 SS_b + 組內 SS_w　　　　　　　　　　(公式 11-5)

因此，全體 SS_t 可拆解成組間 SS_b 及組內 SS_w 兩部分。

圖 11-1　單因子獨立樣本變異數分析之 SS 拆解

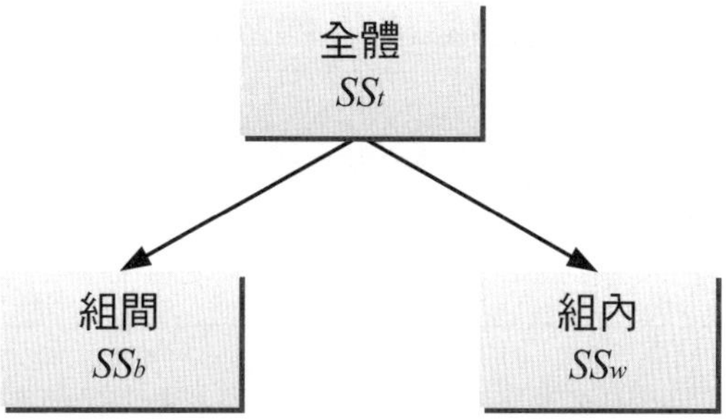

```
        ┌─────────┐
        │  全體   │
        │  $SS_t$ │
        └─────────┘
         ↙       ↘
  ┌─────────┐   ┌─────────┐
  │  組間   │   │  組內   │
  │  $SS_b$ │   │  $SS_w$ │
  └─────────┘   └─────────┘
```

上述三個變異來源的自由度公式分別為：

　　　全體的自由度 = 總樣本 − 1

　　　組間的自由度 = 組數 − 1

　　　組內的自由度 = 總樣本 − 組數

計算後得到：

　　　全體的自由度 = 9 − 1 = 8

　　　組間的自由度 = 3 − 1 = 2

　　　組內的自由度 = 9 − 3 = 6

自由度同樣具有可加性，所以：

　　　全體的自由度 = 組間的自由度 + 組內的自由度

11.1.3.3　變異數分析摘要表

求得 SS 及自由度後，就可以整理成變異數分析摘要表。表 11-2 中，均方是由平方和除以自由度而得，因此：

　　　組間均方 = 組間平方和 / 組間自由度 = 24 / 2 = 12

　　　組內均方 = 組內平方和 / 組內自由度 = 12 / 6 = 2

F 值的公式為：

　　　F = 組間均方 / 組內均方 = 12 / 2 = 6

表 11-2　變異數分析摘要表

變異來源	平方和 SS	自由度 df	均方 MS	F 值	p 值
組間	24	2	12	6	.037
組內	12	6	2		
全體	36	8			

　　計算所得的 F 值是否顯著，有兩種判斷方法。第一種是傳統取向的做法，找出 $\alpha = 0.05$ 時的臨界值（**留意**：變異數分析是單尾檢定）。由圖 11-2 可看出，在自由度為 2, 6 的 F 分配中，臨界值為 5.143。表 11-2 計算所得的 F 值為 6，已經大於 5.143，因此應拒絕虛無假設。

圖 11-2　自由度為 2, 6，$\alpha = 0.05$ 時，F 臨界值是 5.143

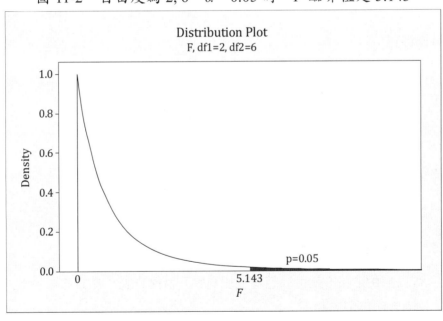

　　在 Minitab 中，可以在【Graph】（圖形）中選擇【Probability Distribution Plot】（機率分配圖），並於【Distribution】（分配）中選擇 F，且輸入分子及分母自由度，再點選【Shaded Area】（分配陰影區域），設定【Right Tail】（右尾），【Probability】為 0.05 以計算臨界值。

圖 11-3　使用 Minitab 求臨界值

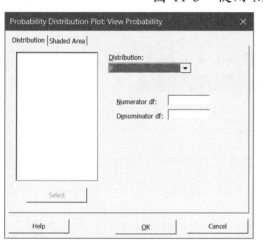
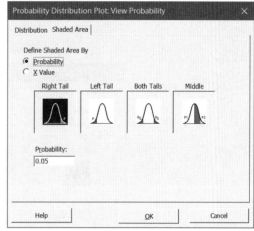

第二種是現代取向的做法，直接算出在自由度為 2, 6 的 F 分配中，F 值要大於或等於 6 的 p 值。由圖 11-4 可看出，$F(2,6) \geq 6$ 的 p 值為 0.037，小於 0.05，因此應拒絕虛無假設。

圖 11-4　自由度為 2, 6 的 F 分配中，$F \geq 6$ 的機率值是 0.037

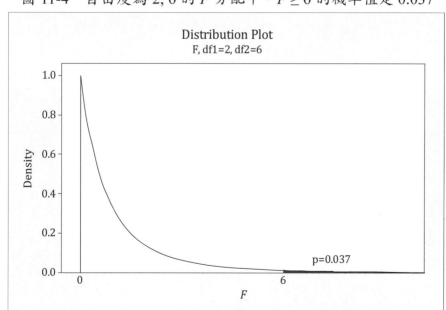

在 Minitab 中，重複前述的步驟，改輸入【X value】（X 值）為 6，就可以計算 p 值（見圖 11-5）。

圖 11-5　使用 Minitab 求 p 值

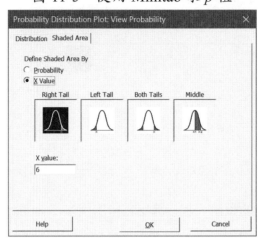

在 Minitab 的【Stat】（統計）選單之【ANOVA】（變異數分析）選擇【One-Way】（單因子）或是【General Linear Model】（一般線性模式）進行分析，即可得到報表 11-1，數值與自行計算結果一致。（注：分析步驟見 11.3 節之說明。）

報表 11-1　Analysis of Variance

Source	DF	Adj SS	Adj MS	F-Value	P-Value
教學法	2	24.00	12.000	6.00	0.037
Error	6	12.00	2.000		
Total	8	36.00			

11.1.4　變異數同質性檢定

變異數分析要符合的統計假定之一是**變異數同質性**（與獨立樣本 t 檢定相同），它是指不同組之間依變數的變異數要相等，虛無假設是：

$$H_0 : \sigma^2_{第1組} = \sigma^2_{第2組} = \sigma^2_{第3組}$$

對立假設則是：

$$H_1 : H_0 為假$$

Minitab 中 Levene 的變異數同質檢定是採用 Brown 及 Forsythe 的方法，其計算步驟為：

1. 計算各組的**中位數**。
2. 將每組中各觀察體的數值減去該組的**中位數**，再對該差異取**絕對值**。
3. 以這些差異的絕對值進行**單因子變異數分析**，分析所得的 F 值及 p 值就是用來判斷變異數是否同質的依據。

以報表 11-2 為例：

報表 11-2　三組之原始數值及差異之絕對值

組別	第 1 組		第 2 組		第 3 組	
受試者	原始數值	差異之絕對值	原始數值	差異之絕對值	原始數值	差異之絕對值
受試者 1	2	1	3	2	6	1
受試者 2	3	0	5	0	7	0
受試者 3	4	1	7	2	8	1
組中位數	3		5		7	

將報表 11-2 中差異的絕對值進行 ANOVA（單因子變異數分析），可以得到報表 11-3，$F(2,6) = 0.67$，$p = 0.548$，不能拒絕虛無假設，因此三組的變異數沒有顯著差異。

報表 11-3　Analysis of Variance

Source	DF	Adj SS	Adj MS	F-Value	P-Value
教學法	2	0.8889	0.4444	0.67	0.548
Error	6	4.0000	0.6667		
Total	8	4.8889			

此結果與 Minitab 的變異數同質性檢定報表（報表 11-4）中 Levene 的 F 值相同。

報表 11-4　Tests

Method	Test Statistic	P-Value
Multiple comparisons	—	0.595
Levene	0.67	0.548

11.1.5　事後比較

Kirk（2013, p.169）發現在行為科學、衛生科學、教育等領域，與變異數分析有關的常用假設檢定有五種：

1. 組數減 1 次的事前正交比較法。
2. 組數減 1 次的事前非正交比較法（均以控制組為比較的參照組）。
3. C 次的事前非正交比較法。
4. 所有組兩兩之間的成對比較。
5. 所有的對比，包含經由檢視資料後發現之有興趣的非成對比較。

前三種檢定為事前對比（比較），即使整體的變異數分析不顯著也可以進行。後二種檢定為事後對比，是在整體的變異數分析顯著之後才進行。其中第四種假設檢定又是研究者最常使用的方法。

在進行對比時，需要考量所犯的第一類型錯誤率。第 1 種檢定方式是以單次比較為單位，因此不需要對 α 加以校正。第 3 種檢定是以整個變異數分析為單位進行所有成對比較，也不需要對 α 加以校正。第 2、4、5 種檢定則是以所有的對比為單位，因此需要考量對比次數，再針對 α 加以校正。

使用所有組兩兩之間成對的事後比較方法時，應留意（Wilkinson, 1999）：

1. 像 Tukey 之類的成對比較方式是考量整體變異數分析（實驗）的第一類型錯誤率，反而因此會較保守（conservative），使得統計檢定力降低。
2. 研究者很少需要進行所有的成對比較。
3. 進行所有可能的成對比較，反而使研究者陷入本來不關心的假設中，卻忽略了更重要的問題。

以下僅說明 Minitab 中 Fisher 及 Tukey 的事後比較方法，其他不同的事後比較法，請見陳正昌（2013）的《SPSS 與統計分析》一書。

11.1.5.1　Fisher 的 LSD（least significant difference）法

Fisher 的 LSD 法採用 t 檢定法，公式為：

$$t = \frac{\overline{Y}_i - \overline{Y}_j}{\sqrt{MS_w \left(\dfrac{1}{n_i} + \dfrac{1}{n_j} \right)}} = \frac{\text{平均數差異}}{\text{標準誤}} \qquad \text{（公式 11-6）}$$

以第 3 組及第 1 組的比較為例，代入對應的數值後得到：

$$t = \frac{7-3}{\sqrt{2 \left(\dfrac{1}{3} + \dfrac{1}{3} \right)}} = \frac{4}{1.1547} = 3.464$$

成對比較通常是雙側檢定，因此得到的 t 值須取絕對值。在自由度是 6（F 的分母自由度）的 t 分配中，$|t| \geq 3.464$ 的 p 值為 0.0134（如圖 11-6，兩側的 p 值相加即為 0.0134），因此第 3 組及第 1 組的平均數有顯著差異。

圖 11-6　自由度 6 時，$|t| \geq 3.464$ 的機率值是 0.0134

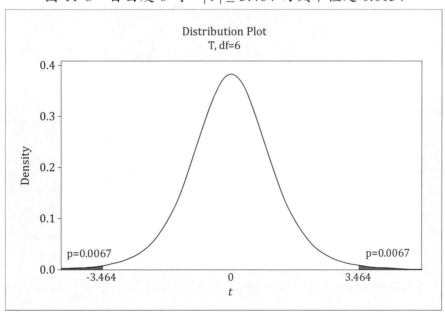

使用同樣的方法，第 2 組與第 1 組平均數的成對比較，得到 t 值為 1.732。

$$t = \frac{5-3}{\sqrt{2\left(\frac{1}{3}+\frac{1}{3}\right)}} = \frac{2}{1.1547} = 1.732$$

在自由度是 6 的 t 分配中，$|t| \geq 1.732$ 的 p 值為 .134（如圖 11-7），因此第 2 組及第 1 組的平均數沒有顯著差異。第 3 組與第 2 組平均數的成對比較結果也相同。

圖 11-7　自由度 6 時，$|t| \geq 1.732$ 的機率值是 0.134

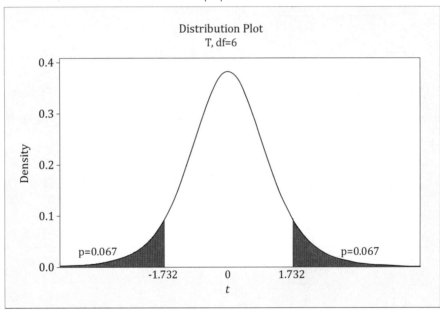

如果要計算平均數差異的信賴區間，在自由度為 6，$\alpha = 0.05$ 的情形下，臨界值為 2.447（圖 11-8）。因此第 3 組與第 1 組平均數差異（以第 3 組減第 1 組）的 95% 信賴區間為：

$$4 \pm 2.447 \times 1.1547$$

下界為 1.1744，上界為 6.8256，中間不含 0，因此兩組之間的平均數有顯著差異。

圖 11-8　自由度為 6，$\alpha = 0.05$ 時，雙尾臨界 t 值是 2.447

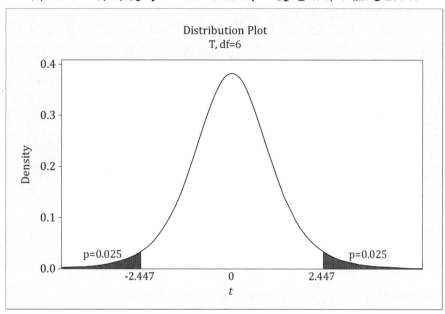

以 Minitab 進行 LSD 法事後比較，結果如報表 11-5，與自行計算之數值一致。
（注：Minitab 取的小數較少，但結果一致。）

報表 11-5　Fisher Individual Tests for Differences of Means

Difference of Levels	Difference of Means	SE of Difference	95% CI	T-Value	Adjusted P-Value
2 – 1	2.00	1.15	(-0.83, 4.83)	1.73	0.134
3 – 1	4.00	1.15	(1.17, 6.83)	3.46	0.013
3 – 2	2.00	1.15	(-0.83, 4.83)	1.73	0.134
Simultaneous confidence level = 89.08%					

Fisher 的 LSD 法雖然採取了保護 α 的措施（分母使用組內 MS），但是仍會因為對比次數的增加，使得第一類型錯誤機率膨脹，所以是比較自由（liberal）的方法，其統計檢定力也較大。為了控制所有事後比較的 α，可以採用 Bonferroni 或 Sidâk 法加以校正，將 α 值設定為 α / k 或是 $1 - (1 - \alpha)^{1/k}$（k 是對比的次數），此部分請見陳正昌（2013）《SPSS 與統計分析》一書。

11.1.5.2 Tukey 的 HSD（honestly significant difference）*法*

Tukey 的 HSD 是基於 Student 化全距（Studentized range）的成對比較，採用 q 檢定法，公式為：

$$q = \frac{\overline{Y}_i - \overline{Y}_j}{\sqrt{\frac{MS_w}{2}\left(\frac{1}{n_i} + \frac{1}{n_j}\right)}}$$
（公式 11-7）

以第 3 組及第 1 組的比較為例，代入對應的數值後得到：

$$q = \frac{7 - 3}{\sqrt{\frac{2}{2}\left(\frac{1}{3} + \frac{1}{3}\right)}} = \frac{4}{0.8165} = 4.8990$$

而第 2 組與第 1 組的比較，q 值則為：

$$q = \frac{5 - 3}{\sqrt{\frac{2}{2}\left(\frac{1}{3} + \frac{1}{3}\right)}} = \frac{2}{0.8165} = 2.4495$$

在組數為 3，組內自由度為 6 的 q 分配中，$\alpha = 0.05$ 的臨界值為 4.339（讀者可以使用 "critical value of q table" 關鍵字，在網際網路中尋得此數值）。第 1 個成對比較的 $|q| = 4.8990$，大於 4.339，因此第 1 組與第 3 組的平均數有顯著差異；第 2 組與第 1 組、第 3 組與第 2 組的平均數則沒有顯著差異。

以 Minitab 進行 Tukey 法事後比較，結果如報表 11-6。在表中，若 Adjusted P-Value 小於 0.05，95% 信賴區間（95% CI）不含 0，則表示兩個平均數之間差異顯著。因此，第 3 組與第 1 組的平均數差異顯著。

進行 Tukey 多重比較時，Minitab 報表中平均差異的標準誤仍與 Fisher 法相同，所得 T 值也一樣，不過 P 值已經校正過，會較 Fisher 法來得大，因此比較不容易拒絕虛無假設。

在其他條件相等下，Tukey 的 HSD 法會比 Fisher 的 LSD 法來得保守，因此統計檢定力也較低。

報表 11-6　Tukey Simultaneous Tests for Differences of Means

Difference of Levels	Difference of Means	SE of Difference	95% CI	T-Value	Adjusted P-Value
2 – 1	2.00	1.15	(-1.54, 5.54)	1.73	0.269
3 – 1	4.00	1.15	(0.46, 7.54)	3.46	0.031
3 – 2	2.00	1.15	(-1.54, 5.54)	1.73	0.269
Individual confidence level = 97.80%					

11.1.6　效果量

如果整體檢定後達到統計上的顯著，應計算效果量。在獨立樣本單因子變異數分析中，全體的平方和可以拆解為組間平方和及組內平方和（如圖 11-1），計算組間（因子）SS 所佔比例，即可計算效果量。

變異數分析中，最常被使用的是 η^2 值，它代表依變數的變異可用自變數解釋的比例，公式是：

$$\eta^2 = \frac{組間平方和}{組間平方和 + 組內平方和} = \frac{組間平方和}{總和平方和} \qquad (公式\ 11\text{-}8)$$

代入數值之後得到：

$$\eta^2 = \frac{24}{24+12} = \frac{24}{36} = .6667 = 66.67\%$$

雖然 η^2 是目前最常被使用的效果量，但是它會高估母群中依變數與自變數間的關聯（Pierce, Block, & Aguinis, 2004），因此有些學者（詳見 Levine & Hullett, 2002; Pierce, Block, & Aguinis, 2004）偏好使用 ω^2 或是 ε^2，它們的公式分別是：

$$\omega^2 = \frac{組間平方和 - 組間自由度 \times 組內平均平方和}{總和平方和 + 組內平均平方和} \qquad (公式\ 11\text{-}9)$$

$$\varepsilon^2 = \frac{組間平方和 - 組間自由度 \times 組內平均平方和}{總和平方和} \qquad (公式\ 11\text{-}10)$$

分別代入數值後得到：

$$\omega^2 = \frac{24 - 2 \times 2}{36 + 2} = .5263 = 52.63\%$$

$$\varepsilon^2 = \frac{24 - 2 \times 2}{36} = .5556 = 55.56\%$$

報表 11-7 是 Minitab 分析所得的模式摘要，其中 R-sq（R^2）就是 η^2，R-sq(adj) 就等於 ε^2。

報表 11-7　Model Summary

S	R-sq	R-sq(adj)	R-sq(pred)
1.41421	66.67%	55.56%	25.00%

依據 Cohen（1988）的經驗法則，η^2 或 ω^2 值之小、中、大的效果量分別是 .01、.06，及 .14。因此，本範例為大的效果量。

以上的效果量也可以轉換成 Cohen 的 f，公式是：

$$f = \sqrt{\frac{\eta^2}{1 - \eta^2}}$$

（公式 11-11）

代入 .6667 後，得到，

$$f = \sqrt{\frac{.6667}{1 - .6667}} = 1.4142$$

依據 Cohen (1988) 的經驗法則，f 值之小、中、大的效果量分別是 .10、.25，及 .40。因此，本範例為大的效果量。

11.2　範例

某研究者想要了解睡眠剝奪對手部穩定性的影響，於是將 32 名志願者隨機分派為 4 組，分別經過 4 種不同時間的睡眠剝奪後，接受手部穩定性測試，得到表 11-3 的數據。請問：手部穩定性是否因不同睡眠剝奪時間而有差異？

表 11-3　四組受試者的手部穩定性

受試者	組別	穩定性	受試者	組別	穩定性	受試者	組別	穩定性	受試者	組別	穩定性
1	1	4	9	2	4	17	3	5	25	4	3
2	1	6	10	2	5	18	3	6	26	4	5
3	1	3	11	2	4	19	3	5	27	4	6
4	1	3	12	2	3	20	3	4	28	4	5
5	1	1	13	2	2	21	3	3	29	4	6
6	1	3	14	2	3	22	3	4	30	4	7
7	1	2	15	2	4	23	3	3	31	4	8
8	1	2	16	2	3	24	3	4	32	4	10

資料來源：Experimental design: Procedures for the behavioral sciences (p.171), by R. E. Kirk, 1995, Pacific Grove, CA: Brooks/Cole.

11.2.1　變數與資料

表 11-10 中有 3 個變數，但是受試者的代號並不需要輸入 Minitab 中，因此分析時只使用組別及手部穩定性 2 個變數。依變數手部穩定性是受試者將 1mm 的筆尖放在 1.27mm 的孔中，2 分鐘內碰觸到測試器的次數，次數愈多代表受試者的手部穩定性愈差。自變數（組別）中，分別為 12、18、24，及 30 小時的睡眠剝奪，屬於次序變數，依序登錄為 1 – 4。

11.2.2　研究問題

在本範例中，研究者想要了解的問題可以陳述如下：

手部穩定性是否因不同睡眠剝奪時間而有差異？

11.2.3　統計假設

根據研究問題，虛無假設宣稱「在母群中四組睡眠剝奪時間的人，手部穩定性沒有差異」：

$$H_0 : \mu_{12} = \mu_{18} = \mu_{24} = \mu_{30} \text{，或是 } H_0 : \mu_i = \mu_j \text{，存在於所有的 } i \text{ 及 } j$$

而對立假設則宣稱「在母群中至少兩組睡眠剝奪時間的人，手部穩定性有差異」：

$$H_1 : \mu_i \neq \mu_j \text{，存在於部分的 } i \text{ 及 } j$$

11.3 使用 Minitab 進行分析

1. 完整的 Minitab 資料檔，如圖 11-9。

圖 11-9 單因子獨立樣本變異數分析資料檔

→	C1 睡眠剝奪	C2 穩定性	C3	C4	C5	C6	C7
1	1	4					
2	1	6					
3	1	3					
4	1	3					
5	1	1					
6	1	3					
7	1	2					
8	1	2					
9	2	4					
10	2	5					
11	2	4					
12	2	3					
13	2	2					
14	2	3					
15	2	4					
16	2	3					
17	3	5					
18	3	6					
19	3	5					
20	3	4					
21	3	3					
22	3	4					
23	3	3					
24	3	4					
25	4	3					
26	4	5					
27	4	6					
28	4	5					
29	4	6					
30	4	7					
31	4	8					
32	4	10					

2. 在【Stat】（分析）選單中的【ANOVA】（變異數分析）選擇【One-Way】（單因子）。

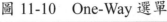

圖 11-10　One-Way 選單

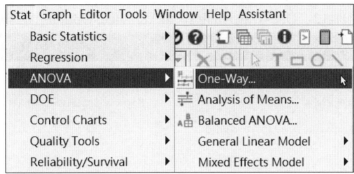

3. 把想要檢定的依變數（穩定性）選擇到右邊的【Response】（反應變數）框中，自變數（睡眠剝奪）選擇到【Factor】（因子）框中。

圖 11-11　One-Way Analysis of Variance 對話框

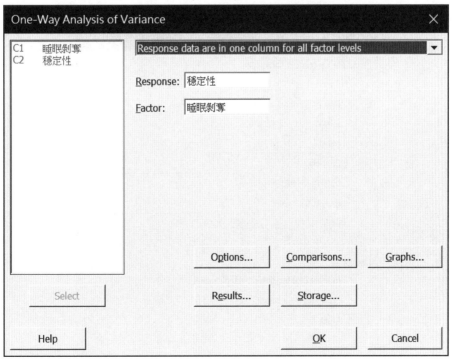

4. 在【Option】（選項）中，Minitab 內定【Assume equal variances】（假定變異數相等），如果不符合變異數同質的假定，可以取消這個選項，改採 Welch 的校正 F 檢定。

圖 11-12　One-Way Analysis of Variance: Options 對話框

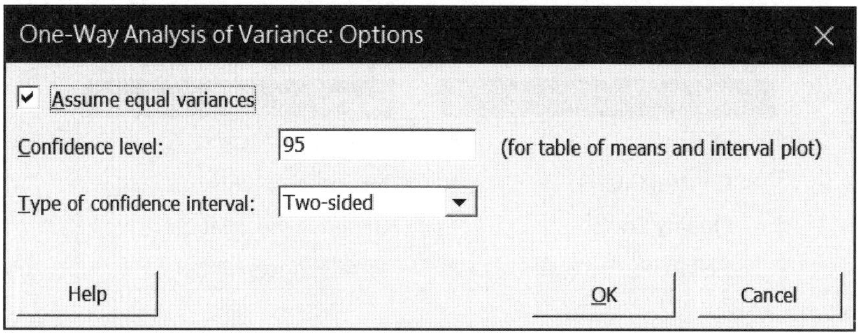

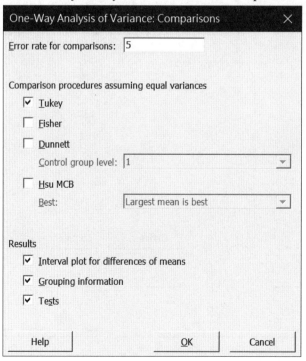

5. 如果整體檢定顯著，要進行事後多重比較，則在【Comparisons】（比較）下勾選【Tukey】法，並選擇【Results】（結果）的三個選項。

圖 11-13　One-Way Analysis of Variance: Comparisons 對話框

6.　如果違反了變異數同質性假定時，就要改用【Games-Howell】多重比較法。

圖 11-14　One-Way Analysis of Variance: Comparisons 對話框

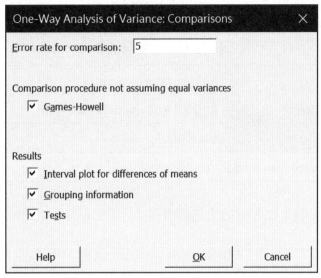

7.　完成選擇後，點擊【OK】（確定）按鈕，進行分析。

圖 11-15　One-Way Analysis of Variance 對話框

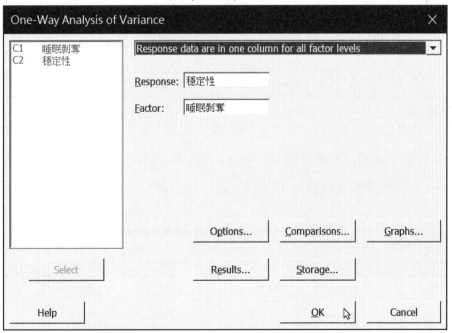

11.4 報表解讀

分析後得到以下的報表，分別加以概要說明。

報表 11-8　Method

Null hypothesis	All means are equal
Alternative hypothesis	At least one mean is different
Significance level	$\alpha = 0.05$
Equal variances were assumed for the analysis.	

報表 11-8 先說明本次分析的虛無假設為：

$$H_0 : \mu_1 = \mu_2 = \mu_3 = \mu_4$$

對立假設為：

　　至少有一個母群平均數與其他母群平均數不相等

顯著水準設定為 $\alpha = 0.05$，並假定各組的母群變異數相等。

報表 11-9　Factor Information

Factor	Levels	Values
睡眠剝奪	4	1, 2, 3, 4

報表 11-9 中說明自變數（因子，Factor）為「睡眠剝奪」，共有 4 個水準，代碼為 1 － 4，分別代表睡眠剝奪為 12、18、24、30 小時。

報表 11-10　Analysis of Variance

Source	DF	Adj SS	Adj MS	F-Value	P-Value
睡眠剝奪	3	49.00	16.333	7.50	0.001
Error	28	61.00	2.179		
Total	31	110.00			

報表 11-10 中的 Adj MS（調整平均平方和，使用型 III 平方和計算）等於組間或組內的變異數，公式為：

$$平均平方和 = \frac{平方和}{自由度}$$

其中組間（睡眠剝奪）的平均平方和等於：

$$MS_{組間} = \frac{49}{3} = 16.333$$

而組內（Error）的平均平方和等於：

$$MS_{組內} = \frac{61}{28} = 2.179$$

F 值等於：

$$F = \frac{組間\,MS}{組內\,MS}$$

代入數值後得到：

$$F = \frac{16.333}{2.179} = 7.50$$

在自由度是 3, 28 的 F 分配中，F 值要大於 7.50 的機率（P-Value）等於 0.001，因此應拒絕各組平均數相等的虛無假設，至少有 2 組之間的平均數有顯著差異。

報表 11-11　Model Summary

S	R-sq	R-sq(adj)	R-sq(pred)
1.47600	44.55%	38.60%	27.57%

報表 11-11 在計算效果量，η^2 值（也就是 R^2）的公式為：

$$\eta^2 = \frac{49}{49+61} = \frac{49}{110} = .4455 = 44.55\%$$

而 ε^2 值（也就 adj R^2）的公式為：

$$\varepsilon^2 = \frac{49 - 3 \times 2.179}{110} = .3860 = 38.60\%$$

報表 11-11 中的 S 是 4 組的聯合標準差，等於報表 11-3 中誤差 MS 的平方根：

$$\sqrt{2.179} = 1.476$$

報表 11-12　Means

睡眠剝奪	N	Mean	StDev	95% CI
1	8	3.000	1.512	(1.931, 4.069)
2	8	3.500	0.926	(2.431, 4.569)
3	8	4.250	1.035	(3.181, 5.319)
4	8	6.250	2.121	(5.181, 7.319)
Pooled StDev = 1.47600				

報表 11-12 是描述統計量，包含了 4 個組的平均數、標準差，及平均數之 95%信賴區間。計算平均數區間所需的標準誤，分子部分是 4 組的聯合標準差 1.476，各組的平均數標準誤都為：

$$\frac{1.476}{\sqrt{8}} = 0.5218$$

由平均數來看，4 個組的平均數分別為 3.00、3.50、4.25，及 6.25，可繪製成圖 11-16 的平均數剖繪圖（profile plot）。由此大略可發現，隨著睡眠剝奪時間增加，受試者的手部穩定性愈差。

圖 11-16　Interval Plot of 手部穩定 vs 睡眠剝奪

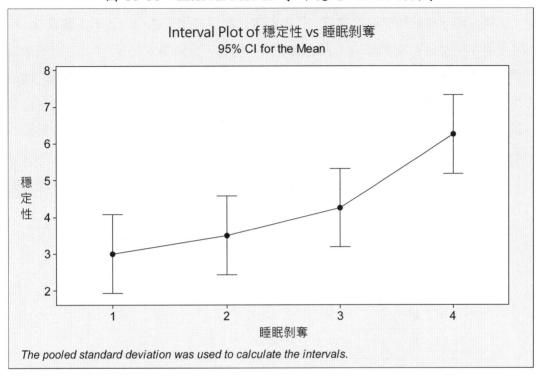

圖 11-16 是由報表 11-12 的平均數及 95%信賴區間所繪的剖繪圖。第 4 組的平均數下限比第 1、2 組平均數的上限都大，因此，進行事後比較時可能會發現第 4 組的平均數顯著高於第 1 組及第 2 組。

不過，此處是平均數的 95%信賴區間，如果要比較精確，應該算 98.92％的信賴區間（見報表 11-14）。

報表 11-13　Grouping Information Using the Tukey Method and 95% Confidence

睡眠剝奪	N	Mean	Grouping	
4	8	6.250	A	
3	8	4.250	A	B
2	8	3.500		B
1	8	3.000		B
Means that do not share a letter are significantly different.				

報表 11-13 是使用 Tukey 法及平均數 95%信賴區間所做的分群。它的解讀要訣是：出現在同一欄的相同英文字母，代表兩兩之間沒有顯著差異。從第 1 欄來看，第 4 組及第 3 組都是英文字母 A，表示兩組的平均數（分別為 6.25 及 4.25）沒有顯著差異。從第 2 欄來看，第 3 組、第 2 組，及第 1 組都是英文字母 B，表示兩兩之間的平均數（分別為 4.25、3.50，及 3.00）也沒有顯著差異。綜合言之，第 4 組的平均數分別與第 1 組及第 2 組有顯著差異。彙整如表 11-4（X 號表示兩組間的平均數沒有顯著差異），會與表 11-5 的結果一致。

當各組樣本數不相等時，Minitab 採用 Tukey-Kramer 法，此時報表 11-13 及報表 11-14 的結果可能會不一致，建議以報表 11-13 的結果為準。

表 11-4　同質子集摘要表

	第 1 組	第 2 組	第 3 組	第 4 組
第 1 組	—			
第 2 組	X	—		
第 3 組	X	X	—	
第 4 組			X	—

報表 11-14　Tukey Simultaneous Tests for Differences of Means

Difference of Levels	Difference of Means	SE of Difference	95% CI	T-Value	Adjusted P-Value
2 – 1	0.500	0.738	(-1.514, 2.514)	0.68	0.905
3 – 1	1.250	0.738	(-0.764, 3.264)	1.69	0.346
4 – 1	3.250	0.738	(1.236, 5.264)	4.40	0.001
3 – 2	0.750	0.738	(-1.264, 2.764)	1.02	0.741
4 – 2	2.750	0.738	(0.736, 4.764)	3.73	0.005
4 – 3	2.000	0.738	(-0.014, 4.014)	2.71	0.052
Individual confidence level = 98.92%					

報表 11-14 是 Tukey 法的差異平均數同時檢定，由於自變數共有 4 個組（水準），需要進行 $C_2^4 = \dfrac{4 \times 3}{2} = 6$ 次的兩兩比較。

以 4 - 1 的比較為例，在報表 11-12 中可得知兩組的平均數分別為 6.25 及 3.00，平均數差異為 6.25 − 3.00 = 3.250，至於這個差異是否顯著不等於 0，可以由兩個訊息來判斷。

一是 P 值（Adjusted P-Value）小於或等於 α（本例 $\alpha = 0.05$）。報表 11-14 中的 P = 0.001，已經小於 0.05，應拒絕差異平均數等於 0 的虛無假設，因此 6.25 與 3.00 的差異顯著不等於 0。

二是 95%信賴區間（95% CI）不包含 0。報表 11-14 中 3.250 的平均數信賴區間為(1.236, 5.264)，不包含 0，因此平均數差異顯著不等於 0。

留意：Minitab 已經針對所有成對比較控制 α 值，因此個別的信賴區間是 98.92%。

總結此處報表，第 4 組的手部穩定性會比第 1 組或第 2 組來得差，第 1、2、3 組兩兩之間，及第 3、4 組間，則沒有顯著差異。彙整如表 11-5（V 號表示兩組間的平均數有顯著差異）。

表 11-5　Tukey 多重比較摘要表

	12 小時	18 小時	24 小時	30 小時
12 小時	－			
18 小時		－		
24 小時			－	
30 小時	V	V		－

圖 11-17　Tukey Simultaneous 95% CIs

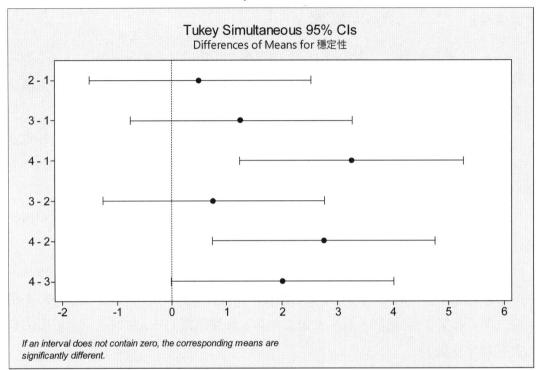

圖 11-17 是 6 個成對平均數差異的 95%信賴區間，如果區間不包含 0（以虛線表示），表示兩組的平均數差異顯著不等於 0，也就是兩組之間的平均數有顯著差異。由圖中可看出：4 - 1 及 4 - 2 這兩個差異平均數顯著不等於 0，第 4 組（睡眠剝奪 30小時）的不穩定性比第 1 組（睡眠剝奪 12 小時）及第 2 組（睡眠剝奪 18 小時）來得高。

11.5　計算效果量

Minitab 已列出效果量（見報表 11-11），其中 η^2 為 .4455，如圖 11-18 所示。

圖 11-18　單因子獨立樣本變異數分析效果量

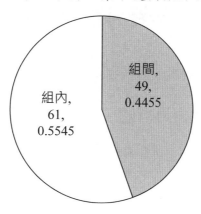

而 ε^2 為 .3860，如果要另外計算 ω^2 值，則公式為：

$$\omega^2 = \frac{49 - 3 \times 2.179}{110 + 2.179} = .3785$$

依據 Cohen（1988）的經驗法則，η^2 或 ε^2 值之小、中、大的效果量分別是 .01、.06，及 .14。因此，本範例為大的效果量。

以上的效果量也可以轉換成 Cohen 的 f，代入 .4455 後，得到：

$$f = \sqrt{\frac{.4445}{1 - .4445}} = .8963$$

依據 Cohen (1988) 的經驗法則，f 值之小、中、大的效果量分別是 .10、.25，及 .40。因此，本範例為大的效果量。

11.6　以 APA 格式撰寫結果

手部穩定性會因為睡眠剝奪時間而有差異，$F_{(3,28)} = 7.50$，$p = .001$，效果量 η^2

= .4455。使用 Tukey 法進行事後檢定，30 小時未睡者 ($M = 6.25$，$SD = 2.12$) 顯著比 12 小時 ($M = 3.00$，$SD = 1.51$) 及 18 小時 ($M = 3.50$，$SD = 0.93$) 來得不穩定，其他組之間沒有顯著差異。

11.7　單因子獨立樣本變異數分析的假定

單因子獨立樣本變異數分析，應符合以下三個假定。

11.7.1　觀察體要能代表母群體，且彼此間獨立

觀察體獨立代表各個樣本不會相互影響，假使觀察體間不獨立，計算所得的 p 值就不準確。如果有證據支持違反了這項假定，就不應使用單因子獨立樣本變異數分析。

11.7.2　依變數在各個母群中須為常態分配

此項假定是指四組的手部穩定性要呈常態分配，如果不是常態分配，會降低檢定的統計考驗力。不過，當每一組的樣本數在 15 以上，即使違反了這項假定，對於單因子獨立樣本變異數分析的影響也不大。

11.7.3　依變數的變異數在各個母群中須相等

此項假定是指四組的手部穩定性的母群變異數要相等（同質），如果不相等，則計算所得的 F 值及 p 值就不可靠。如果各組樣本數相等，則違反此項假定，對於單因子獨立樣本變異數分析的影響也不大。

在 Minitab 中可以先使用 Test for Equal Variance 程序檢定各組的變異數是否同質，再進行變異數分析，如果違反假定，則改採 Games-Howell 事後比較。

11.8　Kruskal-Wallis 單因子等級變異數分析

如果不符合常態分配與變異數同質假設，可以改用 Kruskal-Wallis 單因子等級變

異數分析（Kruskal-Wallis one-way analysis of variance by ranks），分析過程及報表解讀如後。如果要進多重比較，可以進行 Wilcoxon 等級和檢定。不過，由於 4 組要進行 6 次比較，會使型 I 錯誤增加，此時可使用 Bonferroni 法控制型 I 錯誤。檢定後發現睡眠剝奪 12 小時及 18 小時組的中位數分別與 30 小時組有顯著差異，與前述 ANOVA 的結果相同。

11.8.1　分析過程

1. 在【Stat】（統計）中的【Nonparametrics】（無母數統計）中選擇【Kruskal-Wallis】。

圖 11-19　Kruskal-Wallis 選單

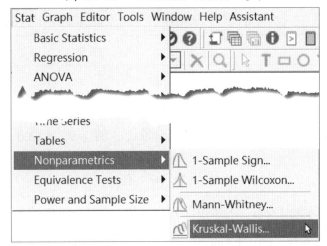

2. 將「穩定性」選擇到【Response】（反應），「睡眠剝奪」選擇到【Factor】（因子），最後點擊【OK】（確定），進行分析。

圖 11-20　Kruskal-Wallis 對話框

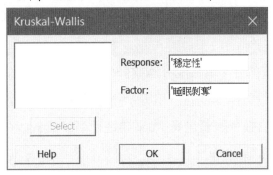

11.8.2 報表解讀

分析後得到「Kruskal-Wallis Test: 穩定性 versus 睡眠剝奪」總報表，共分為兩部分，說明如下。

報表 11-15　Descriptive Statistics

睡眠剝奪	N	Median	Mean Rank	Z-Value
1	8	3.0	9.8	-2.33
2	8	3.5	13.0	-1.22
3	8	4.0	17.8	0.46
4	8	6.0	25.4	3.09
Overall	32		16.5	

報表 11-15 為描述統計量。各組樣本數都為 8，在穩定性的中位數分別為 3.0、3.5、4.0，及 6.0，化為等級後，各組的平均等級分別為 9.8、13.0、17.8，及 25.4。

報表 11-16　Test

Null hypothesis	H_0: All medians are equal
Alternative hypothesis	H_1: At least one median is different

Method	DF	H-Value	P-Value
Not adjusted for ties	3	12.50	0.006
Adjusted for ties	3	13.00	0.005

報表 11-16 分為兩部分，第一部分為統計假設，其中 H_0 為「各組中位數相等」，H_1 為「至少有一個中位數與其他組不相等」。檢定後得到 $H = 13.00$，$P = 0.005$，因此四組之間的穩定性中位數有顯著差異。如果要進行事後比較，可以採用 Mann-Whitney U 檢定，操作步驟請見第 10 章。

報表 11-17　Test

Method	W-Value	P-Value
Adjusted for ties (2 - 1)	58.00	0.300
Adjusted for ties (3 - 1)	50.00	0.060
Adjusted for ties (4 - 1)	42.50	0.008
Adjusted for ties (3 - 2)	55.50	0.187
Adjusted for ties (4 - 2)	42.50	0.008
Adjusted for ties (4 - 3)	48.00	0.037

　　報表 11-17 是 Mann-Whitney U 獨立樣本中位數檢定的彙整結果。由於進行了 6 次比較，因此以 Bonferroni 校正後，如果 P 值小於 $0.05 / 6 = 0.0083$，則達 .05 顯著水準之差異。由結果可看出：只有 4 − 1 及 4 − 2 兩對比較有顯著差異，此結果與母數檢定相同。

第12章
單因子相依樣本變異數分析

　　單因子相依樣本變異數分析旨在比較兩群以上相依（有關聯）樣本，在某個變數的平均數是否有差異，適用的情境如下：

自變數：兩個以上有關聯的組別，為**質的變數**。

依變數：量的變數。

　　本章在介紹單因子相依樣本變異數分析的整體檢定，接著說明所有成對的事後比較。

12.1　基本統計概念

12.1.1　目的

　　單因子獨立樣本變異數分析旨在檢定兩組以上相依的樣本，在某一變數之平均數是否有差異，它可用於比較：

1.　兩群以上有關聯之樣本在某個變數的平均數是否有差異，此為配對樣本。

2.　一群樣本在兩個以上時間點或情境中的平均數是否有差異，此為重複量數。

　　當只有兩群樣本時，研究者通常會使用相依樣本 t 檢定，而不使用單因子相依樣本變異數分析，由於此時 $F = t^2$，所以兩種分析的結果是一致的。然而，如果有三群以上樣本，則不應再採 t 檢定，而應使用變異數分析。

12.1.1.1　重複量數設計的優點

　　使用重複量數設計的主要優點有三：

1.　**減少受試者**，在第 11 章表 11-1 獨立樣本設計中，要徵求的受試者有 9 人，如果使用重複量數設計則只要 3 人。

2.　可以**減少因樣本不同而造成的差異**。雖然獨立樣本設計都會採用隨機分派的方式，以確保開始實驗時各組在依變數上的平均數相等，如果每一組都採用同樣的受試者，則起始點相等的要求更能達成。

3.　可以**排除受試者之間的差異，使檢定更容易顯著**。單因子獨立樣本變異數分析的組間 SS 等於相依樣本的因子 SS，而獨立樣本的組內 SS 在相依樣本中會拆解為受試間 SS 及誤差 SS，由於誤差的 SS 變小，因此會使 F 值變大（F = 因子 SS / 誤差 SS），檢定也比較容易顯著。

12.1.1.2 重複量數設計的缺點

重複量數設計的主要缺點有二：

1. **增加實驗時間**。表 12-1 的例子如果使用獨立樣本，則實驗時間是 1 個月，但是如果使用重複量數設計則要延長為 3 個月，因此時間上很不經濟。

2. **對於「能不能」的問題並不適用**。許多學會以後就不容易遺忘的技能（如騎腳踏車）並不適合重複施測，因此重複量數設計比較適合「願不願」，或是沒有學習保留（記憶）之類的研究問題。

12.1.2 分析示例

以下的研究問題可以使用單因子相依樣本變異數分析：

1. 學生在三次體適能測試的結果。

2. 受訪者在不同時間（國小、國中、高中、大學）的幸福感。

3. 受試者對三種顏色號誌的反應時間。

4. 消費者對四種智慧型手機的喜愛度。

5. 使用隨機化交叉（cross-over）實驗設計，輪流服用三種不同藥物十天後的血壓值。

醫學上隨機化交叉實驗設計是將受試者隨機分成幾組（以 3 組為例），第 1、2、3 組分別接受 A、B、C 三種藥物試驗（其中 C 可以是安慰劑），經過一段時間後（如，2 星期），檢查研究者關心的變數（如：檢查血液中的病毒量或血糖值，或測量血壓值等），接著，經過一段洗滌時間（washout period），讓殘存藥效排除，再更換藥物為 B、C、A，經過 2 星期的服藥及洗滌時間後，再更換藥物為 C、A、B。表示如下：

表 12-1　實驗設計一

順序

		1	2	3
受試	1	A	B	C
	2	B	C	A
	3	C	A	B

然而,在此設計中,B 藥物都是在 A 藥物之後服用,而 C 藥物則在 B 藥物之後服用,可能會有殘存的效應。如果把受試者隨機分為 6 組(2、4、6 為新增組別),改採以下的順序,就可以避免順序效應(sequence effects)。

表 12-2 實驗設計二

順序

	1	2	3
1	A	B	C
2	A	C	B
3	B	C	A
4	B	A	C
5	C	A	B
6	C	B	A

（受試）

在此實驗中,要留意隨機抽樣、隨機分組、隨機順序等隨機化原則。

使用此設計的優點是減少受試者,可以使用受試本身控制誤差,使得檢定容易顯著;缺點則是每位受試者要接受多種處理,費時較久,且無法適用於一學就會的技能(如:騎自行車),或是短期可以康復的疾病(如:感冒)。

12.1.3 整體檢定

以表 12-3 為例,研究者隨機抽取 3 名受試者,對他們施以體能訓練,並在每個月末進行體適能檢測(數值愈大,表示體適能愈佳)。試問:三個月的效果是否有差異?

表 12-3 三名受試者的體適能成績

組別	第 1 個月	第 2 個月	第 3 個月	受試平均
受試者 1	2	3	6	3.667
受試者 2	3	5	7	5.000
受試者 3	4	7	8	6.333
月平均數	3	5	7	
總平均		5		

表 12-3 的數值與表 11-1 相同，不同之處則是表 11-1 是 9 名受試者的資料，而表 12-3 則只有 3 名受試者，此處我們主要關心的是受試者在三個月之間的平均數（3、5、7）是否有差異，這是**因子效果**，也是第 11 章中的**組間效果**。從橫列來看，可以發現這三個月間的差異，同時也是受試者各自在三個月的變化，所以稱為**受試者內效果**（within subjects effect）；三名受試者之間的平均數差異（3.667、5.000、6.333），稱為**受試者間效果**（between subjects effect），也是變異的來源，不過，這通常不是研究者關注的重點。

表 12-3 的數據可以繪成圖 12-1 的折線圖。相依樣本變異數分析是把受試者當成另一個因子（S），並分析受試者與自變數（A）的交互作用，兩者交互作用的 SS_{as} 就是誤差 SS_{error}。當圖 12-1 中三條線交叉愈大，表示受試者與自變數的交互作用愈大，誤差 SS_{error} 也愈大；如果三條線完全平行，則誤差 SS_{error} 就等於 0。

圖 12-1　受試與時間的交互作用

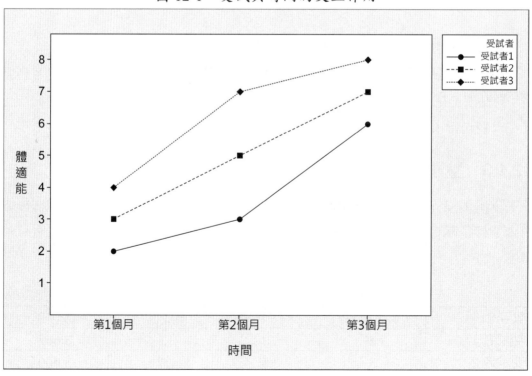

12.1.3.1　虛無假設與對立假設

在此例中，待答問題是：

受試者在三個月的體適能是否不同？

虛無假設是假定母群中三個時間點的體適能平均成績相同：

$$H_0 : \mu_{\text{第1月}} = \mu_{\text{第2月}} = \mu_{\text{第3月}}$$

或寫成：

$$H_1 : \mu_i = \mu_j \text{，存在於所有的 } i \text{ 及 } j$$

對立假設可簡單寫成：

$$H_1 : H_0 \text{為假}$$

12.1.3.2　SS 及自由度的計算

在計算前，先以圖 12-2 呈現單因子相依樣本變異數分析的 SS 拆解，以利讀者對公式的掌握。

圖 12-2　單因子相依樣本變異數分析之 SS 拆解-1

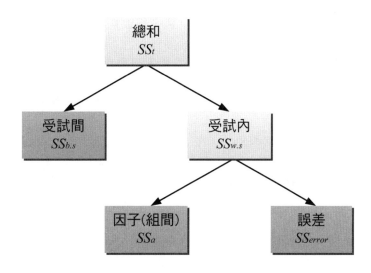

同樣的總和 SS，也可以拆解為圖 12-3，在兩個圖中，灰色網底的 SS 是相同的，只是排列位置不同。

圖 12-3　單因子相依樣本變異數分析之 SS 拆解-2

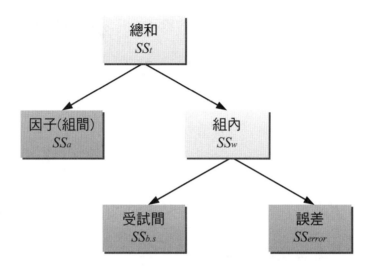

在圖 12-2 中，要進行整體檢定，需要計算五種 SS，分別是：

全體 $SS_t = \left[(各個數值-總平均數)^2\right]$ 之總和　　　　　　　　（公式 12-1）

受試間 $SS_{b.s} = \left[(各受試平均數-總平均數)^2 \times 受試次數\right]$ 之總和　（公式 12-2）

受試內 $SS_{w.s} = \left[(各個數值-受試者平均數)^2\right]$ 之總和　　　　（公式 12-3）

因子 $SS_a = \left[(各月平均數-總平均數)^2 \times 各月受試者數\right]$ 之總和　（公式 12-4）

誤差 $SS_{error} = 受試內 SS_{w.s} - 因子 SS_a$　　　　　　　　　　　（公式 12-5）

全體 SS_t 等於 36，計算過程如下（與第 11 章的算法相同）：

$$(2-5)^2 + (3-5)^2 + (4-5)^2 +$$
$$(3-5)^2 + (5-5)^2 + (7-5)^2 +$$
$$(6-5)^2 + (7-5)^2 + (8-5)^2$$
$$= 9+4+1+4+0+4+1+4+9$$
$$= 36$$

受試間 $SS_{b.s}$ 等於 10.667，計算過程如下（以下均會有捨入誤差）：

$$(3.667-5)^2 \times 3 + (5.000-5)^2 \times 3 + (6.333-5)^2 \times 3 = 5.333 + 0 + 5.333 = 10.667$$

受試內 $SS_{w.s}$ 等於 25.333，需要分別計算 3 個受試內的 $SS_{w.s}$。其中，第 1 個受試內 $SS_{w.s}$ 等於 8.667，計算過程如下：

$$(2-3.667)^2 + (3-3.667)^2 + (6-3.667)^2 = 2.778 + 0.444 + 5.444 = 8.667$$

第 2 個受試內 $SS_{w.s}$ 等於 8，計算過程如下：

$$(3-5)^2 + (5-5)^2 + (7-5)^2 = 4 + 0 + 4 = 8$$

第 3 個受試內 $SS_{w.s}$ 等於 8.667，計算過程如下：

$$(4-6.333)^2 + (7-6.333)^2 + (8-6.333)^2 = 5.444 + 0.444 + 2.778 = 8.667$$

將 3 個受試內 $SS_{w.s}$ 加總之後得到聯合受試內 $SS_{w.s}$，為 25.333。

$$8.667 + 8 + 8.667 = 25.333$$

由計算結果可看出：

全體 SS_t = 受試間 $SS_{b.s}$ + 受試內 $SS_{w.s}$　　　　　　　　　　（公式 12-6）

代入數值：

$$36 = 10.667 + 25.333$$

因此，全體 SS_t 可拆解成受試間 $SS_{b.s}$ 及受試內 $SS_{w.s}$ 兩部分（圖 12-4）。

圖 12-4　單因子相依樣本變異數分析之 SS 拆解

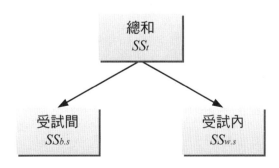

因子 SS_a 就是第 11 章的組間 SS_b，等於 24，計算過程如下：

$$(3-5)^2 \times 3 + (5-5)^2 \times 3 + (7-5)^2 \times 3 = 12 + 0 + 12 = 24$$

受試內 $SS_{w.s}$ 等於因子 SS_a 加誤差 SS_{error}（圖 12-5），因此誤差 SS_{error} 就等於受試內 $SS_{w.s}$ 減去因子 SS_a，結果為 1.333，計算過程如下：

$$SS_{error} = 25.333 - 24 = 1.333$$

誤差 SS 實際上就是把觀察體當成一個因子（S），計算 S 與自變數 A 的交互作用而得到的 S*A 之 SS_{sa}。有關交互作用的概念，詳見本書第 13 章。

圖 12-5　受試內 SS 之拆解

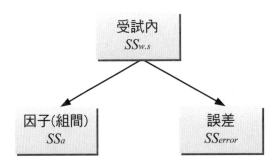

上述五個變異來源的自由度公式分別為：

全體的自由度 ＝ 受試數 × 組數 － 1 ＝ 所有數值數 － 1

受試間的自由度 ＝ 樣本數 － 1

受試內的自由度 ＝ 受試數 ×（組數 － 1）＝ 受試數 × 組數 － 受試數

因子（組間）的自由度 ＝ 組數 － 1

誤差的自由度 ＝（受試數 － 1）×（組數 － 1）

計算後得到：

全體的自由度 ＝ 9 － 1 ＝ 8

受試間的自由度 ＝ 3 － 1 ＝ 2

受試內的自由度 ＝ 9 － 3 ＝ 6

因子（組間）的自由度 ＝ 3 － 1 ＝ 2

誤差的自由度 ＝ (3 － 1) × (3 － 1) ＝ 4

自由度同樣具有可加性，所以：

全體的自由度 ＝ 受試間的自由度 ＋ 受試內的自由度

受試內的自由度 ＝ 因子（組間）的自由度 ＋ 誤差的自由度

12.1.3.3　變異數分析摘要表

求得 SS 及自由度後，就可以整理成變異數分析摘要表。報表 12-1 中，均方是由平方和除以自由度而得，而 F 值的公式為：

$$F = 因子均方 / 誤差均方 = 12 / 0.333 = 36$$

報表 12-1　變異數分析摘要表

變異來源	平方和 SS	自由度 df	均方 MS	F 值	P 值
受試間	10.667	2	5.333		
受試內	25.333	6			
因子（組間）	24.000	2	12.000	36	0.003
誤差	1.333	4	0.333		
全體	36.000	8			

計算所得的 F 值是否顯著，同樣有兩種判斷方法（也見第 11 章）。第一種是傳統取向的做法，找出 $\alpha = 0.05$ 時的臨界值。由下頁圖 12-6 可看出，在自由度為 2, 4 的 F 分配中，臨界值為 6.944。報表 12-1 計算所得的 F 值為 36，已經大於 6.944，因此應拒絕虛無假設。

第二種是現代取向的做法，直接算出在自由度為 2, 4 的 F 分配中，F 值要大於或等於 36 的 p 值。由下頁圖 12-7 可看出，$F_{(2,4)} \geq 36$ 的 P 值為 0.003，小於 0.05，因此應拒絕虛無假設。

圖 12-6　自由度為 2, 4，$\alpha = 0.05$ 時，F 臨界值是 6.944

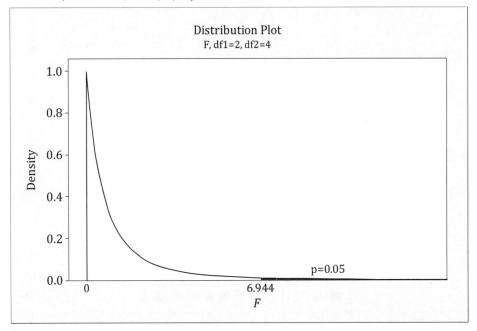

圖 12-7　自由度為 2, 4 的 F 分配中，$F \geq 36$ 的機率值是 0.003

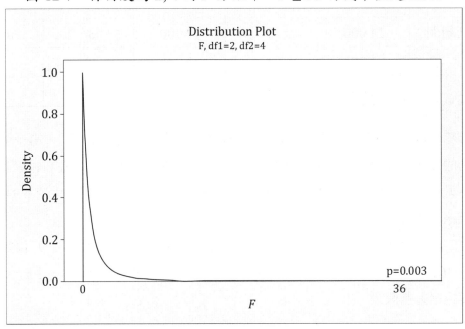

在 Minitab 中，資料輸入如圖 12-8 所示的長格式。分析時在【Stat】選單的【ANOVA】下之【General Linear Model】選擇【Fit General Linear Model】，詳細過程請見後面範例之說明。

圖 12-8　Minitab 工作表

→	C1	C2	C3	C4
	s	a	y	
1	1	1	2	
2	2	1	3	
3	3	1	4	
4	1	2	3	
5	2	2	5	
6	3	2	7	
7	1	3	6	
8	2	3	7	
9	3	3	8	
10				

如果不設定 s*a 的交互作用，分析後得到報表 12-2 的變異數分析摘要表。

報表 12-2　Analysis of Variance

Source	DF	Adj SS	Adj MS	F-Value	P-Value
s	2	10.667	5.3333	16.00	0.012
a	2	24.000	12.0000	36.00	0.003
Error	4	1.333	0.3333		
Total	8	36.000			

如果設定 s*a 的交互作用，分析後得到報表 12-3 的變異數分析摘要表，報表 12-3 中 s*a 的 *SS* 等於報表 12-2 中 Error 的 *SS*，其他的結果都相同。

報表 12-3　Analysis of Variance

Source	DF	Adj SS	Adj MS	F-Value	P-Value
s	2	10.667	5.3333	16.00	0.012
a	2	24.000	12.0000	36.00	0.003
s*a	4	1.333	0.3333	*	*
Error	0	*	*		
Total	8	36.000			

　　由圖 12-3 的右半部可看到，組內 SS 可拆解為受試間 SS 及誤差 SS（如圖 12-9），將報表 12-2 中的 $SS_{b.s}$ 與 SS_{error} 相加（10.667 + 1.333）即等於第 11 章報表 11-1 中的組內 SS（等於 12）。由於報表 12-2 中的誤差減少為 1.333，雖然 F 的分母自由度變小（由 6 減為 4），使得臨界值變大（由 5.143 增為 6.944），但是 F 值增大為 36，使得 p 值也減小為 0.003（報表 11-1 中的 F 值為 6，p 值為 0.037）。因此，在相同的條件下，使用相依樣本設計會比獨立樣本設計容易拒絕虛無假設（在 t 檢定中也相同）。

圖 12-9　組內 SS 之拆解

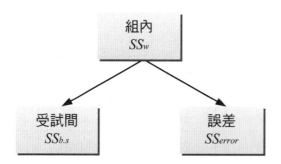

12.1.4　事後比較

　　如果整體檢定顯著後，研究者通常會再進行事後比較。在 Minitab 中提供 Fisher 的 LSD、Bonferroni、Sidâk，及 Tukey 四種方法。如果使用 LSD 法進行多次成對比較之後，所犯的 α 會膨脹，最好改用 Bonferroni 或 Sidâk 校正，不過，這兩種校正方法都會過於保守，反而降低了統計檢定力。

LSD 採 t 檢定，如果符合球形性（見 12.7.3 節之說明），公式為：

$$t = \frac{\overline{Y}_i - \overline{Y}_j}{\sqrt{MS_{error}\left(\dfrac{1}{n_i} + \dfrac{1}{n_j}\right)}} = \frac{\overline{Y}_i - \overline{Y}_j}{\sqrt{MS_{error}\left(\dfrac{2}{n}\right)}} = \frac{\text{平均數差異}}{\text{標準誤}} \qquad \text{(公式 12-7)}$$

公式 12-7 與第 11 章的公式 11-6 相似，只是分母的部分以誤差 MS_{error} 取代組內 MS_w。

使用 Bonferroni 法（將 LSD 的 P 值乘上對比數 3）進行事後比較的結果如報表 12-4。由差異平均數的 95% 信賴區間（都不含 0）及 P 值（都小於 0.05）來看，3 個多重比較都達 0.05 顯著水準，因此受試者在 3 個月間的體適能都有顯著不同。如果改用 Tukey 法，結果也相同，不另附報表。

報表 12-4　Bonferroni Simultaneous Tests for Differences of Means

Difference of a Levels	Difference of Means	SE of Difference	Simultaneous 95% CI	T-Value	Adjusted P-Value
2 – 1	2.000	0.471	(0.133, 3.867)	4.24	0.040
3 – 1	4.000	0.471	(2.133, 5.867)	8.49	0.003
3 – 2	2.000	0.471	(0.133, 3.867)	4.24	0.040
Individual confidence level = 98.33%					

12.1.5　效果量

如果整體檢定後達到統計上的顯著，應計算效果量。在相依樣本單因子變異數分析中，全體的平方和可以拆解如圖 12-2，計算因子 SS 所占比例即可計算效果量。

目前研究者比較使用偏 η^2 值，它的公式是：

$$\text{偏} \, \eta^2 = \frac{\text{因子} SS}{\text{因子} SS + \text{誤差} SS} = \frac{\text{因子} SS}{\text{受試內} SS} \qquad \text{(公式 12-8)}$$

從報表 12-2 代入數值之後得到：

$$\text{偏} \, \eta^2 = \frac{24}{24 + 1.333} = \frac{24}{25.333} = .947$$

然而，偏 η^2 值並不是真正代表依變數的總變異中可用自變數解釋的比例，如果要自行計算 η^2 值，公式為：

$$\eta^2 = \frac{因子SS}{總和SS} = \frac{因子SS}{受試間SS + 因子SS + 誤差SS}$$

從報表 12-2 再找到受試間的 SS 代入公式，得到：

$$\eta^2 = \frac{24}{10.667 + 24 + 1.333} = \frac{24}{36} = .667$$

$\eta^2 = .667$ 與第 11 章 11.1.7 節的結果相同。由此可發現，使用相同的數據，相依樣本變異數分析比獨立樣本容易顯著，效果量的偏 η^2 也比較大，但是 η^2 仍然相同。

然而，η^2 會高估母群中自變數與依變數的關聯程度，因此可以改用不偏估計值 ε^2 或是 ω^2，公式分別為：

$$\varepsilon^2 = \frac{因子SS - 因子自由度 \times 誤差MS}{總和SS} \qquad \text{(公式 12-9)}$$

$$\omega^2 = \frac{因子SS - 因子自由度 \times 誤差MS}{總和SS + 組內MS} \qquad \text{(公式 12-10)}$$

代入數值後，得到：

$$\varepsilon^2 = \frac{24 - 2 \times 0.333}{36} = \frac{23.333}{36} = .648$$

$$\omega^2 = \frac{24 - 2 \times 0.333}{36 + 0.333} = \frac{23.333}{36.333} = .642$$

依據 Cohen（1988）的經驗法則，η^2 值之小、中、大的效果量分別是 .01、.06，及 .14。因此，本範例為大的效果量。

以上三種效果量也可以轉換成 Cohen 的 f，公式是：

$$f = \sqrt{\frac{\eta^2}{1 - \eta^2}} \qquad \text{(公式 12-11)}$$

代入 .667 後，得到：

$$f = \sqrt{\frac{.667}{1 - .667}} = 1.414$$

依據 Cohen (1988) 的經驗法則，f 值之小、中、大的效果量分別是 .10、.25，及 .40。因此，本範例為大的效果量。

12.2　範例

藥物動力學（Pharmacokinetics）的研究顯示，某些藥物會對另一種藥物的清除率產生影響。表 12-4 是 14 名接受茶鹼（theophylline）靜脈注射的慢性阻塞性肺病患者，在開放式、隨機化、三個時期的交叉實驗中，輪流服用兩種藥物（cimetidine 與 famotidine）及安慰劑（placebo）各三個療程。請問：服用三種藥劑後茶鹼的清除率是否有不同？

表 12-4　14 名受試者服用三種藥物之後的茶鹼清除率

受試者	cimetidine	famotidine	placebo
1	3.69	5.13	5.88
2	3.61	7.04	5.89
3	1.15	1.46	1.46
4	4.02	4.44	4.05
5	1.00	1.15	1.09
6	1.75	2.11	2.59
7	1.45	2.12	1.69
8	2.59	3.25	3.16
9	1.57	2.11	2.06
10	2.34	5.20	4.59
11	1.31	1.98	2.08
12	2.43	2.38	2.61
13	2.33	3.53	3.42
14	2.34	2.33	2.54

資料來源：Bachmann, K. et al. (1995). Controlled study of the putative interaction between famotidine and theophylline in patients with chronic obstructive pulmonary disease. *Journal of clinical pharmacology*, *35*(5), 529-535.

12.2.1 變數與資料

表 12-8 中，有 4 個變數，然而，如果只依圖 12-11 的短格式輸入 Minitab 工作表中，並無法進行分析，需要再使用堆疊（stack）的方式產生圖 12-10 的長格式。

在圖 12-10 中，有兩個自變數：一是參與者，給予不同的編號；二是藥劑，有 3 個類別，分為 cimetidine、famotidine，及 placebo。依變數則是注射茶鹼之後的清除率（單位為 L/h），數值愈大表示清除率愈高。

12.2.2 研究問題

在本範例中，研究者想要了解的問題可以陳述如下：

服用三種藥劑後茶鹼的清除率是否有不同？

12.2.3 統計假設

根據研究問題，虛無假設宣稱「服用三種藥劑後茶鹼的清除率沒有不同」：

$$H_0 : \mu_{cimetidine} = \mu_{famotidine} = \mu_{placebo}，或 H_0 : \mu_i = \mu_j，存在於所有的 i 與 j$$

而對立假設則宣稱「服用三種藥劑後茶鹼的清除率不同」：

$$H_1 : \mu_i \neq \mu_j，存在於部分的 i 與 j$$

12.3 使用 Minitab 進行分析

1. 完整的 Minitab 長格式資料檔如圖 12-10 所示，此時包含了受試者代號、藥物，及茶鹼清除率，不過此種輸入方法比較麻煩，也可以改採圖 12-11 的短格式輸入，再使用 Minitab 的堆疊（Stack）程序加以處理。

圖 12-10　單因子相依樣本變異數分析資料檔（長格式）

	C1	C2	C3	C4	C5	C6
	受試	藥物	茶鹼			
1	1	1	3.69			
2	2	1	3.61			
3	3	1	1.15			
4	4	1	4.02			
5	5	1	1.00			
6	6	1	1.75			
7	7	1	1.45			
8	8	1	2.59			
9	9	1	1.57			
10	10	1	2.34			
11	11	1	1.31			
12	12	1	2.43			
13	13	1	2.33			
14	14	1	2.34			
15	1	2	5.13			
16	2	2	7.04			
17	3	2	1.46			
18	4	2	4.44			
19	5	2	1.15			
20	6	2	2.11			
21	7	2	2.12			
22	8	2	3.25			
23	9	2	2.11			
24	10	2	5.20			
25	11	2	1.98			
26	12	2	2.38			
27	13	2	3.53			
28	14	2	2.33			
29	1	3	5.88			
30	2	3	5.89			
31	3	3	1.46			
32	4	3	4.05			
33	5	3	1.09			
34	6	3	2.59			
35	7	3	1.69			
36	8	3	3.16			
37	9	3	2.06			
38	10	3	4.59			
39	11	3	2.08			
40	12	3	2.61			
41	13	3	3.42			
42	14	3	2.54			

2. 圖 12-11 是短格式資料檔，輸入 14 個受試者（14 列）在 3 個藥物（3 行）下的茶鹼清除率（細格中的數值）。只是這樣的資料並無法使用 Minitab 進行分析，需要再加以堆疊處理，為免增加篇幅，本書直接以長格式資料檔進行分析。

圖 12-11　單因子相依樣本變異數分析資料檔（短格式）

↓	C1 cimetidine	C2 famotidine	C3 placebo	C4
1	3.69	5.13	5.88	
2	3.61	7.04	5.89	
3	1.15	1.46	1.46	
4	4.02	4.44	4.05	
5	1.00	1.15	1.09	
6	1.75	2.11	2.59	
7	1.45	2.12	1.69	
8	2.59	3.25	3.16	
9	1.57	2.11	2.06	
10	2.34	5.20	4.59	
11	1.31	1.98	2.08	
12	2.43	2.38	2.61	
13	2.33	3.53	3.42	
14	2.34	2.33	2.54	

3. 在【Stat】(分析)選單中的【ANOVA】(變異數分析)之【General Linear Model】(一般線性模式)選擇【Fit General Linear Model】(適配一般線性模式)。(注：應先進行適配分析，才能接續進行事後比較及繪製圖形。)

圖 12-12　Fit General Linear Model 選單

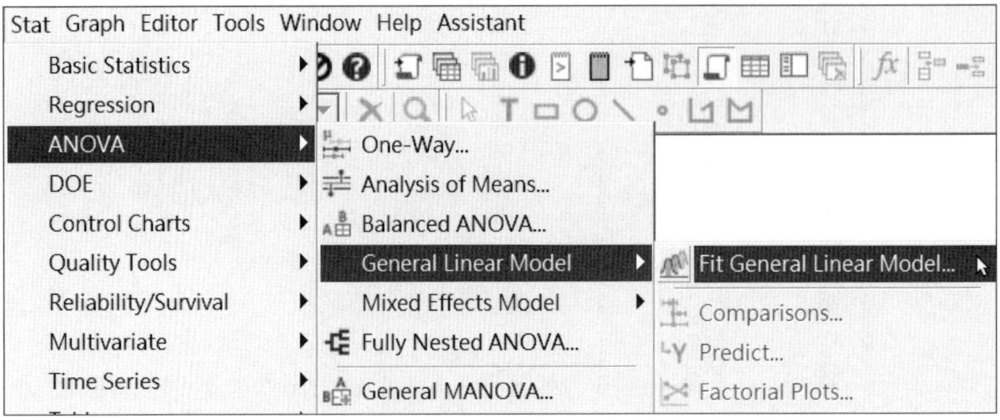

4. 將依變數（茶鹼）選擇到【Responses】（反應變數）框中，「受試」及「藥物」選擇到【Factors】（因子）框中，接著點擊【Random/Nest】（隨機／巢套）按鈕。

圖 12-13　General Linear Model 對話框

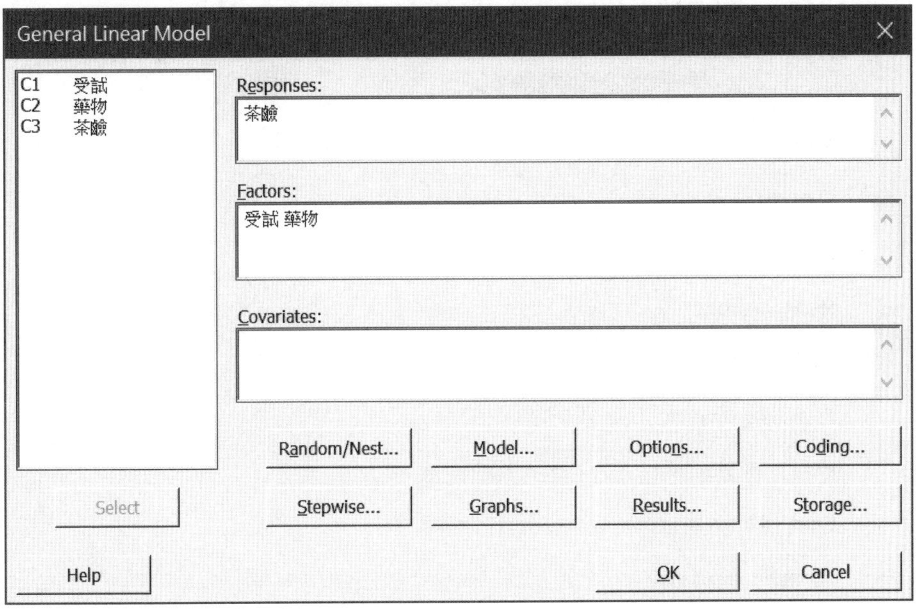

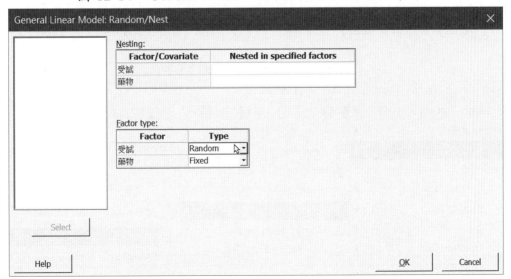

5. 在【Random/Nest】（隨機／巢套）下，將「受試」因子指定為【Random】（隨機），並點擊【OK】（確定）按鈕回到前一畫面。

圖 12-14　General Linear Model: Random/Nest 對話框

6.　接著點擊【Results】（結果）按鈕，只保留【Analysis of variance】（變異數分析）
選項，其他的結果則不呈現。到此步驟，在進行一般線性模式的適配分析。

圖 12-15　General Linear Model: Results 對話框

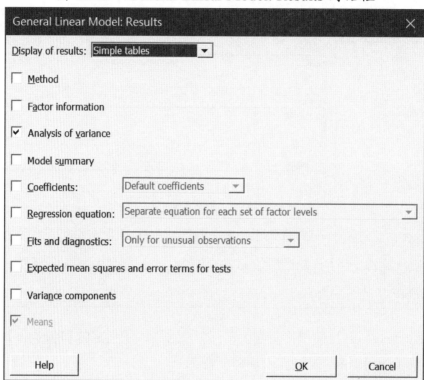

7.　如果要進行事後比較，在【Stat】（分析）選單中的【ANOVA】（變異數分析）之
【General Linear Model】（一般線性模式）選擇【Comparisons】（比較）。

圖 12-16　Comparisons 選單

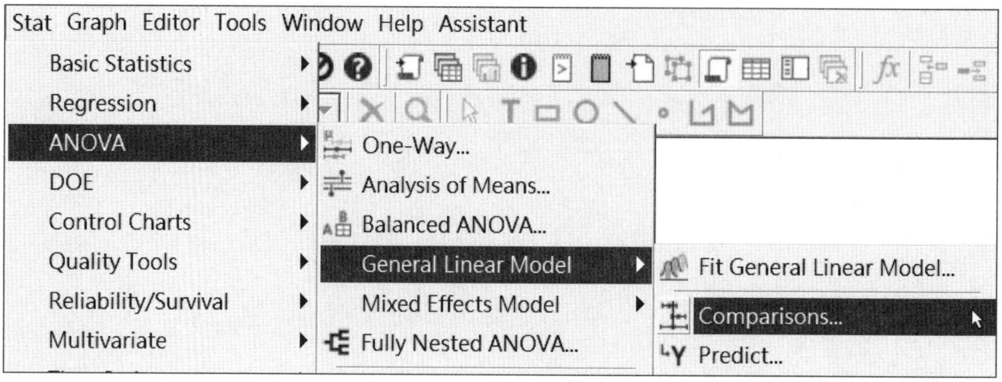

8. 在【Method】(方法)中勾選【Tukey】,選擇【Choose terms for comparisons】(選擇比較項)中的「藥物」變數,並點擊【Results】(結果)按鈕。

圖 12-17 Comparisons 對話框

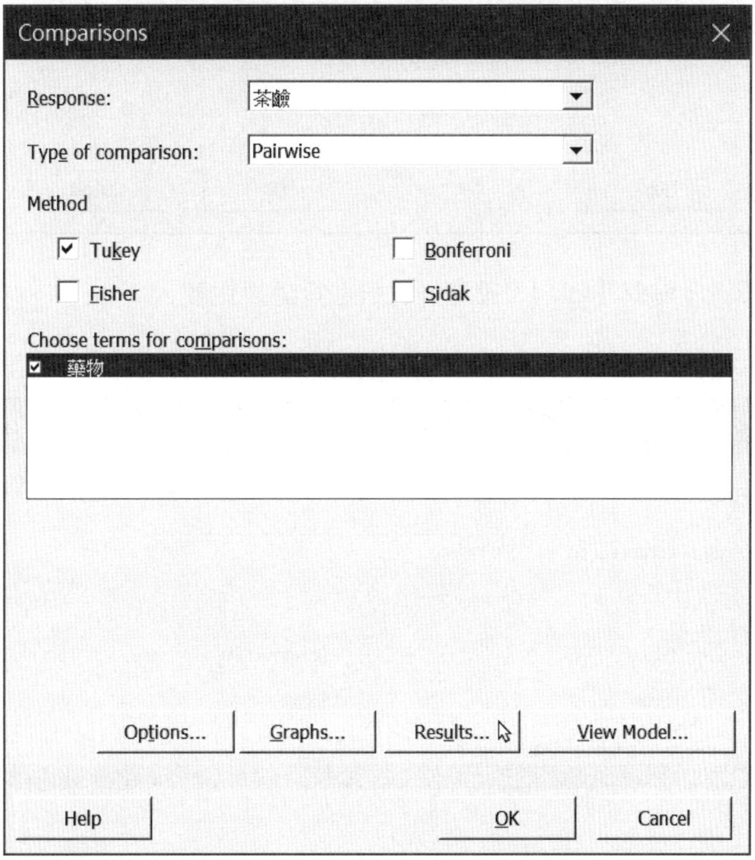

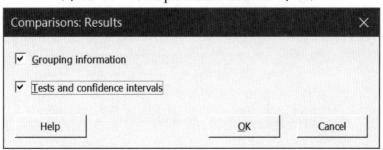

9. 在【Results】(結果)選項中,勾選兩個輸出結果。

圖 12-18 Comparisons: Results 對話框

10. 在【Graphs】（圖形）選項下，內定輸出差異平均數的區間圖。

圖 12-19　Comparisons: Graph 對話框

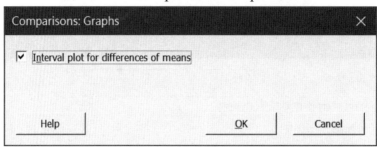

11. 完成選擇後，點擊【OK】（確定）按鈕進行事後比較。

圖 12-20　Comparisons 對話框

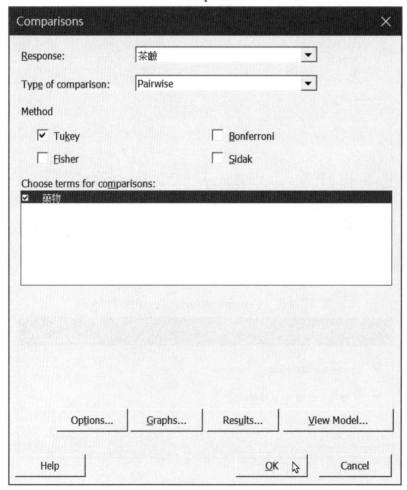

12. 如果要繪製平均數剖繪圖，在【Stat】（分析）選單中的【ANOVA】（變異數分析）
之【General Linear Model】（一般線性模式）選擇【Factorial Plots】（因子圖）。

圖 12-21　Factorial Plots 選單

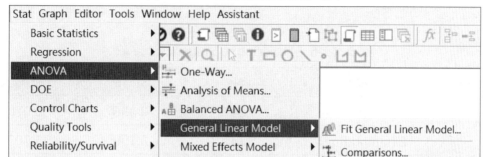

13. 【Response】（反應變數）為「茶鹼」，【Selected】（選擇）框中保留自變數「藥
物」，完成後點擊【OK】（確定）按鈕。

圖 12-22　Factorial Plot 對話框

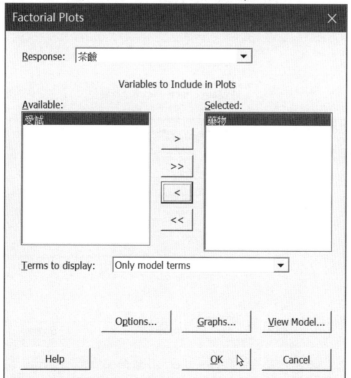

12.4　報表解讀

分析後得到以下的報表，其中報表 12-5 是另外以【Describe】（描述統計）分析所得，分別加以概要說明。

報表 12-5　Descriptive Statistics: 茶鹼

Variable	藥物	N	Mean	StDev
茶鹼	1 (cimetidine)	14	2.256	0.970
	2 (famotidine)	14	3.159	1.705
	3 (placebo)	14	3.079	1.529

報表 12-5 顯示了接受 3 種藥物實驗的受試人數（14 人），及在依變數（茶鹼的清除率）的平均數及標準差。服用第 1 種藥物（cimetidine）後茶鹼的清除率最慢（M = 2.256, SD = 0.970），第 2 種藥物（famotidine）的清除率（M = 3.159, SD = 1.705）與安慰劑差不多（M = 3.079, SD = 1.529）。至於 3 個平均數是否有顯著差異，則要進行後續檢定。

圖 12-23　平均數剖繪圖

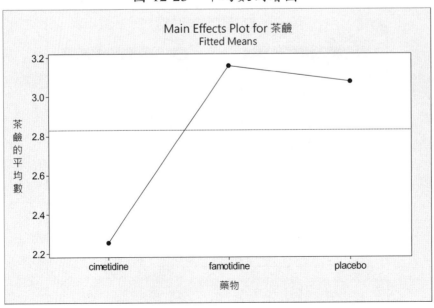

圖 12-23 是依據表 12-9 的平均數所繪製的剖繪圖，第 1 種藥物的茶鹼清除率最慢。圖中的虛線是全體的平均數（$M = 2.831$）。

報表 12-6　Analysis of Variance

Source	DF	Adj SS	Adj MS	F-Value	P-Value
受試	13	71.811	5.5240	16.70	0.000
藥物	2	7.005	3.5026	10.59	0.000
Error	26	8.599	0.3307		
Total	41	87.415			

報表 12-6 中藥物的 F 值公式為：

$$F = \frac{藥物\,MS}{誤差\,MS}$$

代入數值得到：

$$F = \frac{3.5026}{0.3307} = 10.59$$

$F_{(2, 26)} = 10.59$，$p < 0.001$，拒絕虛無假設，所以至少有一種藥物對茶鹼清除率的影響與其他藥物不同。

受試者的 $F_{(13, 26)} = 16.70$，代表 14 個受試者的茶鹼清除率不同，不過這通常不是研究的主要目的。

報表 12-7　Grouping Information Using the Tukey Method and 95% Confidence

藥物	N	Mean	Grouping	
2	14	3.15929	A	
3	14	3.07929	A	
1	14	2.25571		B
Means that do not share a letter are significantly different.				

報表 12-7 是使用 Tukey 法所做的分群訊息，其中第 2、3 種藥物為 A 群，表示兩個藥物的效果沒有顯著差異，第 1 種藥物為 B 群，因此第 1 種藥物分別與第 2 及第 3 種藥物有顯著不同的效果。由平均數（2.25571）來看，第 1 種藥物的茶鹼清除率最慢。

報表 12-8　Tukey Simultaneous Tests for Differences of Means

Difference of 藥物 Levels	Difference of Means	SE of Difference	Simultaneous 95% CI	T-Value	Adjusted P-Value
2 – 1	0.904	0.217	(0.364, 1.443)	4.16	0.001
3 – 1	0.824	0.217	(0.284, 1.363)	3.79	0.002
3 – 2	-0.080	0.217	(-0.619, 0.459)	-0.37	0.928
Individual confidence level = 98.01%					

報表 12-8 是 Tukey 法的成對比較結果，如果平均數差異的 95%信賴區間（Simultaneous 95% CI）不包含 0，或是 P 值（Adjusted P-Value）小於 α（通常為 0.05）就表示兩組之間的平均數有顯著差異。由報表可以看出：2 - 1 與 3 - 1 之間都有顯著差異，第 2 及第 3 種藥物的茶鹼清除率比第 1 種藥物快（差異平均數是正數）。

圖 12-24　Tukey Simultaneous 95% CIs

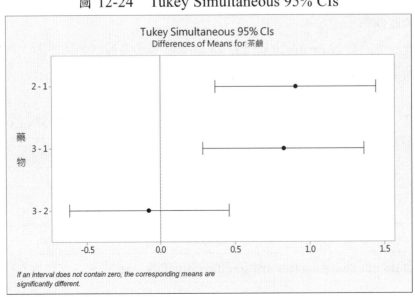

　　圖 12-24 是根據報表 12-8 所繪的差異平均數信賴區間圖，如果區間不含 0（圖中的虛線），則兩組之間的平均數有顯著差異。由圖可發現：2 - 1 與 3 - 1 之間都有顯著差異，3 - 2 則沒有顯著差異。

12.5　計算效果量

　　代入報表 12-6 的數值可以計算偏 η^2 值，公式是：

$$偏\ \eta^2 = \frac{7.005}{7.005 + 8.599} = .449$$

　　如果要計算 η^2 值，從報表 12-6 再找到受試者間的 SS，得到：

$$\eta^2 = \frac{7.005}{71.811 + 7.005 + 8.599} = .080$$

　　圖示如下：

圖 12-25　單因子相依樣本變異數分析效果量

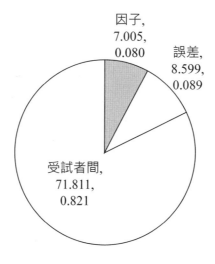

　　依據 Cohen（1988）的經驗法則，η^2 值之小、中、大的效果量分別是 .01、.06，及 .14。因此，本範例為中度的效果量。

12.6 以 APA 格式撰寫結果

以 14 名受試者進行隨機化交叉實驗設計，三種藥物對茶鹼的清除率有不同的作用，$F(2, 26) = 10.59$，$p < .001$，效果量 $\eta^2 = .080$。服用 cimetidine 後，其茶鹼的清除率 $(M = 2.26，SD = 0.97)$ 顯著比安慰劑 $(M = 3.08，SD = 1.53)$ 來得低，也比 famotidine $(M = 3.16，SD = 1.70)$ 低。而 famotidine 與安慰劑則無顯著差異。

12.7 單因子相依樣本變異數分析的假定

單因子相依樣本變異數分析，應符合以下三個假定。

12.7.1 觀察體要能代表母群體，且彼此間獨立

觀察體獨立代表組內的各個樣本間（受試間）不會相互影響。由於是相依樣本，所以組間是不獨立的，也就是同一個受試者會在不同的療程中依序服用三種不同藥物。不過，如果受試者在同一個療程中同時服用兩種以上的藥物，則違反獨立假定。

觀察體間不獨立，計算所得的 p 值就不準確，如果有證據支持違反了這項假定，就不應使用單因子相依樣本變異數分析。

12.7.2 在自變數的各水準中，母群依變數須為常態分配

此項假定是在全體接受茶鹼靜脈注射的慢性阻塞性肺病患中，服用三種藥物後的茶鹼清除率要呈常態分配。如果依變數不是常態分配，會降低檢定的統計考驗力。不過，當樣本數在 30 以上時，即使違反了這項假定，對於單因子相依樣本變異數分析的影響也不大。

12.7.3 球形性

球形性是指母群中，各成對差異分數的變異數要具有同質性（相等）。可惜 Minitab 並未提供球形性檢定，也沒有違反假定之後的替代分析方法。

改用多變量變異數分析，是另一種替代方法，因為它不需要符合球形性，且有多種追蹤分析方法可供選擇。不過，多變量變異數分析則需要符合另一個假定——多變量常態分配，此部分請見本書第 15 章。

12.8　Friedman 等級變異數分析

　　如果不符合常態分配與球形性假設，可以改用 Friedman 檢定（Friedman analysis of variance by ranks），分析過程及報表解讀如後。

12.8.1　分析過程

1.　在【Stat】（統計）中的【Nonparametrics】（無母數統計）中選擇【Friedman】。

圖 12-26　Friedman 選單

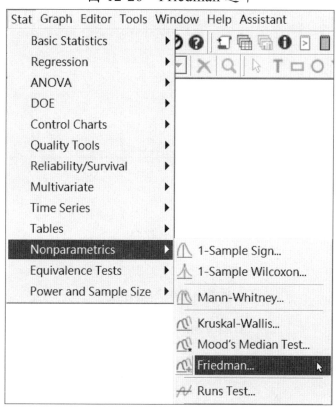

2. 將「茶鹼」選擇到【Response】（反應），「藥物」選擇到【Treatment】（處理），
   「受試」選擇到【Block】（區集），最後點擊【OK】（確定），進行分析。

圖 12-27　Friedman 對話框

12.8.2　報表解讀

分析後得到「Friedman Test: 茶鹼 vs 藥物, 受試」總報表，共分為三部分，說明如下。

報表 12-9　Method

| Treatment = 藥物 |
| Block = 受試 |

報表 12-9 說明處理為「藥物」，區集為「受試」。

報表 12-10　Descriptive Statistics

藥物	N	Median	Sum of Ranks
1 (cimetidine)	14	2.04000	16.0
2 (famotidine)	14	2.63500	34.5
3 (placebo)	14	2.57500	33.5
Overall	42	2.41667	

報表 12-10 為描述統計，三種藥物的受試者都是 14 人，第 1 種藥物（cimetidine）的茶鹼清除率最低，等級總和為 16.0，第 2 種藥物（famotidine）的茶鹼清除率最高，等級總和為 34.5。各組的茶鹼清除率中位數分別為 2.040、2.635、2.575，此結果與 SPSS 不同，SPSS 分析所得的中位數分別為 2.335、2.355、2.600。

報表 12-11　Test

Null hypothesis	H_0: All treatment effects are zero
Alternative hypothesis	H_1: Not all treatment effects are zero

Method	DF	Chi-Square	P-Value
Not adjusted for ties	2	15.46	0.000
Adjusted for ties	2	15.75	0.000

報表 12-11 分為兩部分，第一部分說明統計假設，虛無假設 H_0 為「所有處理之效果都等於 0」，對立假設 H_1 為「並非所有處理之效果都等於 0」。

第二部分檢定後得到 $\chi^2 (2, N = 14) = 15.745$，$p < .0001$，因此三種藥物對茶鹼的清除率有不同的作用。

報表 12-12　Test

Null hypothesis	$H_0: \eta = 0$
Alternative hypothesis	$H_1: \eta \neq 0$

Sample	N for Test	Wilcoxon Statistic	P-Value
d1 (famotidine – cimetidine)	14	102.00	0.002
d2 (placebo – cimetidine)	14	105.00	0.001
d3 (placebo – famotidine)	13	39.00	0.675

　　報表 12-12 是配對樣本 Wilcoxon 的檢定結果（分析步驟見第 9 章），使用 Bonferroni 校正後，P 值小 $0.05 / 3 = 0.0167$，則達到 .05 顯著水準差異。由報表可看出，famotidine – cimetidine 及 placebo – cimetidine 之間的中位數有顯著差異，而 placebo – famotidine 間的中位數無顯著差異。

第 13 章
二因子獨立樣本
變異數分析

二因子獨立樣本變異數分析旨在分析兩個自變數對一個量的依變數的效果，適用的情境如下：

自變數：兩個自變數，均為**質的變數**。

依變數：**量的變數**。

本章先介紹二因子獨立樣本變異數分析的整體檢定，接著說明後續分析的方法。

13.1　基本統計概念

13.1.1　目的

二因子獨立樣本變異數分析旨在檢定兩個自變數對量的依變數的效果，在此，二個自變數（因子）各有兩個以上的類別（水準），且都是獨立因子。使用二因子變異數分析，比分別進行兩次單因子變異數分析有三項優點：

1.　除了可以分析兩個自變數的**主要效果**（main effect），還能分析兩個自變數之間的**交互作用**（interaction）。二因子變異數分析的最主要目的在於了解兩個變數之間的交互作用，也就是某一個自變數的效果可能會因為另一個自變數的存在而有所不同，因此在分析時要先了解兩個自變數間是否有交互作用存在，如果沒有，才進行主要效果的分析。

2.　可以減少樣本數，節省研究經費。如果研究者只想了解採用三種不同的方法教學後，學生的學業成績是否有差異，假設每組需要 12 名受試者，則總共需要 36 名受試者。假使研究者另外想研究三種不同性向學生使用相同教學法後的學業成績是否有差異，同樣的，每種性向需要 12 名受試者，總共需要有 36 人。如果使用單因子實驗分析，那麼全部就需要 72 名受試者。可是在二因子獨立樣本設計中總共只需要 36 個樣本，如此就可以減少受試者，因此也就比進行兩個單因子實驗設計節省費用。

3.　可以減少誤差變異，使得檢定容易顯著。如果有兩個自變數，分別進行兩次單因子變異數分析，只能分析個別的主要效果，而且組內 *SS*（誤差變異）也比較大。如果進行二因子變異數分析，不僅可以分析二個因子的交互作

用，而且可以在組內 *SS* 中拆解出二因子交互的 *SS*，由於誤差變異減少，檢定也比較容易顯著。

13.1.2　分析示例

以下的研究問題都可以使用二因子獨立樣本變異數分析：

1. 三種教學法對三種不同特質學生之教學效果。
2. 不同品牌的洗衣粉與水質對洗滌效果的影響。
3. 不同藥物對不同年齡層病人在增加高密度膽固醇之效果。

13.1.3　交互作用

有時某個自變數的效果會因為另一個變數的存在而對依變數產生不同的效果，後者是前者的調節變數（moderator）。例如：增強物是否能提高學生學習的興趣，要視學生是否有內在動機而定，如果學生已經有強烈的內在動機，又提供外在的增強物，有時反而會減低了學習興趣，此稱為過度辨正（overjustification）。

在教育心理學的研究中，Cronbach 及 Snow 提出性向與處理交互作用（aptitude-treatment interaction, ATI）的概念，認為某些教學處理（策略）對特定的學生，會因為他們的特殊能力而特別有效（或是特別無效）。

在圖 13-1 中，無論面對什麼性向的學生，第一種教學法（例如：講演法）都比第二種教學法（例如：自學輔導法）的平均學業成績高，因此教法並不會因為學生性向不同，而對學業成績產生不同的效果，也就是兩者並沒有交互效果，所以性向這一變數不是教學法的調節變數。此時，兩個因子都有主要效果。

在圖 13-2 中，教學法則會因為學生性向的不同，而有不同的平均學業成績。如果使用第一種教學法，則第二種性向（例如：外控型）的學生受益比較大，因此學業成績也較高。但是，如果使用第二種教學法來教導第二種性向的學生，他們的學業成績反而比較低。然而，第二種教學法卻對第一種性向（例如：內控型）的學生比較有助益。所以，整體而言兩種教學法的平均效果並沒有差異，但是卻會因為不同的學生性向而產生不同的效果，因此兩者有交互作用，性向是教學法的調節變數。此種交互作用稱為非次序的交互作用（disordinal interaction），此時兩個因子都沒有主要效果。

圖 13-1　無交互作用

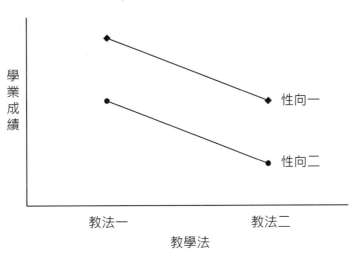

圖 13-2　非次序性交互作用

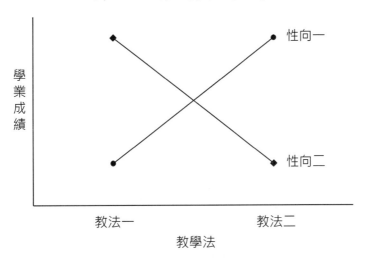

　　圖 13-3 中，不管使用何種教學法，第一種性向的學生的平均學業成績都比第二種性向的學生高。不過，當使用第一種教學法時，兩種性向間的差異較小；但是使用第二種方法時，兩種性向間的差異則變得較大。對於第一種性向的學生，無論採用何種教學方法的效果都相同；但是對於第二種性向的學生，則應該採用第一種教學法，不宜採用第二種教學法。所以，教學法仍應視學生性向而加以調整，性向仍是教學法的調節變數。此種交互作用稱為次序的交互作用（ordinal interaction），此時兩個因子都有主要效果。

圖 13-3　次序性交互作用-1

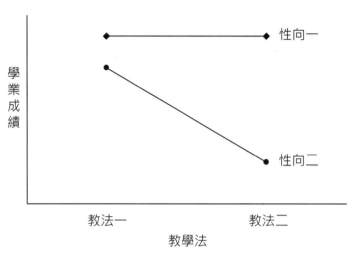

圖 13-4 也是次序性交互作用，此時學生性向有主要效果，而教學法則沒有主要效果。

圖 13-4　次序性交互作用-2

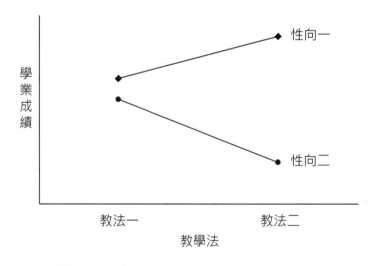

13.1.4　分析流程

二因子變異數分析的流程可以用圖 13-5 表示。在分析時，要先留意二因子交互作用是否達到顯著。如果交互顯著，則接著進行**單純效果**（或稱**單純主要效果**）分析；如果交互作用不顯著則進行**主要效果**分析。兩種效果分析的後續步驟是類似的，如果顯著，則接著進行**事後比較**；如果不顯著，則**停止分析**。

圖 13-5　二因子變異數分析流程

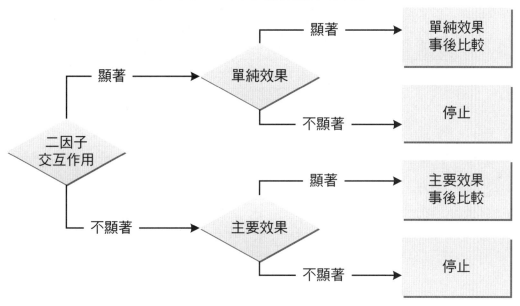

13.1.5　整體檢定

　　以表 13-1 為例，研究者想要了解三種不同教學法與學生性向，對其學業成績是否有交互作用。因此分別找了三種不同性向的學生各 12 名（總計 36 名），再以隨機分派的方式各自接受三種不同的教學法，經過一學期後，測得學生的學業成績。在此例中，有 2 個自變數，其中教學法（A 因子）有 3 個類別（水準），學生性向（B 因子）也有 3 個水準，因此是 3×3 的實驗設計，共有 9 個細格（不同的處理）。依變數是學業成績。

表 13-1　36 名學生之學業成績

		學　生　性　向		
		性向一	性向二	性向三
教學方法	教法一	16	12	7
		15	12	8
		17	13	7
		15	12	6

表 13-1（續）

		學　生　性　向		
		性向一	性向二	性向三
教學方法	教法二	9	11	14
		10	12	14
		11	13	15
		9	10	14
	教法三	13	9	7
		13	8	7
		14	8	6
		11	6	5

13.1.5.1　虛無假設與對立假設

在本範例中，研究者想要了解的問題可以陳述如下：

學業成績是否因教學法及學生性向而有差異？

學業成績是否因教學法而有差異？

學業成績是否因學生性向而有差異？

根據研究問題，虛無假設一宣稱「兩個自變數沒有交互作用」：

H_0：教學法與學生性向沒有交互作用

而對立假設則宣稱「兩個自變數有交互作用」：

H_1：教學法與學生性向有交互作用

虛無假設二宣稱「在母群中三種教學法的學業成績沒有差異」：

$H_0 : \mu_{教法一} = \mu_{教法二} = \mu_{教法三}$

而對立假設則宣稱「在母群中三種教學法的學業成績有差異」：

$$H_1 : \mu_i \neq \mu_j \text{，存在一些 } i \text{ 與 } j$$

虛無假設三宣稱「在母群中三種性向的學生之學業成績沒有差異」：

$$H_0 : \mu_{性向一} = \mu_{性向二} = \mu_{性向三}$$

而對立假設則宣稱「在母群中三種性向的學生之學業成績有差異」：

$$H_1 : \mu_i \neq \mu_j \text{，存在一些 } i \text{ 與 } j$$

13.1.5.2　SS 的拆解

獨立樣本二因子變異數分析的平方和（SS）可以拆解如圖 13-6，全體（總和）的 SS 可以分為組內 SS 及組間 SS。組內 SS 就是誤差 SS，是兩個因子解釋不到的部分；組間 SS 則是兩個因子的效果，又可分為因子一及因子二的主要效果，及兩因子間的交互作用。

圖 13-6　獨立樣本二因子變異數分析之平方和拆解

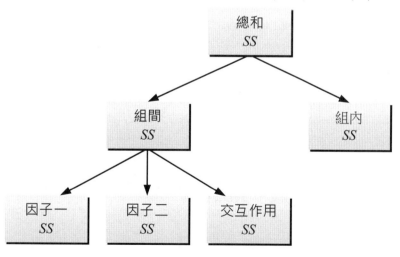

13.1.5.3　以 Minitab 進行二因子變異數分析

本章不列出各種 SS 的計算方法，而以 Minitab 的報表說明主要的統計概念。操作步驟請見 13.3 節的說明。

報表 13-1　　Tabulated Statistics: 教法, 性向

Rows: 教法　　Columns: 性向

	1	2	3	All
1	15.75	12.25	7.00	11.67
	0.957	0.500	0.816	3.822
	4	4	4	12
2	9.75	11.50	14.25	11.83
	0.957	1.291	0.500	2.125
	4	4	4	12
3	12.75	7.75	6.25	8.92
	1.258	1.258	0.957	3.088
	4	4	4	12
All	12.75	10.50	9.17	10.81
	2.734	2.276	3.834	3.293
	12	12	12	36
Cell Contents:	學業成績　：	Mean		
	學業成績　：	Standard deviation		
		Count		

報表 13-1 是細格及邊緣的描述統計，包含平均數、標準差，及個數。

報表 13-2　　Analysis of Variance

Source	DF	Adj SS	Adj MS	F-Value	P-Value
教法	2	64.39	32.1944	33.11	0.000
性向	2	78.72	39.3611	40.49	0.000
教法*性向	4	210.28	52.5694	54.07	0.000
Error	27	26.25	0.9722		
Total	35	379.64			

報表 13-2 為變異數分析摘要表，以下針對 SS 及自由度詳細說明。

「教法」因子是教學法的主要效果，在於比較報表 13-1 中各教法（列）內 All 的平均數是否有顯著差異（分別是 11.67、11.83，及 8.92）。A 因子的自由度是水準數減 1，所以是 3 − 1 = 2。

「性向」因子是學生性向的主要效果，在於比較報表 13-1 中三種性向（行）內

All 的平均數是否有顯著差異（分別是 12.75、10.50，及 9.17）。B 因子的自由度也是水準數減 1，所以是 3 − 1 = 2。

「教法*性向」是兩個因子的交互作用，也是二因子變異數分析的主要目的，它的自由度是上述兩個自由度的乘積，所以是 (3 − 1) × (3 − 1) = 4。

以上三者的總和，合稱為組間的效果，主要在比較報表 13-1 中 9 個細格平均數的差異。自由度為細格數減 1，所以 9 − 1 = 8。

誤差（Error）是 9 個細格中每個學生與該細格平均數的差異平方和，也是兩個因子及其交互作用解釋不到的變異。自由度是總人數減細格數，所以是 36 − 9 = 27。

總數（Total）就是全體變異，是 36 個學生與總平均的差異平方和。自由度是總人數減 1，所以是 36 − 1 = 35。

平均平方和就是 MS，等於平方和除以各自的自由度。F 值的公式是：

$$F = \frac{因子 MS}{誤差 MS}$$

在此範例中，誤差的 MS 為 0.9722，它是計算主要效果、交互作用、單純效果，及事後比較的分母部分，應加以留意。

報表 13-2 中，教學法與學生性向的交互作用效果之 SS 為 210.28，$F(4, 27) = 54.07$，$P < 0.001$，達 0.05 顯著水準，因此兩者有顯著的交互作用。另外，教學法的 $F(2, 27) = 33.11$，學生性向的 $F(2, 27) = 40.49$，P 值均小於 0.001，表示兩個自變數也都有主要效果。也就是教學法不同，學生的平均學業成績不同；學生性向不同，其平均學業成績也不同。

圖 13-7（見下頁）是以教學法為橫軸所繪的剖繪圖，以第一種教法所教的三組學生中，第一種性向的學生的平均學業成績最高，其次為第二種性向的學生，第三種性向的學生其學業成績最低。在第二種教學法中，第三種性向學生的學業成績反而最高。在第三種教學法中，第一種性向學生的學業成績又最高。因此，第一及第三種教學法比較適合第一種性向的學生，第二種教學法則比較適合第三種性向的學生。

三條線間並不平行，因此有交互作用（由報表 13-2 中「教法*性向」得知）。

圖 13-7　以教法為橫軸的平均數剖繪圖

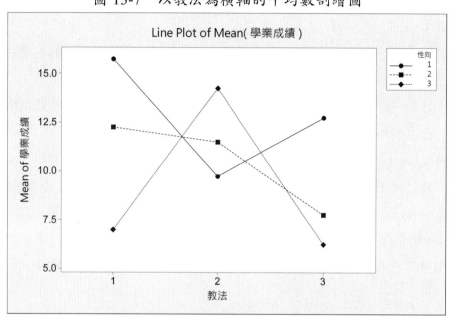

圖 13-8　以性向為橫軸的平均數剖繪圖

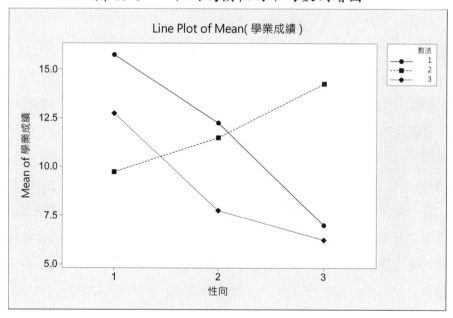

　　如果以學生性向為橫軸來看（圖 13-8），對於第一種性向的學生，採用第一種教學法所得的學業成績最高，其次是第三種教學法，採用第二種教學法的效果最小；對

於第二種性向的學生，第一種教學法的效果仍為最好，不過，第二種教學法的效果則高於第三種教學法；對於第三種性向的學生，採用第二種教學法的效果最佳，第一種教學法的效果稍高於第三種教學法，兩者相差無幾。因此，對於第一種性向的學生，最好採第一種教學法；對於第二種性向的學生，採第一、二種教學法效果差不多；對於第三種性向的學生，最好採第二種教學法，不適宜使用第一、三種教學法。

13.1.6　單純效果檢定及事後比較

由於兩個變數的交互作用已經顯著，接著會進行單純效果分析（或稱單純主要效果，simple main effect），單純效果旨在分析：

1. 在「教學」（A 因子）的 3 個水準中，「性向」（B 因子）的效果是否有差異，它們包含了 B at A1、B at A2，及 B at A3 等 3 個單純效果。

2. 在「性向」（B 因子）的 3 個水準中，「教學」（A 因子）的效果是否有差異，它們包含了 A at B1、A at B2，及 A at B3 等 3 個單純效果。

由上述說明中可看出，在本例中最多可以進行 6 次單純效果分析，等於 A、B 兩個因子的水準和（3 + 3 = 6）。不過，在實務上並不需要進行 6 次單純效果分析，只要以研究者有興趣的自變數為主（本例中可能是學生性向，B 因子），分析 3 種不同性向的學生，分別適合什麼教學法（A 因子）。所以，只要分析 A at B1、A at B2，及 A at B3 等 3 個單純效果即可。

概念上，我們可以使用 B 因子將學生分為 3 群，然後分別比較在 3 種性向的學生中，A 因子是否各自有主要效果。也就是在 B 因子的 3 個水準中（B1、B2、B3），以 A 因子為自變數進行單因子變異數分析。

當然，這樣的想法並沒有錯，只是如果分別使用 A、B 因子各自進行單因子變異數分析，誤差項會比較大，以至於檢定比較不容易顯著。所以要另外使用整體的誤差為分母，自行計算 F 值及其機率值 P。

在 Minitab 中，先在【Data】（資料）選單中進行【Split Worksheets】，將原工作表分別依 A、B 兩個因子分割成 6 個子工作表，並進行 6 次單因子變異數分析，得到以下報表（報表 13-3 至 13-8），其中灰色網底是自行計算單純效果 F 值需要的部分。

報表 13-3　Analysis of Variance (教學 = 1)

Source	DF	Adj SS	Adj MS	F-Value	P-Value
性向	2	155.167	77.5833	126.95	0.000
Error	9	5.500	0.6111		
Total	11	160.667			

報表 13-4　Analysis of Variance (教學 = 2)

Source	DF	Adj SS	Adj MS	F-Value	P-Value
性向	2	41.167	20.5833	21.79	0.000
Error	9	8.500	0.9444		
Total	11	49.667			

報表 13-5　Analysis of Variance (教學 = 3)

Source	DF	Adj SS	Adj MS	F-Value	P-Value
性向	2	92.67	46.333	34.04	0.000
Error	9	12.25	1.361		
Total	11	104.92			

報表 13-6　Analysis of Variance (性向 = 1)

Source	DF	Adj SS	Adj MS	F-Value	P-Value
教法	2	72.00	36.000	31.61	0.000
Error	9	10.25	1.139		
Total	11	82.25			

報表 13-7　Analysis of Variance (性向 = 2)

Source	DF	Adj SS	Adj MS	F-Value	P-Value
教法	2	46.50	23.250	19.93	0.000
Error	9	10.50	1.167		
Total	11	57.00			

報表 13-8　Analysis of Variance (性向 = 3)

Source	DF	Adj SS	Adj MS	F-Value	P-Value
教法	2	156.167	78.0833	127.77	0.000
Error	9	5.500	0.6111		
Total	11	161.667			

將報表 13-3 至 13-8 中的 6 個 *MS* 輸入新工作表中，在【Calc】（計算）選單中選擇【Calculator】（計算器），把 *MS* 除以報表 13-2 中誤差項的 *MS*（0.9722），得到以下結果。

圖 13-9　輸入 *MS* 值並計算 *F* 值

接著使用【Calc】（計算）選單【Probability Distribution】（機率分配）中的【F】，計算各 *F* 的機率值 *P*，結果如下（操作過程請見後面的範例說明）。

圖 13-10　計算所得之 *F* 值及左右尾 *P* 值

表 13-3 是自行彙整的變異數分析摘要表，單純效果的 *DF*、*SS*，及 *MS* 取自報表 13-3 至報表 13-8，誤差及總和的 *DF*、*SS*，及 *MS* 取自報表 13-2，*F* 值及 *P* 值則使用 Minitab 另行計算。這些數據與使用 SPSS 語法（見陳正昌，2017，p.388）分析所得結果一致。

表 13-3　Analysis of Variance

Source	DF	Adj SS	Adj MS	F-Value	P-Value
性向					
在教法 1	2	155.167	77.5833	79.8018	0.000000
在教法 2	2	41.167	20.5833	21.1719	0.000002
在教法 3	2	92.67	46.333	47.6579	0.000000
教法					
在性向 1	2	72.00	36.00	37.0294	0.000000
在性向 2	2	46.50	23.25	23.9148	0.000001
在性向 3	2	156.167	78.0833	80.3161	0.000000
Error	27	26.25	0.9722		
Total	35	379.64			

表 13-3 中「性向」下的三個「教法」個別分析：

1. 接受第一種教學法的三種性向學生，其平均學業成績是否有不同（B at A1 的單純效果）？虛無假設為：

$$H_0 : \mu_{1,1} = \mu_{1,2} = \mu_{1,3}$$

2. 接受第二種教學法的三種性向學生，其平均學業成績是否有不同（B at A2 的單純效果）？虛無假設為：

$$H_0 : \mu_{2,1} = \mu_{2,2} = \mu_{2,3}$$

3. 接受第三種教學法的三種性向學生，其平均學業成績是否有不同（B at A3 的單純效果）？虛無假設為：

$$H_0 : \mu_{3,1} = \mu_{3,2} = \mu_{3,3}$$

此處所使用的誤差 MS（0.9722）就是報表 13-2 整體考驗時的誤差 MS，分析之後三個 F 值（自由度均為 2, 27）分別是 79.8018、21.1719，及 47.6579，P 值都小於 0.001，所以三個單純效果都顯著，也就是在每個教學法中，三種性向學生的平均學業成績有顯著差異。

三者的 SS 分別為 155.167、41.167，及 92.67，總和為 289（有捨入誤差），等於

報表 13-2 中「性向」加上「教法*性向」的 SS。因此，B at A 的單純效果等於 B 的主要效果加上 A 與 B 的交互作用效果，亦即：

$$155.167 + 41.167 + 92.667 = 78.72 + 210.28$$

表 13-3 中「教法」下的三個「性向」個別分析：

1. 第一種性向的學生接受三種不同的教學法後，其平均學業成績是否有不同（A at B1 的單純效果）？虛無假設為：

$$H_0 : \mu_{1,1} = \mu_{2,1} = \mu_{3,1}$$

2. 第二種性向的學生接受三種不同的教學法後，其平均學業成績是否有不同（A at B2 的單純效果）？虛無假設為：

$$H_0 : \mu_{1,2} = \mu_{2,2} = \mu_{3,2}$$

3. 第三種性向的學生接受三種不同的教學法後，其平均學業成績是否有不同（A at B3 的單純效果）？虛無假設為：

$$H_0 : \mu_{1,3} = \mu_{2,3} = \mu_{3,3}$$

三個 F 值（自由度均為 2, 27）分別為 37.0294、23.9148，及 80.3161，P 值也都小於 0.05 所以三個單純效果都顯著，也就是對每種性向的學生，三種教學法的平均學業成績有顯著差異。

三者的 SS 分別為 72.000、46.500，及 156.167，總和為 274.667，等於報表 13-2 中「教法」加上「教法*性向」的 SS。因此，A at B 的單純效果等於 A 的主要效果加上 A 與 B 的交互作用效果，亦即：

$$37.0294 + 23.9148 + 80.3161 = 64.39 + 210.28$$

由於 6 個單純效果都有統計上的顯著意義，因此接續進行事後比較。假使要進行所有的事後比較，需要進行 18 次對比（6 個單純效果各有 3 組需要比較，$C_2^3 \times 6 = (3 \times 2 \div 2) \times 6 = 18$），如果使用 Minitab 的多重比較，會得到 36 個對比結果（本範例共有 9 個細格，$C_2^9 = 9 \times 8 \div 2 = 36$），此時就要配合前述虛無假設中的下標字，自行找出其中一半的對比。表 13-4 及表 13-5 是筆者整理 Minitab 分析結果的摘要表。

　　表 13-4 是在每個教法中，三種性向學生的平均學業成績之對比。在第一大列中，是採用第一種教法時，三種性向學生的平均學業成績之對比。由平均差異的 95%信賴區間不含 0 來看（因為使用 Bonferroni 校正，$1 - (0.05 / 3) = 0.98333$，所以報表顯示為 98.333%），三種性向間都有顯著差異（2＜1、3＜1、3＜2，因此 3＜2＜1），第一種性向學生的平均學業成績最高，第三種性向學生的平均學業成績最低。

　　在第二大列中，2＝1、3＞1、3＞2，因此第三種性向學生的平均學業成績最高，一及二則無顯著差異。

　　在第三大列中，2＜1、3＜1、3＝2，因此第一種性向學生的平均學業成績最高，二及三則無顯著差異。

　　綜言之，第一種教學法最適合第一種性向的學生，最不適合第三種性向的學生；第二種教學法最適合第三種性向的學生，不適合第一、二種性向的學生；第三種教學法最適合第一種性向的學生，不適合第二、三種性向的學生。

　　以上的對比，可以配合圖 13-7 的剖繪圖來看，會有比較清晰的概念。

表 13-4　Fisher Individual Tests for Differences of Means

Difference of 教法*性向 Levels	Difference of Means	SE of Difference	Individual 98.333% CI	T-Value	P-Value
(1 2) - (1 1)	-3.500	0.697	(-5.280, -1.720)	-5.02	0.000
(1 3) - (1 1)	-8.750	0.697	(-10.530, -6.970)	-12.55	0.000
(1 3) - (1 2)	-5.250	0.697	(-7.030, -3.470)	-7.53	0.000
(2 2) - (2 1)	1.750	0.697	(-0.030, 3.530)	2.51	0.018
(2 3) - (2 1)	4.500	0.697	(2.720, 6.280)	6.45	0.000
(2 3) - (2 2)	2.750	0.697	(0.970, 4.530)	3.94	0.001
(3 2) - (3 1)	-5.000	0.697	(-6.780, -3.220)	-7.17	0.000
(3 3) - (3 1)	-6.500	0.697	(-8.280, -4.720)	-9.32	0.000
(3 3) - (3 2)	-1.500	0.697	(-3.280, 0.280)	-2.15	0.041

　　表 13-5 則是在每種學生性向中，三種教學法的平均學業成績之對比。在第一大列中，是面對第一種性向的學生時，三種教學法的平均學業成績之對比。由平均差異的 95%信賴區間不含 0 來看，2＜1、3＜1、3＞2，因此第一種教學法的平均學業成績最高，第二種教學法的平均學業成績最低。

在第二大列中，2 = 1、3 < 1、3 < 2，因此第三種教學法的平均學業成績最低，一及二則無顯著差異。

在第三大列中，2 > 1、3 = 1、3 < 2，因此第二種教學法的平均學業成績最高，一及三則無顯著差異。

綜言之，第一種性向的學生適合採用第一種教學法，不適合第二種教學法；第二種性向的學生不適合採用第三種教學法，第一、二種教學法的效果沒有顯著差異；第三種性向的學生最適合採用第二種教學法，不適合第一、三種教學法。

以上的對比，可以配合圖 13-8 的剖繪圖來看，會較具體。

表 13-5　Fisher Individual Tests for Differences of Means

Difference of 教法*性向 Levels	Difference of Means	SE of Difference	Individual 98.333% CI	T-Value	P-Value
(2 1) - (1 1)	-6.000	0.697	(-7.780, -4.220)	-8.61	0.000
(3 1) - (1 1)	-3.000	0.697	(-4.780, -1.220)	-4.30	0.000
(3 1) - (2 1)	3.000	0.697	(1.220, 4.780)	4.30	0.000
(2 2) - (1 2)	-0.750	0.697	(-2.530, 1.030)	-1.08	0.292
(3 2) - (1 2)	-4.500	0.697	(-6.280, -2.720)	-6.45	0.000
(3 2) - (2 2)	-3.750	0.697	(-5.530, -1.970)	-5.38	0.000
(2 3) - (1 3)	7.250	0.697	(5.470, 9.030)	10.40	0.000
(3 3) - (1 3)	-0.750	0.697	(-2.530, 1.030)	-1.08	0.292
(3 3) - (2 3)	-8.000	0.697	(-9.780, -6.220)	-11.47	0.000

13.1.7　效果量

偏 η^2 是許多研究者常使用的效果量，公式是：

$$偏 \eta^2 = \frac{效應SS}{效應SS + 誤差SS} \qquad (公式 13\text{-}1)$$

其中效應的 SS 是研究者關心的某個因子的效應，在此研究者關心的是兩個因子的交互作用，代入報表 13-2 的數值，其偏 η^2 為（注：由於 Minitab 所取的小數位較少，因此以下的計算過程會有些許捨入誤差）：

$$偏 \eta^2 = \frac{210.28}{210.28 + 26.25} = \frac{210.28}{236.53} = .889$$

偏 η^2 是排除主要效果或交互作用之後，某個因子或交互作用對依變數的解釋量，由於不具可加性，因此三個偏 η^2 的總和可能會超過 1。

η^2 則具有可加性，可以計算每個效果的個別解釋量，公式為：

$$\eta^2 = \frac{效應SS}{總數SS}$$

(公式 13-2)

在報表 13-2 中，Total 的 SS 為 379.64，A*B 的 SS 為 210.28，代入公式後得到：

$$\eta^2 = \frac{210.28}{379.64} = .554$$

效果量比例如圖 13-11 所示。

圖 13-11　二因子變異數分析效果量

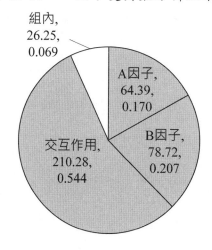

然而，η^2 會高估了母群中的效果量，此時可以計算 ε^2 或 ω^2，公式為：

$$\varepsilon^2 = \frac{效應SS - 效應df \times 誤差MS}{總數SS}$$

(公式 13-3)

$$\omega^2 = \frac{效應SS - 效應df \times 誤差MS}{總數SS + 誤差MS}$$

(公式 13-4)

代入數值後得到：

$$\varepsilon^2 = \frac{210.28 - 4 \times 0.972}{379.64} = \frac{206.389}{379.64} = .544$$

$$\omega^2 = \frac{210.28 - 4 \times 0.972}{379.64 + 0.972} = \frac{206.389}{380.611} = .542$$

η^2 有個缺點，假設 A 因子的 SS 變大，而 B 因子的 SS 保持不變，此時總和的 SS 也會增加，當計算 B 因子的 η^2 時，由於分母變大，就使得 B 的 η^2 變小。但是，如果是使用偏 η^2，由於分母是 B 因子的 SS 加誤差 SS，就不會受到 A 因子的影響。

依據 Cohen（1988）的經驗法則，η^2 及 ω^2 值之小、中、大的效果量分別是 .01、.06，及.14。因此，本範例中二因子交互作用為大的效果量。

13.2　範例

研究者想要了解三種不同記憶策略與學生年級，對其記憶成績是否有交互作用。因此分別找了三個年級的小學生各 12 名（總計 36 名），再以隨機分派的方式各自接受三種不同的記憶策略教學，經過三次教學後，讓學生在 15 分鐘記憶 50 個名詞，測得學生的記憶成績如表 13-6 之數據。請問：學生記憶成績是否因記憶策略與年級而有不同？

表 13-6　36 名受試者的學業成績

學生	年級	策略	成績	學生	年級	策略	成績	學生	年級	策略	成績
1	1	1	22	13	2	1	22	25	3	1	28
2	1	1	20	14	2	1	21	26	3	1	23
3	1	1	25	15	2	1	20	27	3	1	24
4	1	1	24	16	2	1	24	28	3	1	25
5	1	2	23	17	2	2	22	29	3	2	28
6	1	2	24	18	2	2	23	30	3	2	21
7	1	2	23	19	2	2	21	31	3	2	27
8	1	2	20	20	2	2	25	32	3	2	26
9	1	3	18	21	2	3	27	33	3	3	26
10	1	3	17	22	2	3	26	34	3	3	25
11	1	3	21	23	2	3	24	35	3	3	28
12	1	3	19	24	2	3	25	36	3	3	27

13.2.1 變數與資料

表 13-13 中有 4 個變數,但是學生代號並不需要輸入 Minitab 中,因此分析時使用 2 個自變數及 1 個依變數。依變數是學生在記憶測驗的得分,第 1 個自變數為學生就讀的年級,有 3 種不同年級,第 2 個自變數為記憶策略,有 3 種策略,因此有 3 × 3 = 9 個細格(cell),而每個細格有 4 名學生,因此總計有 36 名學生(見表 13-7)。

表 13-7　各細格人數

記憶策略

		策略一	策略二	策略三	總計
	一年級	4	4	4	12
年級	二年級	4	4	4	12
	三年級	4	4	4	12
	總計	12	12	12	36

13.2.2 研究問題

在本範例中,研究者想要了解的問題可以陳述如下:

記憶成績是否因不同年級及策略而有差異?

記憶成績是否因不同年級而有差異?

記憶成績是否因不同策略法而有差異?

13.2.3 統計假設

根據研究問題,虛無假設一宣稱「兩個自變數沒有交互作用」:

H_0:年級與記憶策略沒有交互作用

而對立假設則宣稱「兩個自變數有交互作用」:

H_1:年級與記憶策略有交互作用

虛無假設二宣稱「在母群中三個年級學生的記憶成績沒有差異」:

$H_0 : \mu_{一年級} = \mu_{二年級} = \mu_{三年級}$

而對立假設則宣稱「在母群中三個年級學生的記憶成績有差異」:

$H_1 : \mu_i \neq \mu_j$，存在一些 i 與 j

虛無假設三宣稱「在母群中使用三種不同策略的學生之記憶成績沒有差異」：

$H_0 : \mu_{策略一} = \mu_{策略二} = \mu_{策略三}$

而對立假設則宣稱「在母群中使用三種不同策略的學生之記憶成績有差異」：

$H_1 : \mu_i \neq \mu_j$，存在一些 i 與 j

13.3　使用 Minitab 進行分析

1. 完整的 Minitab 資料檔，如圖 13-12。

圖 13-12　二因子獨立樣本變異數分析資料檔

	C1	C2	C3	C4	C5	C6	C7	C8
	年級	策略	成績					
1	1	1	22					
2	1	1	20					
3	1	1	25					
4	1	1	24					
5	1	2	23					
6	1	2	24					
7	1	2	23					
8	1	2	20					
9	1	3	18					
10	1	3	17					
11	1	3	21					
12	1	3	19					
13	2	1	22					
14	2	1	21					
15	2	1	20					
16	2	1	24					
17	2	2	22					
18	2	2	23					
19	2	2	21					
20	2	2	25					
21	2	3	27					
22	2	3	26					
23	2	3	24					
24	2	3	25					
25	3	1	28					
26	3	1	23					
27	3	1	24					
28	3	1	25					
29	3	2	28					
30	3	2	21					
31	3	2	27					
32	3	2	26					
33	3	3	26					
34	3	3	25					
35	3	3	28					
36	3	3	27					

2. 為了顯示各細格的描述統計量，首先在【Stat】（分析）選單中的【Tables】（表格）選擇【Descriptive Statistics】（描述統計）。

圖 13-13　Descriptive Statistics 選單

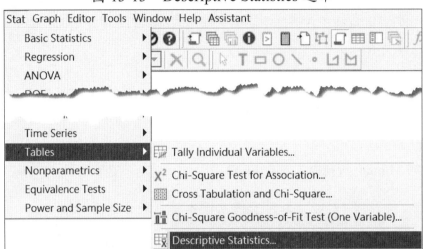

3. 將因子一「年級」變數選擇到【For rows】（列），因子二「策略」變數選擇到【For columns】（行）中（可以交換變數所在行列），並點擊【Associated Variables】（關聯變數）按鈕。

圖 13-14　Table of Descriptive Statistics 選單

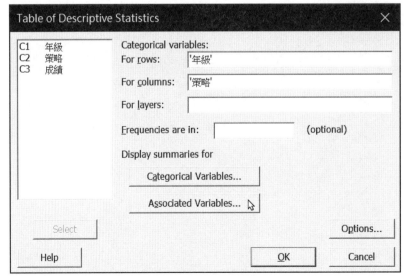

4. 將依變數「成績」選擇至【Associated Variables】（關聯變數）中，勾選【Means】
（平均數）及【Standard deviations】（標準差），並點擊【OK】（確定）按鈕。

圖 13-15　Descriptive Statistics 選單

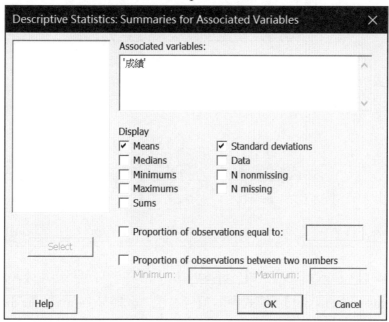

5. 其次，在【Stat】（分析）選單中下【ANOVA】（變異數分析）的【General Linear
Model】（一般線性模式）選擇【Fit General Linear Model】（適配一般線性模式）。

圖 13-16　Fit General Linear Model 選單

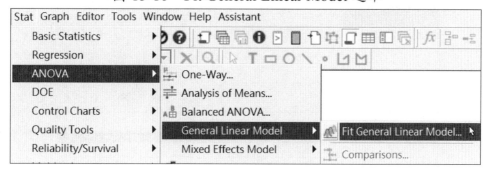

6. 把想要檢定的依變數（成績）點選到右邊的【Responses】（反應變數）框中，兩
個自變數（年級、策略）點選到【Factors】（因子）。

圖 13-17　General Linear Model 選單

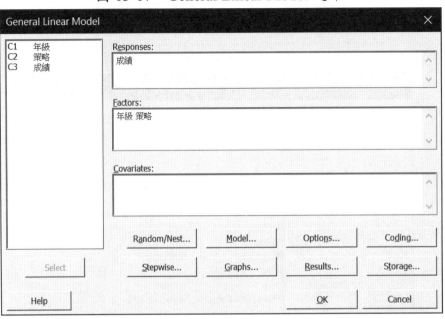

7. 在【Model】（模式）選項下將「年級」及「策略」的交互作用【Add】（增加）到【Terms in the model】（模式中的項目）中，此時【Terms in the model】（模式中的項目）中會出現「年級*策略」的交互作用項，再點擊【OK】（確定）。

圖 13-18　General Linear Model: Model 選單

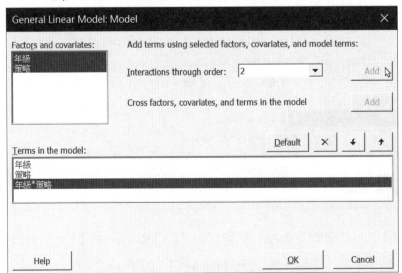

8.　在【Results】（結果）下只保留【Analysis of variance】（變異數分析）統計量。

圖 13-19　General Linear Model: Results 選單

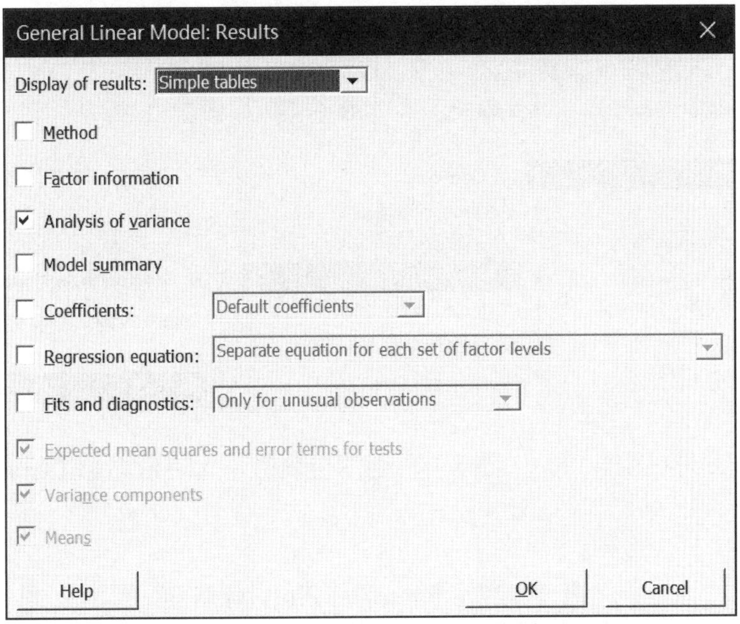

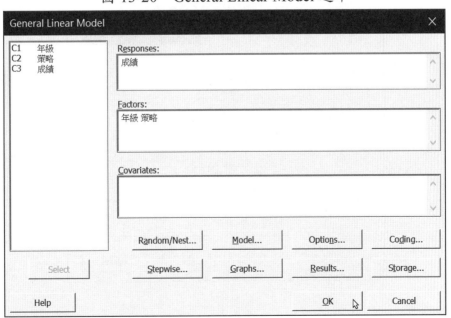

9.　完成選擇後，點擊【OK】（確定）按鈕，進行二因子變異數分析之整體檢定。

圖 13-20　General Linear Model 選單

10. 如果要繪製因子效果圖，在【Stat】（分析）選單中下【ANOVA】（變異數分析）的【General Linear Model】（一般線性模式）選擇【Factorial Plots】（因子圖）。

圖 13-21　Factorial Plots 選單

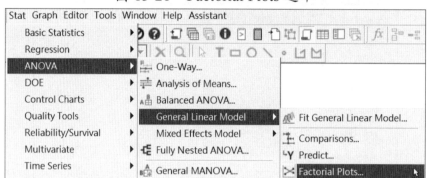

11. 在【Selected】（選擇）框中已經出現兩個自變數，此時再點擊【Graphs】（圖形）按鈕。

圖 13-22　Factorial Plots 對話框

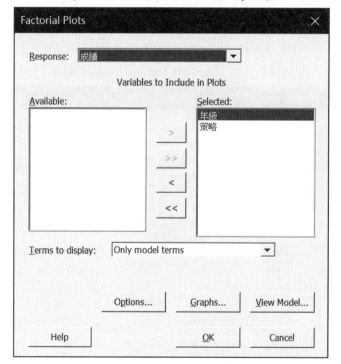

12. 在【Graphs】選項下內定勾選【Main effects plot】（主要效果圖）及【Interaction plot】（交互作用圖），而交互作用圖預設是顯示矩陣的左下角【Display lower left matrix】，以第一個自變數（在此為圖 13-22 中的「年級」）為橫軸，如果要顯示兩種交互作用圖，可以改選【Display full matrix】（顯示全部矩陣）。

圖 13-23　Factorial Plots: Graphs 對話框

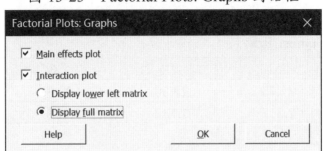

13. 選擇完成，點擊【OK】（確定）按鈕進行繪製。

圖 13-24　Factorial Plots 對話框

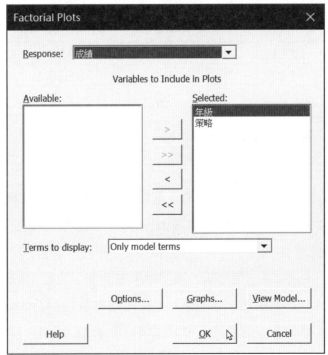

13.4 報表解讀

分析後得到以下的報表，分別加以概要說明。

13.4.1 整體檢定

報表 13-9 Tabulated Statistics: 年級, 策略

Rows: 年級   Columns: 策略

	1	2	3	All
1	22.75	22.50	18.75	21.33
	2.217	1.732	1.708	2.570
	4	4	4	12
2	21.75	22.75	25.50	23.33
	1.708	1.708	1.291	2.188
	4	4	4	12
3	25.00	25.50	26.50	25.67
	2.160	3.109	1.291	2.188
	4	4	4	12
All	23.17	23.58	23.58	23.44
	2.329	2.503	3.825	2.883
	12	12	12	36
Cell Contents: 成績 : Mean 成績 : Standard deviation Count				

報表 13-9 為描述統計，包含平均數、標準差，及各細格樣本數。

本範例中有 2 個因子，都是受試者間因子。有 3 個年級的學生，記憶策略也有 3 種。總計有 36 名受試者。

由一年級這一大列來看，使用第一種記憶策略的學生之記憶成績平均數最高（M = 22.75，SD = 2.217），而使用第三種記憶策略的平均數最低（M = 18.75，SD = 1.708）。再以二年級這一大列來看，使用第三種記憶策略的學生之記憶成績平均數反而最高（M = 25.50，SD = 1.291），而使用第一種記憶策略的平均數最低（M = 21.75，SD = 1.708)。以此處的平均數可繪製成圖 13-25 及圖 13-26 的剖繪圖。

　　配合圖 13-25 的平均數剖繪圖來看，對於一年級的學生，第一、二種策略的效果較好；對於二年級的學生，則應採第三種策略；對於三年級的學生，三種策略的效果都差不多，以第三種策略的平均數稍高。至於兩個因子之間是否有交互作用，則要看表 13-16 的檢定。

　　報表 13-9 中，一年級的總數（$M = 21.33$，$SD = 2.570$）、二年級的總數（$M = 23.33$，$SD = 2.188$），及三年級的總數（$M = 25.67$，$SD = 2.188$）的差異，是「年級」的主要效果，可知三年級的學生平均記憶成績較一、二年級的學生高，至於是否有顯著差異，要看報表 13-9 中「年級」的主要效果檢定。

　　最後一大列中（All），策略一的平均數為 23.17（$SD = 2.329$）、策略二的平均數為 23.58（$SD = 2.503$）、策略三的平均數為 23.58（$SD = 3.825$），彼此差異不大，三個平均數是否有顯著差異，要看報表 13-10 中「策略」的主要效果檢定。

報表 13-10　Analysis of Variance

Source	DF	Adj SS	Adj MS	F-Value	P-Value
年級	2	112.889	56.4444	14.80	0.000
策略	2	1.389	0.6944	0.18	0.835
年級*策略	4	73.611	18.4028	4.82	0.005
Error	27	103.000	3.8148		
Total	35	290.889			

　　在報表 13-10 中，總和（Total）的 SS 為 290.889，因子一（年級）及因子二（策略）的 SS 分別為 112.889 及 1.389，兩個因子的交互作用（年級*策略）為 73.611。組間 SS，等於：

$$112.889 + 1.389 + 73.611 = 187.889$$

「年級」的自由度為水準數 3 減 1，等於 2；因子 B 的自由度為水準數 3 減 1，等於 2。「年級*策略」交互作用的自由度則為 $(3 - 1) \times (3 - 1) = 4$。將 SS 除以自由度，即為平均平方和（MS）。

　　F 值的公式為：

$$F = \frac{因子 MS}{誤差 MS}$$

代入報表 13-10 中的數值，分母的誤差 *MS* 為 3.8148，分子則分別為 56.4444、0.6944，及 18.4028，計算後的 *F* 值分別為 14.80 ($P < 0.001$)、0.18 ($P = 0.835$)，及 4.82 ($P = 0.005$)。「年級」的主要效果達到顯著，表示不同年級的學生，記憶成績之平均數有顯著不同。而「策略」的主要效果不顯著，表示不考慮學生年級，三種記憶策略的效果並無不同。然而，由於兩因子的交互作用已達顯著，表示如果考慮學生年級，則三種記憶策略的效果仍有顯著不同。此時，就要進行單純效果分析，而不能只看主要效果。

由於有 2 個因子，此時會有兩類的單純效果：一是以記憶策略為主，分析對於不同年級的學生，在三種策略下，記憶成績是否有差異。二是以年級為主，分析使用不同記憶，三個年級學生之記憶成績是否有差異。在本範例中，記憶策略是可以操弄的變數，也是一般研究者較感興趣的變數，因此後續將分析可以著重在不同的年級中，三種記憶策略的效果是否有差異（B at A）。

圖 13-25　以年級為橫軸的平均數剖繪圖

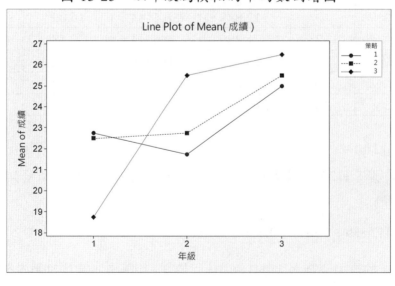

圖 13-25 是根據報表 13-9 的平均數所繪之剖繪圖，從圖中可看出：對於一年級的學生，採用第一、二種記憶策略的效果比較好；對於二年級的學生，採用第三種記憶策略的效果最好；對於三年級的學生，三種記憶策略的效果相差不大。事後比較，請見報表 13-17。

圖 13-26　以策略為橫軸的平均數剖繪圖

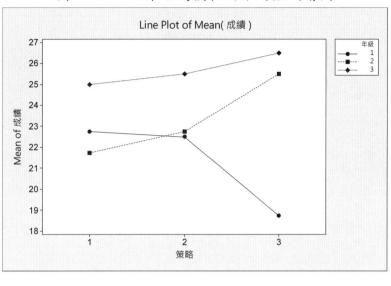

圖 13-26 是將記憶策略置於水平軸所繪的剖繪圖，從圖中可看出：三種策略中，三年級學生的記憶成績都最高。對一、二年級學生而言，策略一較適合一年級學生，策略三則較適合二年級學生。事後比較，請見報表 13-18。

圖 13-27　交互作用剖繪圖

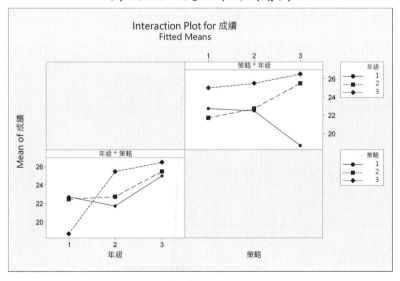

圖 13-27 是將圖 13-25 及圖 13-26 集合而成的交互作用剖繪圖，不再贅述各個單純效果。

圖 13-28　主要效果剖繪圖

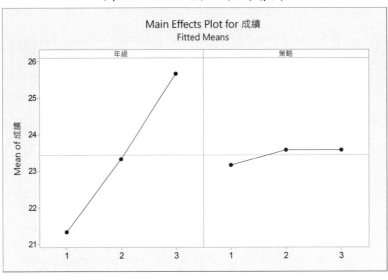

圖 13-28 是「年級」與「策略」的主要效果圖。在「年級」中，三年級的平均成績最高，一年級最低，有主要效果；在「策略」中，三種策略的平均成績差異不大，沒有主要效果。這個結果可以從報表 13-10 的檢定得到佐證。

13.4.2　單純效果檢定及事後比較

13.4.2.1　使用 Minitab 進行分析

由於 Minitab 並未提供單純效果檢定，因此採用分割工作表，進行 6 次單因子變數分析，並自行計算 F 值及 P 值的方式進行分析，事後比較則採用 Bonferroni 校正法，詳細步驟如後所述。

1. 首先，在【Data】（資料）選單中選擇【Split Worksheet】（分割工作表）。

圖 13-29　Split Worksheet 選單

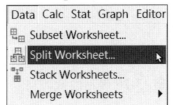

2.　第一次將「年級」變數選擇至【By variables】（依照變數）框中，並點擊【OK】（確定）按鈕進行分割。

圖 13-30　Split Worksheet 對話框

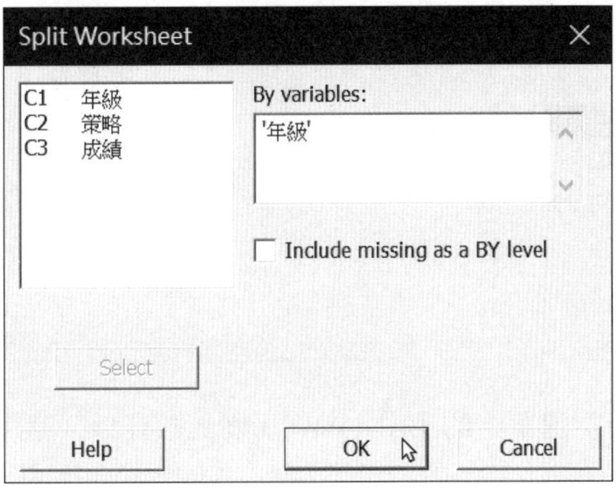

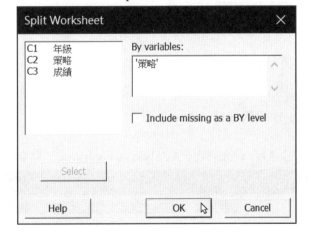

3.　第一次分割後，記得重回原來的工作表，再改將「策略」變數選擇至【By variables】（依照變數）框中，並點擊【OK】（確定）按鈕進行第二次分割。

圖 13-31　Split Worksheet 對話框

4.　分割完成後，連同原來的工作表，會有 7 個工作表。接著依序選擇 6 個分割的工作表，進行 6 次單因子變異數分析。在 18 版前，可以在【Windows】（視窗）的選單看到 7 個工作表名稱（圖 13-32 左），19 版則像 Excel 一樣，直接顯示 7 個工作表（圖 13-32 右）。

圖 13-32　Window 下的 7 個工作表

Window Help Assistant
Cascade
～～～～～～～～
Update ... aphs Now
1 Session　　　　Ctrl+M
2 Project Manager　Ctrl+I
✓ 3 chap13.mtw ***　Ctrl+D
4 chap13.mtw(策略 = 1)
5 chap13.mtw(策略 = 2)
6 chap13.mtw(策略 = 3)
7 chap13.mtw(年級 = 1)
8 chap13.mtw(年級 = 2)
9 chap13.mtw(年級 = 3)

+	C1 年級	C2 策略	C3 成績	C4	C5	C6	C7	C
1	1	1	22					
2	1	1	20					
3	1	1	25					
4	1	1	24					
5	1	2	23					
6	1	2	24					
7	1	2	23					
8	1	2	20					
9	1	3	18					
10	1	3	17					
11	1	3	21					
12	1	3	19					
13	2	1	22					
14	2	1	21					
15	2	1	20					

chap13.mtw ｜ chap13.mtw(年級 = 1) ｜ chap13.mtw(年級 = 2) ｜ chap13.mtw(年

5. 在【Stat】（分析）選單中的【ANOVA】（變異數分析）選擇【One-Way】（單因子）。

圖 13-33　One-Way 選單

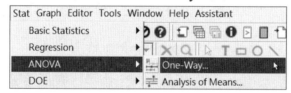

6. 分別在 3 個「年級」的分割工作表中，把要檢定的依變數（成績）選擇到右邊的【Response】（反應變數）框中，另一個自變數（策略）選擇到【Factor】（因子）框中。（**留意：此分析要進行 3 次。**）

圖 13-34　One-Way Analysis of Variance 對話框

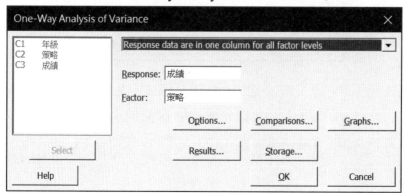

7. 在【Results】（結果）選項下，只勾選【Analysis of variance】（變異數分析），點擊【OK】（確定）按鈕回到上一畫面，進行單純效果分析。

圖 13-35　One-Way Analysis of Variance: Results 對話框

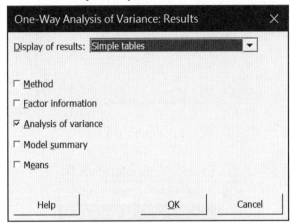

8. 在 3 個「策略」的分割工作表中，把要檢定的依變數（成績）選擇到右邊的【Response】（反應變數）框中，另一個自變數（年級）選擇到【Factor】（因子）框中，點擊【OK】（確定），進行另外 3 次的單純效果分析。

圖 13-36　One-Way Analysis of Variance 對話框

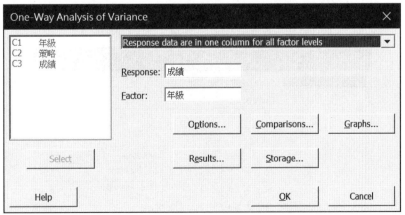

9. 分析後可以得到報表 13-11 至 13-16 的結果，將各個因子的 MS 輸入新的工作表中，如圖 13-37。

圖 13-37　輸入 MS 值

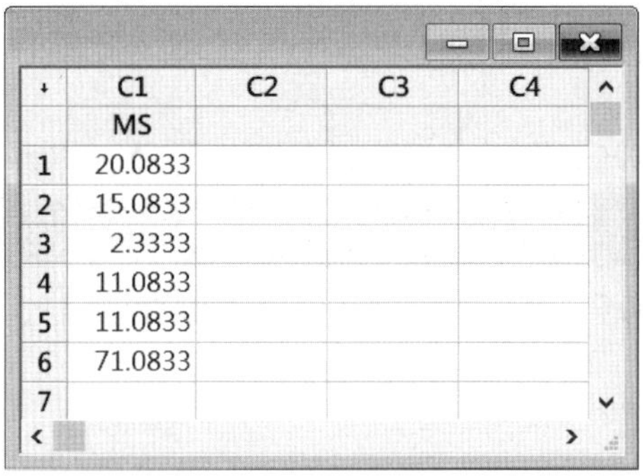

↓	C1	C2	C3	C4
	MS			
1	20.0833			
2	15.0833			
3	2.3333			
4	11.0833			
5	11.0833			
6	71.0833			
7				

10. 在【Calc】（計算）選單中選擇【Calculator】（計算器）。

圖 13-38　Calculator 選單

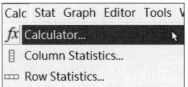

11. 在【Store result in variable】（儲存到變數）中輸入新的變數名稱（在此為 F），
【Expression】（運算式）中輸入【'MS' / 3.8148】（3.8148 是表 13-16 中的誤差
MS），並點擊【OK】（確定）按鈕。

圖 13-39　Calculator 對話框

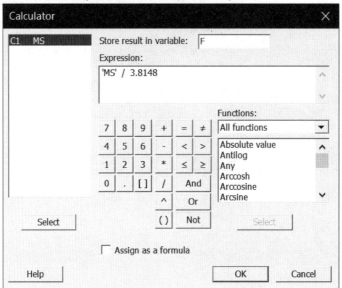

12. 計算後得到各因子的 F 值，如圖 13-40。

圖 13-40　計算 F 值

↓	C1	C2	C3	C4
	MS	F		
1	20.0833	5.2646		
2	15.0833	3.9539		
3	2.3333	0.6116		
4	11.0833	2.9053		
5	11.0833	2.9053		
6	71.0833	18.6336		
7				

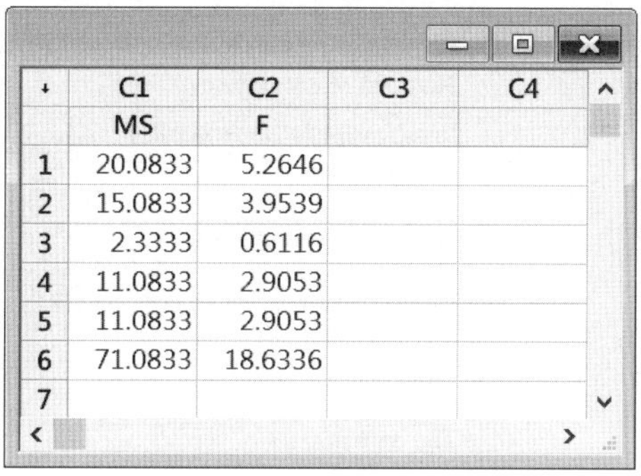

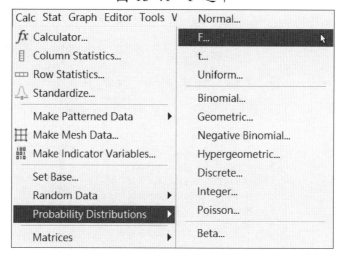

13. 接著，在【Calc】(計算) 選單中選擇【Probability Distributions】(機率分配) 中的【F】。

圖 13-41　F 選單

14. 選擇內定的【Cumulative probability】(累積機率)，在【Numerator degrees of freedom】(分子自由度) 輸入 2 (自變數的水準數減 1)，【Denominator degrees of freedom】(分母自由度) 輸入 27 (整體誤差項的自由度)，【Input column】(輸入行) 中選擇工作表的「F」，【Optional storage】(選擇儲存) 中輸入新的變數 LP (左尾機率)。(留意：單純效果的分子自由度會因為自變數的水準數而不同，如果兩因子的水準不同，則要分別進行兩次計算。)

圖 13-42　　F Distribution 對話框

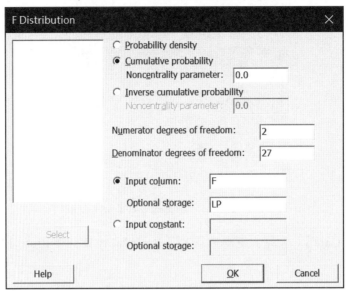

15. 計算後得到各 F 值的左尾機率（LP），如圖 13-43。由於 F 檢定是右尾檢定，因此需要再計算右尾機率。

圖 13-43　　計算 F 值之左尾 P 值

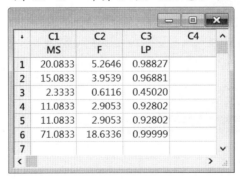

16. 在【Calculator】（計算器）中進行另一次計算。於【Store result in variable】（儲存到變數）中輸入新的變數名稱（在此為 P），【Expression】（運算式）中輸入【1 – 'LP'】，並點擊【OK】（確定）按鈕。

圖 13-44　Calculator 對話框

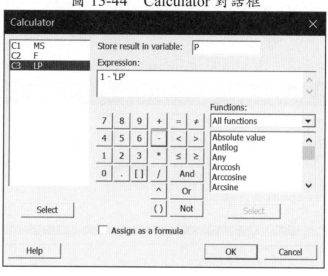

17. 計算後得到各 F 值的右尾機率（P），如圖 13-39。

圖 13-45　計算 F 值之右尾 P 值

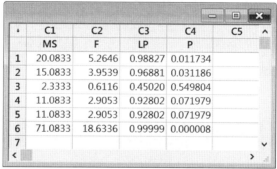

18. 要進行單純效果的事後比較，在【Stat】（分析）選單中下【ANOVA】（變異數分析）的【General Linear Model】（一般線性模式）選擇【Comparisons】（比較）。

圖 13-46　Comparisons 選單

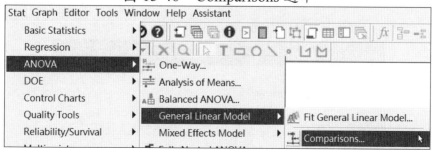

19. 在【Choose terms for comparisons】（選擇比較項）中點選「年級*策略」，並勾選
【Fisher】法，接著在【Options】（選項）下設定信賴區間。

圖 13-47　Comparisons 對話框

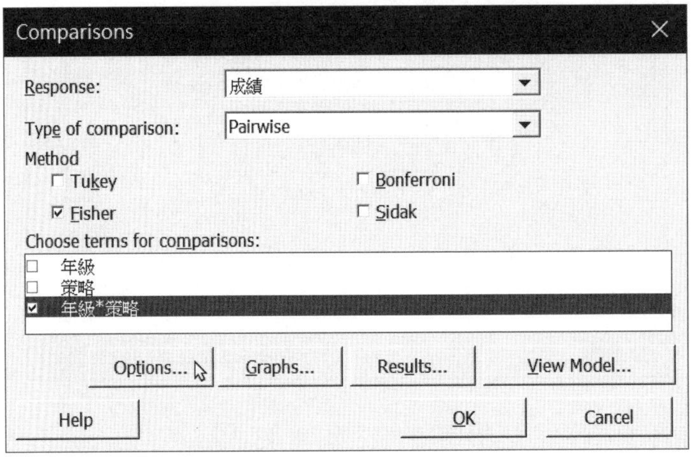

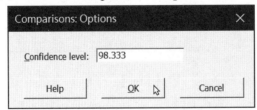

20. 由於每個單純效果都有 3 個水準，各需要進行 3 次對比（$C_2^3 = 3 \times 2 \div 2 = 3$），因
此採用 Bonferroni 校正，在【Confidence level】（信賴水準）中輸入 98.333（1 −
(0.05 / 3) = 0.98333 = 98.333%）。設定完成後，點擊【OK】（確定）進行分析。
（留意：如果兩個因子的水準數不同，則要分別進行兩次設定。）

圖 13-48　Comparisons: Options 對話框

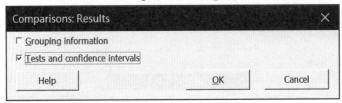

21. 在【Results】（結果）下勾選【Tests and confidence intervals】（檢定及信賴區間）。

圖 13-49　Comparisons: Options 對話框

13.4.2.2　報表解讀

報表 13-11 至 13-16 是各次單純效果檢定的結果，灰色網底的數值是自行計算 F 值及 P 值所需要的訊息。

報表 13-11　Analysis of Variance（年級 ＝ 1）

Source	DF	Adj SS	Adj MS	F-Value	P-Value
策略	2	40.17	20.083	5.56	0.027
Error	9	32.50	3.611		
Total	11	72.67			

報表 13-12　Analysis of Variance（年級 ＝ 2）

Source	DF	Adj SS	Adj MS	F-Value	P-Value
策略	2	30.17	15.083	6.03	0.022
Error	9	22.50	2.500		
Total	11	52.67			

報表 13-13　Analysis of Variance（年級 ＝ 3）

Source	DF	Adj SS	Adj MS	F-Value	P-Value
策略	2	4.667	2.333	0.44	0.659
Error	9	48.000	5.333		
Total	11	52.667			

報表 13-14　Analysis of Variance（策略 ＝ 1）

Source	DF	Adj SS	Adj MS	F-Value	P-Value
年級	2	22.17	11.083	2.66	0.124
Error	9	37.50	4.167		
Total	11	59.67			

報表 13-15　Analysis of Variance（策略 ＝ 2）

Source	DF	Adj SS	Adj MS	F-Value	P-Value
年級	2	22.17	11.083	2.13	0.174
Error	9	46.75	5.194		
Total	11	68.92			

報表 13-16　　Analysis of Variance (策略 = 3)

Source	DF	Adj SS	Adj MS	F-Value	P-Value
年級	2	142.17	71.083	34.12	0.000
Error	9	18.75	2.083		
Total	11	160.92			

　　表 13-8 是自行彙整的變異數分析摘要表，單純效果的 *DF*、*SS*，及 *MS* 取自報表 13-11 至 13-16，誤差及總和的 *DF*、*SS*，及 *MS* 取自報表 13-10，*F* 值及 *P* 值則使用 Minitab 另行計算。

表 13-8　　Analysis of Variance

Source	DF	Adj SS	Adj MS	F-Value	P-Value
策略					
在年級 1	2	40.17	20.083	5.2645	0.011734
在年級 2	2	30.17	15.083	3.9538	0.031188
在年級 3	2	4.667	2.333	0.6116	0.549846
年級					
在策略 1	2	22.17	11.083	2.9053	0.071983
在策略 2	2	22.17	11.083	2.9053	0.071983
在策略 3	2	142.17	71.083	18.6335	0.000008
Error	27	103.000	3.8148		
Total	35	290.889			

　　表 13-8 中「策略」下的三個「年級」各別分析：

1.　對 1 年級學生，3 種教學法的效果是否有差異？虛無假設為：

$$H_0 : \mu_{1,1} = \mu_{1,2} = \mu_{1,3}$$

2.　對 2 年級學生，3 種教學法的效果是否有差異？虛無假設為：

$$H_0 : \mu_{2,1} = \mu_{2,2} = \mu_{2,3}$$

3.　對 3 年級學生，3 種教學法的效果是否有差異？虛無假設為：

$$H_0 : \mu_{3,1} = \mu_{3,2} = \mu_{3,3}$$

由表 13-8 中可看出，兩個 F 值分別為 5.2645 及 3.9538，P 值分別為 0.011734 及 0.031188，均小於 0.05，因此要拒絕前兩個虛無假設。表示一年級及二年級的學生，接受三種不同的記憶策略教學法之後，記憶測驗成績顯著不同。至於是哪幾種教學法的效果有差異，則要看表 13-24 的成對比較。第三個 F 值為 0.6116，$P = 0.549846$，不能拒絕第三個虛無假設，因此也不需要進行事後比較。

表 13-8 中三個對比的平方和等於 40.17 + 30.17 + 4.667 = 75，會等於報表 13-10 中 B 及 A*B 的平方和（1.389 + 73.611 = 75）。

要留意：報表 13-10 的整體檢定與表 13-8 的單純效果檢定，都要使用相同的誤差 MS（3.8148）。

表 13-8 中「年級」下的三個「策略」各別分析：

1. 使用第一種策略時，三個年級的效果是否有差異？
2. 使用第二種策略時，三個年級的效果是否有差異？
3. 使用第三種策略時，三個年級的效果是否有差異？

其中只有第三個效果達顯著（$P = 0.000008$），由於這三個分析不是研究者關注的重點，因此不再進一步說明。

報表 13-17　Fisher Individual Tests for Differences of Means

Difference of 年級*策略 Levels	Difference of Means	SE of Difference	Individual 98.333% CI	T-Value	P-Value
(1 2) - (1 1)	-0.25	1.38	(-3.78, 3.28)	-0.18	0.858
(1 3) - (1 1)	-4.00	1.38	(-7.53, -0.47)	-2.90	0.007
(1 3) - (1 2)	-3.75	1.38	(-7.28, -0.22)	-2.72	0.011
(2 2) - (2 1)	1.00	1.38	(-2.53, 4.53)	0.72	0.475
(2 3) - (2 1)	3.75	1.38	(0.22, 7.28)	2.72	0.011
(2 3) - (2 2)	2.75	1.38	(-0.78, 6.28)	1.99	0.057
(3 2) - (3 1)	0.50	1.38	(-3.03, 4.03)	0.36	0.720
(3 3) - (3 1)	1.50	1.38	(-2.03, 5.03)	1.09	0.287
(3 3) - (3 2)	1.00	1.38	(-2.53, 4.53)	0.72	0.475

報表 13-17 則是在年級中，三種記憶策略的平均成績之對比。在第一大列中，是面對一年級學生時，三種記憶策略的平均成績之對比。由平均差異的 95%信賴區間

不含 0 來看（表 13-9 中為 "Individual 98.333% CI"），2 = 1、3 < 1、3 < 2，因此第三種策略的平均成績最低，一及二則無顯著差異。

在第二大列中，2 = 1、3 > 1、3 = 2，因此第三種策略的平均成績最高，第一種策略的平均成績最低。

在第三大列中，2 = 1、3 = 1、3 = 2，因此三種策略的平均成績無顯著差異。

綜言之，一年級學生適合採用第一或第二種記憶策略，不適合第三種策略；二年級學生適合採用第三種記憶策略，不適合第一種策略；三年級學生則三種策略並無顯著差異。

以上的對比，可以配合圖 13-25 的剖繪圖來看，會較具體。

報表 13-18　Fisher Individual Tests for Differences of Means

Difference of 年級*策略 Levels	Difference of Means	SE of Difference	Individual 98.333% CI	T-Value	P-Value
(2 1) - (1 1)	-1.00	1.38	(-4.53, 2.53)	-0.72	0.475
(3 1) - (1 1)	2.25	1.38	(-1.28, 5.78)	1.63	0.115
(3 1) - (2 1)	3.25	1.38	(-0.28, 6.78)	2.35	0.026
(2 2) - (1 2)	0.25	1.38	(-3.28, 3.78)	0.18	0.858
(3 2) - (1 2)	3.00	1.38	(-0.53, 6.53)	2.17	0.039
(3 2) - (2 2)	2.75	1.38	(-0.78, 6.28)	1.99	0.057
(2 3) - (1 3)	6.75	1.38	(3.22, 10.28)	4.89	0.000
(3 3) - (1 3)	7.75	1.38	(4.22, 11.28)	5.61	0.000
(3 3) - (2 3)	1.00	1.38	(-2.53, 4.53)	0.72	0.475

報表 13-18 則是在策略中，三個年級的平均成績之對比，由於三年級學生的平均成績都較高，也不是研究者關注的重點，因此不做進一步分析。此部分的對比，可以配合圖 13-26 的剖繪圖來看。

13.5　計算效果量

由於檢定後達到統計上的顯著，因此應計算效果量。在此，研究者關心的是兩個因子的交互作用，代入報表 13-10 的數值，其偏 η^2 為：

$$偏\ \eta^2 = \frac{73.611}{73.611+103} = \frac{73.611}{176.611} = .417$$

η^2 具有可加性，可以計算每個效果的個別解釋量。在報表 13-10 中，Total 的 SS 為 290.889，「年級*策略」的 SS 為 73.611，代入公式 13-2 後得到：

$$\eta^2 = \frac{73.611}{290.889} = .253$$

圖 13-50 是兩個因子及其交互作用的效果量圓形比例圖。

圖 13-50　二因子變異數分析效果量

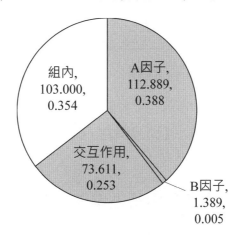

另外計算 ε^2 及 ω^2，交互作用的效果量分別是：

$$\varepsilon^2 = \frac{73.611 - 4 \times 3.8148}{290.889} = \frac{58.351}{290.889} = .201$$

$$\omega^2 = \frac{73.611 - 4 \times 3.8148}{290.889 + 3.8148} = \frac{58.351}{294.704} = .198$$

依據 Cohen（1988）的經驗法則，η^2 及 ω^2 值之小、中、大的效果量分別是 .01、.06，及 .14。因此，本範例中二因子交互作用為大的效果量。

13.6 以 APA 格式撰寫結果

研究者使用 3×3 二因子獨立樣本變異數分析，以學業成績為依變數，學生年級及記憶策略為自變數。分析結果顯示，學生年級及記憶策略有交互作用，$F(4, 27) = 4.82$，$p = .005$，$\eta^2 = .253$。經單純效果檢定，對一年級〔$F(2,27) = 5.265$，$p = .012$〕及二年級〔$F(2,27) = 3.954$，$p = .031$〕學生採用不同的記憶策略，會有顯著不同的效果。一年級學生使用第一種記憶策略（$M = 22.75$，$SD = 2.22$）及第二種記憶策略的記憶成績（$M = 22.50$，$SD = 1.73$）顯著優於第三種策略（$M = 18.75$，$SD = 1.71$）。二年級學生則適合第三種記憶策略（$M = 25.50$，$SD = 1.29$），較不適用第一種記憶策略 $(M = 21.75$，$SD = 1.71)$。

13.7 二因子獨立樣本變異數分析的假定

二因子獨立樣本變異數分析，應符合以下三個假定。

13.7.1 觀察體要能代表母群體，且彼此間獨立

觀察體獨立代表各個樣本不會相互影響，假使觀察體間不獨立，計算所得的 p 值就不準確。如果有證據支持違反了這項假定，就不應使用二因子獨立樣本變異數分析。

13.7.2 依變數在各個母群中須為常態分配

此項假定是指九組的記憶成績要呈常態分配，如果不是常態分配，會降低檢定的統計考驗力。不過，當每一組的樣本數在 15 以上，即使違反了這項假定，對於二因子獨立樣本變異數分析的影響也不大。

13.7.3 依變數的變異數在各個母群中須相等

此項假定是指九組的記憶成績的變異數要相等（同質），如果不相等，則計算所得的 F 值及 p 值就不可靠。如果違反變異數同質的假定，而且各細格樣本數又不相等時，最好將依變數加以轉換，或改用其他統計方法。

第14章
單因子獨立樣本
共變數分析

　　單因子獨立樣本共變數分析（analysis of covariance, ANCOVA）旨在排除一個量的共變量（covariate，或稱為共變項）後，分析一個質的自變數對一個量的依變數的效果，適用的情境如下：

　　自變數：一個自變數，為**質的變數**。

　　依變數：一個依變數，為**量的變數**。

　　共變量：**量的變數**，通常為一個，也可以是兩個以上。

　　本章先介紹單因子獨立樣本共變數分析的迴歸線同質性檢定，接著進行整體檢定，並說明後續分析的方法。

14.1　基本統計概念

14.1.1　目的

　　如果使用實驗法進行研究，最重要的是要確保各組一開始的條件是相同的，因此隨機分派的程序便非常重要（為了減少抽樣誤差，隨機抽樣的程序也很重要）。有時候，基於一些限制而不能隨機分派，只好採用**原樣團體**（intact group）進行實驗，此稱為**準實驗設計**（quasi-experimental design）。

　　由於無法隨機分派，因此受試者在實驗前的差異就會影響依變數，使得自變數的效果有所混淆。因此，在進行準實驗設計之前，一般會先實施前測，以了解實驗前各組的基準點，在經過一段時間的實驗後，再實施後測。進行統計分析時，會將前測當成共變量，而用後測為依變數，自變數則是不同的組別。

　　此外，共變數分析也可以適用於以下的研究設計（Green & Salkind, 2014）：

1.　進行前測，再隨機分派到自變數的各個組別，接受不同處理，最後測得後測數值。

2.　進行前測，再根據前測結果分派至自變數的各個組別中，接受不同處理，最後測得後測數值。

3.　進行前測，利用前測結果將參與者配對，再隨機分派至自變數的各個組別中，接受不同處理，最後測得後測數值。

4.　分析潛在的混淆變數。例如：要研究有無出國旅遊經驗的學生，在經過教學

後，英文成績是否有差異，此時，家庭社經背景是可能的混淆變數，因為有出國旅遊經驗的學生其家庭社經地位可能較高，使得英文成績較高。

如果依變數與共變量的性質相同（如分別為數學的後測成績及前測成績），要排除共變量的影響，然後比較依變數是否會因為自變數不同而有差異，可以有兩種方法：一是將依變數減去共變量（例如：將後測成績減去前測成績）以得到**實得分數**（gain score），然後用實得分數當新的依變數，再進行變異數分析。

如果依變數與共變量的性質不同，則可以先用**共變量當預測變數**，以**依變數當效標變數**，進行迴歸分析，然後再用迴歸分析的殘差當依變數，使用原來的自變數進行變異數分析，這種方法實際上就是共變數分析。所以**共變數分析是結合迴歸分析及變異數分析的一種統計方法**。

14.1.2 分析示例

以下的研究問題都可以使用單因子獨立樣本共變數分析：

1. 排除智力影響後，三種教學法對學生之教學效果。

2. 排除高中入學成績影響後，就讀不同高中對大學學測成績之效果。

3. 排除年齡影響後，不同藥物在增加高密度膽固醇之效果。

14.1.3 共變數分析圖示

單因子變異數分析在分析一個質的自變數對量的依變數的效果（圖 14-1），整個圓形面積（區域 6＋區域 7）代表依變數的總變異量，變異數分析關心的是區域 6 的面積（自變數可以解釋依變數的部分）與區域 7（依變數不能被自變數解釋的部分，也就是誤差項）的比率。而效果量 η^2 就是區域 6 的面積與依變數之整個圓形面積（區域 6＋區域 7）的比率。

圖 14-2 及 14-3 是理想的共變數分析示意圖，此時自變數與共變量沒有關聯，也就是在自變數的各組中，共變量的平均數沒有差異。研究者如果能找到與依變數有關的共變量加以排除（區域 4），那麼不能解釋的部分就剩下區域 6＋區域 7'，雖然自變數可以解釋依變數的部分還是區域 6，但是因為分母部分（區域 7'）已經比圖 14-1 的區域 7 小，使得 F 值變大，所以相同的自變數及依變數，如果使用共變數分析，一般來說會比變異數分析容易顯著（參見圖 14-3）。

圖 14-1　單因子變異數分析示意圖

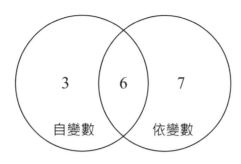

圖 14-2　單因子共變數分析示意圖-1

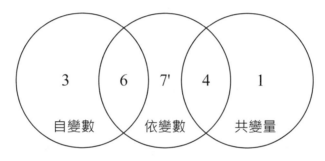

圖 14-3　單因子共變數分析示意圖-2

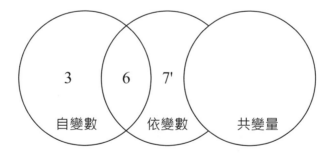

　　不過由於自變數與共變量常會有關聯，所以共變數分析以圖 14-4 的情形居多。在圖中，自變數可以解釋依變數的部分是區域 5＋區域 6'（等於圖 14-3 的區域 6），但是其中區域 2 及區域 5 因為與共變量重疊而被排除，所以真正單獨可以解釋的部分只剩區域 6'，不能解釋的部分則為區域 7"。

圖 14-4　單因子共變數分析示意圖-3

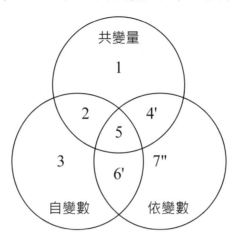

綜言之，共變數分析在於排除共變量的效果後，分析自變數對依變數的效果。然而，由於自變數與共變量常有關聯，所以在排除共變量時，也把自變數的效果排除了，使得自變數的效果變得不明顯（參見圖 14-5）。因此，要進行共變數分析，**共變量應與依變數有較高的直線相關**，而**共變量與自變數又不能有關聯**，如此才能將依變數中不能由自變數解釋的部分減少，相對地，也就可以增加統計檢定力。假如共變量與自變數的相關很高，而與依變數相關很低，使用共變數分析就沒有意義。因此，Owen 及 Froman（1998）建議，共變數分析仍應使用於隨機分派的設計中，如果使用原樣團體或無法隨機分派，則應報告自變數與共變量的相關。

圖 14-5　單因子共變數分析示意圖-4

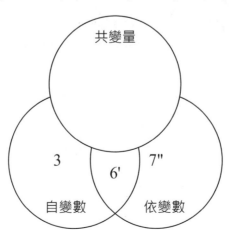

14.1.4　分析流程

　　單因子共變數分析的流程可以用圖 14-6 表示。在分析時，要先留意是否符合迴歸線同質的假定。如果符合假定，則接著進行共變數分析；如果不符合假定，則應使用其他替代方法。共變數分析的整體檢定如果顯著，則接著進行事後比較；如果不顯著，則停止分析。

圖 14-6　單因子獨立樣本共變數分析流程

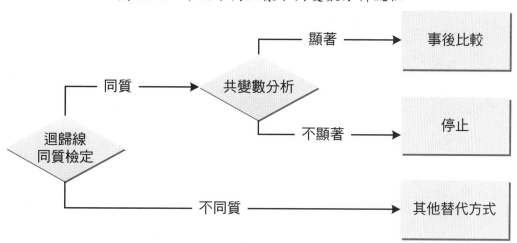

　　以表 14-1 為例，研究者想要了解三種不同教學法，對學生數學成績是否有影響。因此分別找了三個班級的學生各 4 名（總計 12 名），先測得初始數學成績，經過一學期後，再測得學生的期末數學成績。在此例中，有一個自變數，為教學法，學生的數學後測成績是依變數，共變數是數學前測成績。

表 14-1　12 名學生之學業成績

教法	教法一		教法二		教法三	
學生	前測	後測	前測	後測	前測	後測
1	7	9	3	7	3	5
2	6	8	2	7	4	7
3	5	7	3	9	2	4
4	6	8	4	9	3	4
平均數	6	8	3	8	3	5

14.1.5 迴歸線同質性檢定

由於共變數分析是以共變量（前測成績）為預測變數，依變數（後測成績）為效標變數進行迴歸分析，因此在自變數（教學法）的各個水準中，迴歸線不能有顯著的交叉（大致平行）。圖 14-7 中三條迴歸線雖然不完全平行，但是表 14-2 中網底部分，自變數與共變量的交互作用並未達 0.05 顯著水準〔$F(2, 6) = 0.29$，$p = 0.761$〕，因此並未違反迴歸線同質假定，此時即可進行共變數分析。

圖 14-7　符合迴歸線同質假定

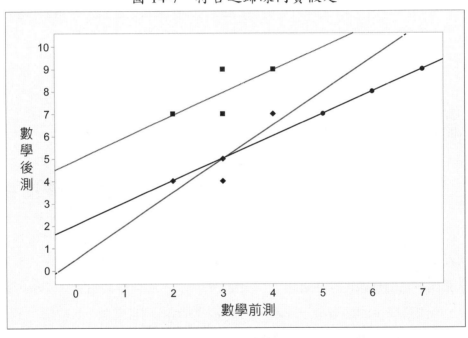

報表 14-1　Analysis of Variance

Source	DF	Adj SS	Adj MS	F-Value	P-Value
數學前測	1	8.1667	8.1667	14.00	0.010
教學法	2	2.1589	1.0794	1.85	0.237
數學前測*教學法	2	0.3333	0.1667	0.29	0.761
Error	6	3.5000	0.5833		
Lack-of-Fit	3	1.0000	0.3333	0.40	0.764
Pure Error	3	2.5000	0.8333		
Total	11	36.0000			

如果像圖 14-8 的情形，三條迴歸線明顯不平行，其中一個斜率為負數，而報表 14-2 中「數學前測*教學法」的 $F(2, 6) = 6.00$，$p = 0.037$，已經小於 0.05，因此應拒絕 $H_0 : \beta_1 = \beta_2 = \beta_3$，也就是至少有一條迴歸線的斜率與其他斜率不同，此時就不應進行共變數分析，而應改用其他替代方法。

圖 14-8　不符合迴歸線同質假定

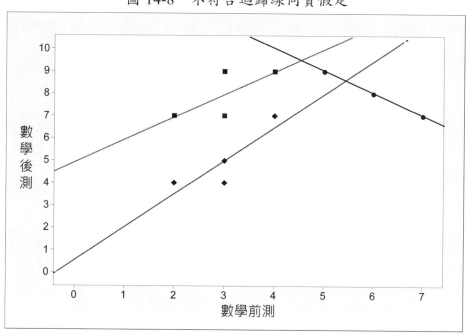

報表 14-2　Analysis of Variance

Source	DF	Adj SS	Adj MS	F-Value	P-Value
數學前測	1	1.500	1.5000	2.57	0.160
教學法	2	8.268	4.1340	7.09	0.026
數學前測*教學法	2	7.000	3.5000	6.00	0.037
Error	6	3.500	0.5833		
Lack-of-Fit	3	1.000	0.3333	0.40	0.764
Pure Error	3	2.500	0.8333		
Total	11	36.000			

14.1.6 整體檢定

14.1.6.1 虛無假設與對立假設

在本範例中，研究者想要了解的問題可以陳述如下：

依據前測成績而調整的數學後測成績是否因教學法而有差異？

根據研究問題，虛無假設宣稱「依據前測成績而調整的數學後測成績不因教學法而有差異」：

$$H_0 : \mu'_{教法一} = \mu'_{教法二} = \mu'_{教法三}$$

而對立假設則宣稱「依據前測成績而調整的數學後測成績因教學法而有差異」：

$$H_1 : \mu'_i \neq \mu'_j \text{，存在一些 } i \text{ 與 } j$$

14.1.6.2 SS 拆解與檢定

在說明相關理論前，先以圖 14-9 呈現單因子獨立樣本共變數分析的 SS 拆解，以利讀者對整體概念的掌握。

圖 14-9　單因子獨立樣本共變數分析之 SS 拆解

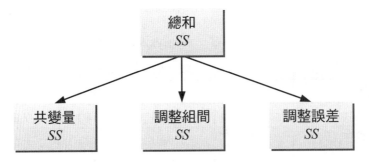

報表 14-3 是共變數分析的整體檢定，表中數學前測的 $F(1, 8) = 17.04$，$p = 0.003$，表示前測成績的確可以預測後測成績。教學法的 $F(1, 8) = 21.01$，$p = 0.001$，表示排除了前測成績的影響後，不同教學法的數學後測成績的確有差異。

教學法的 F 值公式為：

$$F = \frac{教學法\,MS}{誤差\,MS} = \frac{10.0667}{0.4792} = 21.01$$

報表 14-3　Analysis of Variance

Source	DF	Adj SS	Adj MS	F-Value	P-Value
數學前測	1	8.167	8.1667	17.04	0.003
教學法	2	20.133	10.0667	21.01	0.001
Error	8	3.833	0.4792		
Lack-of-Fit	5	1.333	0.2667	0.32	0.874
Pure Error	3	2.500	0.8333		
Total	11	36.000			

14.1.7　調整平均數

由於整體檢定顯著，研究者通常會進行事後成對比較。此時，需要依據前測成績對後測成績加以調整，以得到調整的後測平均數。調整平均數的公式為：

調整平均數 = 後測平均數 − 迴歸係數 ×(前測平均數 − 前測總平均數)

報表 14-4 及 14-5 分別為三種教學法的後測及前測平均數。報表 14-6 中網底部分迴歸係數為 1.167。代入數值後，得到：

$$\overline{Y}_1' = 8 - 1.167 \times (6-4) = 5.667$$
$$\overline{Y}_2' = 8 - 1.167 \times (3-4) = 9.167$$
$$\overline{Y}_3' = 5 - 1.167 \times (3-4) = 6.167$$

所得結果與報表 14-7 平均數相同。

報表 14-4　Descriptive Statistics: 數學後測

Variable	教學法	N	Mean	StDev
數學後測	1	4	8.000	0.816
	2	4	8.000	1.155
	3	4	5.000	1.414

報表 14-5　Descriptive Statistics: 數學前測

Variable	教學法	N	Mean	StDev
數學前測	1	4	6.000	0.816
	2	4	3.000	0.816
	3	4	3.000	0.816

報表 14-6　Coefficients

Term	Coef	SE Coef	T-Value	P-Value	VIF
Constant	1.500	0.916	1.64	0.140	
數學前測	1.167	0.283	4.13	0.003	5.00
教學法					
1	-0.500	0.979	-0.51	0.623	5.33
2	3.000	0.489	6.13	0.000	1.33

報表 14-7　Least Squares Means for 數學後測

教學法	Mean	SE Mean
1	5.667	0.6627
2	9.167	0.4468
3	6.167	0.4468

由報表 14-4 來看，接受第一種教學法的數學後測平均數是 8 分，而接受第三種教學法的前測平均數為 5 分，看來似乎第一種教學法的效果比第三種好。然而，由報表 14-5 來看，第一組的前測平均成績是 6 分，第三組只有 3 分。所以，第一組的後測成績較佳，是因為前測成績也較好的關係。經過調整之後，第一組的調整平均數為 5.667，第三組的調整平均數為 6.167，第三組的平均數反而比第一組高 0.5 分。至於 0.5 分，是否顯著不等於 0，則需要進行成對比較。

14.1.8　事後成對比較

共變數分析的事後比較，可以使用 Tukey 法，並以 Bonferroni 或 Sidâk 法加以校正。LSD 採取 t 檢定，公式為：

$$t = \frac{\overline{Y}_i' - \overline{Y}_j'}{\sqrt{MS_{adj}\left(\dfrac{1}{n_i} + \dfrac{1}{n_j}\right)}} = \frac{\text{平均數差異}}{\text{標準誤}} \tag{公式 14-1}$$

如果使用 Tukey 法，是採取 q 檢定，公式為：

$$q = \frac{\overline{Y}_i' - \overline{Y}_j'}{\sqrt{\dfrac{MS_{adj}}{2}\left(\dfrac{1}{n_i} + \dfrac{1}{n_j}\right)}} \tag{公式 14-2}$$

分母中 MS_{adj} 的公式是：

$$MS_{adj} = MS_{error}\left(1 + \frac{F'}{df'_{error}}\right) \tag{公式 14-3}$$

其中 F' 及 df'_{error}，是把共變量（數學前測）當成依變數，另外進行的單因子變異數分析，所得到的 F 值及誤差 MS（如報表 14-8）。MS_{error} 則是報表 14-3 中誤差的 MS。代入數值後，得到：

$$MS_{adj} = 0.4792\left(1 + \frac{18}{9}\right) = 0.4792 \times 3 = 1.4375$$

報表 14-8　One-way ANOVA: 數學前測 versus 教學法

Source	DF	Adj SS	Adj MS	F-Value	P-Value
教學法	2	24.000	12.0000	18.00	0.001
Error	9	6.000	0.6667		
Total	11	30.000			

不過，Minitab 並未使用上述計算整體標準誤的方法，而是分別計算成對間（在此有三對）的標準誤，結果如報表 14-9。由結果來看，第二種教學的效果顯著比第

一、三種教學好（95% CI 不包含 0），第一種教學法與第三種教學法的效果沒有顯著差異（95% CI 包含 0）。

報表 14-9　Tukey Simultaneous Tests for Differences of Means

Difference of 教學法 Levels	Difference of Means	SE of Difference	Simultaneous 95% CI	T-Value	Adjusted P-Value
2 - 1	3.500	0.979	(0.703, 6.297)	3.58	0.018
3 - 1	0.500	0.979	(-2.297, 3.297)	0.51	0.868
3 - 2	-3.000	0.489	(-4.398, -1.602)	-6.13	0.001

14.1.9　效果量

多數研究者常計算偏 η^2 值，它的公式是：

$$偏\ \eta^2 = \frac{調整組間SS}{調整組間SS + 調整誤差SS}$$

（公式 14-4）

其中調整組間的 SS 是研究者關心的某個因子的效應，在此，研究者關心的是「教學法」的效果，代入報表 14-3 的數值，教學法的偏 η^2 為：

$$偏\ \eta^2 = \frac{20.133}{20.133 + 3.833} = \frac{20.133}{23.967} = .840$$

如果要計算 η^2，公式為：

$$\eta^2 = \frac{調整組間SS}{全體SS}$$

（公式 14-5）

代入數值後，得到：

$$\eta^2 = \frac{20.133}{36} = .559$$

由於 η^2 是有偏誤的估計值，可以改用 ω^2，公式為：

$$\omega^2 = \frac{\text{調整組間} SS - \text{組間自由度} \times \text{調整誤差} MS}{\text{全體} SS + \text{調整誤差} MS}$$

$$= \frac{20.133 - 2 \times 0.4792}{36 + 0.4792} = .526$$

依據 Cohen（1988）的經驗法則，η^2 及 ω^2 值之小、中、大的效果量分別是 .01、.06，及 .14。因此，本範例為大的效果量。

14.2　範例

研究者想要了解兩種抗生素對於治療泌尿道感染的效果。因此分別找了 30 名參與者，先檢驗尿中細菌數，接著分別服用兩種抗生素及一種安慰劑（控制組），經過一星期的治療後，再次檢驗尿中細菌數，數據表 14-2（資料修改自 SAS 9.2 版範例 39.4）。請問：不同抗生素的治療效果是否有差異？

表 14-2　30 名參與者的資料

參與者	抗生素	治療前	治療後	參與者	抗生素	治療前	治療後	參與者	抗生素	治療前	治療後
1	1	11	6	11	2	6	0	21	3	14	13
2	1	6	4	12	2	8	4	22	3	14	12
3	1	8	0	13	2	6	2	23	3	11	10
4	1	10	13	14	2	19	14	24	3	10	7
5	1	5	2	15	2	7	3	25	3	9	14
6	1	6	1	16	2	8	9	26	3	10	13
7	1	14	8	17	2	8	1	27	3	7	5
8	1	11	8	18	2	5	1	28	3	5	2
9	1	19	11	19	2	18	18	29	3	19	22
10	1	3	0	20	2	15	9	30	3	10	19

14.2.1 變數與資料

表 14-2 中有 4 個變數，但是參與者代號並不需要輸入 Minitab 中，因此分析時使用 1 個自變數（抗生素）、1 個依變數（治療後尿中細菌數），及 1 個共變量（治療前尿中細菌數）。

14.2.2 研究問題

在本範例中，研究者想要了解的問題可以陳述如下：

排除了治療前的細菌數，不同抗生素的治療效果是否有差異？

14.2.3 統計假設

根據研究問題，虛無假設一宣稱「排除了治療前的細菌數，不同抗生素的治療效果沒有差異」：

$$H_0 : \mu'_A = \mu'_D = \mu'_P$$

而對立假設則宣稱「排除了治療前的細菌數，不同抗生素的治療效果有差異」：

$$H_1 : \mu_i \neq \mu_j , \text{ 存在一些 } i \text{ 與 } j$$

14.3　使用 Minitab 進行分析

1. 完整的 Minitab 資料檔如圖 14-10。

圖 14-10　單因子共變數分析資料檔

	C1	C2	C3	C4	C5	C6	C7	C8
	抗生素	治療前	治療後					
1	1	11	6					
2	1	6	4					
3	1	8	0					
4	1	10	13					
5	1	5	2					
6	1	6	1					
7	1	14	8					
8	1	11	8					
9	1	19	11					
10	1	3	0					
11	2	6	0					
12	2	8	4					
13	2	6	2					
14	2	19	14					
15	2	7	3					
16	2	8	9					
17	2	8	1					
18	2	5	1					
19	2	18	18					
20	2	15	9					
21	3	14	13					
22	3	14	12					
23	3	11	10					
24	3	10	7					
25	3	9	14					
26	3	10	13					
27	3	7	5					
28	3	5	2					
29	3	19	22					
30	3	10	19					

2.　首先，在【Graph】（圖形）選單中選擇【Scatterplot】（散布圖）。

圖 14-11　Scatterplot 選單

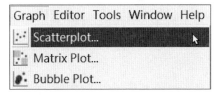

3. 選擇【With Regression and Groups】（含迴歸及組），再點擊【OK】（確定）。

圖 14-12　Scatterplot 對話框

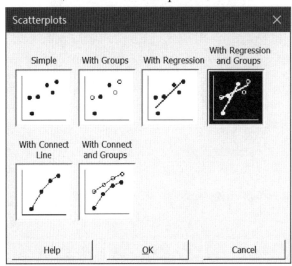

4. 選擇依變數（治療後）至【Y variables】（Y 變數），共變量（治療前細菌數）至【X variables】（X 變數），自變數（抗生素）至【Categorical variables for grouping (0-3)】（分組的類別變數），並點擊【OK】（確定）按鈕，以繪製分組迴歸圖。

圖 14-13　Scatterplot: With Regression and Groups 對話框

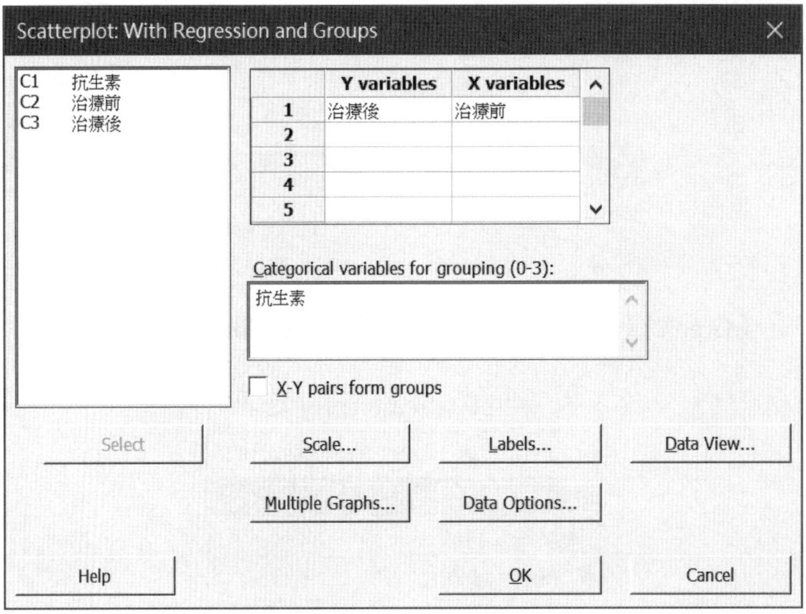

5.　其次，進行迴歸線同質性檢定。在【Stat】（分析）選單中【ANOVA】（變異數分析）下的【General Linear Model】（一般線性模式）選擇【Fit General Linear Model】（適配一般線性模式）。

圖 14-14　Fit General Linear Model 選單

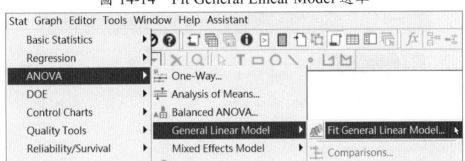

6.　把想要檢定的依變數（治療後）點選到右邊的【Responses】（反應變數）框中，自變數（抗生素）點選到【Factors】（因子），共變量（治療前）點選到【Covariates】（共變量）。

圖 14-15　General Linear Model 對話框

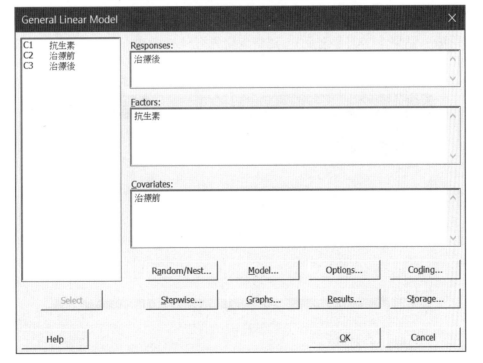

7. 第一次先在【Model】（模式）選項下，將「治療前」及「抗生素」的交互作用【Add】（增加）到【Terms in the model】（模式中的項目）中，以檢定各組迴歸線同質性。

圖 14-16　General Linear Model: Model 對話框

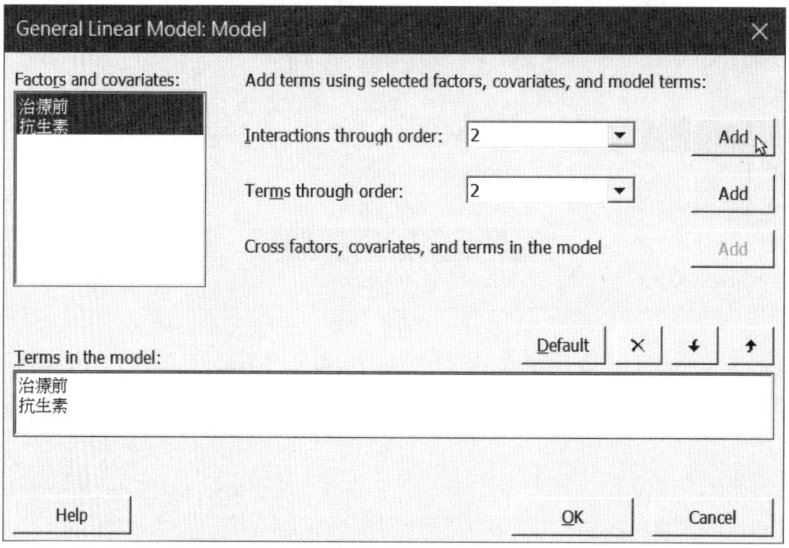

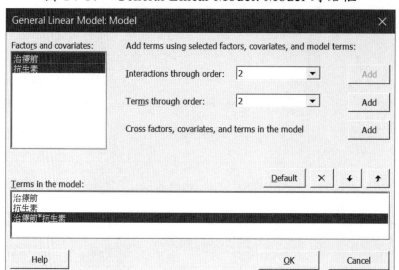

8. 此時【Terms in the model】（模式中的項目）中會出現「治療前*抗生素」的交互作用項，點擊【OK】（確定），到此步驟先行分析一次。

圖 14-17　General Linear Model: Model 對話框

9. 第二次將【Terms in the model】（模式中的項目）中的「治療前*抗生素」交互作用項移除，只保留各自的主要效果，點擊【OK】，進行正式的共變數分析。

圖 14-18　General Linear Model: Model 對話框

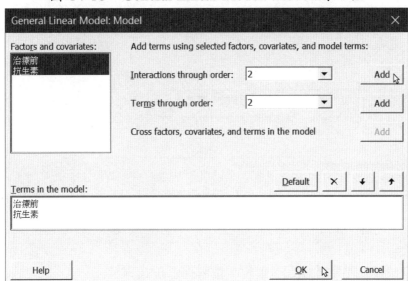

10. 在【Results】（結果）下只保留【Analysis of variance】（變異數分析）及【Coefficients】、（係數）兩個統計量。

圖 14-19　General Linear Model: Results 對話框

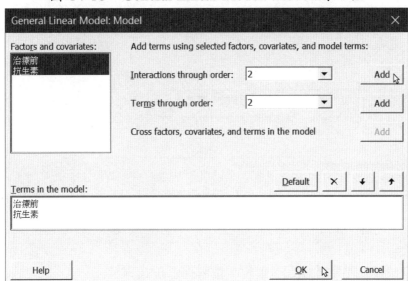

11. 在【Coding】（編碼）選項下將【Coding for factors】（因素編碼）選擇（1,0）方
式，並指定第 3 組當參照組【Reference level】。

圖 14-20　General Linear Model: Coding 對話框

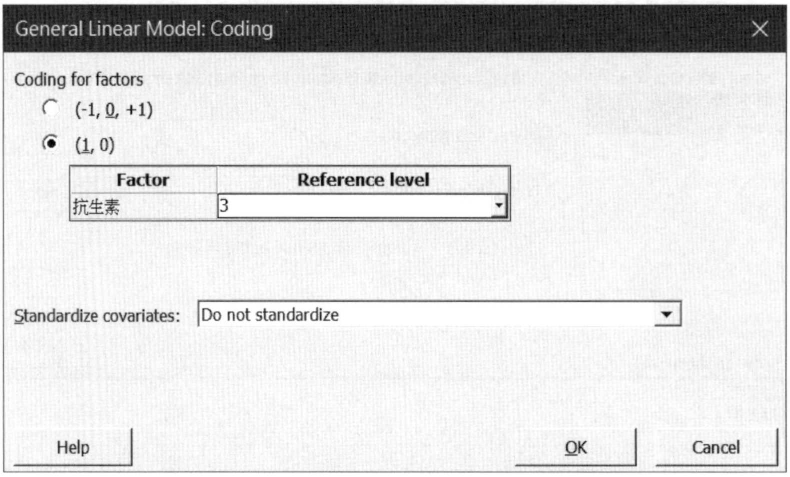

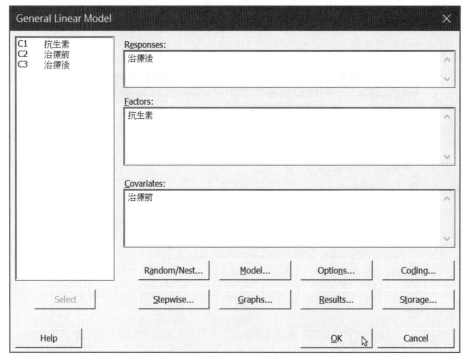

12. 選擇完成後，點擊【OK】（確定）按鈕進行正式分析

圖 14-21　General Linear Model 對話框

13. 如果要進行事後比較，在【Stat】（分析）選單中的【ANOVA】（變異數分析）之
【General Linear Model】（一般線性模式）選擇【Comparisons】（比較）。

圖 14-22　Comparisons 選單

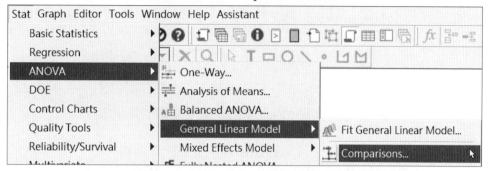

14. 在【Method】（方法）中勾選【Tukey】，選擇【Choose terms for comparisons】（選
擇比較項）中的「抗生素」變數。

圖 14-23　Comparisons 對話框

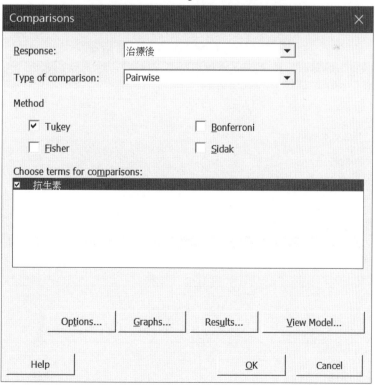

15. 在【Results】（結果）選項中，勾選兩個輸出結果。

圖 14-24　Comparisons: Results 對話框

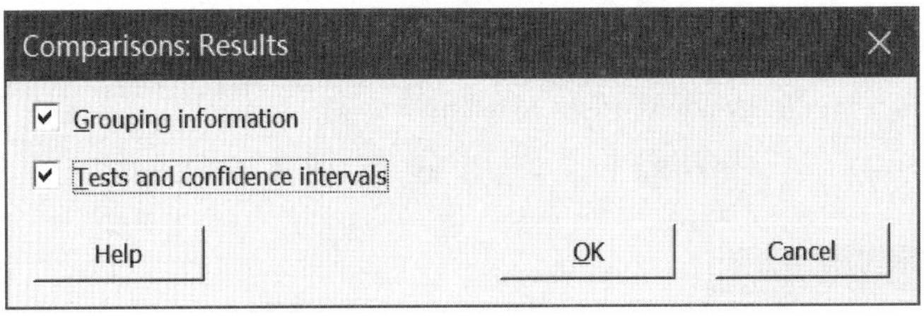

16. 在【Graphs】（圖形）選項下，內定輸出差異平均數的區間圖。

圖 14-25　Comparisons: Graph 對話框

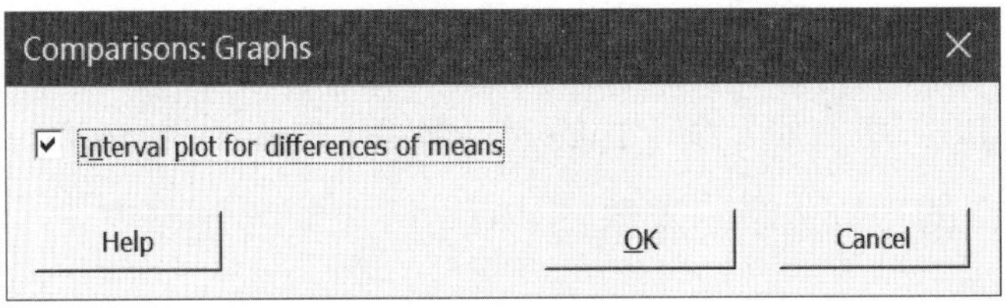

17. 完成選擇後，點擊【OK】（確定）按鈕進行事後比較。

圖 14-26　Comparisons 對話框

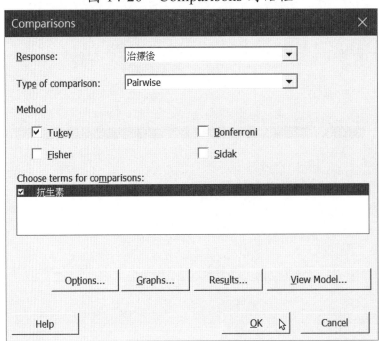

14.4　報表解讀

分析後得到以下的報表，分別加以概要說明。

14.4.1　迴歸線同質性檢定

圖 14-27　各組迴歸線

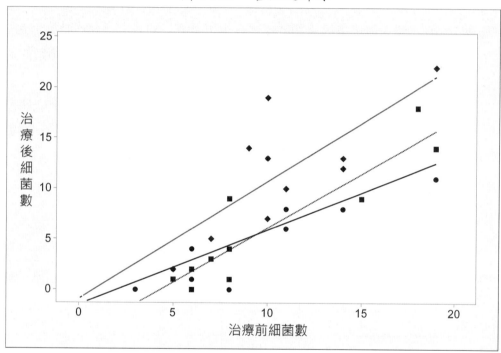

以藥物為分組變數，再以治療前細菌數為自變數，治療後細菌數為依變數所繪之迴歸線。為了確定這三條迴歸線是否具有同質性，應先進行考驗，結果如圖 14-12。

報表 14-10　Analysis of Variance

Source	DF	Adj SS	Adj MS	F-Value	P-Value
治療前	1	552.38	552.380	47.28	0.000
抗生素	2	12.44	6.220	0.53	0.594
治療前*抗生素	2	17.85	8.926	0.76	0.477

報表 14-10（續）

Source	DF	Adj SS	Adj MS	F-Value	P-Value
Error	24	280.40	11.683		
Lack-of-Fit	16	166.73	10.421	0.73	0.716
Pure Error	8	113.67	14.208		
Total	29	1110.30			

報表 14-10 主要在檢定各組之間的迴歸線是否具有同質性。「治療前*抗生素」的 $F(2, 24) = 0.76$，$p = 0.477$，表示上圖三組之間治療前細菌數對治療後細菌數的迴歸線，交叉情形並不嚴重，仍然具有同質性，所以可以進行共變數分析。

如果違反迴歸線同質性假定，可以將共變量轉成質的變數，然後當成另一個自變數，進行第 13 章的獨立樣本二因子變異數分析。如果共變量與依變數是同一性質的變數，也可以改用二因子混合設計變異數分析。

14.4.2　整體檢定

報表 14-11　Analysis of Variance

Source	DF	Adj SS	Adj MS	F-Value	P-Value
治療前	1	568.9	568.85	49.59	0.000
抗生素	2	149.4	74.72	6.51	0.005
Error	26	298.2	11.47		
Lack-of-Fit	18	184.6	10.25	0.72	0.732
Pure Error	8	113.7	14.21		
Total	29	1110.3			

報表 14-11 是共變數分析摘要表，採用型 III 的 SS，此時 SS 不具可加性，因此「治療前」加「抗生素」加「Error」的 SS 並不等於「Total」SS。表中「治療前」細菌數效果的 $F(1, 26) = 49.59$，$p < 0.001$，表示治療前細菌數的確對治療後細菌數有顯著影響。有些學者認為，如果共變量效果不顯著，則不需要進行共變數分析，只要進行變異數分析即可。不過范德鑫（1992）認為即使共變量效果不顯著，進行共變數分析仍然有所助益。

「抗生素」的 $F(2, 26) = 6.51$，$p = 0.005$，表示排除治療前細菌數的效果後，服用的抗生素不同，治療後細菌數仍有差異。

報表 14-12　Analysis of Variance

Source	DF	Seq SS	Seq MS	F-Value	P-Value
治療前	1	662.6	662.60	57.76	0.000
抗生素	2	149.4	74.72	6.51	0.005
Error	26	298.2	11.47		
Lack-of-Fit	18	184.6	10.25	0.72	0.732
Pure Error	8	113.7	14.21		
Total	29	1110.3			

報表 14-12 是改用型 I 的 SS 分析所得的結果，內定先計算共變量的 SS，其值從報表 14-11 的 568.9 增為 662.6，其他部分的 SS 則維持不變。此時「治療前」、「抗生素」、「Error」三部分 SS 的總和，會等於「Total」的 SS：

$$662.6 + 149.4 + 298.2 = 1110.3$$

報表 14-13　Coefficients

Term	Coef	SE Coef	T-Value	P-Value	VIF
Constant	1.02	1.86	0.55	0.586	
治療前	0.979	0.139	7.04	0.000	1.02
抗生素					
1	-4.83	1.53	-3.16	0.004	1.36
2	-4.72	1.52	-3.10	0.005	1.34

報表 14-13 使用迴歸分析進行共變數分析。Coef 一欄中的「治療前」代表治療前細菌數對治療後細菌數的迴歸係數，為 0.979。「抗生素」下的「1」是第一種藥物與第三種藥物（參照組）的調整平均數差異，係數為 -4.83，表示接受第一種藥物（抗生素 A）治療後的平均細菌數，比接受第三種藥物（安慰劑 P）治療後的平均細菌數少 4.83，$p = 0.004$，平均數差異達顯著。「2」是第二種藥物與第三種藥物的調整平均

數差異，係數為 −4.72，表示接受第二種藥物（抗生素 D）治療後的平均細菌數，比接受第三種藥物治療後的平均細菌數少 4.72，$p = 0.005$，平均數差異達顯著。此處的對比結果類似報表 14-19 之差異平均數檢定，只是報表 14-13 是採 Fisher 的 LSD 法。

14.4.3 事後比較

事後比較是針對 3 組之間調整後的「治療後」平均細菌數進行對比。為了說明調整平均數的計算方式，本書另外使用描述統計程序計算報表 14-14 及報表 14-16 的各種平均數。

報表 14-14　Descriptive Statistics: 治療前

Variable	抗生素	N	Mean	StDev
治療前	1 (抗生素 A)	10	9.30	4.76
	2 (抗生素 D)	10	10.00	5.25
	3 (安慰劑)	10	10.90	3.96

共變量（治療前細菌數）的各組平均數、標準差，及受試者。接受安慰劑治療的平均細菌數同樣最多（$M = 10.90, SD = 3.96$），其他兩組也相差不多。

報表 14-15　Means for Covariates

Covariate	Mean	StDev
治療前	10.07	4.571

治療前 30 個受試者的尿中細菌數，平均數為 10.07，標準差為 4.571。

報表 14-16　Descriptive Statistics: 治療後

Variable	抗生素	N	Mean	StDev
治療後	1 (抗生素 A)	10	5.30	4.64
	2 (抗生素 D)	10	6.10	6.15
	3 (安慰劑)	10	11.70	6.07

未根據共變量調整的「治療後」各組平均數、標準差，及樣本數。接受安慰劑治療的平均細菌數最多（$M = 11.70, SD = 6.07$），其他兩組接受抗生素治療後尿中平均細菌數都減少了，平均數分別為 5.30 及 6.10。

報表 14-17　Least Squares Means for 治療後

抗生素	Mean	SE Mean
1 (抗生素 A)	6.051	1.076
2 (抗生素 D)	6.165	1.071
3 (安慰劑)	10.884	1.077

根據共變量（前測）調整後的後測平均數。其中服用安慰劑 P 的細菌數較多，服用抗生素 A 及抗生素 D 的平均數相差無幾。

由報表 14-13 得到迴歸係數是 0.979，分別代入報表 14-14 至 14-16 的各種平均數，得到三組的調整平均數為（有捨入誤差）：

$$\overline{Y}_1' = 5.3 - 0.979 \times (9.3 - 10.07) = 6.051$$
$$\overline{Y}_2' = 6.1 - 0.979 \times (10.0 - 10.07) = 6.165$$
$$\overline{Y}_3' = 11.7 - 0.979 \times (10.9 - 10.07) = 10.884$$

圖 14-28　調整後平均數剖繪圖

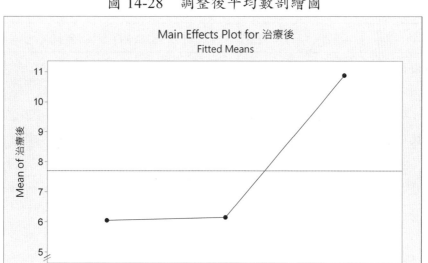

395

圖 14-28 是根據報表 14-16 的平均數所畫之剖繪圖，虛線是全體的平均數 7.7。

報表 14-18　Grouping Information Using the Tukey Method and 95% Confidence

抗生素	N	Mean	Grouping	
3 (安慰劑)	10	10.8838	A	
2 (抗生素 D)	10	6.1653		B
1 (抗生素 A)	10	6.0509		B
Means that do not share a letter are significantly different.				

報表 14-18 為使用 Tukey 法所做的分群訊息，第 3 組單獨為 A 群，2 與 1 為 B 群，因此 3-2 及 3-1 分屬不同群，其平均數有顯著差異。由調整後的平均數來看：服用抗生素 D 或抗生素 A，尿中平均細菌數都比服用安慰劑來得低。

報表 14-19　Tukey Simultaneous Tests for Differences of Means

Difference of 抗生素 Levels	Difference of Means	SE of Difference	Simultaneous 95% CI	T-Value	Adjusted P-Value
2 - 1	0.11	1.52	(-3.65, 3.88)	0.08	0.997
3 - 1	4.83	1.53	(1.03, 8.63)	3.16	0.011
3 - 2	4.72	1.52	(0.95, 8.49)	3.10	0.012
Individual confidence level = 98.01%					

報表 14-19 是三個調整平均數的 95% 同時信賴區間，3 - 1 及 3 - 2 這兩個平均數差異的區間都不包含 0，因此服用抗生素 A 或 D 的效果都比服用安慰劑來得好。

圖 14-29　平均數差異之 95% 信賴區間

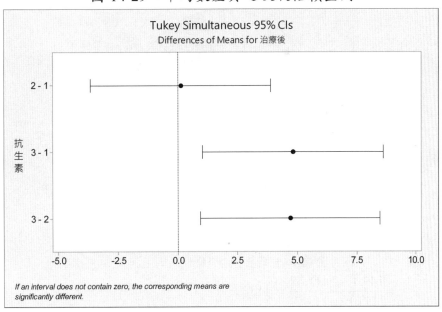

圖 14-29 是根據報表 14-19 所繪的平均數差異 95% 同時信賴區間，3-1 及 3-2 這兩個對比不含 0，因此平均數有顯著差異。

14.5　計算效果量

由於檢定後達到統計上的顯著，因此應計算效果量。代入報表 14-11 的數值，得到偏 η^2 為：

$$偏\,\eta^2 = \frac{調整組間 SS}{調整組間 SS + 調整誤差 SS}$$

$$= \frac{149.4}{149.4 + 298.2} = \frac{149.4}{447.6} = .334$$

如果使用 η^2 值，分母代入報表 14-11 的 Total，結果為：

$$\eta^2 = \frac{調整組間 SS}{全體 SS} = \frac{149.4}{1110.3} = .135$$

以圖 14-30 示之，其中共變量之 SS 使用報表 14-12 的型 I SS。

圖 14-30　單因子獨立樣本變異數分析效果量

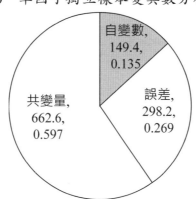

$$\omega^2 = \frac{\text{調整組間}SS - \text{組間自由度} \times \text{調整誤差}MS}{\text{全體}SS + \text{調整誤差}MS}$$

$$= \frac{149.4 - 2 \times 11.47}{1110.3 + 11.47} = .113$$

　　依據 Cohen（1988）的經驗法則，η^2 值之小、中、大的效果量分別是 .01、.06，及 .14。因此，本範例為中度的效果量。

14.6　以 APA 格式撰寫結果

　　研究者使用單因子獨立樣本共變數分析，以抗生素為自變數，治療後細菌數為依變數，並用治療前細菌數為共變量。分析前先就迴歸線同質性進行檢定，$F_{(2, 24)} = 0.76$，$p = .477$，並未違反假定。共變數分析結果顯示，控制了治療前細菌數之後，抗生素對治療後細菌數有顯著效果，$F_{(2, 26)} = 6.51$，$p = .005$，$\eta^2 = .135$。經事後比較，抗生素 A（$M' = 6.051$）及抗生素 D（$M' = 6.165$）的治療效果顯著優於安慰劑（$M' = 10.884$）。

14.7　單因子獨立樣本共變數分析的假定

　　單因子獨立樣本共變數分析應除了符合第 11 章中的假定外，還需要符合以下三個假定。

14.7.1　共變量與依變數須為雙變數常態分配

此項假定有兩個意涵：一是兩個變數在各自的母群中須為常態分配；二是在某個變數的任何一個數值中，另一個變數也要呈常態分配。

如果兩個變數間符合雙變數常態分配，則它們之間也會是線性關係（Green & Salkind, 2014）。當兩個變數是直線關係時，才適合使用迴歸分析，也才可以進行共變數分析。

如果樣本數增加到 30 或 40 以上，則雙變數常態分配的假設就變得比較不重要（Cohen, 2007）。

14.7.2　迴歸線同質性

此項假定是在自變數的各個組別中，以共變量為預測變數，依變數為效標變數所做的迴歸分析中，各個斜率要大致相等，不可以有明顯的交叉。如果違反迴歸線同質性，就無法以共同的斜率進行共變數分析。此時可以改採 Johnson-Neyman 的方法（林清山，1992；Kim, 2010）。或是將共變量加以分組，視為另一個自變數，再改用第 13 章的二因子獨立樣本變異數分析。或是將共變量及依變數視為重複量數，再使用二因子混合設計變異數分析。

14.7.3　共變量沒有測量誤差

如果是隨機分派的實驗法，共變量即使有測量誤差，對分析的影響並不大。但是，如果未經隨機分派，而共變量又存有測量誤差，就會導致依變數的結果出現錯誤（Cohen, 2007）。例如：以三個班級學生上學期的數學成績當共變量，或許其中一個班級的數學老師評分偏嚴，而另一班的評分又太鬆，此時即存在了系統的測量誤差，可能使得共變量與依變數相關係數太低，也導致共變量分析結果不正確。即使三個班是由同一位老師任教，如果自編數學測驗的信度太低，也會出現同樣的問題。Tabachnick 及 Fidell（2007）建議，在非實驗的研究中，共變量的信度最好在 .80 以上。

第 15 章
單因子獨立樣本
多變量變異數分析

　　單因子獨立樣本多變量變異數分析（multivariate analysis of variance, MANOVA）旨在比較兩群以上沒有關聯之樣本在兩個以上變數的平均數是否有差異，適用的情境如下：

　　自變數：兩個以上獨立而沒有關聯的組別，為**質的變數**。自變數又稱**因子**（或**因素**），而單因子就是只有一個自變數。

　　依變數：兩個以上**量的變數**。

　　進行多變量變異數分析時，依變數間不能有太高的相關（大於 0.9），以免有多元共線性（multicollinearity）問題，但是也不能完全無關。如果依變數之間的相關太低，則直接進行單變量變異數分析即可。

　　本章先介紹單因子獨立樣本多變量變異數分析的整體檢定，接著說明後續分析方法。

15.1　基本統計概念

15.1.1　目的

　　單因子獨立樣本多變量變異數分析是單因子獨立樣本變異數分析（ANOVA）的擴展。ANOVA 適用於一個量的依變數，而 MANOVA 則適用於兩個以上量的依變數。

　　當依變數有兩個以上時，如果仍舊使用 ANOVA，則會使得 α 膨脹。例如：當有四個依變數，如果分別進行四次 ANOVA，而每次都設定 $\alpha = 0.05$，則所犯的第一類型錯誤機率為：

$$\alpha = 1 - (1 - 0.05)^4 = 0.185$$

概略計算，大約等於：

$$\alpha = 0.05 \times 4 = 0.20$$

使用 MANOVA 則可以在控制整體的 α 水準下，進行檢定。

　　另一方面，MANOVA 不只關心單獨的依變數，還考量依變數間的相關。MANOVA 是同時檢定依變數聯合的差異，有時，進行多次 ANOVA 可能都不顯著，但是進行一次 MANOVA 就達顯著。

15.1.2　分析示例

以下的研究問題都可以使用單因子獨立樣本多變量變異數分析：

1. 三家公司員工對所屬公司的滿意度（含工作環境、薪資、升遷機會，及主管領導）。

2. 不同職務等級（委任、薦任、簡任）公務員的公民素養（含尊重關懷及理性溝通）。

3. 四種品牌日光燈的使用壽命及耗電量。

4. 不同學業成績（分為低、中、高）學生的自我概念（含家庭、學校、外貌、身體，及情緒等自我概念）。

5. 隨機分派後的幼魚，各自接受四種餵食量，一星期後的換肉率及健康情形。

15.1.3　整體檢定

以表 15-1 為例，研究者想要了解三種不同訓練方法，對學生的體適能是否有不同的效果。因此隨機找了 15 名參與者，並以隨機分派方式分為三組，經過三個月的訓練之後，測得參與者在心肺耐力、肌耐力，及柔軟性的成績（數值愈大代表該項表現愈好）。試問：不同訓練方式下的體適能是否有差異。

表 15-1　三組參與者的體適能成績

	方法一			方法二			方法三		
	心肺耐力	肌耐力	柔軟性	心肺耐力	肌耐力	柔軟性	心肺耐力	肌耐力	柔軟性
參與者 1	4	4	5	4	5	7	8	8	11
參與者 2	6	4	5	6	6	8	8	7	10
參與者 3	4	4	4	5	8	9	6	6	11
參與者 4	2	3	5	4	5	8	7	8	9
參與者 5	4	5	6	6	6	8	6	6	9
平均數	4	4	5	5	6	8	7	7	10

　　單因子 MANOVA 除了計算各變數的離均差平方和（*SS*），還需要計算變數間兩兩的交叉乘積和（*CP*），公式分別為：

$$SS = \Sigma(Y_i - \overline{Y}_i)^2$$
$$CP = \Sigma(Y_i - \overline{Y}_i)(Y_j - \overline{Y}_j)$$

由 *SS* 及 *CP* 所組成的矩陣稱為 *SSCP* 矩陣：

$$\begin{bmatrix} SS_1 & CP_{12} & CP_{13} \\ CP_{12} & SS_2 & CP_{23} \\ CP_{13} & CP_{23} & SS_3 \end{bmatrix}$$

　　在單因子的 MANOVA 中，全體的 *SSCP* 矩陣（以下稱為 **T** 矩陣）可以拆解為組間 *SSCP*（**B** 矩陣）及組內 *SSCP*（**W** 矩陣）。

$$圖\ 15\text{-}1\quad 單因子\ MANOVA\ 之\ SSCP\ 拆解$$

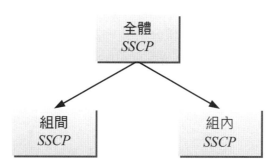

計算之後，得到：

$$\mathbf{T} = \begin{bmatrix} 39.33 & 28.67 & 38.67 \\ 28.67 & 35.33 & 42.33 \\ 38.67 & 42.33 & 71.33 \end{bmatrix}$$

$$\mathbf{B} = \begin{bmatrix} 23.33 & 21.67 & 36.67 \\ 21.67 & 23.33 & 38.33 \\ 36.67 & 38.33 & 63.33 \end{bmatrix}$$

$$\mathbf{W} = \begin{bmatrix} 16.00 & 7.00 & 2.00 \\ 7.00 & 12.00 & 4.00 \\ 2.00 & 4.00 & 8.00 \end{bmatrix}$$

常用的 MANOVA 整體效果考驗有四種，分別是 Wilks 的Λ、Roy 的最大根、Pillai-Bartlett 的跡（V），及 Hotelling-Lawley 的跡（T）等統計量。各項統計量的求法如下列公式所示：

Wilks 的 $\Lambda = \dfrac{|\mathbf{W}|}{|\mathbf{B} + \mathbf{W}|} = \dfrac{|\mathbf{W}|}{|\mathbf{T}|}$ (公式 15-1)

Roy 的最大根，是 $\mathbf{W}^{-1}\mathbf{B}$ 矩陣的最大特徵值 λ_1 (公式 15-2)

Pillai-Bartlett 的 $V = \sum\limits_{i=1}^{s} \dfrac{\lambda_i}{1 + \lambda_i}$ (公式 15-3)

Hotelling-Lawley 的 $T = \sum\limits_{i=1}^{s} \lambda_i$ (公式 15-4)

計算之後，$\mathbf{W}$ 及 $\mathbf{T}$ 的行列式值分別為 952 及 11048.67，因此：

$$\Lambda = \frac{952}{11048.67} = 0.08616$$

$\mathbf{W}^{-1}\mathbf{B}$ 矩陣為：

$$\mathbf{W}^{-1}\mathbf{B} = \begin{bmatrix} 1.022 & 0.805 & 1.415 \\ -0.280 & -0.067 & -0.182 \\ 4.468 & 4.624 & 7.654 \end{bmatrix}$$

它的三個特徵值分別為 8.3715、0.2384，及 0，因此 Roy 的最大根為 8.3715。而 V 及 T 分別為：

$$V = \frac{8.3715}{1 + 8.3715} + \frac{0.2384}{1 + 0.2384} + \frac{0}{1 + 0} = 1.0858$$

$$T = 8.3715 + 0.2384 + 0 = 8.6099$$

上述的 Wilks 的Λ，也可以使用以下公式求得：

$$\Lambda = \frac{1}{1+8.3715} \times \frac{1}{1+0.2384} \times \frac{1}{1+0} = 0.08616$$

以 Minitab 進行分析的結果如報表 15-1 至 15-3。由報表 15-3 可看出，A 因子（訓練方法）前三種統計量的 p 值都小於 0.05，因此應拒絕虛無假設，所以訓練方法不同，體適能有差異。

報表 15-1　SSCP Matrix (adjusted) for 訓練方法

	心肺耐力	肌耐力	柔軟性
心肺耐力	23.33	21.67	36.67
肌耐力	21.67	23.33	38.33
柔軟性	36.67	38.33	63.33

報表 15-2　SSCP Matrix (adjusted) for Error

	心肺耐力	肌耐力	柔軟性
心肺耐力	16.000	7.000	2.000
肌耐力	7.000	12.000	4.000
柔軟性	2.000	4.000	8.000

報表 15-3　MANOVA for 訓練方法

Criterion	Test Statistic	F	DF		P
			Num	Denom	
Wilks'	0.08616	8.022	6	20	0.000
Lawley-Hotelling	8.60994	12.915	6	18	0.000
Pillai's	1.08580	4.355	6	22	0.005
Roy's	8.37154				
s = 2 m = 0.0 n = 4.0					

15.1.3.1 虛無假設與對立假設

在此例中，待答問題是：

體適能是否因訓練方法而有不同？

虛無假設是假定母群中三種訓練方法的參與者體適能相同：

$$H_0 : \begin{bmatrix} \mu_{11} \\ \mu_{21} \\ \mu_{31} \end{bmatrix} = \begin{bmatrix} \mu_{12} \\ \mu_{22} \\ \mu_{32} \end{bmatrix} = \begin{bmatrix} \mu_{13} \\ \mu_{23} \\ \mu_{33} \end{bmatrix}$$

對立假設可以簡單寫成：

$$H_1 : H_0 為假$$

15.1.4 後續分析

整體檢定顯著之後，有許多可用的後續分析（程炳林、陳正昌，2011），在此僅說明三種方法。

15.1.4.1 單變量變異數分析

單變量變異數分析是針對個別的依變數進行單因子變異數分析，此時應採 Bonferroni 法將 α 除以依變數進行校正。整體檢定顯著後，再使用第 11 章的事後比較法進行成對比較。

Minitab 在 MANOVA 的分析時，也可以同時進行 ANOVA，結果如報表 15-4 至 15-6。報表中「訓練方法」的三個 SS，與報表 15-1 組間 $SSCP$ 矩陣的對角線相同。三個 F 值分別為 8.75、11.67，及 47.50，p 值均小於 0.0167（為 0.05 / 3）。因此三種訓練方法對心肺耐力、肌耐力，及柔軟性都有不同的效果。

報表 15-4　Analysis of Variance for 心肺耐力, using Adjusted SS for Tests

Source	DF	Seq SS	Adj SS	Adj MS	F	P
訓練方法	2	23.333	23.333	11.667	8.75	0.005
Error	12	16.000	16.000	1.333		
Total	14	39.333				

報表 15-5　Analysis of Variance for 肌耐力, using Adjusted SS for Tests

Source	DF	Seq SS	Adj SS	Adj MS	F	P
訓練方法	2	23.333	23.333	11.667	11.67	0.002
Error	12	12.000	12.000	1.000		
Total	14	35.333				

報表 15-6　Analysis of Variance for 柔軟性, using Adjusted SS for Tests

Source	DF	Seq SS	Adj SS	Adj MS	F	P
訓練方法	2	63.333	63.333	31.667	47.50	0.000
Error	12	8.000	8.000	0.667		
Total	14	71.333				

　　報表 15-7 至 15-9 是使用單因子變異數分析程序所進行的 Tukey 法事後比較，α 設為 .0167，因此 95%信賴區間顯示為「98.333% CI」，如果差異平均數的 98.333%信賴區間不包含 0，表示兩組之間的平均數顯著不相等。由報表可看出：

1.　對於心肺耐力，第三種方法比第一種方法好，其他方法間沒有顯著差異。

2.　對於肌耐力，同樣是第三種方法比第一種方法好，其他方法間沒有顯著差異。

3.　對於柔軟性，三種方法都有顯著差異，第三種方法最好，第一種方法的效果最不佳。

報表 15-7　Tukey Simultaneous Tests for Differences of Means (心肺耐力)

Difference of Levels	Difference of Means	SE of Difference	98.333% CI	T-Value	Adjusted P-Value
2 - 1	1.000	0.730	(-1.396, 3.396)	1.37	0.387
3 - 1	3.000	0.730	(0.604, 5.396)	4.11	0.004
3 - 2	2.000	0.730	(-0.396, 4.396)	2.74	0.044
Individual confidence level = 99.34%					

報表 15-8　Tukey Simultaneous Tests for Differences of Means (肌耐力)

Difference of Levels	Difference of Means	SE of Difference	98.333% CI	T-Value	Adjusted P-Value
2 - 1	2.000	0.632	(-0.075, 4.075)	3.16	0.021
3 - 1	3.000	0.632	(0.925, 5.075)	4.74	0.001
3 - 2	1.000	0.632	(-1.075, 3.075)	1.58	0.291
Individual confidence level = 99.34%					

報表 15-9　Tukey Simultaneous Tests for Differences of Means (柔軟性)

Difference of Levels	Difference of Means	SE of Difference	98.333% CI	T-Value	Adjusted P-Value
2 - 1	3.000	0.516	(1.306, 4.694)	5.81	0.000
3 - 1	5.000	0.516	(3.306, 6.694)	9.68	0.000
3 - 2	2.000	0.516	(0.306, 3.694)	3.87	0.006
Individual confidence level = 99.34%					

15.1.4.2　同時信賴區間法

同時信賴區間法是在控制整個檢定的 α 值之下,計算各個差異平均數的 $(1-\alpha)$ $\times 100\%$ 信賴區間,如果區間不含 0,表示兩組之間的平均數有顯著差異。在 Minitab 中,可以使用單因子變異數分析的 LSD 法進行檢定,並將 α 值調整為:

$$\frac{\alpha}{(組數-1)\times 依變項數}$$

在本範例中,校正的 α 值設為:

$$\frac{0.05}{(3-1)\times 3} = \frac{0.05}{6} = 0.00833 = 0.833\%$$

報表 15-10 至 15-12 是使用 LSD 法配合 Bonferroni 校正所做的同時信賴區間,結論與報表 15-7 至 15-9 相同。

報表 15-10　Fisher Individual Tests for Differences of Means (心肺耐力)

Difference of Levels	Difference of Means	SE of Difference	99.167% CI	T-Value	Adjusted P-Value
2 - 1	1.000	0.730	(-1.303, 3.303)	1.37	0.196
3 - 1	3.000	0.730	(0.697, 5.303)	4.11	0.001
3 - 2	2.000	0.730	(-0.303, 4.303)	2.74	0.018
Simultaneous confidence level = 97.89%					

報表 15-11　Fisher Individual Tests for Differences of Means (肌耐力)

Difference of Levels	Difference of Means	SE of Difference	99.167% CI	T-Value	Adjusted P-Value
2 – 1	2.000	0.632	(0.006, 3.994)	3.16	0.008
3 - 1	3.000	0.632	(1.006, 4.994)	4.74	0.000
3 - 2	1.000	0.632	(-0.994, 2.994)	1.58	0.140
Simultaneous confidence level = 97.89%					

報表 15-12　Fisher Individual Tests for Differences of Means (柔軟性)

Difference of Levels	Difference of Means	SE of Difference	99.167% CI	T-Value	Adjusted P-Value
2 - 1	3.000	0.516	(1.372, 4.628)	5.81	0.000
3 - 1	5.000	0.516	(3.372, 6.628)	9.68	0.000
3 - 2	2.000	0.516	(0.372, 3.628)	3.87	0.002
Simultaneous confidence level = 97.89%					

15.1.4.3　區別分析法

　　區別分析的自變數是多個量的變數，依變數是質的變數，正好與 MANOVA 相反。許多教科書都建議在 MANOVA 整體檢定之後，應進行區別分析。有關區別分析的說明，請參見陳正昌（2011b）專章的介紹。

15.1.5 效果量

MANOVA 常用的效果量（偏 η^2）有四種，它們分別由整體檢定的四種統計量數計算而得，公式分別為：

$$偏 \eta^2_{(Wilks)} = 1 - \Lambda^{1/s} \qquad\qquad (公式\ 15\text{-}5)$$

$$偏 \eta^2_{(Roy)} = \frac{\lambda_1}{1 + \lambda_1} \qquad\qquad (公式\ 15\text{-}6)$$

$$偏 \eta^2_{(Pillai)} = \frac{V}{s} \qquad\qquad (公式\ 15\text{-}7)$$

$$偏 \eta^2_{(Hotelling)} = \frac{T/s}{T/s+1} \qquad\qquad (公式\ 15\text{-}8)$$

公式中的 s 等於非 0 的特徵值，個數是組數減 1 或依變數，兩個數字中較小者，在本範例中是 2（等於組數減 1）。代入表 15-4 的數值後，得到：

$$偏 \eta^2_{(Wilks)} = 1 - 0.08616^{1/2} = .7065$$

$$偏 \eta^2_{(Roy)} = \frac{8.37154}{1 + 8.37154} = .8933$$

$$偏 \eta^2_{(Pillai)} = \frac{1.0858}{2} = .5429$$

$$偏 \eta^2_{(Hotelling)} = \frac{8.60994/2}{8.60994/2+1} = .8115$$

單因子 MANOVA 只有一個自變數，因此偏 η^2 值會等於 η^2 值。

依據 Cohen（1988）的經驗法則，η^2 值之小、中、大的效果量分別是 .01、.06，及 .14。因此，本範例為大的效果量。

15.2 範例

某研究者想要了解三種不同品種的鳶尾花（山鳶尾 Setosa、變色鳶尾 Versicolor、維吉尼亞鳶尾 Virginica），於是各找了 10 株花，測量了它們的花萼及花瓣的長寬，得到表 15-2 的數據。請問：不同品種的鳶尾花，花萼及花瓣的長寬是否有差異？（資料取自 Anderson 的鳶尾花數據）

表 15-2　三種鳶尾花的資料

植株	品種	花萼長	花萼寬	花瓣長	花瓣寬	植株	品種	花萼長	花萼寬	花瓣長	花瓣寬	植株	品種	花萼長	花萼寬	花瓣長	花瓣寬
1	1	4.3	3.0	1.1	0.1	11	2	5.2	2.7	3.9	1.4	21	3	5.7	2.5	5.0	2.0
2	1	4.8	3.0	1.4	0.1	12	2	5.5	2.6	4.4	1.2	22	3	6.2	2.8	4.8	1.8
3	1	4.8	3.1	1.6	0.2	13	2	5.6	2.5	3.9	1.1	23	3	6.3	2.7	4.9	1.8
4	1	5.0	3.5	1.3	0.3	14	2	5.9	3.0	4.2	1.5	24	3	6.3	2.9	5.6	1.8
5	1	5.0	3.5	1.6	0.6	15	2	5.9	3.2	4.8	1.8	25	3	6.4	2.7	5.3	1.9
6	1	5.1	3.7	1.5	0.4	16	2	6.0	2.7	5.1	1.6	26	3	6.4	2.8	5.6	2.1
7	1	5.2	3.4	1.4	0.2	17	2	6.0	3.4	4.5	1.6	27	3	6.9	3.1	5.4	2.1
8	1	5.3	3.7	1.5	0.2	18	2	6.7	3.1	4.7	1.5	28	3	7.2	3.2	6.0	1.8
9	1	5.4	3.4	1.7	0.2	19	2	6.9	3.1	4.9	1.5	29	3	7.7	2.6	6.9	2.3
10	1	5.7	4.4	1.5	0.4	20	2	7.0	3.2	4.7	1.4	30	3	7.7	3.8	6.7	2.2

15.2.1　變數與資料

　　表 15-14 中有 6 個變數，但是植株的代號並不需要輸入 Minitab 中，因此分析時只使用品種與花萼及花瓣的長寬等 5 個變數。其中，自變數是品種，依變數為花萼及花瓣的長寬（單位：公分）。

15.2.2　研究問題

　　在本範例中，研究者想要了解的問題可以陳述如下：

　　　　鳶尾花花萼及花瓣的長寬是否因品種不同而有差異？

15.2.3　統計假設

　　根據研究問題，虛無假設宣稱「在母群中鳶尾花花萼及花瓣的長寬不因品種不同而有差異」：

$$H_0 : \begin{bmatrix} \mu_{11} \\ \mu_{21} \\ \mu_{31} \\ \mu_{41} \end{bmatrix} = \begin{bmatrix} \mu_{12} \\ \mu_{22} \\ \mu_{32} \\ \mu_{42} \end{bmatrix} = \begin{bmatrix} \mu_{13} \\ \mu_{23} \\ \mu_{33} \\ \mu_{43} \end{bmatrix}$$

而對立假設則宣稱「在母群中鳶尾花花萼及花瓣的長寬會因品種不同而有差異」：

$H_1 : H_0$ 為假

15.3　使用 Minitab 進行分析

1.　完整的 Minitab 資料檔，如圖 15-2。

圖 15-2　單因子 MANOVA 資料檔

	C1	C2	C3	C4	C5	C6	C7
	鳶尾花	花萼長	花萼寬	花瓣長	花瓣寬		
1	1	4.3	3.0	1.1	0.1		
2	1	4.8	3.0	1.4	0.1		
3	1	4.8	3.1	1.6	0.2		
4	1	5.0	3.5	1.3	0.3		
5	1	5.0	3.5	1.6	0.6		
6	1	5.1	3.7	1.5	0.4		
7	1	5.2	3.4	1.4	0.2		
8	1	5.3	3.7	1.5	0.2		
9	1	5.4	3.4	1.7	0.2		
10	1	5.7	4.4	1.5	0.4		
11	2	5.2	2.7	3.9	1.4		
12	2	5.5	2.6	4.4	1.2		
13	2	5.6	2.5	3.9	1.1		
14	2	5.9	3.0	4.2	1.5		
15	2	5.9	3.2	4.8	1.8		
16	2	6.0	2.7	5.1	1.6		
17	2	6.0	3.4	4.5	1.6		
18	2	6.7	3.1	4.7	1.5		
19	2	6.9	3.1	4.9	1.5		
20	2	7.0	3.2	4.7	1.4		
21	3	5.7	2.5	5.0	2.0		
22	3	6.2	2.8	4.8	1.8		
23	3	6.3	2.7	4.9	1.8		
24	3	6.3	2.9	5.6	1.8		
25	3	6.4	2.7	5.3	1.9		
26	3	6.4	2.8	5.6	2.1		
27	3	6.9	3.1	5.4	2.1		
28	3	7.2	3.2	6.0	1.8		
29	3	7.7	2.6	6.9	2.3		
30	3	7.7	3.8	6.7	2.2		

2. 在【Stat】（分析）選單中的【ANOVA】（變異數分析）選擇【General MANOVA】
【一般多變量變異數分析】。

圖 15-3　General MANOVA 選單

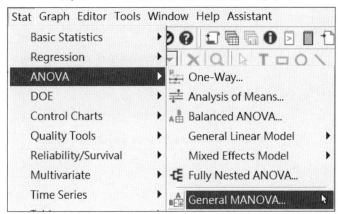

3. 將花萼及花瓣的長與寬等 4 個變數選擇到【Responses】（反應變數）框中，鳶尾
花則選擇至【Model】（模式）中。

圖 15-4　General MANOVA 對話框

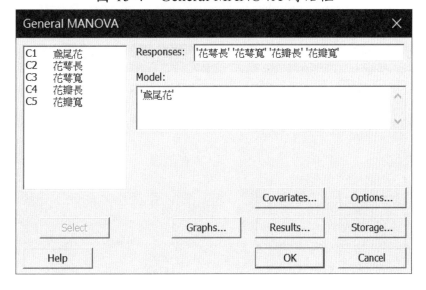

4. 在【Results】（結果）的選項下勾選【Display of Results】（結果顯示）的 3 個統
計量，並將自變數選擇到【Display least squares means corresponding to the terms】
（顯示與下項對應的最小平方平均數）框中。

圖 15-5　General MANOVA: Results 對話框

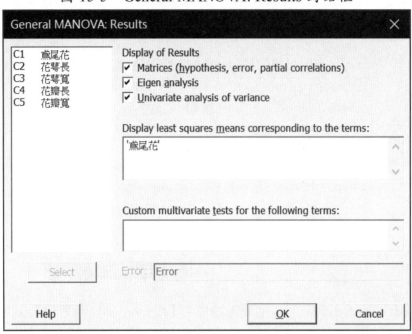

5.　選擇完成後，點擊【OK】（確定）按鈕，先進行整體的多變量變異數分析。

圖 15-6　General MANOVA 對話框

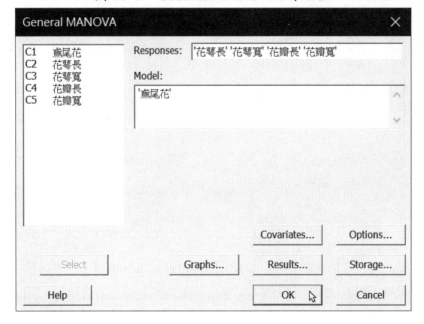

6.　如果要進行單變量變異數分析，在【Stat】（分析）選單中的【ANOVA】（變異數分析），選擇【One-Way】（單因子）。

圖 15-7　One-Way 選單

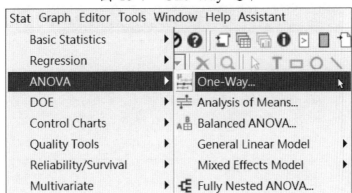

7.　將 4 個依變數分別選擇到【Response】（反應變數）框中，鳶尾花則選擇至【Factor】（因子）中。**留意**：此步驟要進行 4 次，分別用 4 個依變數各分析一次。

圖 15-8　One-Way Analysis of Variance 對話框

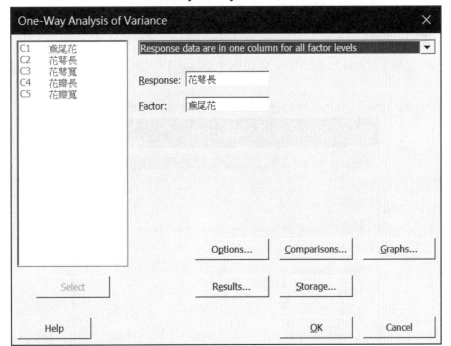

8. 在【Comparisons】（比較）的選項下勾選【Tukey】法，【Error rate for comparisons】（比較的錯誤率）輸入 1.25（5 / 4 = 1.25），進行 Bonferroni 校正。

圖 15-9　One-Way Analysis of Variance: Comparisons 對話框

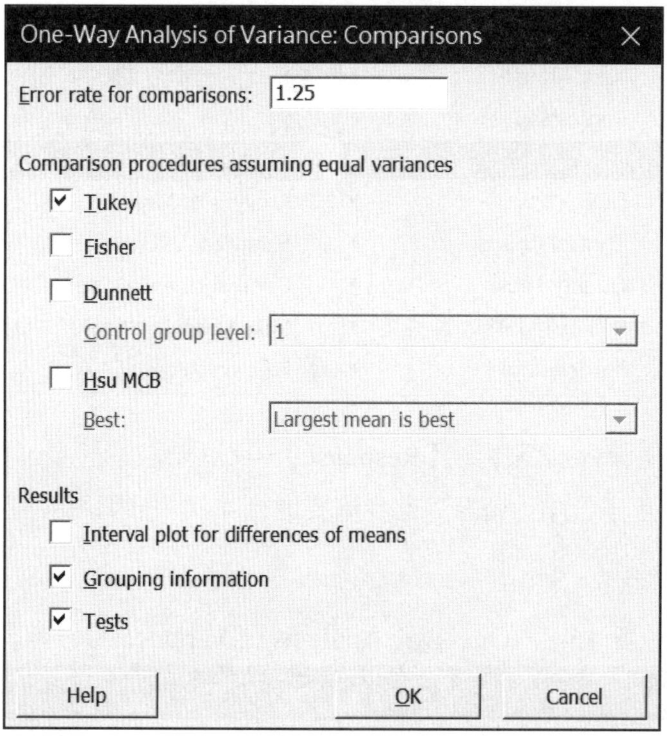

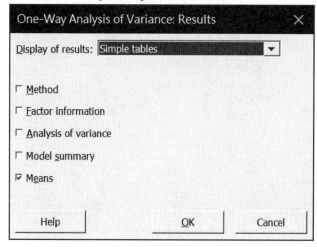

9. 在【Results】（結果）選項下，只保留【Means】（平均數），其餘分析則不勾選。

圖 15-10　One-Way Analysis of Variance: Results 對話框

10. 完成選擇後，點擊【OK】（確定）按鈕，進行分析。

圖 15-11　One-Way Analysis of Variance 對話框

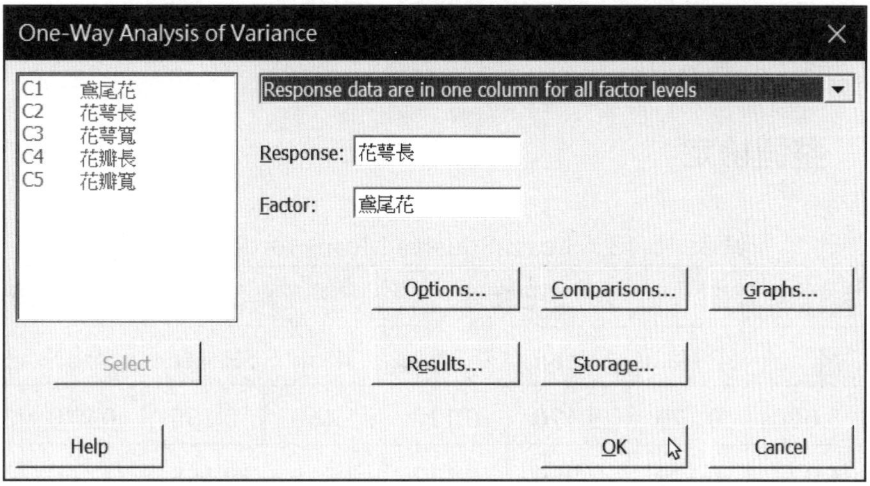

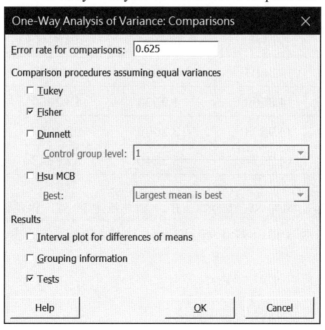

11. 如果要進行同時信賴區間檢定，則在【Comparisons】（比較）選項下勾選【Fisher】
（Fisher's LSD 法），【Error rate for comparisons】（比較的錯誤率）輸入 0.625
（$5/[(3-1)\times 4] = 5/8 = 0.625$），以控制整體檢定的 α。

圖 15-12　One-Way Analysis of Variance: Comparisons 對話框

15.4 報表解讀

分析後得到以下的報表，呈現的方式配合統計概念加以調整，並未依 Minitab 原始順序，分別加以概要說明。

15.4.1 整體檢定

報表 15-13　Least Squares Means for Responses

鳶尾花	花萼長		花萼寬		花瓣長		花瓣寬	
	Mean	SE Mean	Mean	SE Mean	Mean	SE Mean	Mean	SE Mean
1	5.060	0.179	3.470	0.117	1.460	0.155	0.270	0.058
2	6.070	0.179	2.950	0.117	4.510	0.155	1.460	0.058
3	6.680	0.179	2.910	0.117	5.620	0.155	1.980	0.058

報表 15-13 是 3 種鳶尾花在 4 個依變數的平均數及平均數標準誤。多變量變異數分析的目的在檢定 3 種鳶尾花於 4 個依變數的平均數是否有顯著差異。

報表 15-14　SSCP Matrix (adjusted) for 鳶尾花

	花萼長	花萼寬	花瓣長	花瓣寬
花萼長	13.3887	-4.8560	34.9893	14.2977
花萼寬	-4.8560	1.9520	-13.2000	-5.3240
花瓣長	34.9893	-13.2000	92.8007	37.7343
花瓣寬	14.2977	-5.3240	37.7343	15.3687

報表 15-14 是組間的 *SSCP* 矩陣（**B**）。對角線上為 *SS*，對角線外為兩變數間的 *CP*。組間的 *SS* 分別為 13.389、1.95、92.80，及 15.369，等於報表 15-18 中鳶尾花的 Adj SS。

報表 15-15　　SSCP Matrix (adjusted) for Error

	花萼長	花萼寬	花瓣長	花瓣寬
花萼長	8.68100	3.62500	5.76100	1.17200
花萼寬	3.62500	3.67500	1.89100	0.84300
花瓣長	5.76100	1.89100	6.44900	1.40600
花瓣寬	1.17200	0.84300	1.40600	0.90100

報表 15-15 是組內（誤差）的 *SSCP* 矩陣（$\mathbf{W}$），對角線上的 SS 會等於報表 15-18 中 Error 的 Seq SS。

報表 15-16　　EIGEN Analysis for　鳶尾花

Eigenvalue	31.0615	0.1107	0.0000	0.0000
Proportion	0.9964	0.0036	0.0000	0.0000
Cumulative	0.9964	1.0000	1.0000	1.0000

報表 15-16 是計算 $\mathbf{W}^{-1}\mathbf{B}$ 矩陣所得到的特徵值（Eigenvalue），特徵值的數目是「依變數數目」（4 個）與「自變數組數減 1」（3－1＝2）中較小的數值，因此可以得到 2 個不是 0 的特徵值，分別是 31.0615 及 0.1107。

報表 15-17　　MANOVA for　鳶尾花

Criterion	Test Statistic	F	DF		P
			Num	Denom	
Wilks'	0.02808	29.804	8	48	0.000
Lawley-Hotelling	31.17222	89.620	8	46	0.000
Pillai's	1.06845	7.169	8	50	0.000
Roy's	31.06155				
s = 2　m = 0.5　n = 11.0					

報表 15-17 是整體檢定結果，多數研究者採用 Wilks 的 Λ 值，為 0.02808，$p <$ 0.001。如果採用比較保守的 Pillai 之 V 值，為 1.06845，$p < 0.001$。因此，3 種鳶尾花的 4 種屬性（花萼及花瓣的長與寬）之平均數有顯著差異。

15.4.2 單變量變異數分析

報表 15-18

Analysis of Variance for 花萼長, using Adjusted SS for Tests

Source	DF	Seq SS	Adj SS	Adj MS	F	P
鳶尾花	2	13.3887	13.3887	6.6943	20.82	0.000
Error	27	8.6810	8.6810	0.3215		
Total	29	22.0697				

Analysis of Variance for 花萼寬, using Adjusted SS for Tests

Source	DF	Seq SS	Adj SS	Adj MS	F	P
鳶尾花	2	1.9520	1.9520	0.9760	7.17	0.003
Error	27	3.6750	3.6750	0.1361		
Total	29	5.6270				

Analysis of Variance for 花瓣長, using Adjusted SS for Tests

Source	DF	Seq SS	Adj SS	Adj MS	F	P
鳶尾花	2	92.801	92.801	46.400	194.26	0.000
Error	27	6.449	6.449	0.239		
Total	29	99.250				

Analysis of Variance for 花瓣寬, using Adjusted SS for Tests

Source	DF	Seq SS	Adj SS	Adj MS	F	P
鳶尾花	2	15.3687	15.3687	7.6843	230.27	0.000
Error	27	0.9010	0.9010	0.0334		
Total	29	16.2697				

報表 15-18 是 4 個單變量變異數分析結果。由「鳶尾花」（組間）這一大列來看，四個 p 值都小於 0.0125（使用 Bonferroni 校正，0.05 / 4 = 0.0125），因此 3 種不同品種的鳶尾花，在花萼的長度與寬度，以及花瓣的長度與寬度都有顯著不同。接著對 4 個依變數都進行 Tukey 法之事後多重比較。

15.4.3　單變量事後比較（Tukey 法）

以下分別分針對 4 個依變數進行 4 次單變量事後比較，每個報表分成 3 個部分：首先是 3 種鳶尾花在某個屬性上的平均數、標準差，及 95% 信賴區間；其次是使用 Tukey 法對 3 種鳶尾花的分群訊息；最後是使用 Tukey 法進行同時信賴區間檢定。

報表 15-19　One-way ANOVA: 花萼長 versus 鳶尾花

Means

鳶尾花	N	Mean	StDev	95% CI
1 (Setosa)	10	5.060	0.384	(4.692, 5.428)
2 (Versicolor)	10	6.070	0.607	(5.702, 6.438)
3 (Virginica)	10	6.680	0.670	(6.312, 7.048)
Pooled StDev = 0.567026				

Grouping Information Using the Tukey Method and 98.75% Confidence

3	10	6.680	A	
2	10	6.070	A	
1	10	5.060		B
Means that do not share a letter are significantly different.				

Tukey Simultaneous Tests for Differences of Means

Difference of Levels	Difference of Means	SE of Difference	98.75% CI	T-Value	Adjusted P-Value
2 - 1	1.010	0.254	(0.228, 1.792)	3.98	0.001
3 - 1	1.620	0.254	(0.838, 2.402)	6.39	0.000
3 - 2	0.610	0.254	(-0.172, 1.392)	2.41	0.059
Individual confidence level = 99.53%					

報表 15-19 在檢定 3 種鳶尾花之花萼平均長度的差異。由平均數來看，維吉尼亞鳶尾（代碼 3）的平均花萼最長，其次為變色鳶尾（代碼 2），最短的是山鳶尾（代碼 1）。由分群訊息來看，3 與 2 同屬 A 群，因此平均數沒有顯著差異，1 單獨屬於 B 群，因此平均數與 3 和 2 有顯著差異。同時信賴區間也顯示：2 - 1 及 3 - 1 的 95% 信賴區間不包含 0，因此平均數有顯著差異。（注：由於使用 Bonferroni 校正，因此信賴區間顯示為 98.75%，但應讀為 95% 信賴區間。）

綜言之，維吉尼亞鳶尾與變色鳶尾的花萼平均長度會比山鳶尾來得大。

報表 15-20　One-way ANOVA: 花萼寬 versus 鳶尾花

Means

鳶尾花	N	Mean	StDev	95% CI
1 (Setosa)	10	3.470	0.416	(3.231, 3.709)
2 (Versicolor)	10	2.9500	0.3028	(2.7106, 3.1894)
3 (Virginica)	10	2.910	0.378	(2.671, 3.149)
Pooled StDev = 0.368932				

Grouping Information Using the Tukey Method and 98.75% Confidence

1	10	3.470	A	
2	10	2.9500		B
3	10	2.910		B
Means that do not share a letter are significantly different.				

Tukey Simultaneous Tests for Differences of Means

Difference of Levels	Difference of Means	SE of Difference	98.75% CI	T-Value	Adjusted P-Value
2 - 1	-0.520	0.165	(-1.029, -0.011)	-3.15	0.011
3 - 1	-0.560	0.165	(-1.069, -0.051)	-3.39	0.006
3 - 2	-0.040	0.165	(-0.549, 0.469)	-0.24	0.968
Individual confidence level = 99.53%					

報表 15-20 在檢定 3 種鳶尾花之花萼平均寬度的差異。由平均數來看，山鳶尾（代碼 1）的平均花萼最寬，其次為變色鳶尾（代碼 2），最短的是維吉尼亞鳶尾（代碼 3）。由分群訊息來看，2 與 3 同屬 B 群，因此平均數沒有顯著差異，1 單獨屬於 A 群，因此平均數與 2 和 3 有顯著差異。同時信賴區間也顯示：2 - 1 及 3 - 1 的 95%信賴區間不包含 0，因此平均數有顯著差異。

綜言之，變色鳶尾與維吉尼亞鳶尾的花萼平均寬度會比山鳶尾來得小。

報表 15-21　One-way ANOVA: 花瓣長 versus 鳶尾花

Means

鳶尾花	N	Mean	StDev	95% CI
1 (Setosa)	10	1.4600	0.1713	(1.1429, 1.7771)
2 (Versicolor)	10	4.510	0.409	(4.193, 4.827)
3 (Virginica)	10	5.620	0.721	(5.303, 5.937)
Pooled StDev = 0.488725				

Grouping Information Using the Tukey Method and 98.75% Confidence

3	10	5.620	A		
2	10	4.510		B	
1	10	1.4600			C
Means that do not share a letter are significantly different.					

Tukey Simultaneous Tests for Differences of Means

Difference of Levels	Difference of Means	SE of Difference	98.75% CI	T-Value	Adjusted P-Value
2 - 1	3.050	0.219	(2.376, 3.724)	13.95	0.000
3 - 1	4.160	0.219	(3.486, 4.834)	19.03	0.000
3 - 2	1.110	0.219	(0.436, 1.784)	5.08	0.000
Individual confidence level = 99.53%					

報表 15-21 在檢定 3 種鳶尾花之花瓣平均長度的差異。由平均數來看，山鳶尾（代碼 1）的平均花瓣最短，其次為變色鳶尾（代碼 2），最長的是維吉尼亞鳶尾（代

碼 3）。由分群訊息來看，1、2、3 分屬不同群，因此平均數都有顯著差異。同時信賴區間也顯示：2 - 1、3 - 1、3 - 2 的 95%信賴區間都不包含 0，因此平均數均有顯著差異。

綜言之，維吉尼亞鳶尾的平均花瓣最長，其次為變色鳶尾，最短的是山鳶尾。

報表 15-22　One-way ANOVA: 花瓣寬 versus 鳶尾花

Means

鳶尾花	N	Mean	StDev	95% CI
1 (Setosa)	10	0.2700	0.1567	(0.1515, 0.3885)
2 (Versicolor)	10	1.4600	0.2011	(1.3415, 1.5785)
3 (Virginica)	10	1.9800	0.1874	(1.8615, 2.0985)
Pooled StDev = 0.182676				

Grouping Information Using the Tukey Method and 98.75% Confidence

3	10	1.9800	A		
2	10	1.4600		B	
1	10	0.2700			C
Means that do not share a letter are significantly different.					

Tukey Simultaneous Tests for Differences of Means

Difference of Levels	Difference of Means	SE of Difference	98.75% CI	T-Value	Adjusted P-Value
2 – 1	1.1900	0.0817	(0.9381, 1.4419)	14.57	0.000
3 - 1	1.7100	0.0817	(1.4581, 1.9619)	20.93	0.000
3 - 2	0.5200	0.0817	(0.2681, 0.7719)	6.37	0.000
Individual confidence level = 99.53%					

報表 15-22 在檢定 3 種鳶尾花之花瓣平均寬度的差異。由平均數來看，山鳶尾（代碼 1）的平均花瓣最窄，其次為變色鳶尾（代碼 2），最寬的是維吉尼亞鳶尾（代碼 3）。由分群訊息來看，1、2、3 分屬不同群，因此平均數都有顯著差異。同時信賴區間也顯示：2 - 1、3 - 1、3 - 2 的 95%信賴區間都不包含 0，因此平均數均有顯著差異。

綜言之，維吉尼亞鳶尾的平均花瓣最寬，其次為變色鳶尾，最窄的是山鳶尾。

15.4.4　同時信賴區間

報表 15-23

Fisher Individual Tests for Differences of Means (花萼長)

Difference of Levels	Difference of Means	SE of Difference	99.375% CI	T-Value	Adjusted P-Value
2 - 1	1.010	0.254	(0.258, 1.762)	3.98	0.000
3 - 1	1.620	0.254	(0.868, 2.372)	6.39	0.000
3 - 2	0.610	0.254	(-0.142, 1.362)	2.41	0.023
Simultaneous confidence level = 98.33%					

Fisher Individual Tests for Differences of Means (花萼寬)

Difference of Levels	Difference of Means	SE of Difference	99.375% CI	T-Value	Adjusted P-Value
2 - 1	-0.520	0.165	(-1.009, -0.031)	-3.15	0.004
3 - 1	-0.560	0.165	(-1.049, -0.071)	-3.39	0.002
3 - 2	-0.040	0.165	(-0.529, 0.449)	-0.24	0.810
Simultaneous confidence level = 98.33%					

Fisher Individual Tests for Differences of Means (花瓣長)

Difference of Levels	Difference of Means	SE of Difference	99.375% CI	T-Value	Adjusted P-Value
2 – 1	3.050	0.219	(2.402, 3.698)	13.95	0.000
3 - 1	4.160	0.219	(3.512, 4.808)	19.03	0.000
3 - 2	1.110	0.219	(0.462, 1.758)	5.08	0.000
Simultaneous confidence level = 98.33%					

報表 15-23（續）

Fisher Individual Tests for Differences of Means (花瓣寬)

Difference of Levels	Difference of Means	SE of Difference	99.375% CI	T-Value	Adjusted P-Value
2 – 1	1.1900	0.0817	(0.9477, 1.4323)	14.57	0.000
3 - 1	1.7100	0.0817	(1.4677, 1.9523)	20.93	0.000
3 - 2	0.5200	0.0817	(0.2777, 0.7623)	6.37	0.000
Simultaneous confidence level = 98.33%					

報表 15-23 是以 Fisher LSD 法進行 Bonferroni 校正之後的 95% 同時信賴區間，如果在 99.375% 信賴區間（等於 $1 - 0.05 / [(3 - 1) \times 4]$）這一欄不包含 0，就代表兩個平均數有顯著差異。此處的結論與 Tukey 法一致。

15.5　計算效果量

由於整體檢定後達到統計上的顯著，在此可以計算偏 η^2 值，解 $\mathbf{W}^{-1}\mathbf{B}$ 矩陣之後，得到非 0 的特徵值有 2 個（因此 s = 2），分別為 31.0615 及 0.1107（見報表 15-16），再從報表 15-17 找到相對應的數值，代入公式後得到：

$$偏\ \eta^2_{(Wilks)} = 1 - 0.02808^{1/2} = .8324$$

$$偏\ \eta^2_{(Roy)} = \frac{31.0615}{1 + 31.0615} = .9688$$

$$偏\ \eta^2_{(Pillai)} = \frac{1.06845}{2} = .5342$$

$$偏\ \eta^2_{(Hotelling)} = \frac{31.1722 / 2}{31.1722 / 2 + 1} = .9397$$

本範例採用較保守的 Pillai 偏 η^2 值，為 .5342。

15.6　以 APA 格式撰寫結果

鳶尾花之花萼及花瓣的長度和寬度會因為品種而有差異，Pillai 的 $V = 1.06845$，$F(8, 50) = 7.169$，$p < .001$，偏 $\eta^2 = .5342$。使用 Bonferroni 同時信賴區間進行後續分析，山鳶尾花的花萼較短且較寬，維吉尼亞鳶尾花的花瓣最長且最寬。

15.7　單因子獨立樣本多變量變異數分析的假定

單因子獨立樣本多變量變異數分析，應符合以下三個假定。

15.7.1　觀察體要能代表母群體，且彼此間獨立

觀察體獨立代表各個樣本不會相互影響，假使觀察體間不獨立，計算所得的 p 值就不準確。如果有證據支持違反了這項假定，就不應使用單因子獨立樣本多變量變異數分析。

15.7.2　多變量常態分配

此項假定有兩個意涵：一是每個變數在各自的母群中（自變數的各個組別中）須為常態分配；二是變數的所有可能組合也要呈常態分配。當最小組的樣本數在 20 以上時，即使違反了這項假定，對於多變量變異數分析的影響也不大（Tabachnick & Fidell, 2007）。

15.7.3　依變數的變異數──共變數矩陣在各個母群中須相等

此項假定是自變數的各組中，所有依變數的變異數──共變數矩陣相等（同質）。多數統計軟體在進行單因子多變量變異數分析程序，會採用 Box 的 M 來檢驗這個假定，可惜 Minitab 並未提供此項功能。當各組樣本數大致相等時（相差不到 50%），MANOVA 具有強韌性。如果樣本數不相等，而且違反此項假定時，建議可以採用 Pillai 的 V 值，而不使用 Wilks 的 Λ 值。

第16章
Pearson 積差相關

Pearson 積差相關係數（Pearson product-moment correlation coefficient）在分析兩個量的變數之線性相關；如果兩個變數都是次序變數，則可以使用 Spearman 等級相關。

Pearson 積差相關適用的情境如下：

自變數與**依變數**：均為**量的變數**，多數情形下並無自變數與依變數的分別，為互依變數（interdependent variable）。

Spearman 等級相關適用的情境如下：

自變數與**依變數**：均為**次序變數**。

本章主要說明 Pearson 積差相關，附帶介紹 Spearman 等級相關係數（Spearman rank correlation coefficient）。

16.1　基本統計概念

16.1.1　目的

Pearson 積差相關在分析量的變數之間的線性關係，可以用來分析：

1. 兩個變數之間的相關。如：行銷費用與營業額之關係。
2. 三個以上變數兩兩之間的相關。如：健康概念、每週運動時間，與體適能之間的關係。
3. 一組變數與另一組變數間的相關。如：自我概念（含家庭、學校、外貌、身體、情緒）與學業成就（含國文、數學、英文）之間的關係。假如研究者的興趣是在了解 15 個（$5 \times 3 = 15$）相關係數，可以使用 Pearson 積差相關，但是，如果目的是在了解自我概念與學業成就完整的關係，則建議使用典型相關（注：Minitab 沒有分析典型相關的程序，此部分請參考陳正昌的《SPSS 與統計分析》一書）。

16.1.2　分析示例

以下的研究問題，都可以使用 Pearson 積差相關進行分析：

1. 員工薪資與工作滿意度的關聯。

2. 國家人均所得與國民幸福指數的關聯。

3. 創造力測驗中流暢性、變通性、獨創性，及精密性之間的關聯。

16.1.3 散布圖與相關

為了確定兩個量的變數間之關係，可以使用散布圖（scatter plot）加以判斷。於坐標上標出觀察體在兩個變數上的位置，如果分散的點呈左下到右上的直線分布（圖16-1），此時在 X 軸的變數增加，Y 軸的變數也隨之增加，兩變數間會有**完全正相關**；如果分散的點呈左上到右下的直線分布（圖 16-2），此時在 X 軸的變數增加，Y 軸的變數也隨之減少，因此兩變數間會有**完全負相關**；如果像圖 16-3 呈隨機分布，就是**零相關**，兩個變數間為零相關，此時沒有關聯。

圖 16-1　完全正相關

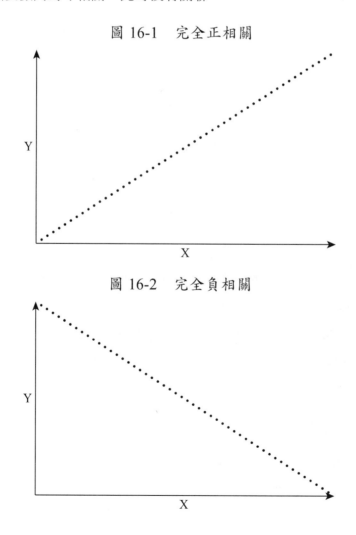

圖 16-2　完全負相關

圖 16-3　零相關

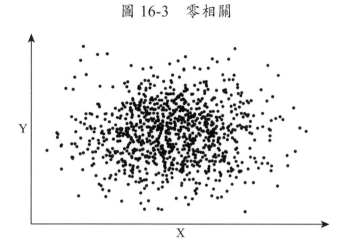

　　不過，像以下兩種情形，雖然兩變數也呈現完美的直線關係，但是圖 16-4 完全呈水平分布，表示 X 軸的變數無論是多少，Y 軸上的變數完全相同；反之，圖 16-5 完全呈垂直分布，表示 Y 軸的變數無論是多少，X 軸上的變數完全相同。此時，兩個變數間也沒有關聯，為**零相關**。在這兩種情形中，都有一個變數的標準差是 0，因此並無法計算 Pearson 的 r（參見公式 16-6 的分母部分）。

圖 16-4　零相關

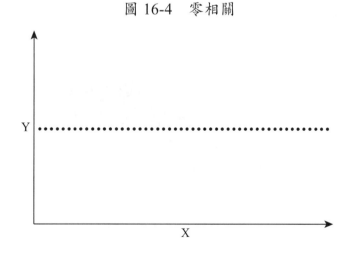

圖 16-5　零相關

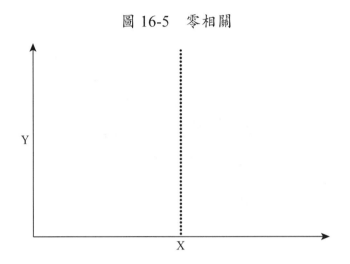

不過，絕大多數情形下，兩變數經常不是呈現完美的直線關係，而是像下圖的兩種情形。圖 16-6 大略呈左下到右上分布，此為圖 16-7 則反之，呈現左上到右下的分布，此為**負相關**。關係強度與斜率無關（除非完全水平或垂直），而與散布圖是否接近直線有關。當散布的點愈接近一條直線時，兩變數的關係就會愈接近完全正相關或完全負相關。

圖 16-6　正相關

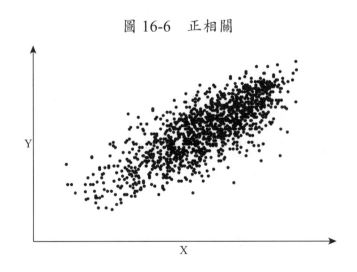

圖 16-7　負相關

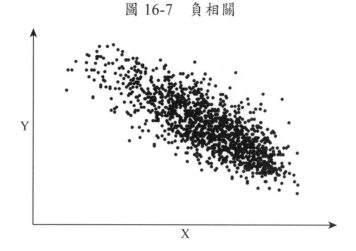

16.1.4　統計公式

16.1.4.1　Pearson 積差相關係數之統計公式

　　最常用來分析兩個量的變數之間直線關聯的統計量數是 Pearson 積差相關係數 (Pearson's product-moment correlation coefficient)。母群體積差相關代號為 ρ，公式為：

$$\rho = \frac{\sum Z_X Z_Y}{N} \qquad\qquad (公式 16\text{-}1)$$

　　由於兩個變數的測量單位常常不一致，所以先把兩個變數都轉換為 Z 分數（平均數為 0，標準差為 1），公式為：

$$Z_X = \frac{X - \mu_X}{\sigma_X} \qquad\qquad (公式 16\text{-}2)$$

$$Z_Y = \frac{Y - \mu_Y}{\sigma_Y} \qquad\qquad (公式 16\text{-}3)$$

　　兩個 Z 分數乘積的平均數就是 ρ。將公式 16-2 及 16-3 代入公式 16-1，可以得到：

$$\rho = \frac{\sum \left(\frac{X - \mu_X}{\sigma_X} \right) \left(\frac{Y - \mu_Y}{\sigma_Y} \right)}{N}$$

$$= \frac{\sum (X - \mu_X)(Y - \mu_Y)}{N \sigma_X \sigma_Y} \qquad \text{(公式 16-4)}$$

$$= \frac{\dfrac{\sum (X - \mu_X)(Y - \mu_Y)}{N}}{\sigma_X \sigma_Y}$$

其中，$\dfrac{\sum (X - \mu_X)(Y - \mu_Y)}{N} = \sigma(X, Y)$，是兩個變數的共變數（covariance），因此，母群的相關係數又可寫成：

$$\rho = \frac{\sigma_{XY}}{\sigma_X \sigma_Y} = \frac{\sigma_{XY}}{\sqrt{\sigma_X^2}\sqrt{\sigma_Y^2}} \qquad \text{(公式 16-5)}$$

公式中分子 σ_{XY} 是兩個變數的共變數，代表兩個變數共同變化的程度，為未標準化的關聯係數，而它的正負則與相關係數一致；分母則是兩個變數各自的標準差（標準差等於變異數的平方根），代表每個變數各自的分散情形。

在推論統計中，會用樣本積差相關 r 來估計 ρ，公式為：

$$r = \frac{s_{XY}}{s_X s_Y} = \frac{s_{XY}}{\sqrt{s_X^2}\sqrt{s_Y^2}} \qquad \text{(公式 16-6)}$$

把 r 的分子與分母同時乘上 $n - 1$，得到：

$$r = \frac{s_{XY} \times (n-1)}{\sqrt{s_X^2}\sqrt{s_Y^2}(n-1)} = \frac{s_{XY} \times (n-1)}{\sqrt{s_X^2(n-1)}\sqrt{s_Y^2(n-1)}} \qquad \text{(公式 16-7)}$$

$s_X^2(n-1)$ 及 $s_Y^2(n-1)$ 分別是 X 變數及 Y 變數的離均差平方和 SS（sum of squares），而 s_{XY} 是 X 與 Y 的離均差交乘積和（sum of cross products of deviations），簡稱交乘積 CP。因此，樣本積差相關 r 的公式又可寫成：

$$r = \frac{CP}{\sqrt{SS_X}\sqrt{SS_Y}} \qquad \text{(公式 16-8)}$$

綜言之，Pearson 積差相關公式就是：

$$r = \frac{交乘積}{\sqrt{X的平方和}\sqrt{Y的平方和}}$$

$$= \frac{共變數}{\sqrt{X的變異數}\sqrt{Y的變異數}} \qquad (公式\ 16\text{-}9)$$

$$= \frac{共變數}{X的標準差 \times Y的標準差}$$

16.1.4.2　Spearman 等級相關係數之統計公式

如果兩個變數都是次序變數（如名次、職業專業程度），則只要把變數各自依原始數值排序，賦予等級（rank），即可使用積差相關的公式計算變數的相關，此時就是 Spearman 等級相關。因此也可以說，Spearman 等級相關就是使用等級計算所得的 Pearson 積差相關。

Spearman 等級相關 ρ 也可以使用以下公式求得：

$$\rho = 1 - \frac{6\Sigma d^2}{n(n^2 - 1)} \qquad (公式\ 16\text{-}10)$$

其中 d 就是觀察體在兩個變數間等級的差異。

16.1.4.3　相關係數之顯著檢定

要檢定相關係數是否顯著不為 0，則虛無假設是：

$H_0: \rho = 0$

對立假設則是：

$H_1: \rho \neq 0$

檢定的公式類似單樣本 t 檢定（注：Minitab 並未提供 t 值），

$$t = \frac{r - \rho_0}{\sqrt{\dfrac{1 - r^2}{n - 2}}} = \frac{相關係數之差異}{相關係數的標準誤} \qquad (公式\ 16\text{-}11)$$

此時自由度為 $n - 2$，而 ρ_0 通常設定為 0。

以表 16-4 的相關係數 0.453 為例，代入公式後得到：

$$t = \frac{0.453 - 0}{\sqrt{\dfrac{1 - 0.453^2}{36 - 2}}} = 2.967$$

至於檢定結果是否顯著，在 Minitab 中可以使用兩種方法來判斷。首先可以看標準臨界值，在自由度是 34 的 t 分配中雙尾臨界值是 ±2.032，計算所得的 t 值 2.967 已經大於 2.032（見圖 16-8），應拒絕 $\rho = 0$ 的虛無假設，因此相關係數 0.453 顯著不等於 0。

圖 16-8　自由度 34，$\alpha = 0.05$ 時，雙尾臨界值為 ±2.032

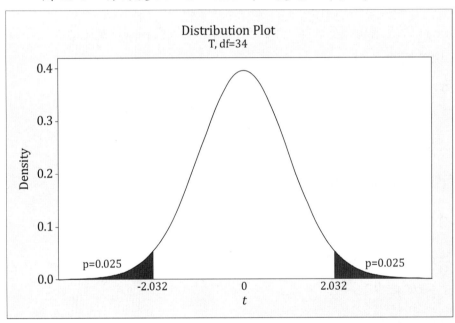

其次，也可以直接求 $|t| \geq 2.967$ 的 p 值，在自由度為 34 的 t 分配中，$p = 0.005$（見圖 16-9 中雙尾 p 值的和，此 p 值也會和報表 16-3 中的 p 值相同），已經小於 0.05，同樣拒絕 $\rho = 0$ 的虛無假設。

圖 16-9　自由度 34，$|t| \geq 2.967$ 的 $p = 0.005$

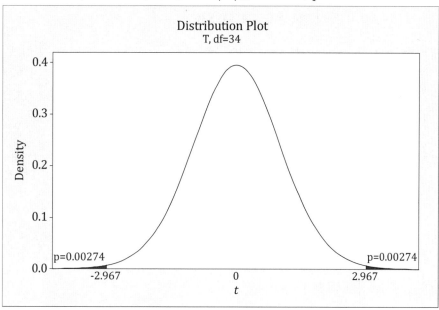

16.1.4.4　相關係數之信賴區間估計

由於樣本相關係數 r 的抽樣分配並不是常態分配，要計算母群相關係數 ρ 的信賴區間要經過三個步驟。

首先，將樣本相關係數 r 化為 z'，公式為：

$$z' = \frac{1}{2}\ln\left(\frac{1+r}{1-r}\right) \tag{公式 16-12}$$

以報表 16-4 中的 $r = 0.453$ 為例，轉換後的 Fisher z' 為：

$$z' = \frac{1}{2}\ln\left(\frac{1+0.453}{1-0.453}\right) = 0.489$$

其次，計算 z' 的信賴區間。z' 服從 Z 分配，標準誤為：

$$\frac{1}{\sqrt{n-3}} = \frac{1}{\sqrt{36-3}} = 0.174$$

當 $\alpha = 0.05$ 時，雙尾臨界值等於 ± 1.960。因此 z' 的 95%信賴區間為：

下界 $= 0.489 - 1.960 \times 0.174 = 0.148$

上界 $= 0.489 + 1.960 \times 0.174 = 0.830$

最後，將 z' 的上下界再轉換為 r 值，公式為：

$$r = \frac{e^{(2z')} - 1}{e^{(2z')} + 1}$$ (公式 16-13)

代入公式後分別得到：

下界 $= r = \dfrac{e^{(2 \times 0.1478633)} - 1}{e^{(2 \times 0.1478633)} + 1} = 0.147$

上界 $= r = \dfrac{e^{(2 \times 0.8302351)} - 1}{e^{(2 \times 0.8302351)} + 1} = 0.681$

上述的計算結果與報表 16-4 一致。

16.1.5 積差相關係數的解釋

積差相關係數可以顯示兩種訊息：

一是**關聯方向**。如果係數為正，稱為正相關，表示兩個變數呈現相同方向的變化。如果係數為負，稱為負相關，表示兩個變數呈現相反方向的變化。如果係數為 0，稱為零相關，表示兩變數間可能無關或為非線性相關。

二是**關聯程度**，積差相關係數介於 +1 與 −1 之間（依 APA 出版慣例，相關係數小數點前的 0 不寫），係數的絕對值愈大代表關聯程度愈大。$|r|$ 接近 1，表示兩者有完全的關聯；$|r|$ 接近 0，表示兩者沒有線性的關聯（但也有可能是非線性的關聯）。

16.1.6 有相關不代表有因果關係

兩變數之間有相關，不代表就有因果關係（cause-and-effect relationship），因此不可做因果關係的推論。例如：夏季時用電量與中暑人數兩者間有正相關，但這絕對不是因為用電量提高，使得中暑人數增加（圖 16-10a）；或是中暑人數增加，使得大家需要用更多的電（圖 16-10b）。最可能的原因是因為氣溫上升，使得用電量（使用冷氣增加）與中暑人數同時增加所致（圖 16-10c）。在此關係中，用電量與中間人數的相關是來自於氣溫影響，兩者的相關是一種**虛假相關**（spurious correlation），而「氣

溫」稱為**混淆變數**（confounding variable）。如果控制溫度變化之後，再求用電量與中暑人數的偏相關，兩者可能就無關了。

圖 16-10　各種因果關係

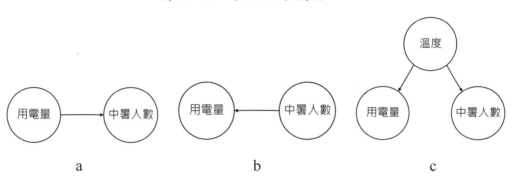

　　a　　　　　　　　　　　　b　　　　　　　　　　　　c

16.1.7　相關係數在信效度分析的應用

　　分析測驗或量表的重測信度、複本信度、折半信度，或是效標關聯效度，都是使用積差相關係數。重測信度是將受試者在兩次測驗的總分求積差相關，複本（平行）信度是兩個複本（平行測驗）得分的積差相關，效標關聯效度是某測驗與另一效標得分之積差相關。而折半信度則是將同一測驗分成兩部分（可用隨機方式、前後兩半，或奇偶數題各半），然後求兩部分得分之積差相關。不過，因為在相同條件下，題目數愈少，信度愈低，所以折半信度通常要使用其他公式加以校正。

　　如果有兩位評分者針對同一批受試或作品加以評分，也可以使用積差相關係數代表評分者信度。

16.1.8　效果量

　　Pearson 積差相關係數本身就是效果量，依 Cohen（1988）的經驗法則，r 的小、中、大效果量分別為 ±.10、±.30，及 ±.50。

　　積差相關係數的平方 r^2 稱為**決定係數**（coefficient of determination），代表兩個變數間的互相解釋量。如果 $r = .50$，表示 X 變數可以解釋 Y 變數總變異量的 25%（圖 16-11），反之亦然。但是，如果 $r = .25$ 時，則兩者的互相解釋量只有 $(.25)^2 = 6.25\%$。前者的解釋量是後者的 4 倍。

圖 16-11　積差相關之文氏圖

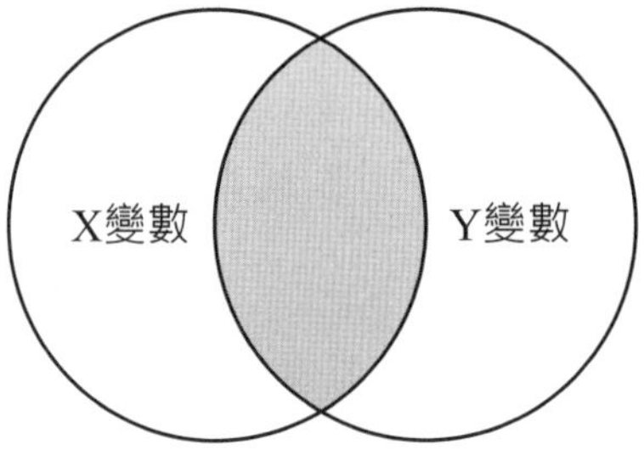

16.2　範例

研究者想要了解高中生家中的資源、母親受教年數,與科學素養是否有關聯,因此測得 36 名學生的家中資源與科學素養如表 16-1 之數據。請問:家中資源與科學素養是否有關聯?家中的資源、母親受教年數,與科學素養兩兩之間是否有關聯?

表 16-1　36 名受試者的科學素養

學生	家中資源	母親受教年數	科學素養	學生	家中資源	母親受教年數	科學素養
1	14	16	668.35	19	16	14	434.30
2	14	12	544.14	20	2	9	250.60
3	15	16	652.50	21	7	6	314.10
4	17	12	508.24	22	7	6	378.35
5	13	14	499.57	23	11	12	478.87
6	17	16	554.40	24	14	12	563.91
7	11	12	542.28	25	15	14	652.22
8	13	14	463.48	26	13	14	580.70
9	14	12	487.26	27	17	14	414.71
10	12	12	523.82	28	8	6	503.95
11	16	9	507.96	29	12	14	503.30
12	9	9	471.60	30	14	12	469.54
13	6	14	479.06	31	13	16	657.91
14	14	14	554.59	32	16	9	652.22
15	8	9	632.08	33	10	9	520.74
16	9	6	548.81	34	12	12	531.28
17	3	14	475.14	35	16	12	490.25
18	11	9	577.90	36	17	14	530.34

16.2.1　變數與資料

表 16-1 中有 4 個變數，但是受試者代號並不需要輸入 Minitab 中，因此分析時使用 3 個變數即可。其中家中資源是家中是否擁有某些物品，學生針對 17 種物品（如：書桌、自己的房間、網際網路等）回答是或否，最大值為 17，最小值為 0。母親受教年數最小值為 6（國小），最大值為 16（大學）。科學素養則是在 PISA 測驗的得分。

16.2.2　研究問題

在本範例中，研究者想要了解的問題可以陳述如下：

家中資源與科學素養是否有關聯？

家中資源、母親受教年數，與科學素養兩兩之間是否有關聯？

16.2.3　統計假設

根據研究問題，虛無假設一宣稱「家中資源與科學素養沒有關聯」：

$$H_0 : \rho_{\text{家中資源·科學素養}} = 0$$

而對立假設一則宣稱「家中資源與科學素養有關聯」：

$$H_1 : \rho_{\text{家中資源·科學素養}} \neq 0$$

虛無假設二宣稱「家中資源、母親受教年數，與科學素養兩兩之間沒有關聯」：

$$\begin{cases} H_0 : \rho_{\text{家中資源·母親受教年數}} = 0 \\ H_0 : \rho_{\text{家中資源·科學素養}} = 0 \\ H_0 : \rho_{\text{母親受教年數·科學素養}} = 0 \end{cases}$$

而對立假設二則宣稱「家中資源、母親受教年數，與科學素養兩兩之間有關聯」：

$$\begin{cases} H_1 : \rho_{\text{家中資源·母親受教年數}} \neq 0 \\ H_1 : \rho_{\text{家中資源·科學素養}} \neq 0 \\ H_1 : \rho_{\text{母親受教年數·科學素養}} \neq 0 \end{cases}$$

16.3　使用 Minitab 進行分析

1.　完整的 Minitab 資料檔，如圖 16-12。

圖 16-12　相關分析資料檔

	C1 家中資源	C2 母親教育	C3 科學素養	C4	C5	C6	C7	C8
1	14	16	668.35					
2	14	12	544.14					
3	15	16	652.50					
4	17	12	508.24					
5	13	14	499.57					
6	17	16	554.40					
7	11	12	542.28					
8	13	14	463.48					
9	14	12	487.26					
10	12	12	523.82					
11	16	9	507.96					
12	9	9	471.60					
13	6	14	479.06					
14	14	14	554.59					
15	8	9	632.08					
16	9	6	548.81					
17	3	14	475.14					
18	11	9	577.90					
19	16	14	434.30					
20	2	9	250.60					
21	7	6	314.10					
22	7	6	378.35					
23	11	12	478.87					
24	14	12	563.91					
25	15	14	652.22					
26	13	14	580.70					
27	17	14	414.71					
28	8	6	503.95					
29	12	14	503.30					
30	14	12	469.54					
31	13	16	657.91					
32	16	9	652.22					
33	10	9	520.74					
34	12	12	531.28					
35	16	12	490.25					
36	17	14	530.34					

2.　為了說明公式的計算，先在【Stat】（分析）選單的【Basic Statistics】（基本統計量）中選擇【Covariance】（共變數）。

圖 16-13　Covariance 選單

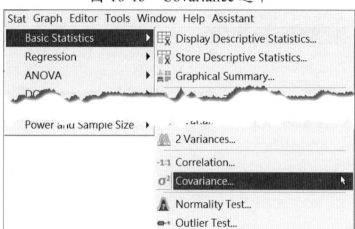

3.　將 3 個變數都選擇到右邊的【Variables】（變數）框中並點擊【OK】（確定）按鈕進行分析。

圖 16-14　Covariance 對話框

4. 其次，在【Stat】（分析）選單中的【Basic Statistics】（基本統計量）下選擇【Correlation】（相關）。

圖 16-15　Correlation 選單

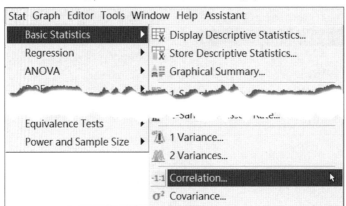

5. 如果要計算 2 個變數的相關係數，先按住 Ctrl 鍵，再分別點選所需要的變數，將它們選擇到右邊的【Variables】（變數）框中並點擊【OK】（確定）按鈕進行分析。

圖 16-16　Correlation 對話框

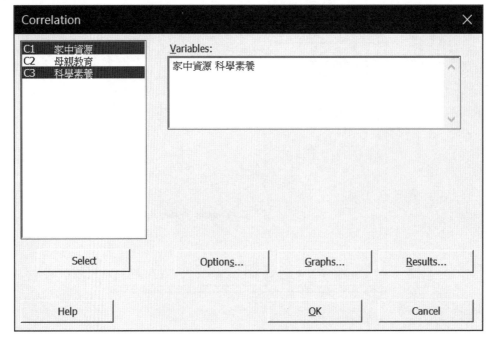

6. 在【Results】（結果）中，可再勾選【Pairwise correlation table】（成對相關表）。

圖 16-17　Correlation: Results 對話框

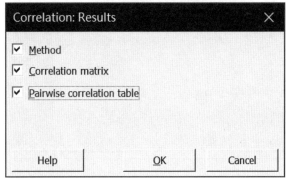

7. 如果要進行 3 個變數的相關分析，則將所有變數都選擇到右邊的【Variables】（變數）框中並點擊【OK】（確定）按鈕進行分析（見圖 16-18）。如果要進行 Spearman 等級相關，則【Options】（選項）下的【Method】（方法）中改選擇【Spearman correlation】（見圖 16-19）。

圖 16-18　Correlation 對話框

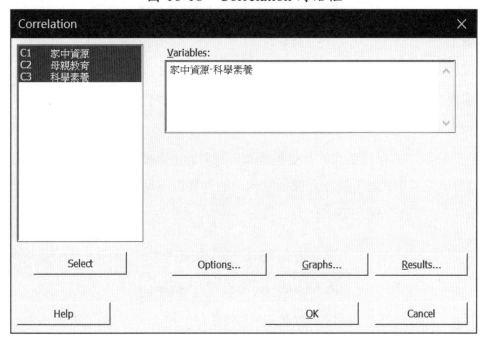

圖 16-19　Correlation: Options 對話框

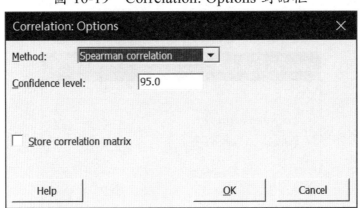

16.4　報表解讀

分析後得到以下的報表，分別加以概要說明。

報表 16-1　Covariances: 家中資源, 母親受教年數, 科學素養

	家中資源	母親受教年數	科學素養
家中資源	15.2444		
母親受教年數	5.6222	8.9611	
科學素養	161.0086	103.3474	8270.0045

報表 16-1 為三個變數間的共變數矩陣。對角線上為變數本身的變異數，取平方根後為標準差；對角線外為兩個變數間兩兩的共變數，反映兩個變數的共同變化程度。

報表 16-2　Method

Correlation type	Pearson
Number of rows used	36
ρ: pairwise Pearson correlation	

報表 16-2 說明以下分析在計算成對的 Pearson 相關，代號為 ρ。

報表 16-3　Correlations

	家中資源
科學素養	0.453

報表 16-3 是兩個變數間的相關係數 r 及 P 值。家中資源及科學素養的 Pearson r = 0.453，由報表 16-1 找到相對應的變異數（分別是 15.2444 及 8270.0045）及共變數（161.0086），代入公式即可求得：

$$r = \frac{s_{XY}}{\sqrt{s_X^2}\sqrt{s_Y^2}} = \frac{161.0086}{\sqrt{15.2444}\sqrt{8270.0045}} = 0.453$$

報表 16-4　Pairwise Pearson Correlations

Sample 1	Sample 2	N	Correlation	95% CI for ρ	P-Value
科學素養	家中資源	36	0.453	(0.147, 0.681)	0.005

相關係數 0.453 是否顯著不等於 0，可以由報表 16-4 的兩處得知。一是由係數的 P 值是否小於或等於研究者設定的 α（通常設為 0.05）來判斷。在報表中 $P = 0.005$，表示在自由度是 34（等於 $n - 2$）時，$|r|$ 要大於 0.453 的機率只有 0.005，已經小於 0.05，應拒絕虛無假設，因此兩個變數間有顯著相關，而且為正相關。

在許多論文中，研究者在 $p < 0.05$ 時，會在相關係數 r 的右上方加上 1 個 * 號，而 $p < 0.01$ 時，則加上 2 個 * 號，如果加上 3 個 * 號，則表示 $p < 0.001$。

二是由 ρ 信賴區間是否包含 0 來判斷。報表中 ρ 的 95% 信賴區間為 (0.147, 0.681)，中間不包含 0，因此與 0 有顯著差異。

Pearson 相關係數 r 會介於 −1 到 +1 之間。係數為正時，表示兩個變數呈現正向的共變關係，也就是某變數愈大時，另一個變數也愈大；而某個變數愈小時，另一個變數也愈小。係數為負時，表示兩個變數呈現負向的共變關係，某變數愈大時，另

一個變數就愈小；某變數愈小時，另一個變數就愈大。

當係數接近 0，稱為零相關，此時兩個變數可能沒有共變關係。不過，也有可能兩個變數是曲線關係。例如：壓力與表現一般呈現倒 U 型的關係，壓力太小或太大，表現都不好，適度的壓力，會有比較好的表現。如果變數間是曲線關係，就不應使用 Pearson 相關係數 r。要了解兩個變數間是否為線性關係，可以使用散布圖來判斷。

圖 16-20 是家中資源與學童科學素養的散布圖。由圖中可看出，36 個圓點大致呈左下到右上散布且為線性關係。圖中也顯示，$r = 0.453$，信賴區間 CI = (0.147, 0.681)。

圖 16-20　兩變數間之散布圖

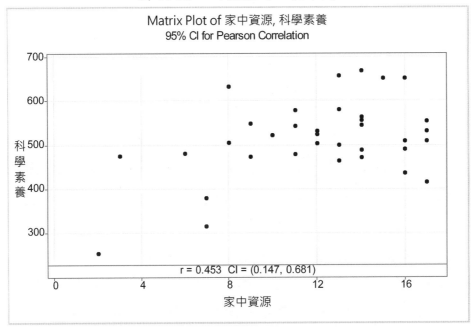

報表 16-5　Correlations

	家中資源	母親教育
母親教育	0.481	
科學素養	0.453	0.380

報表 16-5 是三個變數間的成對相關係數，其中家中資源與母親教育的 $r = 0.481$，家中資源與科學素養的 $r = 0.453$，母親教育與科學素養的 $r = 0.380$。

報表 16-6　Pairwise Pearson Correlations

Sample 1	Sample 2	N	Correlation	98.33% CI for ρ	P-Value
母親教育	家中資源	36	0.481	(0.107, 0.736)	0.003
科學素養	家中資源	36	0.453	(0.072, 0.719)	0.005
科學素養	母親教育	36	0.380	(-0.017, 0.673)	0.022

　　報表 16-6 是 3 個變數間兩兩的相關係數、信賴區間，及 P 值。由於同時檢定 3 個相關係數（$C_2^3 = 3 \times 2 / 2 = 3$），依理論應使用 Bonferroni 調整（Green & Salkind, 2014），將型一錯誤機率除以 3（0.05 / 3 = 0.0167）。此時，母親受教年數與科學素養的 $r = 0.380$，$P = 0.022$，P 值並未小於 0.0167，因此相關係數 0.380 與 0 並無顯著差異。家中資源與母親受教年數的相關係數 $r = 0.481$，$P = 0.003$，家中資源與科學素養分數的相關係數 $r = 0.453$，$P = 0.005$，P 值均小於 0.0167，因此相關係數與 0 有顯著差異。此處的信賴區間使用 $1 - .05 / 3 = .9833 = 98.33\%$加以調整，科學素養與母親教育相關的 98.33%（實際上視為 95%）信賴區間包含 0，因此 $r = 0.380$，與 0 沒有顯著差異。不過，在實際使用中，研究者通常未進行 Bonferroni 調整。

報表 16-7　Method

Correlation type	Spearman
Number of rows used	36
ρ: pairwise Spearman correlation	

　　報表 16-7 將三個變數視為次序變數，則計算所得的相關係數稱為 Spearman 等級相關 ρ。

報表 16-8　Correlations

	家中資源	母親教育
母親教育	0.463	
科學素養	0.289	0.277

報表 16-8 是三個變數間的成對 Spearman 等級相關係數，介於 0.277 – 0.463 之間。與報表 16-5 相比，Spearman 等級相關係數都比 Pearson 積差相關來得小。

報表 16-9　Pairwise Spearman Correlations

Sample 1	Sample 2	N	Correlation	98.33% CI for ρ	P-Value
母親教育	家中資源	36	0.463	(0.063, 0.735)	0.004
科學素養	家中資源	36	0.289	(-0.127, 0.619)	0.087
科學素養	母親教育	36	0.277	(-0.139, 0.610)	0.101

報表 16-9 是 3 個變數間兩兩的等級相關係數、信賴區間，及 P 值。其中家中資源與母親受教年數的等級相關 $\rho = 0.463$，$P = 0.004$，小於 0.0167，因此應拒絕虛無假設，表示 0.463 顯著不等於 0。其等級相關 95%信賴區間（已調整）為 (0.063, 0.735)，不含 0，因此母群等級相關 ρ 與 0 有顯著差異。

在本範例中，三個變數都是量的變數，因此分析結果以 Pearson 的 r 為準。

圖 16-21　三個變數間之散布圖

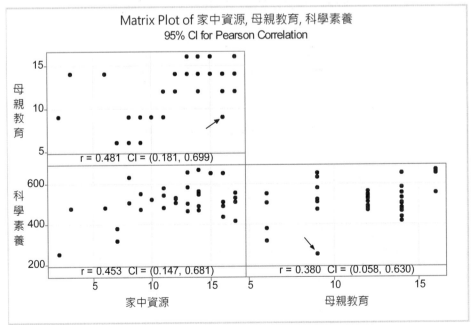

圖 16-21 是三個變數彼此間的散布圖。其中母親教育與家中資源 $r = 0.481$，是三個相關係數中最大者，不過，其中有一個學生家中資源較多，但是母親受教育年數相對較少，有可能是離異值（箭頭所指處）。科學素養與母親教育散布圖中也有一個可能的離異值。科學素養及家中資源的 $r = 0.453$，雖是中度正相關，但由散布圖來看，有可能是曲線相關。另外使用迴歸分析的 Fit Line Plot（適配線圖）分析，設定直線、二次曲線、三次曲線所得的 R^2 分別為 20.6%、32.7%、33.7%，因此兩者應為曲線相關，當然，也有可能是受離異值的影響，最好多蒐集資料再驗證一次。

16.5　計算效果量

Pearson 的 r 或是 Spearman 的 ρ 本身就是效果量，依據 Cohen（1988）的經驗法則，r 值之小、中、大的效果量分別是 ±.10、±.30，及 ±.50。本範例中的相關係數介於 0.380 – 0.481，均為中度的效果量。

當以家中資源為預測變數（predictor），科學素養為效標變數（criterion）時，其 $r^2 = (0.453)^2 = 0.205$，表示科學素養的變異量，可以被家中資源解釋的比例為 20.5%（圖 16-22 中，科學素養中灰色部分占全體面積的百分比為 20.5%）。

圖 16-22　家中資源對科學素養的解釋量

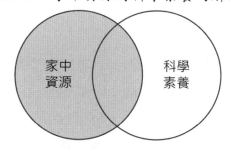

16.6　以 APA 格式撰寫結果

計算 36 名受試者的家中資源與科學素養成績，兩個變數的 Pearson 相關係數 $r(34) = .453$，$p = .005$，為中度的效果量，兩者有顯著的正相關。母親受教年數與家

中資源也有正相關，$r(34) = .481$，$p = .003$。

16.7 Pearson 積差相關假定

16.7.1 觀察體要能代表母群體，且彼此間獨立

觀察體獨立代表各個樣本不會相互影響，假使觀察體間不獨立，計算所得的 p 值就不準確。如果有證據支持違反了這項假定，就不應使用 Pearson 積差相關。

16.7.2 雙變數常態性

此項假定有兩個意涵：一是兩個變數在各自的母群中須為常態分配；二是在某個變數的任何一個數值中，另一個變數也要呈常態分配。如果違反此項假定，在 Minitab 中可以改用 Spearman 等級相關。

如果兩個變數間符合雙變數常態分配，則它們之間也會是線性關係（Green & Salkind, 2014）。當兩個變數是直線關係時，才適合使用 Pearson 積差相關，如果是曲線關係，則不應使用 Pearson 積差相關。

如果樣本數增加到 30 或 40 以上，則雙變數常態分配的假設就變得比較不重要（Cohen, 2007）。

16.7.3 沒有離異值

離異值（outlier）是與其他觀察體有明顯不同的觀察體。在計算相關係數時，如果出現離異值，就有可能影響相關的方向及強度。在圖 16-23 中，沒有離異值出現，此時相關係數 $r = .805$。如果將圖 16-23 右上角的觀察值改變到右下角成為離異值（如圖 16-24），此時相關係數便改變為 .563。如果再將左下角的觀察值移到左上角（如圖 16-25），則此時 r 為 .157，已經不顯著了。

使用散布圖可以快速檢視是否有離異值，如果有離異值出現，最好詳細檢查資料是否有誤，以免影響分析的正確性。即使資料登錄無誤，最好也要說明如何處理離異值。

圖 16-23　沒有離異值的散布圖

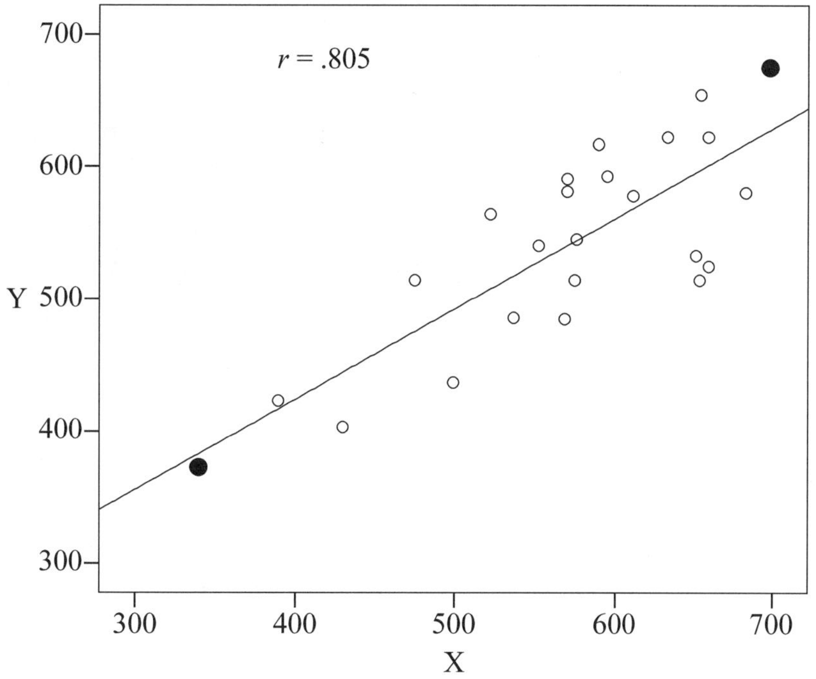

圖 16-24　有一個離異值的散布圖

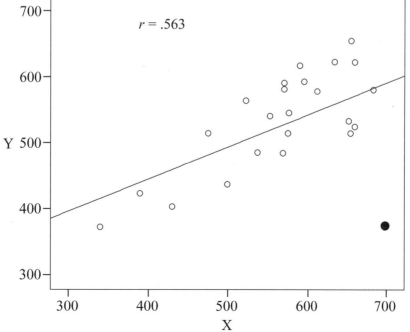

圖 16-25　有兩個離異值的散布圖

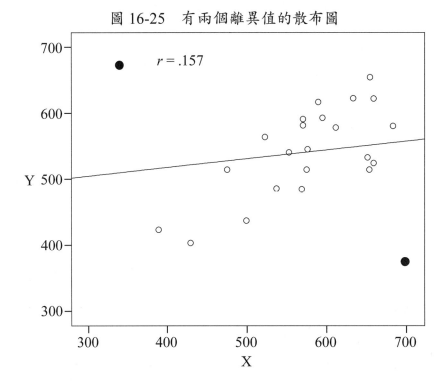

第17章
偏相關

　　偏相關（partial correlation）又稱為**淨相關**，旨在分析兩個量的變數，在控制（排除）其他量的變數之影響後的相關，適用的情境如下：

　　自變數與**依變數**：均為**量的變數**，多數情形下並無自變數與依變數的分別，為互依變數。

　　控制變數或共變量：一個或一個以上量的變數。

17.1　基本統計概念

17.1.1　目的

　　偏相關是一種統計控制的技術，目的在於將一個**額外變數**（extraneous）保持恆定，而分析另外兩個變數的相關。以下兩種情形，都可以使用偏相關。

　　兩個變數間有相關時，不代表它們之間有因果關係，有可能是某個共同的原因變數影響，使得它們有關聯。在圖 17-1 中，變數 A 與變數 B 有關聯，而它們是由共同原因變數 C 所影響，如果排除了變數 C 的影響，而變數 A 與變數 B 的相關係數變為 0，此稱為**虛假相關**（spurious relationship）（Green & Salkind, 2014）。

圖 17-1　C 為 A、B 的共同原因

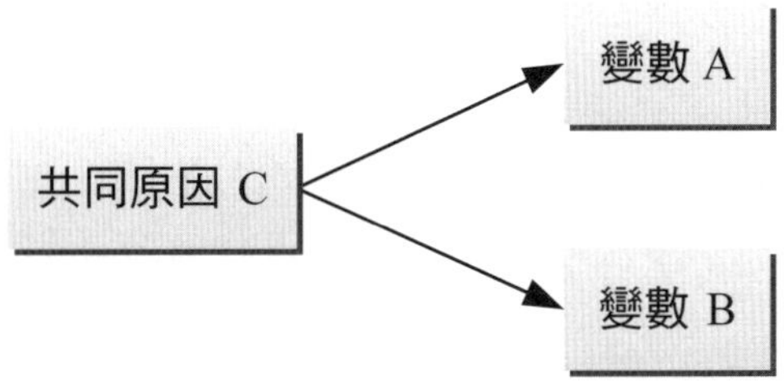

　　圖 17-2 中，變數 A 透過中介變數 M 影響變數 B，如果控制了變數 M 之後，變數 A 與變數 B 的相關程度降低或變為 0，則變數 M 就具有**中介效果**（Green & Salkind, 2014），變數 A 對變數 B 就是間接的影響效果。

圖 17-2　M 為 A、B 的中介變數

17.1.2　分析示例

以下的研究問題，都可以使用偏相關：

1.　控制了年齡之後，憂鬱分數與空腹血糖值的關聯。

2.　控制了教育期望之後，母親受教年數與子女學業成績的關係。

3.　控制了居民人數後，寺廟數與重大犯罪案件的關係。

17.1.3　統計概念

第 16 章分析了家中資源（物品）與學生科學素養的關聯，發現兩者的 Pearson 積差相關 $r = .453$，達 0.05 顯著水準（表 17-2）。在表 17-4 中也顯示，母親受教年數與這兩個變數的相關分別為 .481 及 .380（如圖 17-3）。由於母親受教年數較多，收入通常也較高，所以家中資源會較多；而母親教育程度高，也比較有能力教育孩子，所以孩子的科學素養也較高。因此，母親受教年數很可能是兩個變數的共同原因。如果排除了母親受教年數的影響之後，再分析家中資源與孩子的科學素養的關聯，就是兩者的偏相關。

如果只將家中資源的變異排除母親受教年數的影響，但是科學素養維持完整的變異，此時因為只排除一半（部分）的變異，所以稱為**半淨相關**（semi-partial correlation）或**部分相關**（part correlation）。

另一方面，母親受教年數不會對子女的科學素養有直接影響，而會透過教育期望、教養態度，或提供的各項資源產生間接效果。所以，家中資源也可能是母親受教年數與子女科學素養的中介變數（母親受教年數→家中資源→科學素養）。這兩種模型似乎都正確，也都可以使用偏相關分析，至於何者較合理，則最好能夠參考相關理論及研究，再決定是否使用偏相關分析。

圖 17-3　偏相關示意

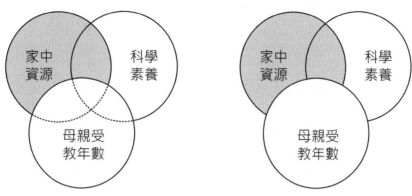

　　偏相關的概念與迴歸分析有密切的關係（迴歸分析請見本書第 18、19 章）。在圖 17-3，先以母親受教年數對家中資源進行簡單迴歸分析，在家中資源的變異中，如果可以被母親受教年數解釋的部分就加以排除，留下無法被解釋的部分（稱為殘差，residual）。接著再以母親受教年數對子女科學素養進行簡單迴歸分析，同樣留下殘差部分。最後，求兩個殘差的簡單相關，這就是控制母親受教年數後，家中資源與科學素養的偏相關。由於 Minitab 並無偏相關的分析程序，可以透過前述的分析步驟，間接求得偏相關，只是顯著性檢定要另外自行計算。

17.1.4　統計公式

　　表 17-1 為三個變數兩兩之間的 Pearson 相關係數。要計算排除母親受教年數（X_3）影響後，家中資源（X_1）與科學素養（X_2）的偏相關，公式為：

$$r_{12\cdot3} = \frac{r_{12} - r_{13}r_{23}}{\sqrt{1 - r_{13}^2}\sqrt{1 - r_{23}^2}}$$　　　　　　　　　　（公式 17-1）

將表 17-1 的數值代入之後，得到：

$$r_{12\cdot3} = \frac{0.453 - (0.481)(0.380)}{\sqrt{1 - 0.481^2}\sqrt{1 - 0.380^2}} = \frac{0.2708}{0.8111} = 0.334$$

計算結果與表 17-2 一致。

報表 17-1　Correlation: 家中資源, 母親受教年數, 科學素養

	家中資源	母親教育
母親教育	0.481	
科學素養	0.453	0.380

報表 17-2　Correlation: R 家中資源, R 科學素養

	R 家中資源
R 科學素養	0.334

17.1.5　顯著性檢定

偏相關同樣也使用 t 考驗，不過自由度改為 $n-3$，公式為：

$$t = \frac{r}{\sqrt{\frac{1-r^2}{n-3}}}$$

（公式 17-2）

Minitab 無法進行偏相關係數之檢定，只能自行計算。將表 17-2 中的偏相關係數代入，計算之後得到：

$$t = \frac{0.334}{\sqrt{\frac{1-(0.334)^2}{36-3}}} = \frac{0.334}{0.164} = 2.035$$

判斷標準同樣有二：一是在自由度為 33 的 t 分配中，$\alpha = 0.05$ 的臨界值為 2.0345（見圖 17-4），計算所得 t 值 2.035 稍大於 2.0345，因此應拒絕虛無假設。二是在自由度為 33 的 t 分配中，$|t|$ 要大於 2.035 的 $p = 0.04994$（見圖 17-5），已經小於 0.05，因此應拒絕虛無假設。總之，排除母親受教年數的影響後，家中資源與科學素養的偏相關 $r_p = 2.035$，$p < 0.05$，兩者仍有顯著正相關。

圖 17-4 自由度為 33，$\alpha = 0.05$ 的雙尾臨界值為 ±2.0345

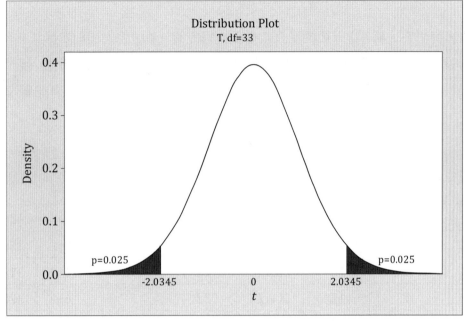

圖 17-5 自由度為 33，$|t| \geq 2.035$ 的 $p = 0.04994$

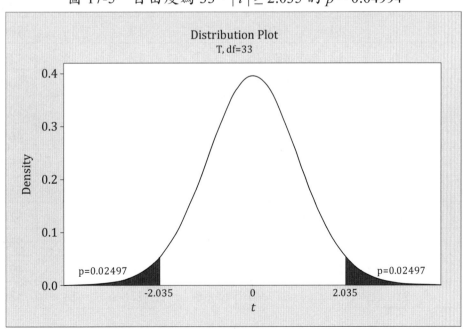

17.2 範例

研究者想要了解，當母親的受教年數保持恆定時，高中生家中的資源與科學素養是否有關聯，因此測得 36 名學生的家中資源與科學素養如表 17-1 之數據。請問：排除了母親受教年數的影響之後，家中的資源與科學素養兩兩之間是否有關聯？

表 17-1　36 名受試者的科學素養

學生	家中資源	母親受教年數	科學素養	學生	家中資源	母親受教年數	科學素養
1	14	16	668.35	19	16	14	434.30
2	14	12	544.14	20	2	9	250.60
3	15	16	652.50	21	7	6	314.10
4	17	12	508.24	22	7	6	378.35
5	13	14	499.57	23	11	12	478.87
6	17	16	554.40	24	14	12	563.91
7	11	12	542.28	25	15	14	652.22
8	13	14	463.48	26	13	14	580.70
9	14	12	487.26	27	17	14	414.71
10	12	12	523.82	28	8	6	503.95
11	16	9	507.96	29	12	14	503.30
12	9	9	471.60	30	14	12	469.54
13	6	14	479.06	31	13	16	657.91
14	14	14	554.59	32	16	9	652.22
15	8	9	632.08	33	10	9	520.74
16	9	6	548.81	34	12	12	531.28
17	3	14	475.14	35	16	12	490.25
18	11	9	577.90	36	17	14	530.34

17.2.1　變數與資料

表 17-1 中有 4 個變數，但是受試者代號並不需要輸入 Minitab 中，因此分析時使用 3 個變數即可。其中家中資源是家裡是否擁有某些物品，學生針對 17 種物品（如：書桌、自己的房間、網際網路等）回答是或否，最大值為 17，最小值為 0。母親受教年數最小值為 6（國小），最大值為 16（大學）。科學素養則是在 PISA 測驗的得分。

17.2.2　研究問題

在本範例中，研究者想要了解的問題可以陳述如下：

　　　　控制母親受教年數後，家中資源與科學素養是否有關聯？

17.2.3　統計假設

根據研究問題，虛無假設宣稱「控制母親受教年數後，家中資源與科學素養沒有關聯」：

$$H_0 : \rho_{(家中資源 \bullet 科學素養) \bullet 母親受教年數} = 0$$

而對立假設則宣稱「控制母親受教年數後，家中資源與科學素養仍有關聯」：

$$H_1 : \rho_{(家中資源 \bullet 科學素養) \bullet 母親受教年數} \neq 0$$

17.3　使用 Minitab 進行分析

1.　完整的 Minitab 資料檔，如圖 17-6。

圖 17-6　偏相關分析資料檔

→	C1	C2	C3	C4	C5	C6	C7	C8	^
	家中資源	母親教育	科學素養						
1	14	16	668.35						
2	14	12	544.14						
3	15	16	652.50						
4	17	12	508.24						
5	13	14	499.57						
6	17	16	554.40						
7	11	12	542.28						
8	13	14	463.48						
9	14	12	487.26						
10	12	12	523.82						
11	16	9	507.96						
12	9	9	471.60						
13	6	14	479.06						
14	14	14	554.59						
15	8	9	632.08						
16	9	6	548.81						
17	3	14	475.14						
18	11	9	577.90						
19	16	14	434.30						
20	2	9	250.60						
21	7	6	314.10						
22	7	6	378.35						
23	11	12	478.87						
24	14	12	563.91						
25	15	14	652.22						
26	13	14	580.70						
27	17	14	414.71						
28	8	6	503.95						
29	12	14	503.30						
30	14	12	469.54						
31	13	16	657.91						
32	16	9	652.22						
33	10	9	520.74						
34	12	12	531.28						
35	16	12	490.25						
36	17	14	530.34						

2. 在【Stat】（分析）選單中的【Regression】（迴歸）下之【Regression】（迴歸）選擇【Fit Regression Model】（適配迴歸模型）。

圖 17-7　Fit Regression Model 選單

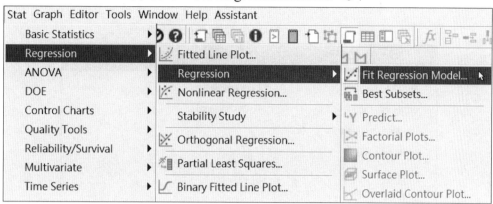

3. 將家中資源及科學素養選擇到【Responses】（反應變數），要排除的母親受教年數選擇到【Continuous Predictors】（連續的預測變數）中。

圖 17-8　Regression 對話框

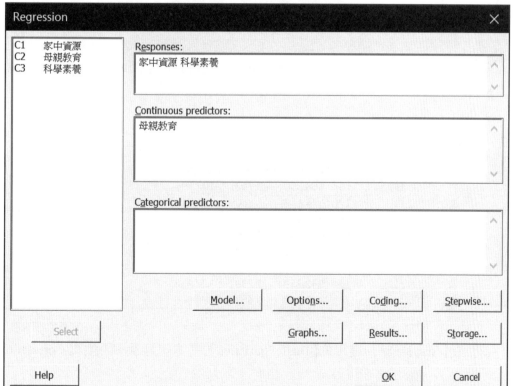

4. 在【Storage】（儲存）下勾選【Residuals】（殘差）。

圖 17-9　Regression: Storage 對話框

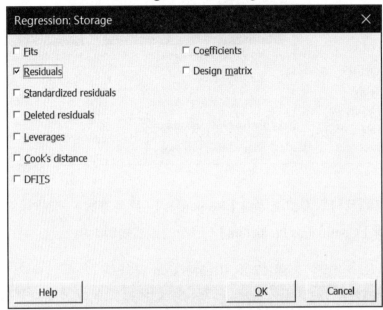

5. 分析後會在資料檔中增加 2 個殘差變數，分別將它們重新命名為 R 家中資源及
   R 科學素養。

圖 17-10　分析後資料檔（部分）

	C1	C2	C3	C4	C5	C6	C7
	家中資源	母親教育	科學素養	R家中資源	R科學素養		
1	14	16	668.350	-0.7427	102.796		
2	14	12	544.140	1.7669	24.718		
3	15	16	652.500	0.2573	86.946		
4	17	12	508.240	4.7669	-11.182		
5	13	14	499.570	-0.4879	-42.918		
6	17	16	554.400	2.2573	-11.154		
7	11	12	542.280	-1.2331	22.858		
8	13	14	463.480	-0.4879	-79.008		

6. 接著，在【Stat】（分析）選單的【Basic Statistics】（基本統計量）中選擇【Correlation】
   （相關）。

圖 17-11　Correlation 選單

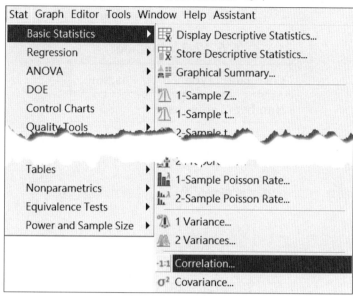

7.　將 R 家中資源及 R 科學素養兩個變數選擇到右邊的【Variables】（變數）框中，
並點擊【OK】（確定）按鈕進行分析。

圖 17-12　Correlation 對話框

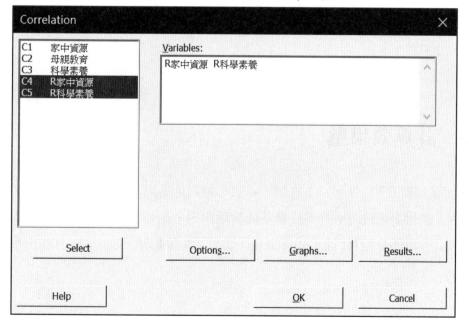

17.4 報表解讀

報表 17-3　Method

Correlation type	Pearson
Number of rows used	36
ρ: pairwise Pearson correlation	

報表 17-3 說明計算兩個殘差變數的 Pearson 相關，代號為 ρ，共有樣本大小為 36。

報表 17-4　Correlations

	R 家中資源
R 科學素養	0.334

表 17-4 只有兩個新變數的 Pearson 相關（此時應稱為偏相關），係數為 0.334，表示在將母親受教年數保持恆定之後，家中資源與科學素養的偏相關 $r_p = 0.334$，$p = 0.050$（自行計算），兩者的關聯程度已經降低了。多數時候，偏相關會比零階相關小（Cohen, 2007）。

顯著性檢定請見 17.1.5 節之說明。

17.5 計算效果量

偏相關係數介於 −1 及 +1 之間，係數的絕對值愈大，關聯強度愈高，效果量愈大。不過，偏相關係數的平方不代表某個變數對另一個變數的解釋量。如果要計算解釋量，可以改用部分相關（part correlation，或稱為半偏相關，semi-partial correlation）。

17.6　以 APA 格式撰寫結果

　　控制了母親的受教年數之後，計算 36 名受試者的家中資源與科學素養成績的偏相關，兩個變數的一階偏相關係數 $r_p(33) = .334$，$p = .05$，仍有顯著的關聯。

17.7　偏相關假定

17.7.1　觀察體要能代表母群體，且彼此間獨立

　　觀察體獨立代表各個樣本不會相互影響，假使觀察體間不獨立，計算所得的 p 值就不準確。如果有證據支持違反了這項假定，就不應使用偏相關。

17.7.2　多變量常態性

　　此項假定有兩個意涵：一是每個變數在各自的母群中須為常態分配；二是某一個變數在其他變數的組合數值中，也要呈常態分配。如果變數間符合多變量常態分配，則它們之間也會是線性關係（Green & Salkind, 2014）。如果樣本數夠大，則違反此項假定就不算太嚴重。

第 18 章
簡單迴歸分析

簡單迴歸分析（regression analysis）旨在使用一個量的變數預測另一個量的變數，適用的情境如下：

預測變數（自變數）：一個**量的變數**，如果為質的變數，應轉換為**虛擬變數**（dummy variable）。

效標變數（依變數）：一個量的變數。

18.1　簡單迴歸分析的適用情境

18.1.1　目的

迴歸分析的功能有二：一為**解釋**，二為**預測**。解釋的功能主要在於說明兩變數間的**關聯強度**及**關聯方向**；預測的功能則是使用迴歸方程式（模型），**利用已知的自變數來預測未知的依變數**。

18.1.2　分析示例

以下的研究問題，都可以使用簡單迴歸分析：

1.　行銷費用是否能預測營業額。
2.　壓力是否能預測血糖值。
3.　高等教育人口率是否能預測國家人均所得。
4.　科技的易用性是否能預測使用意願。

18.1.3　統計公式

在介紹簡單相關的概念時，曾說明經由繪製散布圖以了解兩個變數之間是否為直線關係。如果能找到一條最適合的直線（稱為迴歸線），以代表兩個變數的關係，此時就可以透過此直線的方程式，以進行預測。

簡單迴歸方程式（模型）為：

$$\hat{Y} = bX + a \qquad\qquad\text{（公式 18-1）}$$

其中 b 是迴歸的**原始加權係數**，又稱為**斜率**（slope），是 X 變數每改變 1 個單

位，Y 變數的變化量。a 是**常數項**（constant），又稱為**截距**（intercept），是迴歸線與 Y 軸相交之處，是 $X = 0$ 時，Y 的平均數。$\hat{Y}$ 是由 X 所預測的數值，與真正的 Y 變數有差距（稱為**殘差**，residual），殘差 $e = Y - \hat{Y}$。迴歸分析常使用**最小平方法**（least squares method, LSM）求解，其目的在使 Σe^2 為最小〔 $\Sigma e^2 = \Sigma(Y - \hat{Y})^2$ 〕。求解後，

$$b = \frac{CP_{XY}}{SS_X} = \frac{s_{XY}}{s_Y^2} \qquad\qquad\qquad （公式 18-2）$$

$$a = \overline{Y} - b\overline{X} \qquad\qquad\qquad （公式 18-3）$$

X、Y 變數通常是不同的單位，如果分別將它們化為 Z 分數，求得的迴歸方程式為：

$$Z_{\hat{Y}} = \beta Z_X \qquad\qquad\qquad （公式 18-4）$$

β 為迴歸之**標準化加權係數**。在簡單迴歸中，標準化迴歸係數會等於 Pearson 相關係數，

$$\beta = r$$

以圖 18-1 為例，研究者以 100 名國中學生為受試者，測得了他們的智商及學業成績，求得迴歸方程式為 $\hat{Y} = 1.271X + 28.985$，其中截距為 28.985，而斜率為 1.271，是 $\dfrac{對邊}{鄰邊}$ 的比率，代表智商每多 1 分，成績就會多 1.271 分。

圖 18-1 原始迴歸係數

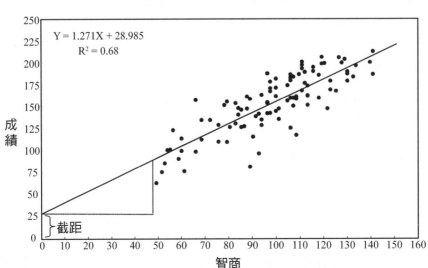

如果將兩個變數都化成 Z 分數後，截距就等於 0，斜率也變為 0.825（等於兩個變數的積差相關係數 r）。圖中的 R^2 為 0.68，將在後面說明。

圖 18-2　標準化迴歸係數

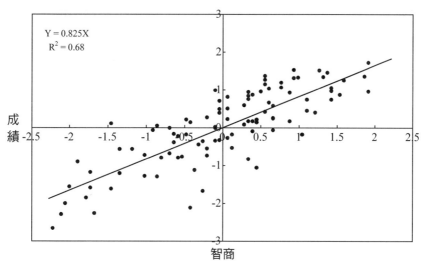

假設學生的智商為 100，代入 $\hat{Y} = 1.271 \times 100 + 28.985 = 155.995 \approx 156$，則研究者會預測其成績為 156 分。然而，從圖 18-3 可看出，同樣是智商 100，有些學生的成績會高於 156 分，有些學生則低於 156 分，所以會有殘差。

殘差 ＝ 實際值 － 預測值　　　　　　　　　　　　　　　　　　　（公式 18-5）

圖 18-3　以迴歸模型進行預測

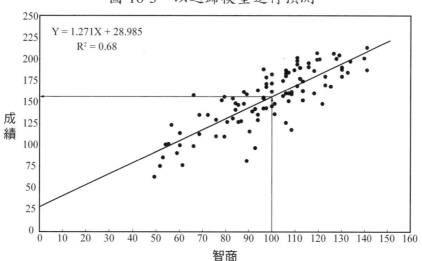

18.1.4 整體檢定

迴歸分析的檢定主要有兩種，一是整體檢定，以 F 檢定進行；二是個別檢定，以 t 檢定進行。

整體檢定在考驗：所有的自變數是否可以共同預測依變數。統計假設可寫為：

$$\begin{cases} H_0 : R^2 = 0 \\ H_1 : R^2 \neq 0 \end{cases}$$

或是

$$\begin{cases} H_0 : R = 0 \\ H_1 : R \neq 0 \end{cases}$$

在說明 F 檢定之前，要先說明變異數分析的概念。迴歸分析也可以比照變異數分析的方式，將離均差平方和（SS）進行拆解，圖示如下：

圖 18-4　迴歸分析平方和的拆解

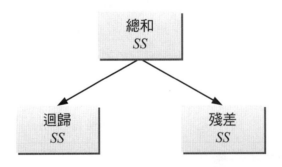

當研究者不知道有 X 變數，而想預測個別的 Y 變數時，最好的方法就是使用平均數 $\overline{Y}$。平均數有兩個特性，一是 $\Sigma(Y - \overline{Y}) = 0$，二是 $\Sigma(Y - \overline{Y})^2$ 為最小。$\Sigma(Y - \overline{Y})^2$ 就是 Y 變數的離均差平方和（SS_Y），一般稱為 SS_{total}。

如果知道 X 變數而想預測 Y 變數，最好的方法就是使用 $\hat{Y}$（因為 $\hat{Y} = bX + a$），$\Sigma(\hat{Y} - \overline{Y})^2$ 代表使用 $\hat{Y}$ 取代 $\overline{Y}$ 來預測 Y 而減少的錯誤，$SS_{reg} = \Sigma(\hat{Y} - \overline{Y})^2$。

前面說過：$\Sigma e^2 = \Sigma(Y - \hat{Y})^2$，這是使用迴歸方程式不能預測到 Y 的部分，也就是知道 X 而預測 Y 但仍不能減少的錯誤，$SS_{res} = \Sigma(Y - \hat{Y})^2$。

總之：

1.　　SS_{total} 是依變數 Y 的總變異。

2.　　SS_{reg} 是使用迴歸模型 $\hat{Y} = bX + a$ 預測 Y，可減少的錯誤。

3.　　SS_{res} 是使用迴歸模型仍然不能減少的錯誤，是殘差的變異。

圖 18-1 的資料，以 Minitab 分析可以整理成表 18-1：

表 18-1　Minitab 之變異數分析摘要表

變異來源	DF (自由度)	SS (平方和)	MS (平均平方和)	F	P
迴歸	1	78530.986	78530.986	208.322	0.000
殘差	98	36942.904	376.968		
總和	99	115473.890			

在表 18-1 中，平方和的計算方法如前所述。自由度部分，總和為 $N-1$，因為總人數為 100，所以總和的自由度為 $100-1=99$；迴歸的自由度為自變數（預測變數）的數目 k（在簡單迴歸中為 1）；殘差的自由度為 $N-1-k = N-2 = 98$。平均平方和（簡稱均方，MS）為平方和除以自由度。其中，總和的均方並未計算，如果以公式來看，它等於 $\dfrac{\Sigma(Y-\bar{Y})^2}{N-1}$，就是 Y 變數的變異數，因此，均方也就等於變異數。將迴歸的 MS 除以殘差的 MS，就是 F 值，亦即：

$$F = \frac{MS_{reg}}{MS_{res}} = \frac{SS_{reg}/df_{reg}}{SS_{res}/df_{res}} \qquad (公式\ 18\text{-}6)$$

在自由度為 1, 98 的 F 分配中，要大於 208.322 的機率小於 0.001，如果 α 設為 0.05，此時應拒絕虛無假設，也就是用所有的自變數可以顯著預測依變數。

由表 18-1 中也可以算出：

$$SS_{total} = SS_{reg} + SS_{res} \qquad (公式\ 18\text{-}7)$$

亦即：

$$SS_{reg} = SS_{total} - SS_{res} \qquad (公式\ 18\text{-}8)$$

在計算變數間的關聯時，一般會選用具有**消減錯誤比例** (proportional reduction in error, PRE) 功能的統計量數：

$$PRE = \frac{E_1 - E_2}{E_1}$$
(公式 18-9)

在迴歸分析中，E_1 是不知道 X 變數而直接預測 Y 變數時的錯誤，也就是 SS_{total}；E_2 是知道 X 而預測 Y 的錯誤，也就是 SS_{res}，因此迴歸分析的 PRE 就是：

$$PRE = \frac{SS_{total} - SS_{res}}{SS_{total}} = \frac{SS_{reg}}{SS_{total}} = R^2$$
(公式 18-10)

R^2 稱為**決定係數** (coefficient of determination)，代表 X 變數對 Y 變數的解釋力，也是迴歸分析的效果量。在此例中，$R^2 = \frac{78530.986}{115473.890} = 0.68$，表示用智商可以解釋成績變異量的 68%。$\sqrt{R^2} = R$，稱為**多元相關係數**，它是預測值 $\hat{Y}$ 與 Y 的 Pearson r。

不過，迴歸方程式應用在不同樣本時，解釋力通常都會降低，因此一般會使用調整後的 $\hat{R}^2$：

$$\hat{R}^2 = 1 - (1 - R^2)\frac{N-1}{N-k-1}$$
(公式 18-11)

代入數值，得到：

$$\hat{R}^2 = 1 - (1 - 0.68)\frac{100-1}{100-1-1} = 0.677$$

18.1.5 個別檢定

個別檢定在考驗：迴歸模型中的每個自變數是否都可以預測依變數。在簡單迴歸分析中，因為只有一個自變數，所以整體檢定的結果會與個別檢定一致。統計假設寫為：

$$\begin{cases} H_0 : \beta = 0 \\ H_1 : \beta \neq 0 \end{cases}$$

個別檢定採取 t 檢定，方式是將未標準化（原始）迴歸係數除以標準誤：

$$t = \frac{未標準化係數}{標準誤} \qquad\qquad （公式 18-12）$$

由 Minitab 的報表可看出，智商的原始迴歸係數為 1.271，$t = \frac{1.271}{0.088} = 14.433$（有誤差是因四捨五入的關係），$p < 0.001$，達到 0.05 顯著水準，表示用智商可以顯著預測學生的成績。且當只有一個自變數時，此 t 值的平方就會等於前述的 F 值（也就是 $14.433^2 = 208.322$）。

常數（截距）的 $t = \frac{28.985}{8.889} = 3.261$，$p = 0.002$，也小於 0.05，表示常數項不為 0。

在此應留意：

1.　常數項是當 $X = 0$ 時，Y 的平均數，然而，X 變數經常不會等於 0。在此例中，智商為 0 是不可能發生的事，因此迴歸分析中，研究者通常比較關心斜率的檢定，相對比較不關心截距的檢定。

2.　除非有特別的理由，否則即使 t 檢定的結果不顯著，截距 a 仍不設定為 0。

3.　以同樣的變數進行分析，如果迴歸方程式不包含常數項，R^2 通常會大幅增加，斜率也會改變。

表 18-2　係數

項目	係數	標準誤	T 值	P 值
常數	28.985	8.889	3.261	0.002
智商	1.271	0.088	14.433	0.000

由表 18-2 可看出：

1.　原始迴歸方程式為：

　　　成績 $= 1.271*$智商 $+ 28.985$

2.　β_1（1.271）顯著不為 0，智商多 1 分，成績就多 1.271 分。

18.1.6　效果量

整體檢定後達到統計上的顯著，接著計算效果量。

因為簡單迴歸分析只有一個自變數與依變數，此時，多元相關 R 等於 Pearson r 的絕對值（$R = |r|$），而 $R^2 = r^2$。如果使用 R 當效果量，依據 Cohen (1988) 的經驗法則，R 值之小、中、大的效果量分別是 .10、.30，及 .50。

不過，一般常用的效果量是 R^2，它代表預測變數可以解釋效標變數變異量的比例，依據 Cohen（1988）的經驗法則，R^2 值之小、中、大的效果量分別是 .01、.09，及 .25。在本範例中，$R^2 = .23$，調整後 $R^2 = .20$，接近大的效果量。

18.1.7 交叉驗證

已建立好的模型，是否可以應用到不同的樣本？這時需要使用交叉驗證（cross validation）。Minitab 提供三種交叉驗證方法。

第一種是 Holdout 法，它的步驟有：

1. 把資料隨機分成兩組，一組為訓練資料集（training set），另一組為測試資料集（testing set）。Minitab 預設測試組為 30%的觀察體。

2. 以訓練資料建立迴歸模型，求得迴歸方程式。

3. 將測試資料集當中預測變數的數值代入迴歸方程式，求得效標變數的預測值及殘差。

4. 以測試資料集當中效標變數實際值的變異數（或離均差平方和）及殘差平均平方和（或殘差平方和）計算 R^2：

$$R^2 = 1 - \frac{\frac{1}{n}\Sigma(Y-\hat{Y})^2}{\frac{1}{n}\Sigma(Y-\overline{Y})^2} = 1 - \frac{\Sigma(Y-\hat{Y})^2}{\Sigma(Y-\overline{Y})^2} = 1 - \frac{\Sigma e^2}{\Sigma(Y-\overline{Y})^2} \qquad \text{（公式 18-13）}$$

第二種是 K-fold 法，它改進 Holdout 法，建立模型及預測的方法相同，只是反覆進行 k 次，步驟如下：

1. 先把所有資料平分成 k 組（Minitab 預設 $k = 10$）。

2. 依序取其中一組當測試資料，其餘 $k - 1$ 組合併為訓練資料。

3. 接著使用 Holdout 的方法以訓練組建立模型，再對測試組進行預測，得到預測值及殘差，如此進行 k 次後，得到所有觀察體的預測值及殘差值。

4. 再以公式 18-13 計算 R^2。

第三種方法與第二種類似，只是把所有樣本分成 n 組，也就是一組只有一個觀察體，用其他 $n-1$ 個觀察體建立迴歸模型，逐次對每一個觀察體進行預測，得到預測值及殘差值，反覆進行 n 次後，得到所有觀察體的預測值及殘差值，再計算 R^2。此方法一般稱為留一交叉驗證（leave-one-out cross validation, LOOCV），而其 R^2 在 Minitab 中稱為預測的 R^2（predicted R-squared）。

交叉驗證報表將於下一章多元迴歸分析說明之。

18.2　範例

研究者想要了解學生的閱讀態度是否可以預測他的閱讀素養，由 PISA 資料庫中隨機選取 30 個樣本，得到表 18-3 之數據。請問：閱讀態度是否可以預測閱讀素養？

表 18-3　30 名受試者的閱讀素養成績

受試者	閱讀態度	閱讀素養	受試者	閱讀態度	閱讀素養
1	34	635.98	16	30	509.59
2	33	588.48	17	16	431.19
3	33	585.75	18	23	513.28
4	35	541.34	19	34	374.43
5	33	381.57	20	29	531.48
6	28	592.49	21	27	463.12
7	34	499.98	22	29	468.71
8	36	652.90	23	30	493.56
9	40	560.35	24	36	629.07
10	27	506.33	25	29	572.66
11	43	473.60	26	32	639.24
12	15	384.23	27	27	465.50
13	24	470.39	28	42	645.99
14	20	472.16	29	32	409.73
15	35	535.25	30	20	454.44

18.2.1 變數與資料

表 18-3 中有 3 個變數，但是受試者代號並不需要輸入 Minitab 中，因此分析時使用 1 個預測變數及 1 個效標變數。預測變數是受試者的閱讀態度，由 11 個題目組成（如：必要時我才閱讀、閱讀是我喜愛的嗜好之一、我覺得讀完一本書很難等），為 4 點量表形式（1 為非常不同意、2 為不同意、3 為同意、4 為非常同意），反向題重新轉碼後再加總，總分最低為 11 分，最高為 44 分。效標變數為 PISA 閱讀測驗分數。2 個變數都屬於量的變數。

18.2.2 研究問題

在本範例中，研究者想要了解的問題可以陳述如下：

閱讀態度是否可以預測閱讀素養成績？

18.2.3 統計假設

根據研究問題，虛無假設宣稱「閱讀態度不能預測閱讀素養成績」：

$$H_0 : \beta_{閱讀態度} = 0$$

而對立假設則宣稱「閱讀態度可以預測閱讀素養成績」：

$$H_1 : \beta_{閱讀態度} \neq 0$$

18.3 使用 Minitab 進行分析

1. 完整的 Minitab 資料檔，如圖 18-5。

圖 18-5　簡單迴歸分析資料檔

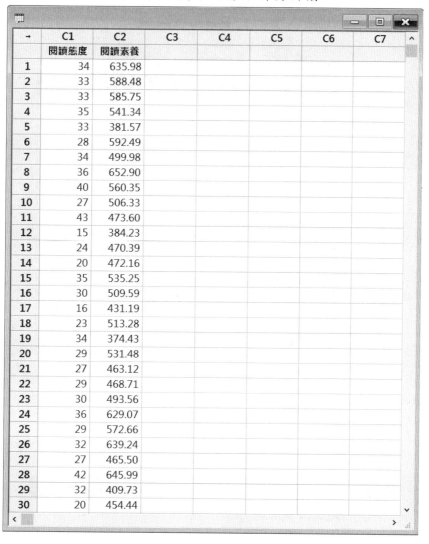

→	C1	C2	C3	C4	C5	C6	C7
	閱讀態度	閱讀素養					
1	34	635.98					
2	33	588.48					
3	33	585.75					
4	35	541.34					
5	33	381.57					
6	28	592.49					
7	34	499.98					
8	36	652.90					
9	40	560.35					
10	27	506.33					
11	43	473.60					
12	15	384.23					
13	24	470.39					
14	20	472.16					
15	35	535.25					
16	30	509.59					
17	16	431.19					
18	23	513.28					
19	34	374.43					
20	29	531.48					
21	27	463.12					
22	29	468.71					
23	30	493.56					
24	36	629.07					
25	29	572.66					
26	32	639.24					
27	27	465.50					
28	42	645.99					
29	32	409.73					
30	20	454.44					

2. 16 版之前的 Minitab 中是在【Stat】（統計）選單中的【Regression】（迴歸）選擇【Regression】（迴歸）。

圖 18-6　Regression 選單

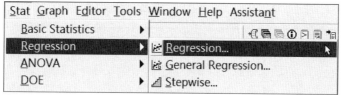

3. 將依變數閱讀素養選擇到【Response】（反應變數）中，自變數閱讀態度選擇到
【Predictors】（預測變數）中。

圖 18-7　Regression 對話框

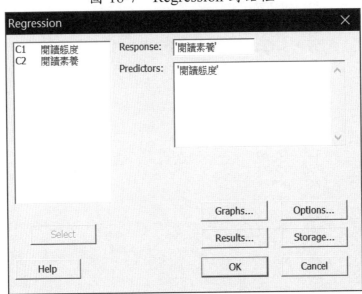

4. 在【Results】（結果）中選擇第二個項目，包含迴歸方程式、係數表、s、R^2，及
基本的變異數分析。

圖 18-8　Regression - Results 對話框

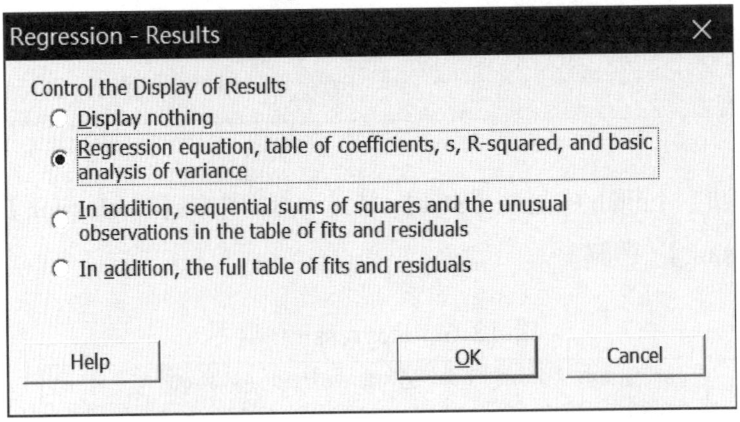

5.　選擇完成，點擊【OK】（確定）按鈕進行分析。

圖 18-9　Regression 對話框

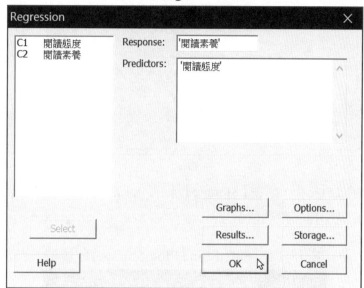

6.　在 19 版中，迴歸分析已經有大幅度的改變，如果要接近 16 版的分析結果，可以在【Stat】（統計）選單中的【Regression】（迴歸）選擇【Fitted Line Plot】（適合線圖）。

圖 18-10　Fitted Line Plot 選單

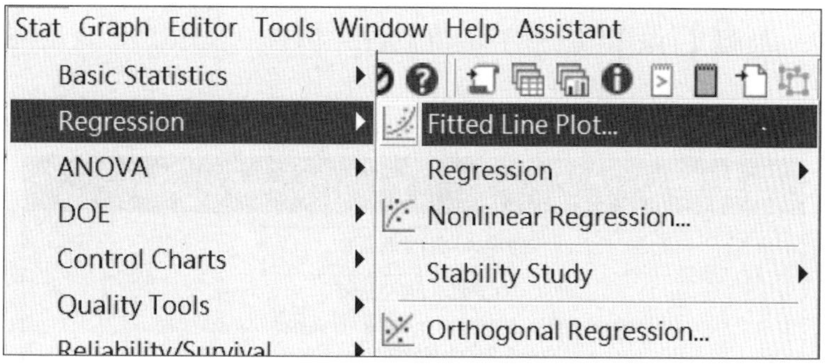

7.　將依變數閱讀素養選擇到【Response(Y)】（反應變數）中，自變數閱讀態度選擇到【Predictor(X)】（預測變數）中，【Type of Regression Model】（迴歸模型類型）為【Linear】（線性）。

圖 18-11　Fitted Line Plot 對話框

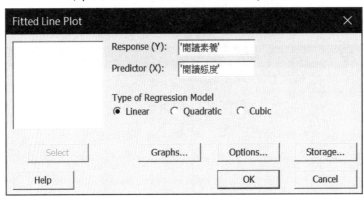

8. 如果要儲存分析結果，則在【Storage】（儲存）下設定。勾選【Residuals】（殘差）及【Fits】（適配值、預測值）。

圖 18-12　Fitted Line Plot: Storage 對話框

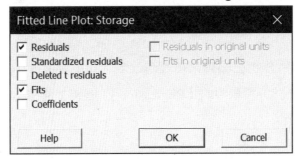

9. 選擇完成，點擊【OK】（確定）按鈕進行分析。

圖 18-13　Fitted Line Plot 對話框

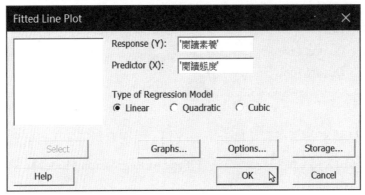

10. 由於 Minitab 無法計算標準化迴歸係數，只能自行將分析變數標準化之後，再進行迴歸分析。在【Calc】（計算）選單中選擇【Standardize】（標準化）。

圖 18-14 Standardize 選單

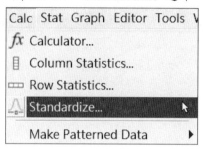

11. 將需要標準化的變數選擇到【Input column(s)】（輸入欄）中，在【Store results in】（儲存結果到）中輸入欄位名稱（C3 C4）或直接輸入新的變數名稱（本範例直接在原來變數名稱前加 Z）。

圖 18-15 Standardize 對話框

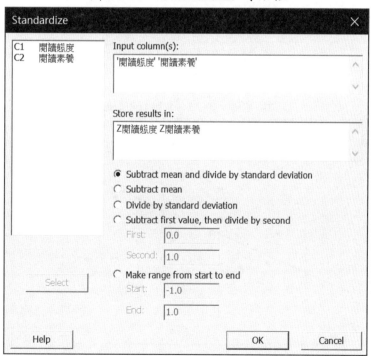

12. 以標準化後的變數重新進行迴歸分析，反應變數為 Z 閱讀素養，預測變數為 Z 閱讀態度。

圖 18-16　Fitted Line Plot 對話框

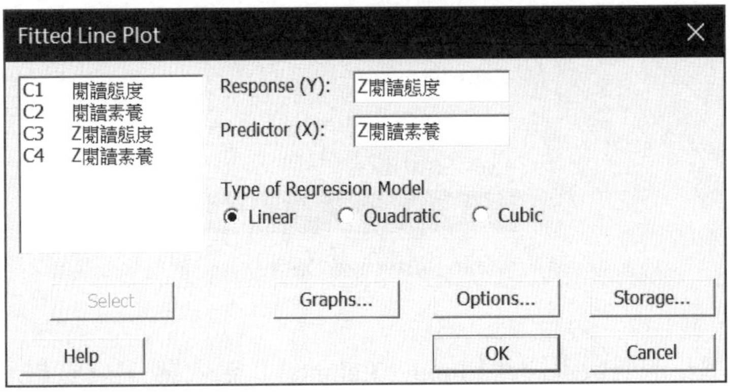

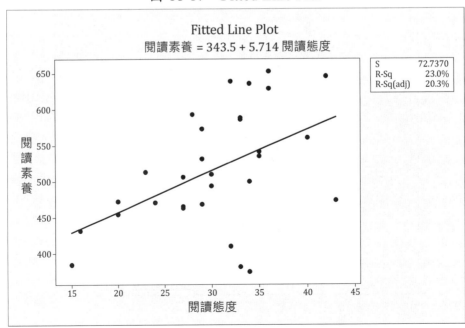

18.4　報表解讀

以下先說明散布圖，再逐一解釋分析所得報表。

圖 18-17　Fitted Line Plot

　　圖 18-17 是迴歸的最佳適合線圖。X 軸是自變數「閱讀態度」，Y 軸是依變數「閱讀素養」，迴歸線呈左下至右上趨勢，因此兩個變數有正相關，斜率是正數（由圖中的方程式可看出是 5.714），圖中顯示迴歸方程式為：

$$閱讀素養 = 343.5 + 5.714 \times 閱讀態度$$

　　由於 X 軸並未從 0 開始，因此在圖中如果延長迴歸線至 Y 軸，並不會等於 343.5。圖中的右上角顯示 $R^2 = 23.0\%$（等於 .230），調整 $R^2 = 20.3\%$（等於 .203），迴歸估計標準誤為 72.7370。

報表 18-1　Analysis of Variance

Source	DF	SS	MS	F	P
Regression	1	44304	44304	8.37	0.007
Residual Error	28	148139	5291		
Total	29	192443			

　　報表 18-1 在進行迴歸分析的整體檢定（也就是在檢定「所有的預測變數是否可以聯合預測效標變數」）。報表中，總和的 SS 是效標（反應）變數的總變異量（閱讀素養的離均差平方和），迴歸的 SS 是可以使用迴歸方程式預測到的變異量（也就是未標準化預測值的離均差平方和），而殘差的 SS 則是無法由迴歸方程式預測到的變異量（也就是未標準化殘差值的離均差平方和）。總和的自由度為樣本數減 $1(N-1)$，迴歸的自由度等於自變數數目（此處為 1），殘差的自由度為 $N-k-1 = 30-1-1 = 28$。SS 除以各自的自由度，就是平均平方和（MS）。F 的公式為：

$$F = \frac{迴歸 MS}{殘差 MS}$$

代入數值，得到：

$$F = \frac{44304}{5291} = 8.37$$

在自由度是 1 及 28 的 F 分配中，要大於 8.37 的機率值（p）為 0.007，已經小於

0.05，表示「所有的」預測變數可以聯合預測效標變數。由於簡單迴歸中「只有一個」預測變數，所以此處的 p 值會等於報表 18-3 中閱讀態度的 p 值。

報表 18-2　Model Summary

S = 72.7370	R-Sq = 23.0%	R-Sq(adj) = 20.3%

報表 18-2 在呈現迴歸分析的效果量。報表中 R^2 的計算方法為：

$$R^2 = \frac{\text{迴歸} SS}{\text{總和} SS}$$

代入報表 18-1 的數值，得到：

$$R^2 = \frac{44304}{192443} = .230 = 23.0\%$$

R^2 代表效標變數（閱讀素養）的變異量，可以由預測變數（閱讀態度）解釋的比例。由於 R^2 會高估母群中預測變數對效標變數的解釋量，此時可以使用調整後的 R^2 加以修正。它的公式是：

$$\hat{R}^2 = 1 - (1 - R^2) \frac{N-1}{N-k-1}$$

代入數值後得到：

$$\hat{R}^2 = 1 - (1 - .230) \frac{30-1}{30-1-1} = .203 = 20.3\%$$

估計的標準誤等於報表 18-1 中殘差 MS 的平方根，代入數值，得到：

$$\sqrt{5291} = 72.7370$$

估計的標準誤是使用預測變數所不能預測部分（殘差）的標準差（分母為 $N-2$），表示使用閱讀態度來預測閱讀素養，平均會有 72.7370 分的誤差。

報表 18-3　Coefficients

Predictor	Coef	SE Coef	T	P
Constant	343.52	61.10	5.62	0.000
閱讀態度	5.714	1.975	2.89	0.007

報表 18-3 是使用 Minitab 16 版分析所得的迴歸係數，同時也進行 t 檢定。

第一欄說明預測變數（Predictor）為常數項及閱讀態度。第二欄是原始迴歸係數（Coef），分別為 343.52 及 5.714，因此本範例的迴歸方程式為：

$$\hat{Y}_{閱讀素養} = 343.52 + 5.714 \times 閱讀態度$$

當閱讀態度每增加 1 分，閱讀素養測驗成績就增加 5.714 分。以第 1 位受試者為例，由表 18-3 可看出，他的閱讀態度是 34 分，代入公式可得到未標準化預測值 $\hat{Y}$：

$$\hat{Y}_{閱讀素養} = 343.52 + 5.714 \times 34 = 537.807$$

未標準化的殘差公式為：

殘差 ＝ 實際值 － 預測值

再由表 18-3 可看出，第 1 位受試者的閱讀素養是 635.98 分，因此未標準化的殘差就是：

殘差 ＝ 635.98 － 537.807 = 98.173

圖 18-18 是使用迴歸方程式計算所得的預測值（FITS_1）及殘差值（RESI1）。由圖可以看出，第 2、3、5 位受試者的閱讀態度分數都相同，因此預測所得的閱讀素養預測值也都是 532.093，然而實際他們的閱讀素養分數都不相同，殘差值也有差異。第 5 位受試者的殘差值為 −150.523，使用迴歸公式預測，會高估了他的閱讀素養。

圖 18-18　前 5 位受試者的預測值及殘差值

→	C1	C2	C3	C4	C5	C6
	閱讀態度	閱讀素養	FITS1	RESI1		
1	34	635.98	537.807	98.173		
2	33	588.48	532.093	56.387		
3	33	585.75	532.093	53.657		
4	35	541.34	543.522	-2.182		
5	33	381.57	532.093	-150.523		

至於迴歸係數是否顯著不等於 0，則使用報表 18-3 第四欄的 t 檢定，t 值是由第二欄的係數除以第三欄的係數標準誤：

$$t = \frac{未標準化係數}{係數標準誤}$$

閱讀態度迴歸係數的 t 值，即為：

$$t = \frac{5.714}{1.975} = 2.89$$

在自由度是 28（見報表 18-1 殘差的自由度）的 t 分配中，t 的絕對值要大於 2.89 的 p 值為 0.007，因為 $p < 0.05$，要拒絕虛無假設，所以迴歸係數 5.714 顯著不等於 0。當只有一個預測變數時，t^2 會等於報表 18-1 的 F 值（$2.89^2 = 8.37$），兩者的 p 值也會相同（都是 0.007）。常數項為 343.52，代表閱讀態度為 0 時，學生的平均閱讀素養測驗分數為 343.52。然而，在本範例中，閱讀態度最低為 11 分，常數項並無太大意義。因此，在迴歸分析中，研究者通常比較不關心常數項的檢定。

報表 18-4　Regression Equation

The regression equation is
閱讀素養 ＝ 344 + 5.71 閱讀態度

報表 18-4 指出迴歸方程式為：

閱讀素養 ＝ 344 + 5.71 × 閱讀態度

報表 18-5　Coefficients

Predictor	Coef	SE Coef	T	P
Constant	0.0000	0.1630	0.00	1.000
Z 閱讀態度	0.4798	0.1658	2.89	0.007

報表 18-5 是將兩個變數都標準化之後，分析所得的係數（標準化係數），此時常數項為 0，閱讀態度的係數為 0.4798（T 值及 P 值與未標準化係數相同），表示閱讀態度增加 1 個 Z 值（或標準差），則閱讀素養增加 0.4798 個 Z 值（或標準差）。在簡單迴歸中，標準化迴歸係數會等於預測變數及效標變數的相關係數 r。

18.5　計算效果量

由於檢定後達到統計上的顯著，因此應計算效果量。一般常用的效果量是 R^2，它代表預測變數可以解釋效標變數變異量的比例，依據 Cohen（1988）的經驗法則，R^2 值之小、中、大的效果量分別是 .01、.09，及 .25。在本範例中，$R^2 = .23$，調整後 $R^2 = .20$，接近大的效果量。

18.6　以 APA 格式撰寫結果

研究者進行簡單迴歸分析，以閱讀素養為效標變數，閱讀態度為預測變數，$\beta = 0.48$，$t = 2.89$，$p = .007$，因此閱讀態度是閱讀素養顯著的預測變數，並能解釋 23% 的變異量。

18.7　簡單迴歸分析的假定

18.7.1　獨立性

觀察體獨立代表各個樣本不會相互影響，假使觀察體不獨立，計算所得的 p 值

就不準確。如果有證據支持違反了這項假定，就不應使用簡單迴歸分析。

如果使用縱貫資料進行迴歸分析（如：以前一年的公共建設經費預測下一年的經濟成長率），由於後一年的公共建設經費及經濟成長率，常會受到前一年數值的影響，就有可能違反獨立性假定。

18.7.2 雙變數常態分配

此項假定有兩個意涵：一是兩個變數在各自的母群中須為常態分配；二是在某個變數的任何一個數值中，另一個變數也要呈常態分配。如果變數不是常態分配，會降低檢定的統計考驗力。不過，當樣本數在中等以上規模時，即使違反了這項假定，對於簡單迴歸分析的影響也不大。

18.7.3 等分散性

在自變數的每個水準中，依變數都要呈常態分配，而這些常態分配的變異數也要相等，此稱為等分散性（homoscedasticity）。如果違反此項假定，則分析所得的 F 及 p 值就不精確。幸好，如果不是嚴重違反此項假定，則仍然可以使用簡單迴歸分析。

第19章
多元迴歸分析

多元迴歸分析旨在使用兩個以上量的變數預測另一個量的變數，適用的情境如下：

預測變數（自變數）：兩個以上**量的變數**，如果為質的變數，應轉換為**虛擬變數**。

效標變數（依變數）：一個量的變數。

本章只另外補充虛擬變數的轉換及變數的選擇方法，其他統計概念請見第 18 章的說明，更詳細的解說請參見陳正昌（2011a）的另一著作。

19.1　基本統計概念

19.1.1　目的

建立迴歸模型時，很少只用一個預測變數，而會使用兩個以上的預測變數，以更準確預測效標變數，此時稱為**多元迴歸分析**（multiple regression analysis, 或稱**複迴歸**）。

19.1.2　分析示例

以下的研究問題，都可以使用多元迴歸分析：

1. 人口密度、離婚率、觀光客數，是否可以預測犯罪率。
2. 社會支持、家庭社經地位、學習動機、補習時數，是否可以預測學業成績。
3. 吸菸量、BMI（身體質量指數）、每週運動時間，是否可以預測收縮壓。

19.1.3　統計公式

多元迴歸分析主要在建立以下的模型：

$$\hat{Y} = b_1 X_1 + b_2 X_2 + \cdots + b_k X_k + b_0 \qquad \text{（公式 19-1）}$$

一般統計軟體在進行多元迴歸分析時，是以矩陣形式運算，其解為：

$$\mathbf{b} = (\mathbf{X'X})^{-1}\mathbf{X'y} \qquad \text{（公式 19-2）}$$

如果將 $\mathbf{X}$ 矩陣、$\mathbf{y}$ 向量化為 Z 分數，分別稱之為 $\mathbf{X}_z$ 矩陣、$\mathbf{y}_z$ 行向量，則其解為：

$$\boldsymbol{\beta} = (\mathbf{X}_z'\mathbf{X}_z)^{-1}\mathbf{X}_z'\mathbf{y}_z \qquad \text{（公式 19-3）}$$

因為 **X'X** 矩陣要計算反矩陣,所以 **X** 必須是**非特異矩陣**(nonsingular matrix), 也就是說各行的向量必須**線性獨立**(linearly independent),某一行向量不可以是其他 行向量的線性組合。換言之,在進行多元迴歸分析時,預測變數間不可以有線性組合 的情形,也就是某一個變數不可以等於其他自變數經由某種加權(係數可以為正負之 整數、小數,或 0)後的總和。

19.1.4　虛擬變數

當預測變數是質的變數時,切記不可直接投入分析,必須轉換成虛擬變數,以 0、 1 代表。假設研究者想使用「性別」、「家庭社經水準」及「智力」三變數為預測變數, 以預測學生的「閱讀素養成績」。此時智力一般視為「等距變數」,可直接投入迴歸分 析,不必轉換。性別為「名義變數」,在登錄資料時最好直接以 0、1 代表,例如:以 0 代表男性、1 代表女性,就可以直接投入迴歸分析;但是如果以 1、2 代表男、女, 通常就需要經過轉換。家庭社經水準為「次序變數」,假使分別以 1、2、3 代表高、 中、低社經水準,必須轉換成虛擬變數,才可以投入迴歸分析。

轉換成虛擬變數時,虛擬變數的數目必須是類別數減 1,以避免線性相依的情形。 由於社經水準有高、中、低 3 個水準,因此只要以 2 個虛擬變數(高、中)代表即 可,茲以表 19-1 說明之。

表 19-1　虛擬變數之轉換

		虛擬變數	
		高	中
原	高:1	1	0
變	中:2	0	1
數	低:3	0	0

由表 19-1 可看出:原來以 1 代表高社經水準,經轉換後以 10(讀為壹零)代表 之。其中 1 可視為「是」,0 為「不是」,因此 10 即表示「『是』高社經水準,『不是』 中社經水準」;01 表示「『不是』高社經水準,『是』中社經水準」;00 表示「『不是』 高社經水準,也『不是』中社經水準」,因此是低社經水準。經過這樣的轉換後,即 可將社經水準當成預測變數。

假如有一位學生是低家庭社經地位者，在原始變數中（假設為 SES）的編碼是 1，轉換後產生 SES1 及 SES2 兩個虛擬變數，編碼分別是 1 及 0；如果原來的編碼是 3，則新的編碼是 0 及 0（如圖 19-1）。轉換後要以新的變數 SES1 及 SES2 投入迴歸分析，不可再使用原來的 SES 變數。

圖 19-1　原變數及虛擬變數

	C1	C2	C3	C4
	SES	SES1	SES2	
1	1	1	0	
2	2	0	1	
3	3	0	0	
4				

19.1.5　選取變數的方法

如何選取重要的預測變數，常用的方法有六：

1. **強迫進入法**（enter method）。強迫進入法是強迫所有預測變數一次進入迴歸方程式，而不考慮個別變數是否顯著，此為**同時迴歸分析**（simultaneous regression analysis）。

2. **前向選取法**（forward method）。依次放入淨進入 F 值最大的變數，一直到沒有符合條件的變數為止。

3. **後向選取法**（backward method）。先將所有變數放入迴歸方程式，然後依次剔除淨退出 F 值最大的變數，一直到沒有符合條件的變數為止。

4. **逐步法**（stepwise method）。以前向選取法為主，當變數進入後，則改採後向選取法，將不重要的變數剔除，如果沒有可剔除的變數，就繼續採用前向選取法，如此反覆進行，一直到沒有變數被選取或剔除為止。

5. **所有可能法**。將所有變數加以組合（組合的數目為 $2^k - 1$），然後選取一組調整 $\hat{R}^2$ 最高的變數當成最後的預測變數。

6. **階層迴歸**（hierarchical regression）。依據理論，依序投入預測變項，並計算增加的 R^2。

許多研究者常使用逐步法進行多元迴歸分析，並誤以為變數進入模型的順序代

表變數的重要性，此應多加留心（陳正昌，2011a）。學者建議，最好能根據理論，使用階層迴歸法（Cohen, 2007），此部分請參考陳正昌（2011a）的著作。

19.2 範例

研究者想要了解學生的性別、對「覺得讀完一本書很難」（以下簡稱「讀書很難」）的感覺，及父親的受教育年數是否可以預測他的閱讀素養，由 PISA 資料庫中隨機選取 40 個樣本，得到表 19-2 之數據。請問：三個預測變數是否可以預測閱讀素養？

表 19-2　40 名受試者的閱讀素養成績

受試者	性別	讀書很難	父親教育	閱讀素養	受試者	性別	讀書很難	父親教育	閱讀素養
1	0	2	14	559.86	21	1	2	9	480.04
2	1	1	12	436.11	22	0	2	9	396.56
3	1	3	14	584.98	23	0	2	12	377.24
4	1	1	16	679.19	24	1	1	12	533.50
5	0	1	14	629.28	25	1	2	9	396.55
6	0	2	14	499.65	26	1	1	12	415.77
7	1	1	14	582.75	27	0	4	6	250.33
8	0	2	12	613.73	28	1	1	14	502.36
9	1	1	16	718.36	29	0	2	12	519.69
10	1	1	12	684.99	30	1	1	14	577.51
11	1	2	16	591.97	31	0	1	18	569.96
12	0	3	9	525.63	32	1	3	18	488.38
13	1	2	18	606.11	33	1	2	6	514.51
14	0	3	12	468.79	34	1	2	14	485.04
15	0	3	9	411.47	35	1	1	14	575.76
16	0	2	14	514.48	36	0	2	9	425.90
17	0	2	14	494.52	37	1	3	9	420.22
18	0	1	12	425.50	38	0	3	6	420.69
19	1	1	6	526.99	39	1	3	12	416.56
20	0	3	9	517.05	40	0	3	12	445.94

19.2.1　變數與資料

表 19-2 中有 5 個變數，但是受試者代號並不需要輸入 Minitab 中，因此分析時使用 1 個預測變數及 3 個效標變數。預測變數是受試者的性別（男性為 0，女性為 1）、讀書很難，及父親受教育年數。效標變數為 PISA 閱讀測驗分數。性別已轉為虛擬變數，其他 4 個變數屬於量的變數。

19.2.2　研究問題

在本範例中，研究者想要了解的問題陳述如下：

三個預測變數是否可以聯合預測閱讀素養成績？

性別是否可以預測閱讀素養成績？

讀書很難是否可以預測閱讀素養成績？

父親教育是否可以預測閱讀素養成績？

19.2.3　統計假設

根據研究問題，虛無假設一宣稱「三個預測變數無法聯合預測閱讀素養成績」：

$$H_0 : R^2 = 0$$

而對立假設則宣稱「三個預測變數可以聯合預測閱讀素養成績」：

$$H_1 : R^2 \neq 0$$

虛無假設二宣稱「性別無法預測閱讀素養成績」：

$$H_0 : \beta_{性別} = 0$$

而對立假設則宣稱「性別可以預測閱讀素養成績」：

$$H_1 : \beta_{性別} \neq 0$$

虛無假設三宣稱「讀書很難無法預測閱讀素養成績」：

$$H_0 : \beta_{讀書很難} = 0$$

而對立假設則宣稱「讀書很難可以預測閱讀素養成績」：

$$H_1 : \beta_{讀書很難} \neq 0$$

虛無假設四宣稱「父親教育無法預測閱讀素養成績」：

$$H_0 : \beta_{父親教育} = 0$$

而對立假設則宣稱「父親教育可以預測閱讀素養成績」：

$$H_1 : \beta_{父親教育} \neq 0$$

19.3　使用 Minitab 進行分析

1.　完整的 Minitab 資料檔，如圖 19-2。

圖 19-2　多元迴歸分析資料檔

	C1	C2	C3	C4	C5	C6	C7
	性別	讀書很難	父親教育	閱讀素養			
1	0	2	14	559.86			
2	1	1	12	436.11			
3	1	3	14	584.98			
4	1	1	16	679.19			
5	0	1	14	629.28			
6	0	2	14	499.65			
7	1	1	14	582.75			
8	0	2	12	613.73			
9	1	1	16	718.36			
10	1	1	12	684.99			
11	1	2	16	591.97			
12	0	3	9	525.63			
13	1	2	18	606.11			
14	0	3	12	468.79			
15	0	3	9	411.47			
16	0	2	14	514.48			
17	0	2	14	494.52			
18	0	1	12	425.50			
19	1	1	6	526.99			
20	0	3	9	517.05			
21	1	2	9	480.04			
22	0	2	9	396.56			
23	0	2	12	377.24			
24	1	1	12	533.50			
25	1	2	9	396.55			
26	1	1	12	415.77			
27	0	4	6	250.33			
28	1	1	14	502.36			
29	0	2	12	519.69			
30	1	1	14	577.51			
31	0	1	18	569.96			
32	1	3	18	488.38			
33	1	2	6	514.51			
34	1	1	14	485.04			
35	1	1	14	575.76			
36	0	2	9	425.90			
37	1	3	9	420.22			
38	0	3	6	420.69			
39	1	3	12	416.56			
40	0	3	12	445.94			

2. 16 版之前的 Minitab 是在【Stat】（統計）選單中的【Regression】（迴歸）選擇【Regression】（迴歸）。

圖 19-3　Regression 選單

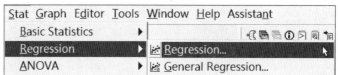

3. 將依變數閱讀素養選擇到【Response】（反應變數）中，性別、讀書很難，及父親教育 3 個自變數選擇到【Predictors】（預測變數）中。

圖 19-4　Regression 對話框

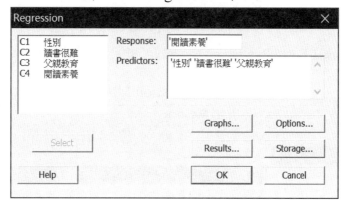

4. 在【Results】（結果）中選擇第二個項目，包含迴歸方程式、係數表、s、R^2，及基本的變異數分析。

圖 19-5　Regression - Results 對話框

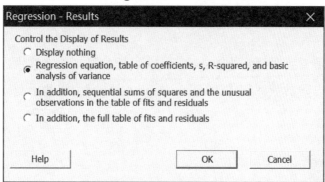

5. 選擇完成，點擊【OK】（確定）按鈕進行分析。

圖 19-6　Regression 對話框

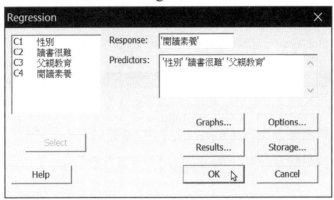

6. 在 19 版中，於【Stat】（統計）選單中的【Regression】（迴歸）下之【Regression】
    （迴歸）選擇【Fitted Regression Model】（適配迴歸模型）。

圖 19-7　Fit Regression Model 選單

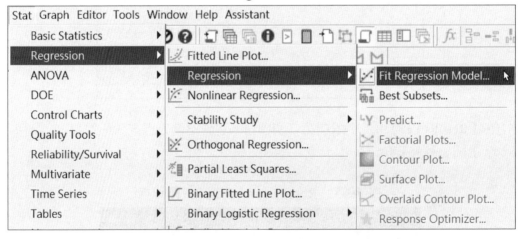

7. 將依變數閱讀素養選擇到【Responses】（反應變數）中，性別、讀書很難，及父
    親教育 3 個自變數選擇到【Continuous predictors】（連續預測變數）中。

圖 19-8　Regression 對話框

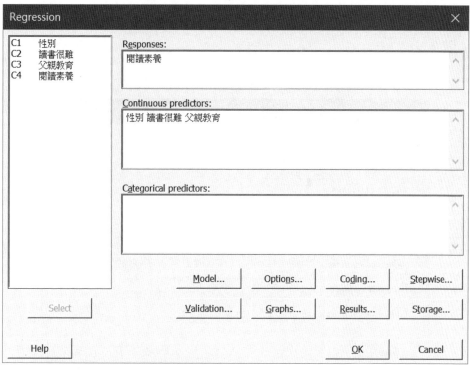

8.　由於性別已轉為 0、1 的虛擬變數，因此可以直接當成連續變數，如果未轉換為虛擬變數，則選擇到【Categorical predictors】（類別預測變數中），並在【Coding】（編碼）中的【Reference level】（參照類別）指定參照組的代碼。

圖 19-9　Regression: Coding 對話框

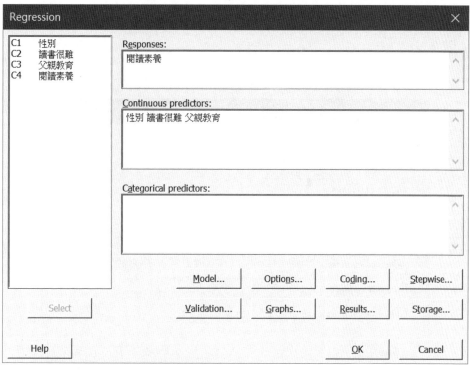

9. Minitab 預設為【Simple table】(簡單表格),如果需要較詳細的結果,可以在【Results】(結果)中的【Display of results】(顯示結果)選擇【Expanded tables】(擴充表格)。

圖 19-10　Regression: Results 對話框

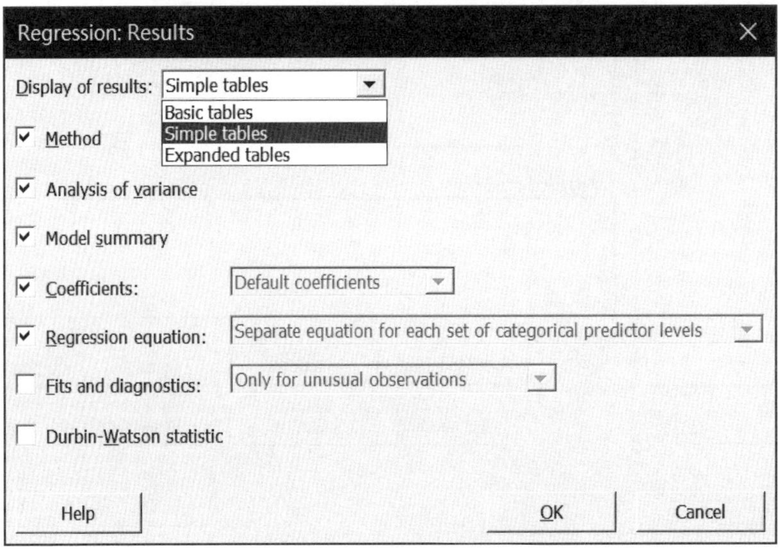

10. 完成選擇後,點擊【確定】按鈕進行分析。

圖 19-11　Regression 對話框

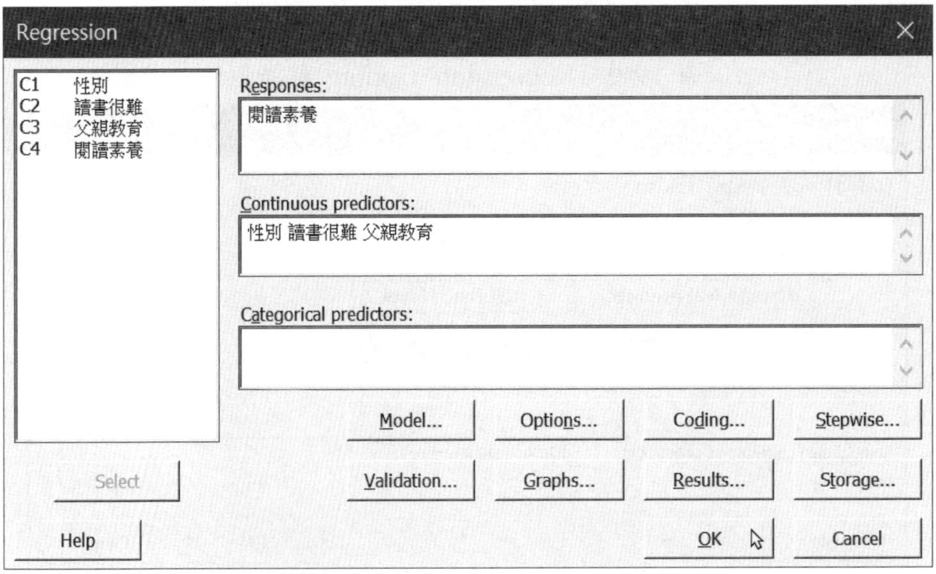

11. Minitab 除了內定的留一交叉驗證外（在 Simple table 中），另外提供兩種交叉驗證的方法。可以在【Validation】（驗證）下的【Validation method】（驗證方法）中選擇【K-fold cross-validation】或【Validation with a test set】。

圖 19-12　Regression: Validation 對話框

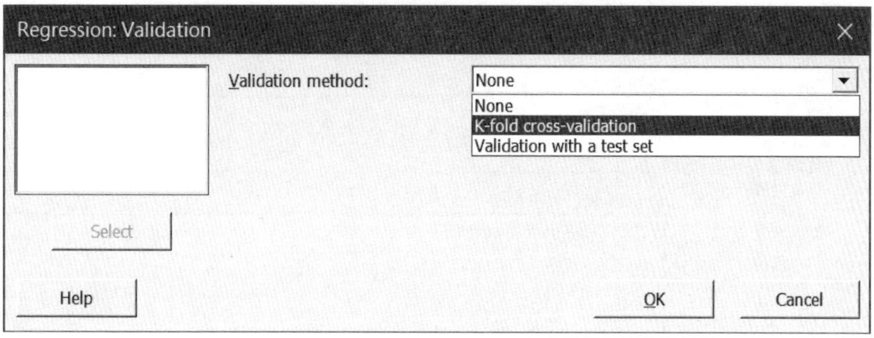

12. 如果要計算標準化迴歸係數，先選擇將 4 個變數都標準化，並存成新的變數（在原變數名稱前加 Z）。留意：標準化後的性別變數只用在計算其他變數的標準化迴歸係數之用，性別本身的標準化係數不需要解釋。

圖 19-13　Standardize 對話框

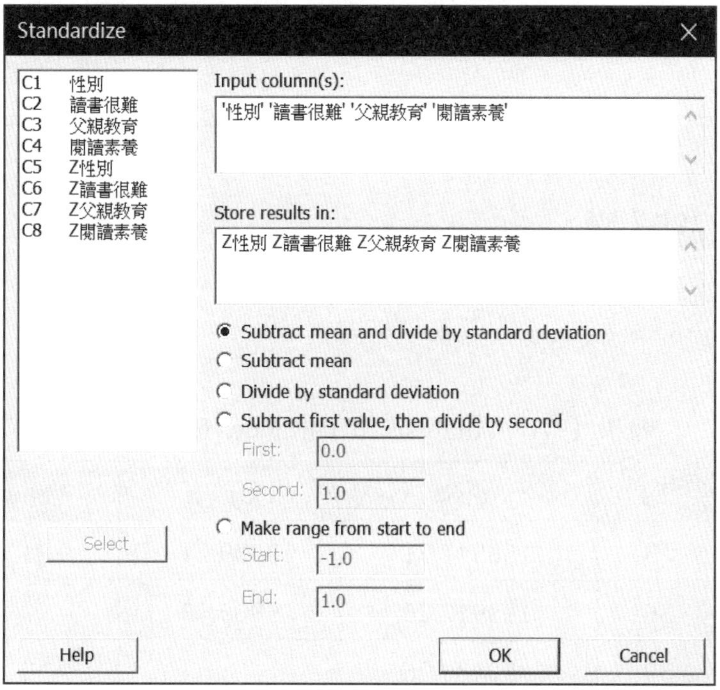

13. 再將依變數 Z 閱讀素養選擇到【Responses】（反應變數）中，Z 性別、Z 讀書很難，及 Z 父親教育 3 個自變數選擇到【Continuous predictors】（連續預測變數）中，進行另一次迴歸分析。

圖 19-14　Regression 對話框

19.4　報表解讀

分析後得到以下的報表，分別概要說明。

報表 19-1　Analysis of Variance (Basic table)

Source	DF	Adj SS	Adj MS	F-Value	P-Value
Regression	3	158517.71	52839.24	9.81	0.000
Error	36	193913.25	5386.48		
Total	39	352430.96			

報表 19-1 是設定為 Basic table 的輸出結果，在進行整體檢定，本部分詳細的解說請見第 18 章，在此僅說明 F 的算法。F 值為：

$$F = \frac{迴歸MS}{殘差MS} = \frac{52839.24}{5386.48} = 9.81$$

在自由度是 3 及 36 的 F 分配中，要大於 9.81 的機率值（P）小於 0.001，達 0.05 顯著水準，應拒絕 $R^2 = 0$ 的虛無假設，表示「所有的」預測變數可以聯合預測效標變數。至於個別變數是否能顯著預測效標變數，則要看報表 19-6 的 t 檢定。

自由度部分，總和的自由度等於樣本數減 1（$N - 1 = 39$），迴歸的自由度等於預測變數數目（3），殘差自由度則為 $N - 3 - 1 = 36$。

報表 19-2　Analysis of Variance (Expanded table)

Source	DF	Seq SS	Contribution	Adj SS	Adj MS	F-Value	P-Value
Regression	3	158517.71	44.98%	158517.71	52839.24	9.81	0.000
性別	1	32410.71	9.20%	3021.27	3021.27	0.56	0.459
讀書很難	1	69862.31	19.82%	29806.28	29806.28	5.53	0.024
父親教育	1	56244.68	15.96%	56244.68	56244.68	10.44	0.003
Error	36	193913.25	55.02%	193913.25	5386.48		
Lack-of-Fit	19	100204.49	28.43%	100204.49	5273.92	0.96	0.540
Pure Error	17	93708.77	26.59%	93708.77	5512.28		
Total	39	352430.96	100.00%				

報表 19-2 設定 Expanded table 的輸出結果。筆者所加的灰色網底部分，與報表 19-1 相同。

報表上半部是每個預測變數對解釋力的貢獻。Seq SS 是依序增加預測變數到迴歸模型所增加的迴歸 SS。當性別加入迴歸模型時，迴歸 SS 為 32410.71，這是性別的 Seq SS。再加入讀書很難變數時，迴歸 SS 為 102273.02，比前一步驟增加 69862.31，這就是讀書很難變數的 Seq SS。最後，加入父親教育後，迴歸 SS 為 158517.71，158517.71 − 102273.02 = 56244.69，就是父親教育的 Seq SS。將各變數的 Seq SS 分別

除以 SS_{Total} 352430.96，就是依序增加預測變數後的 R^2，分別是 9.20%、19.82%、15.96%。也就是，當只有性別變數時，R^2 為 9.20%。再增加閱讀很難變數，R^2 增加 19.82%，整體 R^2 為 29.02%。最後，再加入父親教育，R^2 增加 15.96%，整體為 44.98%（以上數據都是另外計算，不在報表顯示）。提醒讀者，不要將 Contribution（貢獻）的 R^2 解釋為個別變數的單獨解釋量，它們只是反映了進入順序的增加解釋量，如果換了不同順序，R^2 就會不同。

報表中的 Adj SS 是「含該變數時的迴歸 SS」與「不含該變數時的迴歸 SS」的差值。例如：當模型含三個預測變數時，迴歸 SS 為 158517.71，剔除性別變數後，迴歸 SS 為 15496.44，158517.71 − 155496.44 = 3021.27。三個預測變數的 R^2 為 158517.71 / 352430.96 = .4498 = 44.98%，不含性別變數的 R^2 為 155496.44 / 352430.96 = .4412 = 44.12%，利用以下公式可以計算個別變數的效果量 f^2：

$$f^2 = \frac{R^2_{包含該變數} - R^2_{不含該變數}}{1 - R^2_{包含該變數}} = \frac{.4498 - .4412}{1 - .4498} = .0156 = 1.56\%$$

而性別的 Adj SS 除以殘差 SS 為：3021.27 / 193913.25 = .0156 = 1.56%。由此可知，將 Adj SS 除以殘差 SS，即是 f^2。三個預測變數的效果量 f^2 分別為 .0156、.1537、.2901。依據 Cohen(1988) 的經驗法則，f^2 的小中大標準分別為 .02、.15、.35。

報表中 Adj MS 是由 Adj SS 除以 DF 而得。各變數的 Adj MS 除以殘差 Adj MS 5386.48，就是 F 值（自由度為 1, 36）。分子自由度是 1 時，$F = t^2$，因此此處的 F 值會等於報表 19-7 中的 T 值，而兩個報表的 P 值也相同。

報表下方除了誤差 SS 之外，又可拆解為 Lack-of-Fit（缺適性）及 Pure Error（純誤差）兩部分。依據 Minitab 手冊的說明：當資料有重複（具有相同 X 值的多個觀測值）時，Minitab 會顯示缺適性檢定。重複（replicates）就表示「純誤差」，因為只有隨機變異才會導致觀測值之間出現差異。報表中缺適性及純誤差的 SS 分別為 100204.49 及 93708.77，自由度分別為 19 及 17，將缺適性 MS 除以純誤差 MS，得到 $F = 0.96$，$P = 0.540$。由於 P 值大於 0.05，因此未發現模型無法充分適配資料。如果 P 值小於或等於 0.05，表示模型與資料的適配不正確。為了得到更好的模型，需要增加解釋項或轉換資料。

　　要計算純誤差,可以將三個預測變數當成變異數分析的自變數,效標變數當成依變數,進行含交互作用項的三因子變異數分析,分析所得的組內誤差 SS,就是迴歸分析的純誤差 SS。而迴歸分析的誤差 SS 減去純誤差 SS,就是缺適性 SS。

報表 19-3　Model Summary

S	R-sq	R-sq(adj)	R-sq(pred)
73.3926	44.98%	40.39%	32.02%

　　報表 19-3 是未進行交叉驗證的模型摘要。將報表 19-1 的數值代入公式,可以得此處的結果。首先是迴歸的估計標準誤(S)為 73.3926,由報表 19-1 中殘差的 MS 取平方根而得,$\sqrt{5386.48} = 73.3926$,表示由迴歸模型預測閱讀素養,平均會有 73.3926 分的誤差。

R^2 公式為:

$$R^2 = \frac{迴歸SS}{總和SS} = \frac{158517.71}{352430.96} = 0.4498 = 44.98\%$$

由 3 個預測變數可以解釋閱讀素養變異量的 44.98%。調整後 R^2 為:

$$\hat{R}^2 = 1 - (1 - .4498)\frac{40 - 1}{40 - 3 - 1} = .4039 = 40.39\%$$

　　而 R-sq(pred) 是留一交叉驗證的 R^2,依次保留一個觀察值當測試組,其他 29 個觀察當訓練組,建立迴歸模型後對測試組加以預測,得到預測值及殘差值。反覆進行 30 次後,得到殘差值平方和,再以 1－(殘差值平方和)/(總和 SS)得到解釋 R^2 = 32.02%。此代表模型可以類推到不同樣本的程度。

報表 19-4　Model Summary (Cross-validation 10-fold)

S	R-sq	R-sq(adj)	R-sq(pred)	10-fold S	10-fold R-sq
73.3926	44.98%	40.39%	32.02%	76.6462	33.32%

報表 19-4 是設定 K-fold 交叉驗證的摘要表（內定為等分成 10 組）。此方法是將 30 個觀察體等分成 10 組，每組 3 人，以其他 27 人的資料建立迴歸模型並對此 3 人進行預測，得到預測值及殘差值。反覆進行 10 次後，得到 30 個觀察體的殘差值平方和，再以 1 −（殘差值平方和）/（總和 SS）得到 $R^2 = 33.32\%$。

報表 19-5　Model Summary (Test set fraction 30.0%)

S	R-sq	R-sq(adj)	R-sq(pred)	Test S	Test R-sq
72.1881	53.51%	47.69%	34.59%	77.6840	12.22%

報表 19-5 是 Holdout 交叉驗證的摘要表。此方法將 30 個觀察體隨機分為兩組，其中 70%為訓練組，建立模型後對另外 30%測試組進行預測，求得殘差值平方和，再計算 $R^2 = 12.22\%$。由於設定的隨機種子數值會影響 R^2，建議多嘗試幾次，再求得 R^2 的平均數，如此會比較接近真正的類推性。筆者另外再設定 10 個亂數種子，總計進行 11 次 Holdout 交叉驗證分析，得到平均 R^2 為 35.95%，與前述兩個交叉驗證 R^2 相近。因此，以本範例所建立的迴歸模型，應用到不同樣本，R^2 大約在 32% – 36% 之間。

報表 19-6　Coefficients

Term	Coef	SE Coef	95% CI	T-Value	P-Value	VIF
Constant	417.48	67.5	(280.7, 554.3)	6.19	0.000	
性別	18.69	25.0	(-31.9, 69.3)	0.75	0.459	1.15
讀書很難	-37.00	15.7	(-68.9, -5.1)	-2.35	0.024	1.28
父親教育	12.559	3.89	(4.68, 20.44)	3.23	0.003	1.17

報表 19-6 分析所得的迴歸係數，主要在檢定個別變數的顯著性，並列出迴歸係數及 95% 信賴區間。由未標準化係數可得知，本範例的迴歸方程式為：

$$\hat{Y}_{閱讀素養} = 417.48 + 18.69 \times 性別 - 37.00 \times 讀書很難 + 12.559 \times 父親教育$$

由未標準化係數來看，在其他變數保持恆定的情形下：

1. 如果受試者覺得「讀完一本書很難」的程度每增加 1 分，則閱讀素養成績就降低 37.00 分。愈覺得讀完一本書很難的學生，閱讀素養就愈低。

2. 父親受教育年數每增加 1 年，則子女的閱讀素養成績就提高 12.559 分。父親受教年數愈多，子女的閱讀素養就愈佳。

3. 性別的未標準化加權係數為 18.69，表示性別代碼為 1 者（女性）比代碼為 0 者（男性）的閱讀素養成績高 18.69 分，不過，由 t 值來看，此差異並未達 0.05 顯著水準。

4. 常數項的 t 值為 6.19，雖然也達到 0.05 顯著水準，不過，研究者多半較不關心常數項的檢定。

以第 1 位受試者為例，由表 19-2 可看出，他在 3 個預測變數的數值分別是 0、2、14，代入公式可得到未標準化預測值 $\hat{Y}$：

$$\hat{Y}_{\text{閱讀素養}} = 417.48 + 18.69 \times 0 - 37.00 \times 2 + 12.559 \times 14 = 519.299$$

再由表 19-2 可看出，第 1 位受試者的閱讀素養是 559.86 分，因此未標準化的殘差就是：

$$\text{殘差} = 559.86 - 519.299 = 40.561$$

再以第 2 位受試者為例，由表 19-2 可看出，她在 3 個預測變數的數值分別是 1、1、12，代入公式可得到未標準化預測值 $\hat{Y}$：

$$\hat{Y}_{\text{閱讀素養}} = 417.48 + 18.69 \times 1 - 37.00 \times 1 + 12.559 \times 12 = 549.873$$

由表 19-2 可看出，第 2 位受試者的閱讀素養是 436.11 分，因此未標準化的殘差就是：

$$\text{殘差} = 436.11 - 549.873 = -113.763$$

以迴歸方程式對第 1 位受試者進行預測，會低估他的閱讀素養成績（實際值大於預測值，殘差為正）；第 2 位受試者進行預測，則會高估她的閱讀素養成績（實際值小於預測值，殘差為負）。圖 19-15 是使用迴歸方程式計算所得的預測值（FITS1）及殘差值（RESI1）。

圖 19-15　前 5 位受試者的預測值及殘差值

	C1	C2	C3	C4	C5	C6	C7
	性別	讀書很難	父親教育	閱讀素養	FITS1	RESI1	
1	0	2	14	559.86	519.299	40.561	
2	1	1	12	436.11	549.873	-113.763	
3	1	3	14	584.98	500.982	83.998	
4	1	1	16	679.19	600.109	79.081	
5	0	1	14	629.28	556.304	72.976	

至於迴歸係數是否顯著不等於 0，則使用 t 檢定：

$$t = \frac{未標準化係數}{標準誤}$$

性別迴歸係數的 t 值，即為：

$$t = \frac{18.69}{25.0} = 0.75$$

在自由度是 36（見報表 19-1 殘差的自由度）的 t 分配中，t 的絕對值要大於 0.75 的 p 值為 0.459，因為 $p > 0.05$，不能拒絕虛無假設，所以迴歸係數 18.69 與 0 並沒有顯著差異。由未標準化迴歸係數的 95.0% 信賴區間也可以看出，性別未標準化係數 18.69 的 95% 信賴區間為 (−31.9, 69.3)，包含 0，表示 18.69 與 0 沒有顯著差異。因此，在同時加入其他兩個預測變數時，性別無法預測閱讀素養成績。其餘兩個預測變數的 p 值分別為 0.024 及 0.003，都小於 0.05，因此可以顯著預測閱讀素養成績。

報表中的 VIF 值用來檢定自變數間是否有多元共線性的問題，如果數值大於 10，則表示該變數與其他變數有很高的相關，此處數值都小於 2，代表三個預測變數間的共線性並不嚴重。

報表 19-7　Regression Equation

閱讀素養 = 417 + 18.7 性別 − 37.0 讀書很難 + 12.6 父親教育

報表 19-7 指出迴歸方程式為：

閱讀素養 = 417 + 18.7 性別 − 37.0 讀書很難 + 12.6 父親教育

報表 19-8　Coefficients

Term	Coef	SE Coef	95% CI	T-Value	P-Value	VIF
Constant	0.000	0.122	(-0.248, 0.248)	0.00	1.000	
Z 性別	0.099	0.133	(-0.170, 0.369)	0.75	0.459	1.15
Z 讀書很難	-0.329	0.140	(-0.613, -0.045)	-2.35	0.024	1.28
Z 父親教育	0.431	0.133	(0.161, 0.702)	3.23	0.003	1.17

報表 19-8 是將預測變數及效標變數都標準化（化為 Z 分數）之後計算所得的標準化迴歸係數，當預測變數之間沒有太高的相關時，它可以大略表示對效標變數的重要性。性別變數是虛擬變數，因此一般只看未標準化係數，標準化係數並無意義。

未標準化的係數主要用來直接代入迴歸模型進行預測，在實際應用時比較實用；標準化迴歸係數主要用來比較變數的相對重要性，在建立理論時比較適用。

19.5　計算效果量

在多元迴歸分析中，一般常用的效果量是 R^2，它代表預測變數可以解釋效標變數變異量的比例，依據 Cohen (1988) 的經驗法則，f^2 的小、中、大標準分別為 .02、.15、.35，由此反算，多元迴歸分析 R^2 值之小、中、大的效果量應分別是 .02、.13、.26。在本範例中，$R^2 = .45$，調整後 $R^2 = .40$，為大的效果量。三個預測變數的 f^2 分別為 .02、.15、.29，計算過程見報表 19-2 之說明。

19.6　以 APA 格式撰寫結果

以性別、讀書困難、父親教育年數對閱讀素養成績進行多元迴歸分析。整體效果是顯著的，$F(3, 36) = 9.81$，$p < .001$，$R^2 = .45$。個別變數分析，讀書困難〔$\beta = -.329$，$t(36) = -2.35$，$p = .024$，$f^2 = .15$〕及父親教育年數〔$\beta = .431$，$t(36) = 3.23$，$p = .003$，$f^2 = .29$〕可顯著預測閱讀素養成績。性別則無法顯著預測閱讀素養成績，$b = 18.69$，$t(36) = 0.75$，$p = .459$，$f^2 = .02$。

19.7 多元迴歸分析的假定

19.7.1 獨立性

觀察體獨立代表各個樣本不會相互影響，假使觀察體不獨立，計算所得的 p 值就不準確。如果有證據支持違反了這項假定，就不應使用多元迴歸分析。

19.7.2 多變量常態分配

此項假定有兩個意涵：一是每個變數在各自的母群中須為常態分配；二是變數的所有可能組合也要呈常態分配。當樣本數在中等以上規模時，即使違反了這項假定，對於多元迴歸分析的影響也不大。

19.7.3 等分散性

在自變數的每個水準之所有可能組合中，依變數都要呈常態分配，而這些常態分配的變異數也要相等。如果違反此項假定，則分析所得的 F 及 p 值就不精確。幸好，如果不是嚴重違反此項假定，則仍然可以使用多元迴歸分析。

第 20 章
卡方適合度檢定

卡方（χ^2, chi-square）適合度檢定在考驗一個變數中，每個類別所占的比例（或人數）是否符合某種比例，適用的情境如下：

變數：一個包含兩個或更多類別的變數，為**質的變數**。

20.1　基本統計概念

20.1.1　目的

卡方適合度檢定只有一個變數，是單因子的卡方檢定，可以用來檢定實際觀測的比例（或次數）與理論或母群比例的適配度（goodness-of-fit）。常用的檢定值有以下四種（Cohen, 2007）：

1. **各類別都相同**。例如：要小朋友從四種顏色不同但外形相同的玩具中任意挑選一種，此時我們通常會假定選擇各種顏色的人數相等。

2. **已知的母群比例**。例如：不經人為控制，那麼新生嬰兒男性與女性的比例大約是 105：100。我們可以依此檢定某個國家新生嬰兒是否符合這個比例。

3. **某種分配形狀**。例如：標準常態分配各部分的比例如圖 20-1，我們可以依此檢定臺灣成年男性的身高是否符合這個比例。

4. **理論模型**。在驗證性因素分析中，我們可以檢定觀察的共變數矩陣與理論的模型是否適配，此時，我們通常期望接受虛無假設。

圖 20-1　標準常態分配

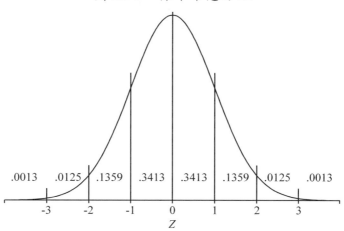

20.1.2 分析示例

以下的研究問題，可以使用卡方適合度檢定：

1. 臺灣患某種疾病的比例是否與先進國家相同。

2. 某所大學新生的居住縣市，是否符合各縣市 18 歲人口的母群比例。

3. 三家公司的茶飲市占率是否符合某一特定比例。

4. 某件產品的使用壽命是否符合常態分配。

20.1.3 統計公式

研究者想要了解一般人對數字是否有特別的偏好，於是找了 40 名受訪者，請他們從 1–4 的數字中選擇一個號碼，整理後得到表 20-1。試問：民眾對數字是否有特別偏好？

表 20-1 40 名受訪者實際選擇的數字

數字	1	2	3	4
觀察次數	7	9	18	6

20.1.3.1 虛無假設與對立假設

在此例中，待答問題是：

民眾對數字是否有特別偏好？

虛無假設是假定母群中選擇每個數字的比例相等：

$$H_0 : P_1 : P_2 : P_3 : P_4 = 0.25 : 0.25 : 0.25 : 0.25$$

取整數，則寫成：

$$H_0 : P_1 : P_2 : P_3 : P_4 = 1 : 1 : 1 : 1$$

對立假設寫成：

$$H_1 : P_1 : P_2 : P_3 : P_4 \neq 1 : 1 : 1 : 1$$

綜言之，統計假設寫成：

$$\begin{cases} H_0 : P_1 : P_2 : P_3 : P_4 = 1:1:1:1 \\ H_1 : P_1 : P_2 : P_3 : P_4 \neq 1:1:1:1 \end{cases}$$

20.1.3.2　計算卡方值

卡方檢定的定義公式為：

$$\chi^2 = \sum \frac{(f_o - f_e)^2}{f_e} \qquad\qquad （公式 20-1）$$

其中 f_o 是實際觀察次數，f_e 是期望次數。

在表 20-1 中，由於有 4 個數字，受訪者有 40 人，假設大家對數字沒有偏好，則選擇每一種數字的期望次數就是：

$$40 \times \frac{1}{4} = 10$$

結果如表 20-2。

表 20-2　40 名受訪者選擇的數字之期望次數

數字	1	2	3	4
期望次數	10	10	10	10

將表 20-1 及表 20-2 的數值代入公式，得到：

$$\begin{aligned}
\chi^2 &= \frac{(7-10)^2}{10} + \frac{(9-10)^2}{10} + \frac{(18-10)^2}{10} + \frac{(6-10)^2}{10} \\
&= \frac{9}{10} + \frac{1}{10} + \frac{64}{10} + \frac{16}{10} \\
&= \frac{90}{10} \\
&= 9
\end{aligned}$$

計算後得到 χ^2 值為 9。至於能否拒絕虛無假設，有兩種判斷方法。第一種是傳統取向的做法，找出在自由度為 3（等於類別數減 1）的 χ^2 分配中，$\alpha = 0.05$ 的臨界值。由圖 20-2 可看出，此時臨界值為 7.815（留意：χ^2 檢定的拒絕區在右尾），計算所得的 9 已經大於 7.815，要拒絕虛無假設，所以民眾對數字有特別的偏好。

圖 20-2　自由度為 3 的 χ^2 分配中，$\alpha = 0.05$ 的臨界值是 7.815

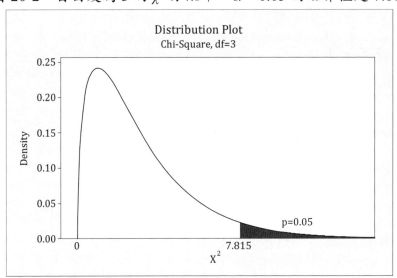

第二種是現代取向的做法，找出在自由度為 3 的 χ^2 分配中，χ^2 要大於 9 的機率值。由圖 20-3 可看出，此時的 $p = 0.029$，小於 0.05，應拒絕虛無假設，所以民眾對數字有特別的偏好。

細格中的觀察次數減期望次數稱為殘差，由殘差來看，受訪者選 3 的人數較多（$18 - 10 = 8$）。

圖 20-3　自由度為 3 的 χ^2 分配中，$\chi^2 \geq 9$ 的機率值是 0.029

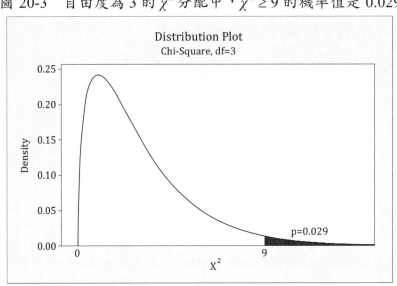

20.1.3.3　效果量

卡方適合度的效果量公式為：

$$w = \sqrt{\frac{\chi^2}{N(k-1)}}$$

（公式 20-2）

其中 k 是類別數。

代入前面的數值：

$$w = \sqrt{\frac{9}{40(4-1)}} = .274$$

依據 Cohen（1988）的經驗法則，w 的小、中、大效果量為 .10、.30、.50，本範例為中度的效果量。

20.1.4　在 Minitab 中輸入資料的方法

要使用 Minitab 分析表 20-1 的資料，可以使用兩種輸入方法，一是使用彙整後數據，二是使用原始數據。

20.1.4.1　彙整數據

如果研究者獲得的數據是已經彙整好的資料（他人研究或報章雜誌），則應使用此種方法輸入。此時，需要界定兩個變數，其中一個用來輸入變數的類別，另一個變數則用來輸入觀察次數。表 20-1 的資料輸入如圖 20-4，由於提供 4 個數字讓受訪者選擇，因此總共輸入 4 列數值，「數字」變數表示 4 種數字，「人數」則是選擇該數字的受訪者數（分別為 7、9、18、6 人）。

使用 Minitab 進行分析時，在【Observed counts】（觀察次數）中選擇「人數」變數，【Category names (optional)】（類別名稱）中選擇「數字」變數即可（見下頁圖 20-5）。

圖 20-4　彙整數據資料檔

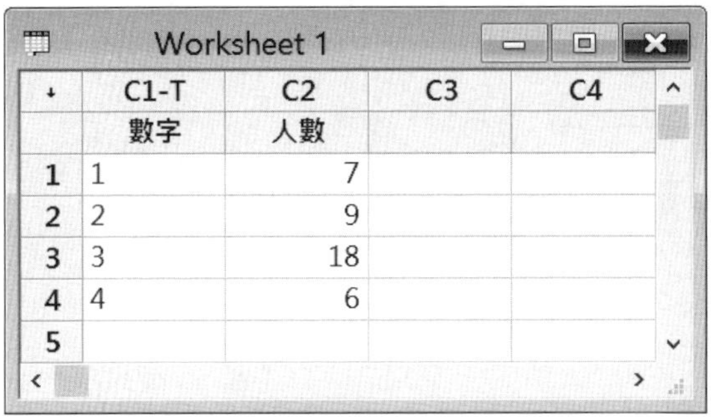

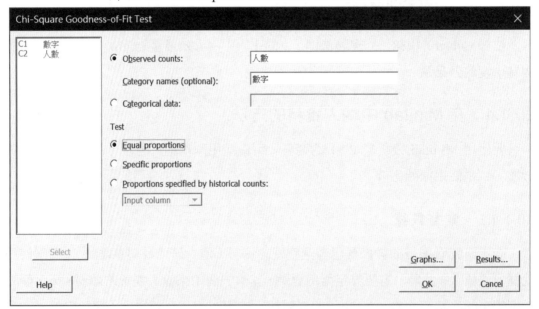

圖 20-5　Chi-Square Goodness-of-Fit Test 對話框

20.1.4.2　原始數值

如果是未經彙整的原始數據（通常來自實驗或調查所得），則應使用此種方法輸入。此時，只需要界定一個變數，用來依序輸入每位受訪者選擇的數字。由於有 40 位受訪者，所以需要輸入 40 列資料，其中有 7 個 1，9 個 2，18 個 3，及 6 個 4。圖 20-6 僅顯示前 10 位受訪者的回答情形。

使用 Minitab 進行分析時，在【Categorical data】（類別資料）中選擇「數字」變數即可（見下頁圖 20-7）。

圖 20-6 原始數值資料檔（部分）

圖 20-7 Chi-Square Goodness-of-Fit Test 對話框

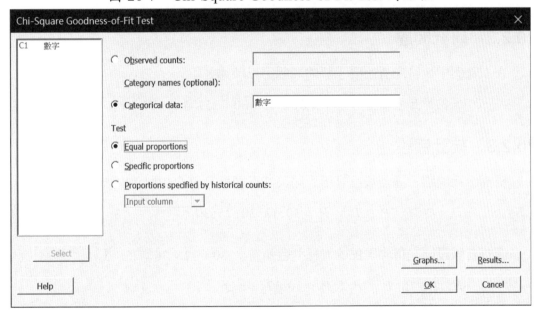

20.2 範例

某研究者調查了歐洲兩個地區 762 位居民的頭髮顏色，得到表 20-3 之數據。請問：該比例是否符合 30：12：30：25：3？

表 20-3 762 名受訪者的髮色

髮色	金 (fair)	紅 (red)	中棕 (medium)	深棕 (dark)	黑 (black)
人數	228	113	217	182	22

資料來源：Base SAS 9.2 Procedures Guide: Statistical Procedures, Third Edition.

20.2.1 變數與資料

表 20-3 是彙整好的資料，有二個變數，一個是頭髮顏色，另一個是實際調查到的人數。在 Minitab 中，應設定兩個變數，一個名為「髮色」，另一個名為「人數」。由於要檢定的各種髮色比例並不相等，因此可以另外設定一個「比例」變數（不設定也無妨）。

20.2.2 研究問題

在本範例中，研究者想要了解的問題可以陳述如下：

居民的五種髮色是否符合 30：12：30：25：3？

20.2.3 統計假設

根據研究問題，虛無假設宣稱「居民的五種髮色符合 30：12：30：25：3」：

$$H_0 : P_金: P_紅: P_{中棕}: P_{深棕}: P_黑 = 30:12:30:25:3$$

而對立假設則宣稱「居民的五種髮色不符合 30：12：30：25：3」：

$$H_1 : P_金: P_紅: P_{中棕}: P_{深棕}: P_黑 \neq 30:12:30:25:3$$

20.3 使用 Minitab 進行分析

1. 完整的 Minitab 資料檔如圖 20-8，其中「比例」變數不一定要輸入在資料檔中。

圖 20-8　卡方適合度檢定資料檔

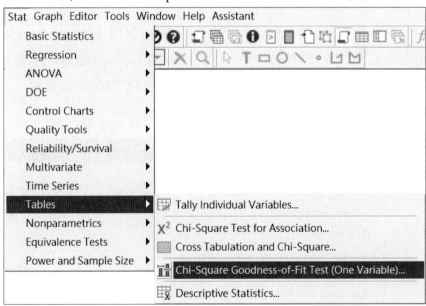

↓	C1-T	C2	C3	C4	C5
	髮色	人數	比例		
1	金	228	0.30		
2	紅	113	0.12		
3	中棕	217	0.30		
4	深棕	182	0.25		
5	黑	22	0.03		
6					

2. 在【Stat】（統計）的【Tables】（表格）中選擇【Chi-Square Goodness-of-Fit Test (One variable)】〔卡方適合度檢定（單變數）〕。

圖 20-9　Chi-Square Goodness-of-Fit Test 選單

3. 在【Observed counts】（觀察次數）中選擇「人數」變數，【Category names (optional)】〔類別名稱（選擇性）〕中選擇「髮色」變數。如果要檢定各髮色的比例相等，則選擇【Equal proportions】（相等比例）。

圖 20-10　Chi-Square Goodness-of-Fit Test 對話框

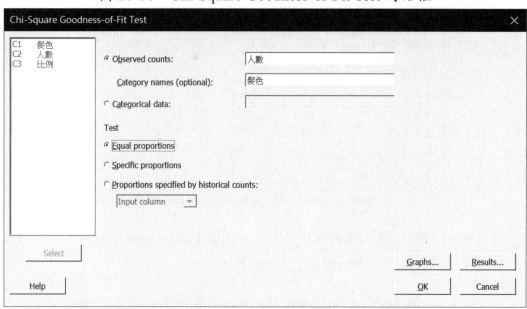

4.　在本範例中，由於各髮色的比例不相等，因此選擇【Proportion specified by historical counts】（依以往統計指定比例）中之【Input constants】（輸入常數），並分別輸入各髮色的百分比（在本範例中為 30：12：30：25：3）。

圖 20-11　Chi-Square Goodness-of-Fit Test 對話框

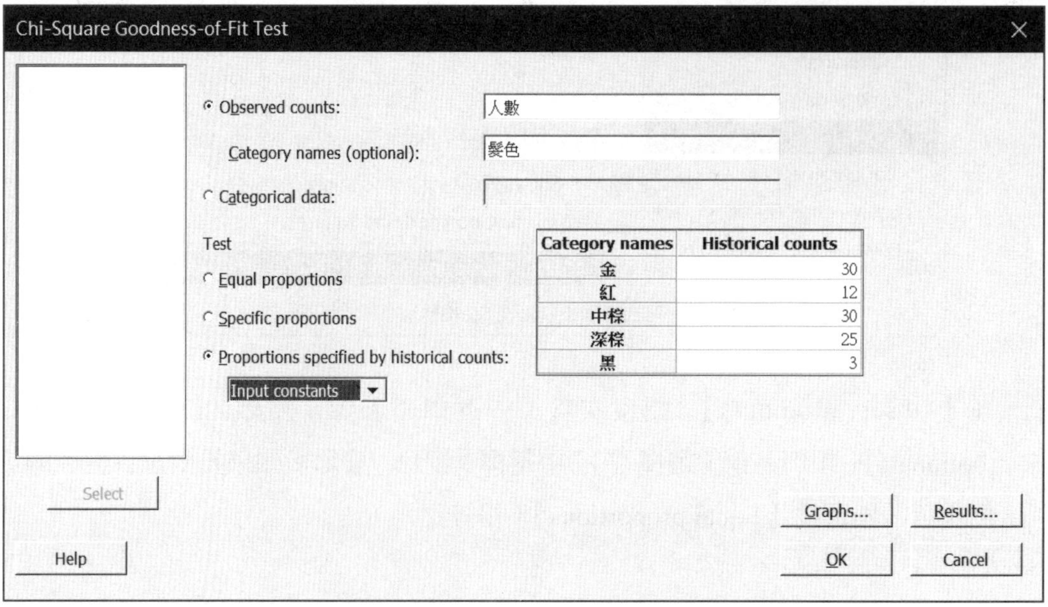

5.　如果在資料檔中已包含各類別的比例，可以選擇「比例」變數到【Specific proportions】（特定比例）框中。

圖 20-12　Chi-Square Goodness-of-Fit Test 對話框

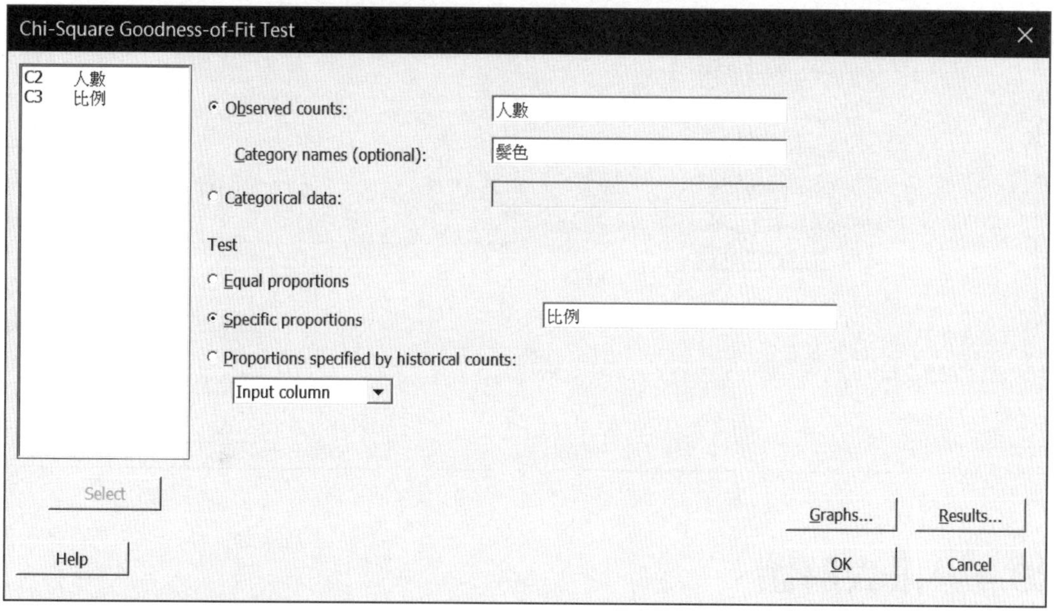

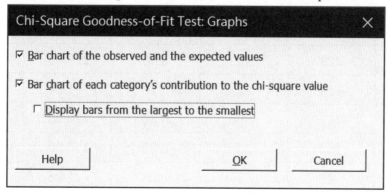

6.　在【Graphs】（繪圖）選項中取消【Display bars from the largest to the smallest】（從最大到最小顯示長條圖）。

圖 20-13　Chi-Square Goodness-of-Fit Test: Graphs 對話框

7.　設定完成後，點擊【OK】（確定）按鈕，進行分析。

圖 20-14　Chi-Square Goodness-of-Fit Test 對話框

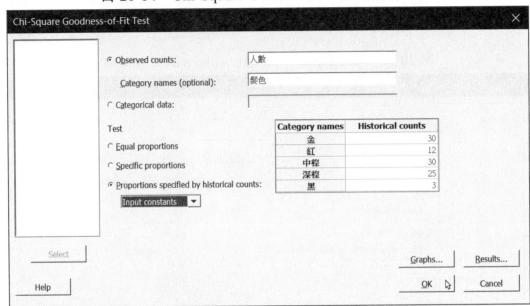

20.4　報表解讀

分析後得到以下的報表，分別加以概要說明。

報表 20-1　Observed and Expected Counts

Category	Observed	Historical Counts	Test Proportion	Expected	Contribution to Chi-Sq
金	228	30	0.30	228.60	0.00157
紅	113	12	0.12	91.44	5.08348
中棕	217	30	0.30	228.60	0.58863
深棕	182	25	0.25	190.50	0.37927
黑	22	3	0.03	22.86	0.03235

報表 20-1 中提供了計算 χ^2 所需要的統計量，其中 Observed（觀察）是實際調查所得的數據，Expected（期望）則是依據母群比例計算所得的數值。輸入的值（Historical

Counts）是 30：12：30：25：3，換算成檢定比例（Test Proportion）為 0.30：0.12：0.30：0.25：0.03，而調查到的居民有 762 位，所以各種髮色的期望個數為：

紅：　$762 \times \dfrac{30}{100} = 762 \times 0.30 = 228.60$

紅：　$762 \times \dfrac{12}{100} = 762 \times 0.12 = 91.44$

中棕：　$762 \times \dfrac{30}{100} = 762 \times 0.30 = 228.60$

深棕：　$762 \times \dfrac{25}{100} = 762 \times 0.25 = 190.50$

黑：　$762 \times \dfrac{3}{100} = 762 \times 0.03 = 22.86$

最後一欄的 Contribution to Chi-Sq（對 χ^2 值的貢獻）是每個細格的 χ^2 值，公式為：

$$\frac{(f_o - f_e)^2}{f_e}$$

（公式 20-3）

以紅色這格為例，觀察次數及期望次數分別為 113 及 91.44，代入公式後為：

$$\frac{(113 - 91.44)^2}{113} = 5.08348$$

將 5 個細格的 χ^2 值相加之後，就是報表 20-2 中的 χ^2 值，

$0.00157 + 5.08348 + 0.58863 + 0.37927 + 0.03235 = 6.08530$

報表 20-2　Chi-Square Test

N	DF	Chi-Sq	P-Value
762	4	6.08530	0.193

計算所得 $\chi^2 = 6.08530$，在自由度 4（5 種髮色減 1）的 χ^2 分配中，$p = 0.193$，並未小於 0.05，不能拒絕虛無假設，因此，該地區居民的髮色比例，與 30：12：30：25：3 並無顯著不同。

圖 20-15　各類別觀察值與期望值

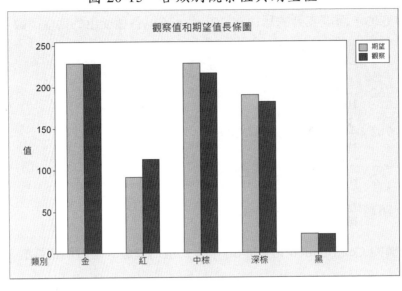

　　圖 20-16 是由報表 20-1 的觀察次數與期望次數所繪的長條圖。由圖中可看出：
紅色頭髮的實際調查所得的人數遠多於期望人數，金髮與黑髮的差距（殘差）較小。

圖 20-16　各類別卡方值

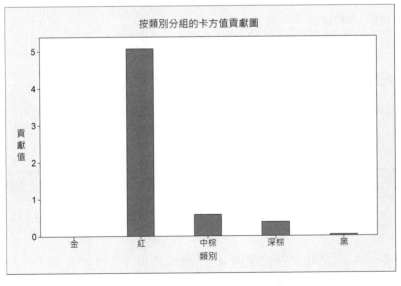

　　圖 20-17 是由報表 20-1 的細格 χ^2 值所繪的長條圖。由圖中可看出：紅色頭髮這
一類別的 χ^2 值最大，金色頭髮這一類別的 χ^2 值最小。

20.5　計算效果量

將前述的數值代入公式 20-2，得到：

$$w = \sqrt{\frac{6.0853}{762(5-1)}} = .0447$$

由於 w 值小於 .10，因此效果量非常小。

20.6　以 APA 格式撰寫結果

研究者調查了歐洲兩個地區居民的髮色，經卡方適合度檢定，五種髮色比例與整個歐洲並無顯著差異，$\chi^2 (4, N = 762) = 6.0853$，$p = .193$，效果量 $w = .0447$。

20.7　卡方適合度檢定的假定

卡方適合度檢定，應符合以下兩個假定。

20.7.1　觀察體要隨機抽樣且獨立

觀察體獨立代表各個細格間的觀察體不會相互影響。如果受訪者同時被歸類在兩個類別中（如：既是金髮又是黑髮），則違反獨立的假定。

觀察體不獨立，計算所得的 p 值就不準確，如果有證據支持違反了這項假定，就不應使用卡方適合度檢定。

20.7.2　期望值大小

當只有兩個類別（自由度為 1），而且期望次數少於 5 時，所得的 χ^2 值就不是真正的 χ^2 分配，最好使用以下公式校正，以獲得更精確的 χ^2 值。

$$\chi^2 = \sum \frac{(|f_o - f_e| - 0.5)^2}{f_e} \tag{公式 20-4}$$

第 21 章
卡方同質性
與獨立性檢定

卡方同質性與獨立性檢定都在檢定兩個質的變數之間的關聯，為雙因子的分析，適用的情境如下：

自變數與**依變數**：各自包含兩個或更多類別的變數，均為**質的變數**。

21.1　基本統計概念

21.1.1　目的

前一章的卡方適合度檢定只分析一個變數，但是在實際的研究中，很少只關注一個變數，而會更關心兩個（或以上）變數之間的關聯。

當兩個變數都是量的變數時，研究者通常會使用 Pearson 積差相關（本書第 16 章）或簡單迴歸分析（第 18 章）。如果自變數是質的變數，依變數是量的變數，則會進行 t 檢定或變異數分析（第 9 到 12 章）。如果兩個變數都是質的變數，則可以做成列聯表（contingency table），進行同質性或獨立性檢定。

同質性檢定旨在分析一個變數在不同母群間的分配是否相同（同質），而獨立性檢定則在分析兩個變數是否有關聯。兩者在概念上有差異，但是計算方法仍相同，所以本章並不嚴格加以區分。

21.1.2　分析示例

以下的研究問題，可以使用卡方同質性與獨立性檢定：

1. 四家超商的消費者年齡層（分為五個類別）是否有差異（同質性）。
2. 三所大學學生的住宿情形（住校、賃居、在家）是否有差異（同質性）。
3. 父母的婚姻狀況（離婚與否）與孩子的婚姻狀況是否有關聯（獨立性）。
4. 選民籍貫與支持的總統候選人是否有關聯（獨立性）。

21.1.3　統計公式

某大學想要了解學生對「導師經常與同學溝通互動」的意見，於是請各學院學生填答問卷，整理後得到表 21-1。試問：不同學院學生的意見是否有差異？

表 21-1　790 名大學生的意見

	理學院	工學院	文學院	教育學院	列總數
非常同意	53	20	30	77	180
同意	77	74	61	103	315
普通	97	45	42	51	235
不同意	29	13	7	11	60
行總數	256	152	140	242	790

　　表 21-1 的資料在 Minitab 輸入時，需要設定 5 個變數，其中第一欄「意見」設定為文字格式，輸入 4 種意見。第 2 － 5 欄為學院別，欄與列的交叉儲存格則輸入觀察次數（見圖 21-1）。

圖 21-1　在 Minitab 中輸入彙整後資料檔

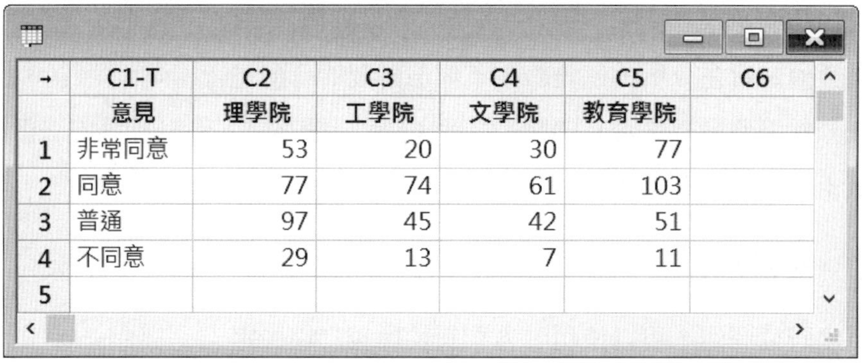

→	C1-T	C2	C3	C4	C5	C6
	意見	理學院	工學院	文學院	教育學院	
1	非常同意	53	20	30	77	
2	同意	77	74	61	103	
3	普通	97	45	42	51	
4	不同意	29	13	7	11	
5						

　　分析時選擇【Summarized data in a two-way table】（使用彙整之雙向表格資料），將 4 個學院選擇到【Columns containing the table】（表格中的欄），意見則選擇到【Rows】（列）中（見圖 21-2）。

圖 21-2　使用 Minitab 分析彙整後資料

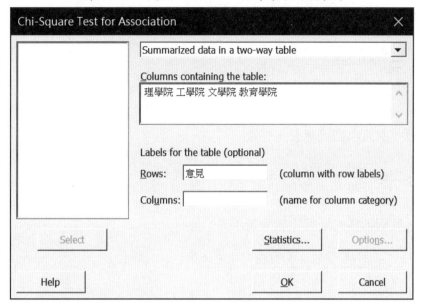

21.1.3.1　虛無假設與對立假設

在此例中，待答問題是：

不同學院學生的意見是否有差異？

虛無假設是假定四個學院學生的意見沒有差異：

H_0：不同學院學生的意見沒有差異。

對立假設寫成：

H_1：不同學院學生的意見有差異。

21.1.3.2　使用定義公式計算卡方值

卡方檢定的定義公式為：

$$\chi^2 = \sum \frac{(f_o - f_e)^2}{f_e}$$

（公式 21-1）

如果使用定義公式來計算 χ^2 值，則需要算出每個細格的期望次數。以下用理學院回答「非常同意」這一細格為例，說明期望值的計算方法。

如果不考慮學生來自什麼學院，則全校學生非常同意「導師經常與同學溝通互動」的比例是：

$$\frac{180}{790} = 0.228$$

理學院回答的學生有 256 名，依據 0.228 的比例，則理學院學生持「非常同意」意見的人數（期望次數）應有：

$$256 \times \frac{180}{790} = \frac{256 \times 180}{790} = 58.329$$

因此，某個細格的期望次數等於：

$$fe_{ij} = \frac{\text{第} i \text{列總數} \times \text{第} j \text{行總數}}{\text{總人數}} = \frac{F_i \times F_j}{N} \qquad \text{（公式 21-2）}$$

計算後，表 21-1 的期望次數如表 21-2。

表 21-2　期望次數

	理學院	工學院	文學院	教育學院	列總數
非常同意	58.33	34.63	31.90	55.14	180
同意	102.08	60.61	55.82	96.49	315
普通	76.15	45.22	41.65	71.99	235
不同意	19.44	11.54	10.63	18.38	60
行總數	256	152	140	242	790

將表 21-1 及表 21-2 的數值代入公式 21-1，得到：

$$\chi^2 = \frac{(53-58.33)^2}{58.33} + \frac{(20-34.63)^2}{34.63} + \cdots + \frac{(7-10.63)^2}{10.63} + \frac{(11-18.38)^2}{18.38}$$
$$= 0.4869 + 6.1826 + \cdots + 1.2412 + 2.9631$$
$$= 64.404$$

計算後得到 χ^2 值為 64.404。而每個細格的 χ^2 值使用 Minitab 計算如表 21-3。

表 21-3　細格卡方值

	理學院	工學院	文學院	教育學院
非常同意	0.4869	6.1826	0.1130	8.6670
同意	6.1602	2.9593	0.4802	0.4387
普通	5.7076	0.0010	0.0030	6.1187
不同意	4.6976	0.1836	1.2412	2.9631

自由度的公式是：

$$df = (行數 - 1) \times (列數 - 1) = (4-1) \times (4-1) = 9 \qquad (公式 21\text{-}3)$$

至於能否拒絕虛無假設，有兩種判斷方法。第一種是傳統取向的做法，找出在自由度為 9 的 χ^2 分配中，$\alpha = 0.05$ 的臨界值。由圖 21-3 可看出，此時臨界值為 16.92，計算所得的 64.404 已經大於 16.92，要拒絕虛無假設，所以四個學院學生的意見有顯著不同。

圖 21-3　自由度為 9 的 χ^2 分配中，$\alpha = 0.05$ 的臨界值是 16.92

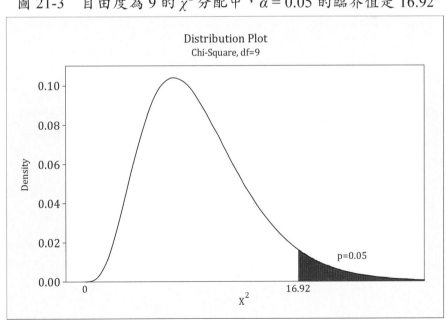

第二種是現代取向的做法，找出在自由度為 9 的 χ^2 分配中，$\chi^2 \geq 64.404$ 的機率。由圖 21-2 可看出，此時的 $P < 0.001$（圖中的 5.067E-7 代表 5.067×10^{-7}），已經小於 0.05，應拒絕虛無假設，所以四個學院學生的意見有顯著不同。

圖 21-4　自由度為 9 的 χ^2 分配中，$\chi^2 \geq 64.404$ 的機率值小於 0.001

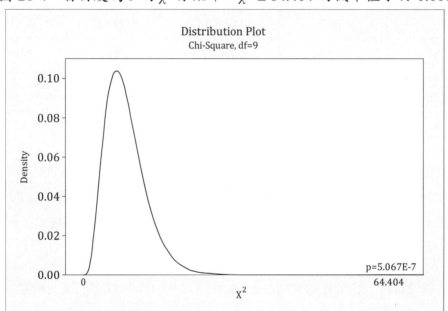

21.1.3.3　使用運算公式計算卡方值

使用定義公式計算 χ^2 值雖然可行，但是因為要計算各細格的期望次數，因此並不方便。此時，我們可以改用運算公式，直接使用各細格的觀察次數加計算 χ^2，它的公式是：

$$\chi^2 = \left(\sum \frac{fo_{ij}^2}{F_i \times F_j} - 1 \right) \times N \qquad\qquad \text{（公式 21-4）}$$

代入表 21-1 的數值，得到：

$$\chi^2 = \left(\frac{53^2}{180 \times 256} + \frac{20^2}{180 \times 152} + \cdots + \frac{7^2}{60 \times 140} + \frac{11^2}{60 \times 242} - 1 \right) \times 790$$
$$= (1.05874 - 1) \times 790$$
$$= 64.404$$

使用兩個公式的計算結果相同。

21.1.4　標準化殘差值

整體檢定顯著後，可以進一步分析細格的殘差，以了解學生意見的差異情形。殘差的公式為：

殘差 ＝ 觀察次數 － 期望次數

計算後得到表 21-4。細格中殘差值為正數者，代表觀察次數高於期望次數，也就是受訪者的意見比較偏向此細格；反之，殘差值為負數，代表觀察次數低於期望次數，代表受訪者比較不傾向細格的意見。由表 21-4 可看出：理學院學生比較傾向回答「普通」及「不同意」，工學院與文學院學生比較傾向回答「同意」，教育學院學生比較傾向回答「非常同意」。

表 21-4　原始殘差

	理學院	工學院	文學院	教育學院
非常同意	-5.329	-14.633	-1.899	21.861
同意	-25.076	13.392	5.177	6.506
普通	20.848	-0.215	0.354	-20.987
不同意	9.557	1.456	-3.633	-7.380

然而，原始殘差值並無法反映差距的大小。例如：6 與 1 的差異是 5，100 與 95 的差異也是 5，但是 $\frac{6-1}{1} = 5$，而 $\frac{100-95}{95} = 0.053$，兩者的相對差異是不相等的。此時，我們會將殘差值標準化，公式為：

$$標準化殘差 = \frac{觀察次數 - 期望次數}{\sqrt{期望次數}} = \frac{殘差}{\sqrt{期望次數}} \qquad (公式 21\text{-}5)$$

計算後得到表 21-5。

表 21-5　標準化殘差

	理學院	工學院	文學院	教育學院
非常同意	-0.698	-2.486	-0.336	2.944
同意	-2.482	1.720	0.693	0.662
普通	2.389	-0.032	0.055	-2.474
不同意	2.167	0.428	-1.114	-1.721

Minitab 又另外提供了調整殘差，它以行與列的比例加以校正，公式為：

$$調整殘差 = \frac{觀察次數-期望次數}{\sqrt{期望次數\left(1-\dfrac{第i列總數}{總人數}\right)\left(1-\dfrac{第j行總數}{總人數}\right)}} \quad\quad (公式\ 21\text{-}6)$$

$$= \frac{殘差}{\sqrt{期望次數\left(1-第i列比例\right)\left(1-第j行比例\right)}}$$

表 21-6　調整殘差

	理學院	工學院	文學院	教育學院
非常同意	-0.9658	-3.1487	-0.4218	4.0226
同意	-3.8932	2.4687	0.9852	1.0256
普通	3.4669	-0.0425	0.0722	-3.5434
不同意	2.7424	0.4960	-1.2777	-2.1500

　　調整殘差成 Z 分配，因此可以使用 ±1.96 為臨界值。由表 21-6 可看出，理學院學生比較傾向回答「普通」及「不同意」，工學院學生比較傾向回答「同意」，教育學院學生比較傾向回答「非常同意」。

21.1.5　卡方同質性檢定與卡方獨立性檢定

在前述的例子中，由於是從各學院學生中抽取一定的樣本，學生的學院別及人數已經知道，所以「學院」這一變數為**設計變數**（design variable），是自變數，而對「導師經常與同學溝通互動」的意見則為**反應變數**（response variable），是依變數，其主要目的在了解四個學院的學生對「導師經常與同學溝通互動」意見是否有不同。因此虛無假設為：四個學院的學生對「導師經常與同學溝通互動」意見沒有不同。此時，稱為**卡方同質性檢定**。

如果是隨機從該所大學中選取一些學生，然後詢問他們的「學院」及對「導師經常與同學溝通互動」的看法，此時兩個變數都是**反應變數**，沒有自變數與依變數的分別，行與列的次數（或人數）都不是事前先決定的，需要等到實際調查後才能得知，就適用**卡方獨立性考驗**。此時，研究目的在於了解「學生學院別與對導師制的看法是否有關」，虛無假設為：學生學院別與對導師制的看法無關（也就是兩者獨立）。

總之，如果一個變數在調查前就已知，只調查另一個變數，就適用同質性檢定；如果兩個變數都是由調查而得，則適用獨立性檢定。雖然研究目的有所差別，但是計算 χ^2 值及自由度公式都相同，使用 Minitab 分析的過程也一樣。

21.1.6　效果量

如果是 2×2 的列聯表，則 χ^2 檢定的效果量可用 ϕ 表示，

$$\phi = \sqrt{\frac{\chi^2}{N}}$$

（公式 21-7）

如果不是 2×2 的列聯表，則可以改用 Cramér 的 V 係數，它是比較廣泛用途的 ϕ 係數，公式為：

$$V = \sqrt{\frac{\chi^2}{N(k-1)}} = \sqrt{\frac{\phi}{k-1}}$$

（公式 21-8）

其中 k 是行數與列數中較小者，如果行或列其中一個變數只有兩類時，則 $V = \phi$。

代入前面的數值：

$$V = \sqrt{\frac{46.404}{790(4-1)}} = 0.140$$

依據 Cohen（1988）的經驗法則，ϕ 與 V 的小、中、大效果量為 .10、.30、.50，本範例為小的效果量。

21.2 範例

美國 2012 年綜合社會調查（general social survey），得到表 21-7 之數據。請問：教育程度與年收入是否有關？

表 21-7　690 名美國受訪者的資料

教育程度		初中以下	高中	學院大學	研究所	列總數
年收入	12999 元以下	21	80	33	8	142
	13000-29999 元	16	118	35	6	175
	30000-59999 元	9	103	65	32	209
	60000 元以上	4	40	71	49	164
行總數		50	341	204	95	690

21.2.1 變數與資料

表 21-7 是由原始數據（見圖 21-5）彙整好的資料，有二個變數，一個是教育程度，分為四個等級，另一個是年收入（美元），同樣分為四個等級。由於使用原始資料，因此在 Minitab 中只要設定兩個變數即可，一個名為「教育程度」，另一個名為「年收入」。

21.2.2 研究問題

在本範例中，研究者想要了解的問題可以陳述如下：

教育程度與年收入是否有關？

21.2.3　統計假設

根據研究問題，虛無假設宣稱「兩個變數沒有關聯」：

H_0：教育程度與年收入無關

而對立假設則宣稱「兩個變數有關聯」：

H_1：教育程度與年收入有關

21.3　使用 Minitab 進行分析

1. 部分的 Minitab 資料檔如圖 21-5，由於是原始資料，因此可以直接進行分析。

圖 21-5　卡方適合度檢定資料檔（部分）

	C1	C2	C3	C4
	教育程度	年收入		
1	2	4		
2	2	2		
3	2	3		
4	4	4		
5	3	4		
6	4	4		
7	3	4		
8	4	4		
9	3	4		
10	3	4		
11	1	1		
12	3	3		
13	4	4		
14	4	3		
15	2	1		
16	3	4		
17	3	3		
18	2	4		
19	3	3		
20	2	3		

2. 在【Stat】（統計）選單中的【Tables】（表格）選擇【Cross Tabulation and Chi-Square】（交叉表與卡方）。

圖 21-6　Cross Tabulation and Chi-Square 選單

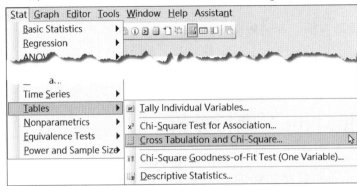

3. 把要檢定的變數分別點選到【Rows】（列）與【Columns】（行）。筆者建議，如果有自變數及依變數之分時，最好將自變數（教育程度）點選到【行】，依變數（年收入）則點選到【列】，以便進行事後分析。

圖 21-7　Cross Tabulation and Chi-Square 對話框

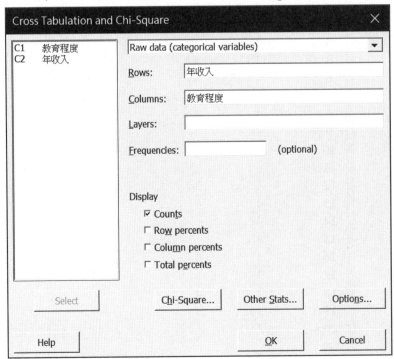

4. 在【Display】（顯示）項下，另外再勾選【Column percents】（行百分比）。

圖 21-8　Cross Tabulation and Chi-Square 對話框

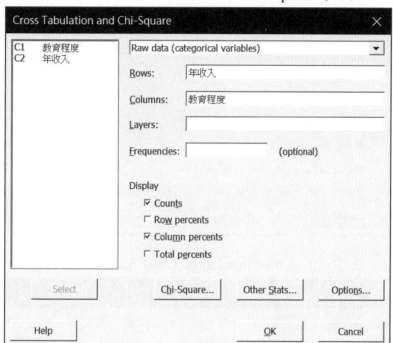

5. 在【Chi-Square】（卡方）項下，依需要勾選【Chi-square test】（卡方檢定）、【Expected cell counts】（細格期望次數）、【Raw residuals】（原始殘差）、【Adjusted residuals】（調整殘差），及【Each cell's contribution to chi-square】（個別細格卡方值）。（見下頁圖 21-9）

6. 在【Other Stats】（其他統計量）項下，勾選【Cramer's V-square statistic】（Cramer 的 V^2 統計量）及【Correlation coefficients for ordinal categories】（次序類別的相關係數）。（見下頁圖 21-10）

圖 21-9　Cross Tabulation: Chi-Square 對話框

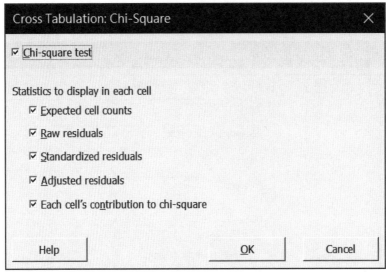

圖 21-10　Cross Tabulation: Other Statistics 對話框

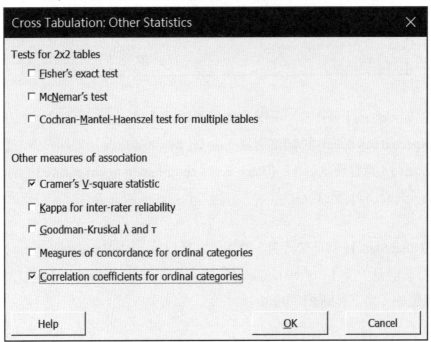

7.　完成設定後，點擊【OK】（確定）按鈕進行分析。

圖 21-11　Cross Tabulation and Chi-Square 對話框

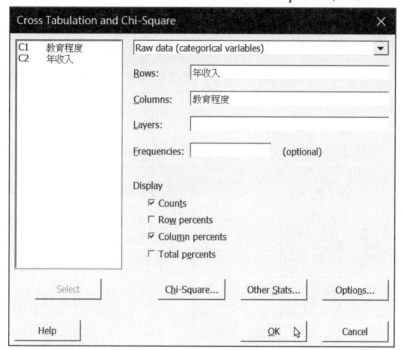

21.4　報表解讀

分析後得到以下的報表，分別加以概要說明。為了簡化細格中的數值，筆者將表格分成報表 21-1 至 21-3 說明。

報表 21-1　Rows: 年收入　　Columns: 教育程度

	1	2	3	4	All
1	21	80	33	8	142
2	16	118	35	6	175
3	9	103	65	32	209
4	4	40	71	49	164
All	50	341	204	95	690
Cell Contents:　　Count					

報表 21-1 為各細格的觀察次數，表中對角線網底部分的人數總和為 253 人，占所有樣本的 36.7%（$\frac{253}{690} \times 100\% = 36.7\%$），三分之一以上美國民眾的教育等級與收入等級是相同的。從直行來看，網底部分幾乎都是同一行當中數字最大者（除了 3「學院大學」這一行例外），由此大略可看出：教育等級與收入等級有正向關聯，至於是否顯著，則要看報表 21-4 的卡方檢定。

報表 21-2　Rows: 年收入　Columns: 教育程度

	1 (初中以下)	2 (高中)	3 (學院大學)	4 (研究所)	All
1	21	80	33	8	142
	10.29	70.18	41.98	19.55	
12999 以下	10.710	9.823	-8.983	-11.551	
	3.890	1.850	-1.854	-3.157	
	11.148	1.375	1.922	6.824	
2	16	118	35	6	175
	12.68	86.49	51.74	24.09	
13000-29999	3.319	31.514	-16.739	-18.094	
	1.120	5.515	-3.210	-4.595	
	0.869	11.484	5.416	13.588	
3	9	103	65	32	209
	15.14	103.29	61.79	28.78	
30000-59999	-6.145	-0.288	3.209	3.225	
	-1.964	-0.048	0.583	0.775	
	2.493	0.001	0.167	0.361	
4	4	40	71	49	164
	11.88	81.05	48.49	22.58	
60000 以上	-7.884	-41.049	22.513	26.420	
	-2.720	-7.343	4.412	6.858	
	5.230	20.790	10.453	30.914	
All	50	341	204	95	690

Cell Contents: 　Count
　　　　　　　　Expected count
　　　　　　　　Residual
　　　　　　　　Adjusted residual
　　　　　　　　Contribution to Chi-square

報表 21-2 中每個細格共有五個數據（注：變數中各類別的名稱是筆者所加），其意義說明如後。

第一列為觀察個數（Count），第二列為期望個數（Expected count），前者減去後者就是第三列的殘差（Residual），第四列為調整殘差（Adjusted residual），第五列為每個細格的 χ^2 值（Contribution to Chi-square）。

網底標示部分是調整殘差大於 1.96 的細格，表示觀察次數顯著高於期望次數。由此觀之：

1. 初中以下民眾的年所得比較多是在 12999 元以下。

2. 高中學歷者的年所得多數在 13000-29999 元之間。

3. 學院大學以上者（含研究所）年所得多數在 60000 元以上。

報表 21-3　Rows: 年收入　　Columns: 教育程度

	1 (初中以下)	2 (高中)	3 (學院大學)	4 (研究所)	All
1 12999 以下	21	80	33	8	142
	42.00	23.46	16.18	8.42	20.58
2 13000-29999	16	118	35	6	175
	32.00	34.60	17.16	6.32	25.36
3 30000-59999	9	103	65	32	209
	18.00	30.21	31.86	33.68	30.29
4 60000 以上	4	40	71	49	164
	8.00	11.73	34.80	51.58	23.77
All	50	341	204	95	690
	100.00	100.00	100.00	100.00	100.00
Cell Contents:	Count % of Column				

報表 21-3 是觀察次數與行（欄）百分比。由收入為 12999 元以下這一橫列來看，初中學歷以下者有 42.00% 年收入不到 1.3 萬，高中學歷有 23.46% 只能獲得此收入，但是有研究所學歷，則只有 8.42% 年收入在 1.3 萬以下。反之，由收入為 60000 元以上這一橫列來看，初中學歷以下者只有 8.00% 年收入在 6 萬以上，高中學歷有 11.73% 可以獲得此收入，但是有研究所學歷，則有半數以上（51.58%）年收入在 6 萬以上。此結果可以由圖 21-12 的集群長條圖佐證之。

綜言之，教育程度與年收入有關，教育程度愈高者，年收入也愈高。

報表 21-4　Chi-Square Test

	Chi-Square	DF	P-Value
Pearson	123.035	9	0.000
Likelihood Ratio	125.773	9	0.000

報表 21-4 中 Pearson 的 χ^2 值為 123.035，自由度為 9，$P < 0.001$，因此應拒絕虛無假設，表示受訪者的教育程度與其收入等級是不獨立的（也就是有關聯）。而由報表 21-5 可知，兩者為正向關聯。

報表 21-5　Cramer's Measure of Association

Cramer's V-square	0.0594371

報表 21-5 的 Cramér V^2 為：

$$V^2 = \frac{\chi^2}{N(k-1)} = \frac{123.035}{690(4-1)} = 0.0594371$$

報表 21-6　Correlation Coefficients for Ordinal Categories

Pearsons r	0.374521
Spearmans rho	0.380303

由於兩個變數都是次序變數，因此可以使用報表 21-6 之 Spearman 等級相關表示兩者的關聯程度，$\rho = .380303$，係數為正，代表兩個變數有正相關。Pearson r 適用於兩個量的變數，在本範例中不適用。

圖 21-12 是另外繪製的集群長條圖（以百分比顯示）。此圖以「教育程度」為第一層變數，「年收入」為第二層變數，並計算第一層變數內的百分比。由圖中可看出：學院大學以上學歷者，年所得以第 4 類（60000 元以上）最多；高中學歷者年所得以第 2 類（13000 – 29999 元）最多；初中以下學歷者，多數年所得不到 13000 元（第 1 類）。（注：集群長條圖的繪製過程請見本書第 4 章。）

圖 21-12　教育程度、年收入集群長條圖

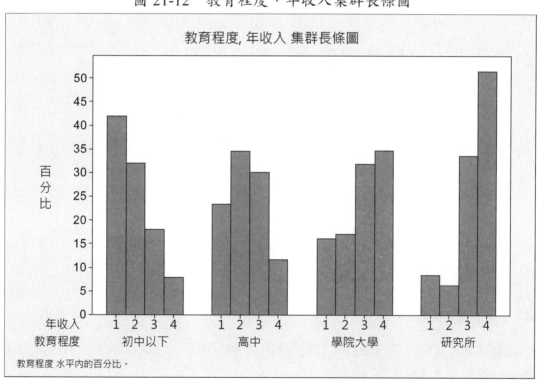

21.5　計算效果量

由報表 21-5 代入數值，計算 Cramér 的 V 係數：

$$V = \sqrt{V^2} = \sqrt{0.059437} = 0.2438$$

依據 Cohen（1988）的經驗法則，本範例為小的效果量。

21.6　以 APA 格式撰寫結果

對美國民眾所做的調查發現，教育程度與收入有關，教育程度愈高，年收入也愈多，χ^2 (9,N = 690) = 123.035，p < .001，Cramér 的 V = .244。經進一步分析發現：初中以下學歷者年收入在 12999 元以下者較多；高中學歷者多數年收入在 13000－29999 元之間；學院大學學歷者年收入在 60000 元以上者較多；具有研究所學歷者，半數以上年收入在 60000 元以上。

21.7　卡方同質性與獨立性檢定的假定

卡方同質性與獨立性檢定，應符合以下三個假定。

21.7.1　互斥且完整

受訪者在兩個變數的所有類別中，一定都可以歸屬其中一類，而又只能歸於一個類別。假設受訪者回答他的「最高學歷」既是「高中」又是「研究所」，或是年收入資料不詳，無法歸類，則違反互斥且完整原則。如果題目是複選題，則選項就不是互斥，此時就不應使用本章的統計方法。

21.7.2　觀察體獨立

觀察體獨立代表各個細格間的觀察體不會相互影響，如果受訪者同時被歸類在兩個類別中（可以複選），則違反獨立的假定。

觀察體不獨立，計算所得的 p 值就不準確，如果有證據支持違反了這項假定，就不應使用卡方同質性或獨立性檢定。

21.7.3　期望值大小

當兩個變數都只有兩個類別（細格數 2 × 2，自由度為 1），而且期望次數少於 5

時，最好使用以下公式校正，以獲得更精確的 χ^2 值。

$$\chi^2 = \sum \frac{(|f_o - f_e| - 0.5)^2}{f_e}$$

　　不過，即使自由度大於 1，但是如果 20% 細格的期望值小於 5，最好就要更謹慎使用卡方檢定。如果類別數很少，而且大部分的類別中次數又太少，就要考慮合併類別（Cohen, 2007）。例如：回答「不同意」或「非常不同意」的人數如果太少，可以把兩者合併為「不同意」。

.

第 22 章
單一樣本
比例 *Z* 檢定

單一樣本比例 Z 檢定用於比較樣本在某個質的變數之比例與一個常數是否有差異，此常數在 Minitab 中稱為**假定的比例**（hypothesized proportion）。單一樣本比例 Z 檢定也可以使用本書第 20 章的卡方適合度檢定，由於自由度是 1，此時 $Z^2 = \chi^2$，機率值 P 也會相同，分析的結論是一致的。

22.1　基本統計概念

22.1.1　目的

單一樣本比例 Z 檢定旨在檢定一個比例與特定的常數（檢定值）是否有差異，這個研究者關心的常數可以是以下幾種數值：

1. **現行法令規定的標準**。如：進口豬肉（肌肉部分）的萊克多巴胺（瘦肉精）殘餘不得高於 10ppb（一億分之一）。
2. **以往相關研究發現的比例**。如：以往調查發現高中生吸菸比例為 11.3%。
3. **已知的母群比例**。如：全國原住民族比例為 2.5%。
4. **由機率獲得的某個數值**。如：4 個選項的選擇題測驗中，猜測答對率為 25%。

22.1.2　單一樣本的定義

單一樣本，指的是研究者從關心的母群體中抽樣而得的一組具代表性的樣本，他們可以是：

1. 學校中的某些學生。
2. 生產線的某些產品。
3. 罹患某種疾病的部分患者。
4. 某地區的部分地下水。
5. 市場或商店中的某些貨品。

抽取樣本之後，研究者會針對這些樣本的某種屬性或特性加以測量或調查，而所得的值須為質的變數（qualitative variable，含名義及次序尺度），例如：

1. 在某測驗未通過的比率。
2. 罹患某種疾病的五年存活率。

3. 某種行為或習慣（如嚼食檳榔或長期吸菸）的比例。

22.1.3 分析示例

依據上述說明，以下的研究問題都可以使用單一樣本比例（以下均為百分比）Z 檢定：

1. 某所學校全體學生需要學習扶助的比例與 20% 是否有差異？
2. 某工廠生產的晶圓，良率與競爭對手的 50% 是否有差異？
3. 某地區某項疾病患者的五年存活率是否低於 90%？（此為左尾檢定）
4. 某地區 18 歲以上男性民眾嚼食檳榔的比例是否超過 17%？（此為右尾檢定）

22.1.4 統計概念

22.1.4.1 比例的區間估計

如果分別以 1、0 來表示某種事件「是」、「否」發生（二項分配），則其**算術平均數**就會等於「有」發生的**比例** p。樣本比例一般以 $\hat{p}$ 表示，它是母群比例 p 的一致性估計值，公式為：

$$\hat{p} = \frac{r}{n}，\text{其中 } n \text{ 是樣本數，} r \text{ 是事件發生數}$$

比例的變異數等於 $p(1-p)$，標準差就是 $\sqrt{p(1-p)}$，在樣本中則為 $\sqrt{\hat{p}(1-\hat{p})}$。在大樣本的情形下（ $n\hat{p} \geq 10$ 且 $n(1-\hat{p}) \geq 10$，也就是發生數及未發生數都大於或等於 10），依**中央極限定理**推定：樣本比例的抽樣會成為常態分配，而樣本**比例的平均數**會等於母群的比例 p，即：

$$\mu_{\hat{p}} = p \tag{公式 22-1}$$

樣本**比例的標準差**（即**比例的標準誤**）會等於：

$$\sigma_{\hat{p}} = \sqrt{\frac{p(1-p)}{n}} \tag{公式 22-2}$$

在常態分配中，平均數加減 1.960 倍的標準差這段範圍包含 95% 的數值，而平均數加減 2.576 倍的標準差這段範圍包含 99% 的數值。應用在大樣本的抽樣分配中，

則每次抽樣所得的比例 $\hat{p} \pm 1.960 \times \sqrt{\dfrac{p(1-p)}{n}}$，在反覆進行 100 次後，會有 95 次（也就是 95%）包含母群體比例 p。如果 $\hat{p} \pm 2.576 \times \sqrt{\dfrac{p(1-p)}{n}}$ 則反覆進行 100 次後，會有 99 次 （也就是 99%）包含 p。由於母群 p 未知，一般以 $\hat{p}$ 估計 p，所以 p 的 $1-\alpha$ 信賴區間為：

$$\hat{p} \pm Z_{(\alpha/2)} \times \sqrt{\frac{\hat{p}(1-\hat{p})}{n}} \qquad\qquad \text{（公式 22-3）}$$

政治學常使用的民意調查或候選人支持率，其信賴區間的計算也是採用此種方法。例如：調查了 500 位公民，其中有 60%對某位首長的結果是滿意的，則母群比例的 95%信賴區間是：

$$0.60 \pm 1.960 \times \sqrt{\frac{(0.60)(1-0.60)}{500}} = 0.60 \pm 0.0429$$

不過，如果調查 500 位公民對 5 位候選人的支持率，其中某甲獲得 25%的支持率，則其比例的 99%信賴區間是：

$$0.25 \pm 2.576 \times \sqrt{\frac{(0.50)(1-0.50)}{500}} = 0.25 \pm 0.0576$$

這是因為 $p(1-p)$ 在 $0.5 \times (1-0.5)$ 時為最大，因此就以其代表母群比例的變異數。

Minitab 預設是精確性信賴區間，或稱 Clopper-Pearson 法，公式為：

$$\text{下限：} \frac{r \times F_1}{n-r+1+r \times F_1} \qquad\qquad \text{（公式 22-4）}$$

$$\text{上限：} \frac{(r+1) \times F_2}{n-r+r \times (r+1) \times F_2} \qquad\qquad \text{（公式 22-5）}$$

其中，$F_1 = F_{(\alpha/2, 2r, 2(n-r+1))}$ 的臨界值，$F_2 = F_{(1-\alpha/2, 2(r+1), 2(n-r))}$ 的臨界值

此外，Agresti-Coull 也提出適用於任意大小樣本的方法，以 $\tilde{n} = n + Z_{(\alpha/2)}^2$ 代替 n，以 $\tilde{p} = \left(r + Z_{(\alpha/2)}^2 / 2\right) / \tilde{n}$ 代替 $\hat{p}$，因此 p 的信賴區間公式為：

$$\tilde{p} \pm Z_{(\alpha/2)} \times \sqrt{\frac{\tilde{p}(1-\tilde{p})}{\tilde{n}}} \qquad\qquad \text{（公式 22-6）}$$

22.1.4.2　單一樣本比例的 Z 檢定

因為 $Z = \dfrac{X - \mu}{\sigma}$，而由中央極限定理也可推斷：$\mu_{\hat{p}} = p$，$\sigma_{\hat{p}} = \sqrt{\dfrac{p(1-p)}{n}}$，如果

應用大樣本且符合常態的比例抽樣分配，則：

$$Z = \frac{\hat{p} - p}{\sigma_{\hat{p}}} = \frac{\hat{p} - p}{\sqrt{\dfrac{p(1-p)}{n}}} \qquad\qquad (公式\ 22\text{-}7)$$

分母部分，有些文獻會以 $\hat{p}$ 代替 p，所以 Z 檢定改為：

$$Z = \frac{\hat{p} - p}{\sqrt{\dfrac{\hat{p}(1-\hat{p})}{n}}} \qquad\qquad (公式\ 22\text{-}8)$$

如果是小樣本，Minitab 以精確性 P 值代替。

22.1.5　效果量

如果檢定一個比例是否與 0.5 有所不同，可以用來計算效果量（Cohen, 1988）：

$$g = p - 0.5，樣本則為\ g = \hat{p} - 0.5 \qquad\qquad (公式\ 22\text{-}9)$$

如果要檢定的比例不等 0.5，效果量可用以下公式（Cohen, 1988）：

$$h = \phi_1 - \phi_2 \qquad\qquad (公式\ 22\text{-}10)$$

其中 $\phi_i = 2\arcsin\sqrt{p_i}$（arcsin 可用 Excel 的 asin 函數來計算）

根據 Cohen（1988）的經驗法則，h 的小、中、大效果量，分別為 .20、.50，及 .80。依此準則可以歸納如下的原則：

1. $h < .20$ 時，效果量非常小，幾乎等於 0。
2. $.20 \le h < .50$，為小的效果量。
3. $.50 \le h < .80$，為中度的效果量。
4. $h \ge .80$，為大的效果量。

22.2　範例

　　某研究者想了解臺灣地區民眾使用電子支付的普及率，於是隨機訪問 25 名受訪者，詢問他們是否經常使用電子支付（是為 1，否為 0），得到表 22-1 的數據。請問：臺灣地區民眾經常使用電子支付的比例與 0.5（50%）是否有不同？

表 22-1　臺灣地區 25 名受訪者是否經常使用電子支付

受訪者	電子支付	受訪者	電子支付
1	1	14	0
2	0	15	1
3	1	16	0
4	0	17	1
5	1	18	0
6	1	19	1
7	1	20	0
8	0	21	1
9	0	22	0
10	1	23	1
11	1	24	0
12	0	25	1
13	1		

22.2.1　變數與資料

　　表 22-1 中，雖然有 2 個變數，但是受訪者的代號並不需要輸入 Minitab 中，因此分析時只使用「電子支付」這一變數，它的定義是：一半以上的消費使用電子支付（含行動支付、電子支付、第三方支付）為 1（是），未達一半為 0（否）。

22.2.2　研究問題

　　在本範例中，研究者想要了解的問題可以陳述如下：

　　　臺灣地區民眾經常使用電子支付的比例與 0.5 是否有差異？

22.2.3 統計假設

根據研究問題，虛無假設宣稱「臺灣地區民眾經常使用電子支付的比例與 0.5 沒有差異」，以統計符號表示為：

$$H_0 : p = 0.5$$

而對立假設則宣稱「臺灣地區民眾經常使用電子支付的比例與 0.5 有差異」，以統計符號表示為：

$$H_1 : p \neq 0.5$$

總之，統計假設寫為

$$\begin{cases} H_0 : p = 0.5 \\ H_1 : p \neq 0.5 \end{cases}$$

22.3 使用 Minitab 進行分析

1. 完整的 Minitab 資料檔如圖 22-1。

圖 22-1 單一樣本比例 Z 檢定資料檔

↓	C1	C2	C3	C4	C5
	電子支付				
1	1				
2	0				
3	1				
4	0				
5	1				
6	1				
7	1				
8	0				
9	0				
10	1				
11	1				
12	0				
13	1				
14	0				
15	1				
16	0				
17	1				
18	0				
19	1				
20	0				
21	1				
22	0				
23	1				
24	0				
25	1				

2. 在【Stat】（統計）中的【Basic Statistics】（基本統計量）中選擇【1 Proportion】
（單比例）。

圖 22-2　1 Proportion 選單

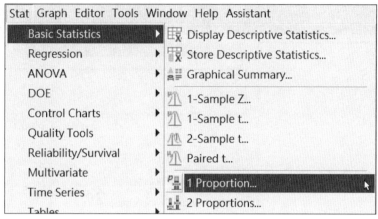

3. 將電子支付變數點擊【Select】（選擇）按鈕到右邊框中，如果不勾選【Perform
hypothesis test】（進行假設檢定），則僅進行母群體比例區間估計。

圖 22-3　One-Sample Proportion 對話框-1

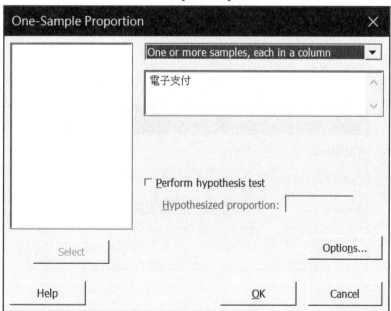

4. 勾選【Perform hypothesis test】，並在【Hypothesized proportion】（假設比例）中
   輸入檢定值 0.5，再點擊【OK】（確定）進行單樣本比例檢定。

圖 22-4　One-Sample Proportion 對話框-2

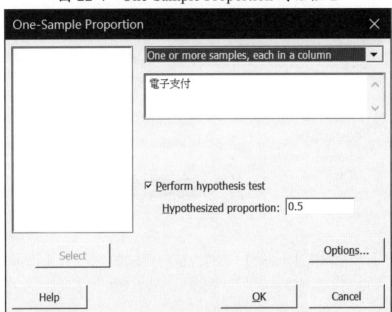

5. 在【Options】（選項）下設定【Method】（方法），改為【Normal approximation】
   （近似常態）。此為多數教科書常介紹的方法。

圖 22-5　One-Sample Proportion: Options 對話框-1

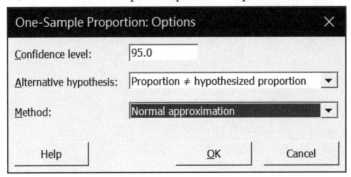

6. Minitab 預設的方法為【Exact】（精確）。

圖 22-6　One-Sample Proportion: Options 對話框-2

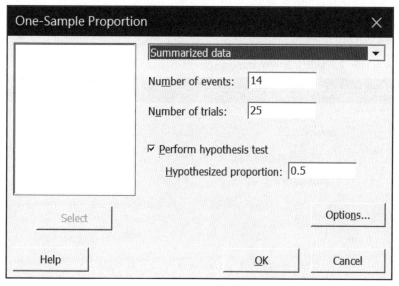

7. 如果已經有現成描述統計量，可以選擇【Summarized data】（匯總資料），分別輸入【Number of events】（事件數）、【Number of trials】（測試數、樣本數），並在【Hypothesized proportion】（假設比例）中輸入檢定值 0.5，再點擊【OK】（確定）進行檢定。

圖 22-7　使用 Summarized data 進行檢定

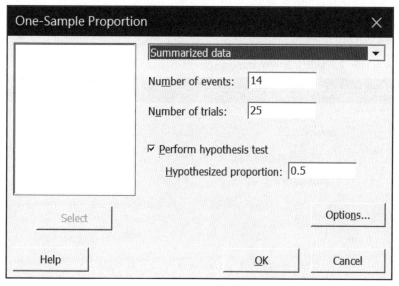

8. 單一樣本比例 Z 檢定也可以使用 χ^2 檢定。在【Stat】（統計）選單的【Tables】（表格）中選擇【Chi-Square Goodness-of-Fit Test (One Variable)】〔卡方適合度檢定（單變數）〕。

圖 22-8　Chi-Square Goodness-of-Fit Test (One Variable) 選單

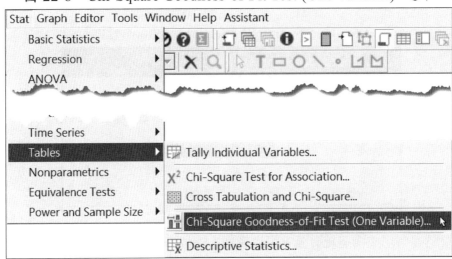

9.　在【Categorical data】（類別）中選擇「電子支付」變數。在本範例中，兩個類別的比相等，可以選擇【Equal proportion】（相等比例）即可，如果兩個比例不相等，可以在【Proportion specified by historical counts】（依以往統計指定比例）中之【Input constant】（輸入常數），並分別輸入兩個類別的比例或次數（在本範例中輸入 0.5：0.5、1：1，或 12.5：12.5 都可以）。

圖 22-9　Chi-Square Goodness-of-Fit Test 對話框

Chi-Square Goodness-of-Fit Test	✕

C1　電子支付

○ Observed counts: _____

　　Category names (optional): _____

◉ Categorical data: ｜電子支付

Test

Category names	Historical counts
0	0.5
1	0.5

○ Equal proportions

○ Specific proportions

◉ Proportions specified by historical counts:

　Input constants ▾

Select

Help　　　　OK　　Cancel

Graphs...　Results...

22.4　報表解讀

報表 22-1　Method

Event: 電子支付 ＝ 1
p: proportion where　電子支付 ＝ 1
Normal approximation method is used for this analysis.

報表 22-1 說明電子支付的事件（經常使用）代號為 1，p 是電子支付為 1 的比例，以下的分析使用近似常態分配。

報表 22-2　Descriptive Statistics

N	Event	Sample p	95% CI for p
25	14	0.560000	(0.365420, 0.754580)

報表 22-2 是描述統計量。樣本數（N）為 25，事件數為 14，因此樣本的比例為：

$$\hat{p} = \frac{14}{25} = 0.56$$

樣本比例的標準誤為：

$$\sqrt{\frac{0.56 \times (1 - 0.56)}{25}} = 0.0993$$

在標準化常態分配（Z 分配）中，顯著水準（α）為 0.05 的條件下，臨界值為 1.960（圖 22-10），因此，母群比例的 95%信賴區間為：

下界：$0.56 - 1.960 \times 0.0993 = 0.365420$

上界：$0.56 + 1.960 \times 0.0993 = 0.754580$

圖 22-10　標準常態分配、$\alpha = 0.05$ 時的臨界 Z 值為 ± 1.960

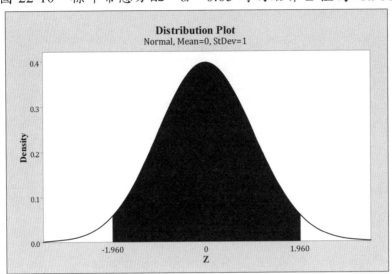

另外以 Minitab Express 所繪的比例信賴區間圖如圖 22-11。

圖 22-11　比例 95%信賴區間圖——近似常態分配

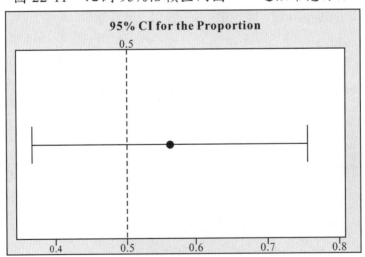

報表 22-3　Test

Null hypothesis	H_0: $p = 0.5$
Alternative hypothesis	H_1: $p \neq 0.5$

報表 22-3（續）

Z-Value	P-Value
0.60	0.549

報表 22-3 分別兩部分，第一部分是統計假設，合寫為：

$$\begin{cases} H_0 : p = 0.5 \\ H_1 : p \neq 0.5 \end{cases}$$

第二部分是 Z 檢定，代入數值後為：

$$Z = \frac{0.56 - 0.5}{\sqrt{\dfrac{0.50 \times (1 - 0.50)}{25}}} = 0.60$$

在 Z 分配中，$|Z| > 0.60$ 的機率（P）為 0.549（圖 22-12），未小於 0.05，因此不拒絕 H_0，所以臺灣地區民眾經常使用電子支付的比例與 0.5 沒有顯著差異。

圖 22-12　$|Z| > 0.60$ 的 $p = 0.549$

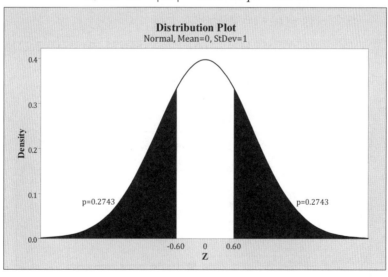

報表 22-4　　Method

Event: 電子支付 = 1
p: proportion where 電子支付 = 1
Exact method is used for this analysis.

報表 22-4 改用精確性方法。

報表 22-5　　Descriptive Statistics

N	Event	Sample p	95% CI for p
25	14	0.560000	(0.349282, 0.755976)

報表 22-5 為精確性信賴區間，計算方法為：

下界：$\dfrac{14 \times 0.4601}{25 - 14 + 1 + 14 \times 0.4601} = 0.349282$

上界：$\dfrac{(14+1) \times 2.2718}{25 - 14 + (14+1) \times 2.2718} = 0.755976$

其中 $F_1 = F(.025, 28, 24) = 0.4601$，$F_2 = F(.975, 30, 22) = 2.2718$

另外以 Minitab Express 所繪的比例信賴區間圖如圖 22-13。

圖 22-13　　比例 95% 信賴區間圖──精確性

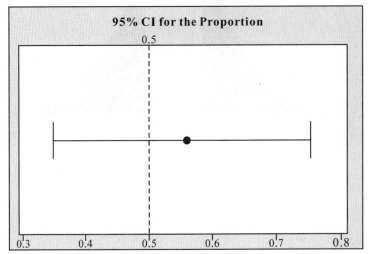

報表 22-6　Test

Null hypothesis	$H_0: p = 0.5$
Alternative hypothesis	$H_1: p \neq 0.5$

P-Value
0.690

報表 22-6 是精確性 P 值，等於 0.690，大於 0.05，因此不拒絕 H_0，所以臺灣地區民眾經常使用電子支付的比例與 0.5 沒有顯著差異。

報表 22-7　Chi-Square Test

N	N*	DF	Chi-Sq	P-Value
25	0	1	0.36	0.549

報表 22-7 是 χ^2 檢定結果，$\chi^2(1, N = 25) = 0.36$，$P = 0.549$。與報表 22-3 對照，χ^2 值等於 Z 值 0.6 的平方，P 值則相同。因此，單一樣本比例 Z 檢定也可以使用 χ^2 適合度檢定，兩者的結論是一致的。

22.5　計算效果量

檢定後，APA 要求列出效果量（effect size），這是實質上的顯著性，代表差異的強度。在此，可以計算 Cohen 的 h 值，它的公式是：

$$h = \phi_1 - \phi_2 \text{，} \phi_i = 2\arcsin\sqrt{p_i}$$

代入報表中數值，$\phi_1 = 2\arcsin\sqrt{0.56} = 1.691$，$\phi_2 = 2\arcsin\sqrt{0.50} = 1.571$，$h = 1.691 - 1.571 = 0.12$。根據 Cohen（1988）的經驗法則，$h$ 的小、中、大效果量，分別為 .20、.50，及 .80，研究效果幾乎等於 0。

22.6　以 APA 格式撰寫結果

　　研究者對訪問 25 名臺灣地區民眾，是否經常使用電子支付，並進行單一樣本比例 Z 檢定，樣本的比例 0.56，95%信賴區間為 [0.37, 0.75]，與 0.5 沒有顯著差異，$Z = 0.60$，$p = .55$，效果量 $h = 0.12$。

第 23 章
獨立樣本
比例 Z 檢定

獨立樣本比例 Z 檢定旨在比較兩群沒有關聯之樣本，在某個變數的比例是否有差異，適用的情境如下：

自變數：兩個獨立而沒有關聯的組別，為**質的變數**。

依變數：質的變數。

獨立樣本比例 Z 檢定也可以使用本書第 21 章的卡方同質性檢定，由於自由度是 1，此時 $Z^2 = \chi^2$，機率值 P 也會相同，分析的結論是一致的。

23.1　基本統計概念

23.1.1　目的

獨立樣本 t 檢定旨在檢定兩群獨立樣本（沒有關聯）在某一變數之比例是否有差異。兩個獨立的組別可以是：

1. **是否接受某種處理**。如：實驗設計中的實驗組與控制組。
2. **是否具有某種特質或經驗**。如：母親是否為外籍配偶，或是否有國外留學經驗。
3. **變數中的兩個類別**。如：高中與高職的學生，公立大學與私立大學的學生，或女性與男性。
4. **某種傾向的高低**。如：創造力的高低，或是外控型與內控型。

23.1.2　分析示例

以下的研究問題都可以使用獨立樣本比例 Z 檢定：

1. 兩家公司員工的年離職率。
2. 使用不同教學法之後，兩班學生的全民英文檢定中高級通過率。
3. 不同政黨支持者（泛綠或泛藍）對某位政治人物滿意度（以滿意與否表示）。
4. 不同運動程度者（分為多與少）某年度是否曾得流感的比例。
5. 接受兩種不同醫療方式之患者，五年後的存活率。

23.1.3 統計概念

23.1.3.1 獨立樣本比例的區間估計

獨立樣本比例差異的區間估計與單一樣本比例區間估計相似， $p_1 - p_2$ 的信賴區間為：

$$(\hat{p}_1 - \hat{p}_2) \pm 誤差界限 \qquad\qquad (公式\ 23\text{-}1)$$

其中誤差界限為：

$$Z_{\alpha/2} \times (p_1 - p_2) 的標準誤 \qquad\qquad (公式\ 23\text{-}2)$$

而 $p_1 - p_2$ 的標準誤為：

$$\sqrt{\frac{p_1(1-p_1)}{n_1} + \frac{p_2(1-p_2)}{n_2}} \qquad\qquad (公式\ 23\text{-}3)$$

由於 p_1 及 p_2 通常未知，因此分別以 $\hat{p}_1$ 及 $\hat{p}_2$ 估計之。

所以， $p_1 - p_2$ 的 $1 - \alpha$ 信賴區間為：

$$(p_1 - p_2) \pm Z_{\alpha/2} \times \sqrt{\frac{\hat{p}_1(1-\hat{p}_1)}{n_1} + \frac{\hat{p}_2(1-\hat{p}_2)}{n_2}} \qquad\qquad (公式\ 23\text{-}4)$$

Minitab 中也可以設定將兩個樣本的比例合併為：

$$\hat{p} = \frac{n_1\hat{p}_1 + n_2\hat{p}_2}{n_1 + n_2} \qquad\qquad (公式\ 23\text{-}5)$$

因此， $p_1 - p_2$ 的 $1 - \alpha$ 信賴區間公式改為：

$$(p_1 - p_2) \pm Z_{\alpha/2} \times \sqrt{\hat{p}(1-\hat{p})\left(\frac{1}{n_1} + \frac{1}{n_2}\right)} \qquad\qquad (公式\ 23\text{-}6)$$

23.1.3.2 獨立樣本比例的 Z 檢定

在大樣本（ $n_1\hat{p}_1$ 、 $n_1(1-\hat{p}_1)$ 、 $n_2\hat{p}_2$ 、 $n_2(1-\hat{p}_2)$ 均大於或等於 5 ）的抽樣中，要使用 Z 檢定來分析這類問題，公式為：

$$Z = \frac{(\hat{p}_1 - \hat{p}_2) - (p_1 - p_2)}{\sqrt{\dfrac{\hat{p}_1(1-\hat{p}_1)}{n_1} + \dfrac{\hat{p}_2(1-\hat{p}_2)}{n_2}}}$$

（公式 23-7）

$p_1 - p_2$ 通常假設為 0

如果假設 $p_1 = p_2 = p$，則合併計算兩組的比例，公式改為：

$$Z = \frac{(\hat{p}_1 - \hat{p}_2) - (p_1 - p_2)}{\sqrt{\hat{p}(1-\hat{p})\left(\dfrac{1}{n_1} + \dfrac{1}{n_2}\right)}}$$

（公式 23-8）

23.1.4　效果量

要計算的獨立樣本比例檢定的效果量，可用以下公式（Cohen, 1988）：

$$h = \phi_1 - \phi_2$$

（公式 23-9）

其中 $\phi_i = 2\arcsin\sqrt{p_i}$（arcsin 可用 Excel 的 asin 函數來計算）

根據 Cohen（1988）的經驗法則，h 的小、中、大效果量，分別為 .20、.50，及 .80。
依此準則可以歸納如下的原則：

1.　$h < .20$ 時，效果量非常小，幾乎等於 0。

2.　$.20 \le h < .50$，為小的效果量。

3.　$.50 \le h < .80$，為中度的效果量。

4.　$h \ge .80$，為大的效果量。

23.2　範例

　　某研究者想了解某大學不同性別學生玩手機遊戲的情形，於是隨機訪問 40 名學生，詢問他們是否經常玩手機遊戲（是為 1，否為 0），得到表 23-1 的數據。請問：該大學不同性別學生玩手機遊戲的比例是否不同？

表 23-1　某大學 40 名大學生是否經常玩手機遊戲

受訪者	性別	手機遊戲	受訪者	性別	手機遊戲
1	1	1	21	1	1
2	1	1	22	1	1
3	1	1	23	2	1
4	1	1	24	2	0
5	1	0	25	2	1
6	1	1	26	2	0
7	1	0	27	2	1
8	1	1	28	2	1
9	1	0	29	2	1
10	1	1	30	2	0
11	1	0	31	2	0
12	1	1	32	2	1
13	1	0	33	2	1
14	1	1	34	2	0
15	1	1	35	2	1
16	1	1	36	2	0
17	1	0	37	2	0
18	1	1	38	2	0
19	1	1	39	2	1
20	1	0	40	2	1

23.2.1　變數與資料

表 23-1 中，雖然有 3 個變數，但是受訪者的代號並不需要輸入 Minitab 中，因此分析時只使用「性別」及「手機遊戲」兩個變數。性別的定義是：生理男性輸入為 1，生理女性輸入為 2。經常玩手機遊戲的定義是：每週玩三次以上手機遊戲輸入為 1，兩次以下輸入為 0。

23.2.2　研究問題

在本範例中，研究者想要了解的問題可以陳述如下：

某大學不同性別學生經常玩手機遊戲的比例是否不同？

23.2.3　統計假設

根據研究問題，虛無假設宣稱「某大學不同性別學生經常玩手機遊戲的比例沒有不同」，以統計符號表示為：

$$H_0 : p_1 = p_2$$

而對立假設則宣稱「某大學不同性別學生經常玩手機遊戲的比例有不同」，以統計符號表示為：

$$H_1 : p_1 \neq p_2$$

總之，統計假設合寫為

$$\begin{cases} H_0 : p_1 = p_2 \\ H_1 : p_1 \neq p_2 \end{cases}$$

23.3　使用 Minitab 進行分析

1. 資料輸入有兩種方式，圖 23-1 左側將「性別」及「手機遊戲」輸入為兩欄，共 40 列（圖中省略 18 列女性資料），此為堆疊式資料。圖 23-1 右側不輸入性別資料，而將手機遊戲分別輸入兩欄，其中一欄為男性資料（22 列），另一欄為女性資料（18 列），此為非堆疊式資料。第二種輸入方式，在分析時要選擇【Each sample is in its own column】（每個樣本在自己的欄中）。

2. 分析時，在【Stat】（統計）中的【Basic Statistics】（基本統計量）中選擇【2 Proportions】（雙比例）。（見次頁圖 23-2）

圖 23-1　獨立樣本 t 檢定資料檔

↓	C1 性別	C2 手機遊戲	C3
1	1	1	
2	1	1	
3	1	1	
4	1	1	
5	1	0	
6	1	1	
7	1	0	
8	1	1	
9	1	0	
10	1	1	
11	1	0	
12	1	1	
13	1	0	
14	1	1	
15	1	1	
16	1	1	
17	1	0	
18	1	1	
19	1	1	
20	1	0	
21	1	1	
22	1	1	

↓	C1 男_手遊	C2 女_手遊	C3
1	1	1	
2	1	0	
3	1	1	
4	1	0	
5	0	1	
6	1	1	
7	0	1	
8	1	0	
9	0	0	
10	1	1	
11	0	1	
12	1	0	
13	0	1	
14	1	0	
15	1	0	
16	1	0	
17	0	1	
18	1	1	
19	1		
20	0		
21	1		
22	1		

圖 23-2　1 Proportion 選單

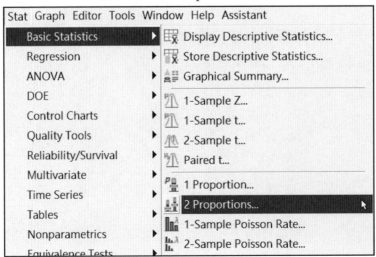

3. 將依變數手機遊戲選擇到【Samples】（樣本）中，自變數性別選擇到【Sample IDs】（樣本識別碼）中，接著點擊【Options】（選項）按鈕。

圖 23-3　Two-Sample Proportion 對話框

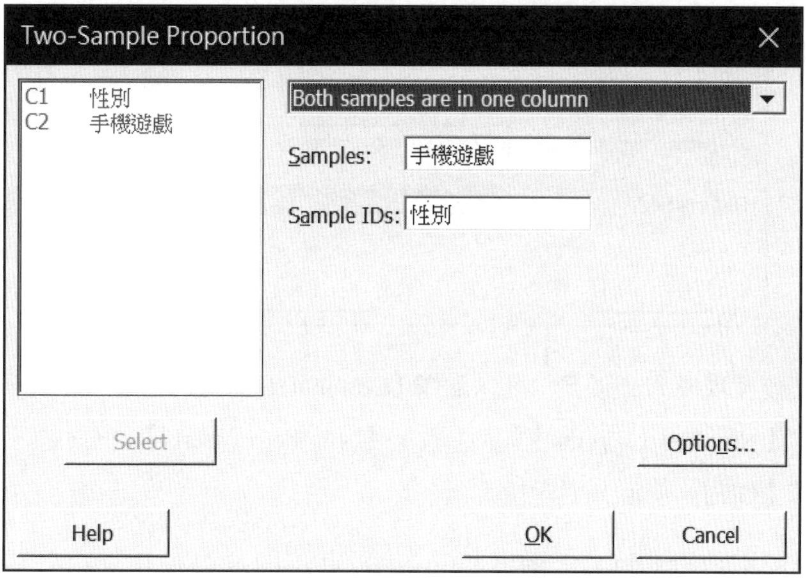

4. Minitab 預設為【Estimate the proportion separately】（分別估計比例）。

圖 23-4　Two-Sample Proportion: Options 對話框-1

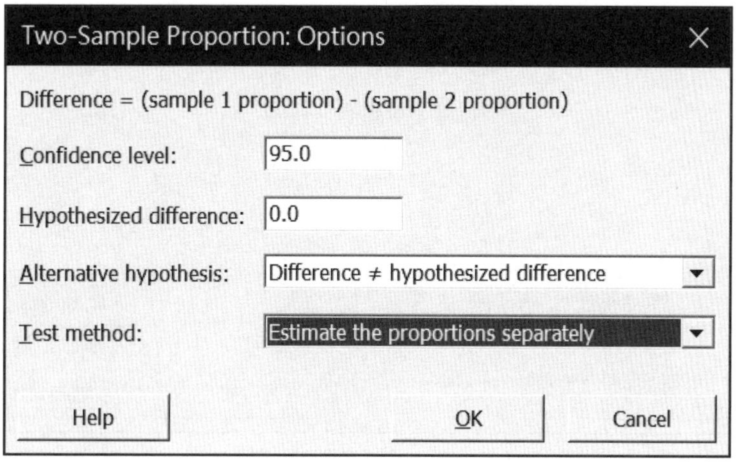

5. 如果假設 $p_1 = p_2$，可以改用【Use the pooled estimate of the proportion】（使用合併的比例估計）。

圖 23-5　Two-Sample Proportion: Options 對話框-2

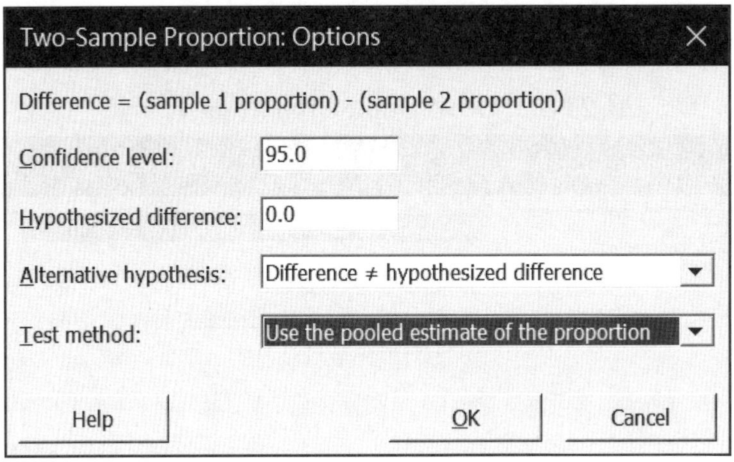

6. 如果已經有現成的交叉表，可以選擇【Summarized data】（匯總資料），分別輸入兩組的【Number of events】（事件數）、【Number of trials】（測試數、樣本數），再點擊【OK】（確定）進行檢定。

圖 23-6　使用 Summarized data 進行檢定

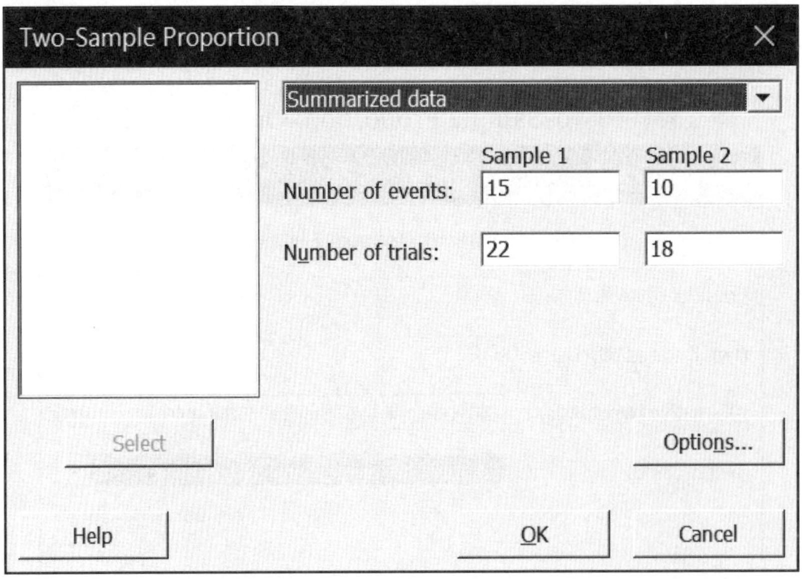

7. 雙比例的檢定，也可以使用卡方檢定。在【Stat】（統計）選單中的【Tables】（表格）選擇【Cross Tabulation and Chi-Square】（交叉表與卡方）。

圖 23-7　Cross Tabulation and Chi-Square 選單

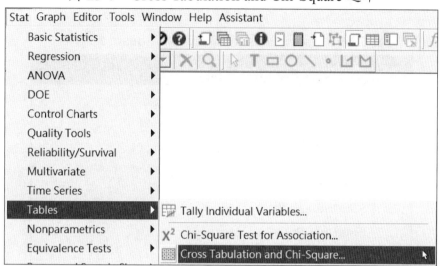

8. 把要檢定的變數分別點選到【Rows】（列）與【Columns】（行）。筆者建議，最好將自變數（性別）點選到【行】，依變數（手機遊戲）則點選到【列】，在【Display】（顯示）項下，另外再勾選【Column percents】（行百分比）。

圖 23-8　Cross Tabulation and Chi-Square 對話框

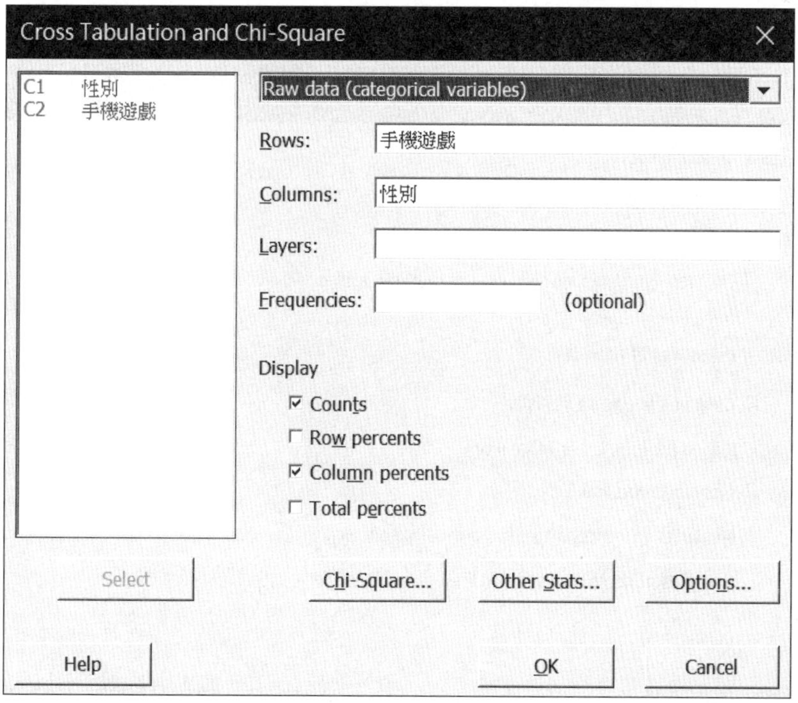

9. 在【Chi-Square】（卡方）項下，勾選【Chi-square test】（卡方檢定）。

圖 23-9　Cross Tabulation and Chi-Square 對話框

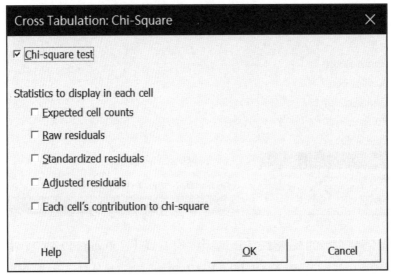

10. 在【Other Stats】（其他統計量）項下，勾選【Fisher's Exact test】（Fisher 精確檢定）。

圖 23-10　Cross Tabulation: Other Statistics 對話框

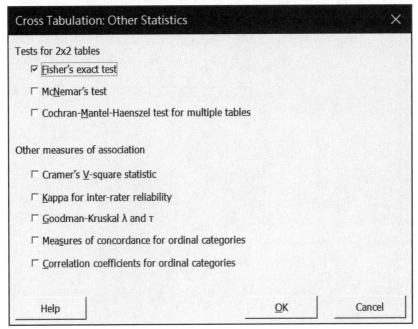

23.4　報表解讀

分析得到「Test and CI for Two Proportions: 手機遊戲, 性別」的總報表，以下分別詳細說明之。

報表 23-1　Method

Event: 手機遊戲 = 1
p_1: proportion where 手機遊戲 = 1 and 性別 = 1
p_2: proportion where 手機遊戲 = 1 and 性別 = 2
Difference: p_1 - p_2

報表 23-1 說明事件為經常玩手機遊戲，其中性別=1（男）且經常玩手機遊戲的比例為 p_1，性別=2（女）且經常玩手機遊戲的比例為 p_2，兩者的差值為 $p_1 - p_2$。

報表 23-2　Descriptive Statistics: 手機遊戲

性別	N	Event	Sample p
1	22	15	0.681818
2	18	10	0.555556

報表 23-2 是描述統計量，男性有 22 人，經常玩手機遊戲的人有 15 人，比例為 15 / 22 = 0.681818，女性有 18 人，經常玩手機遊戲的人有 10 人，比例為 10 / 18 = 0.555556。

報表 23-3　Estimation for Difference

Difference	95% CI for Difference
0.126263	(-0.174695, 0.427220)
CI based on normal approximation	

報表 23-3 是比例差異及其 95%信賴區間。

比例差值為：

$$0.681818 - 0.555556 = 0.126263$$

比例差值的標準誤為：

$$\sqrt{\frac{0.681818 \times (1-0.681818)}{22} + \frac{0.555556 \times (1-0.555556)}{18}} = 0.153553$$

顯著水準為 0.05 時，Z 分配的臨界值為 1.960，因此誤差界限為：

$$1.960 \times 0.153553 = 0.300956$$

所以，比例差值的 95% 信賴區間為：

下限：$0.126263 - 0.300956 = -0.174695$

上限：$0.126263 + 0.300956 = 0.427220$

另外以 Minitab Express 繪製的比例差值 95% 信賴區間如圖 23-11。由於上下限包含 0，因此比例差值未顯著不等 0，也就是男女生經常玩手機遊戲的比例沒有顯著差異。

圖 23-11　比例差值的 95% 信賴區間

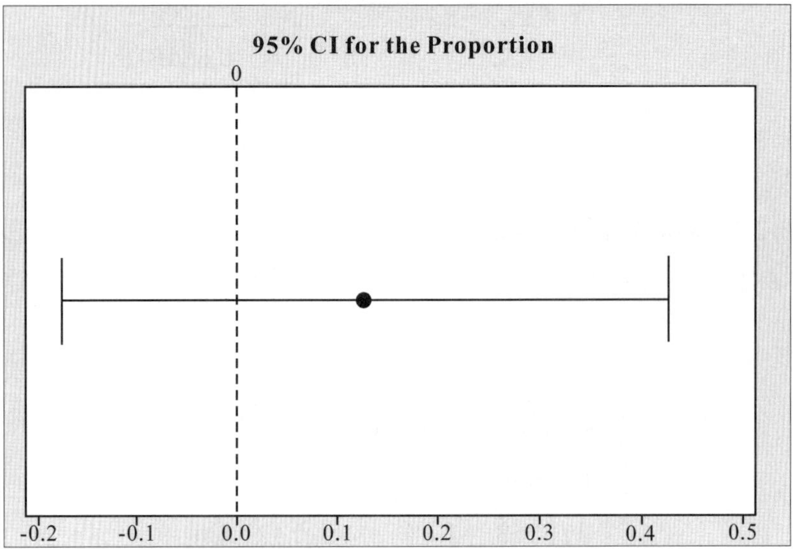

報表 23-4　Test

Null hypothesis	$H_0: p_1 - p_2 = 0$
Alternative hypothesis	$H_1: p_1 - p_2 \neq 0$

Method	Z-Value	P-Value
Normal approximation	0.8223	0.4109
Fisher's exact		0.5175

報表 23-4 包含兩部分，第一部分是統計假設，合寫為：

$$\begin{cases} H_0 : p_1 - p_2 = 0 \\ H_1 : p_1 - p_2 \neq 0 \end{cases}$$

第二部分是檢定結果，Z 值為：

$$Z = \frac{(0.681818 - 0.555556) - 0}{\sqrt{\dfrac{0.681818 \times (1 - 0.681818)}{22} + \dfrac{0.555556 \times (1 - 0.555556)}{18}}} = 0.8223$$

在 Z 分配中，$|Z| > 0.8223$ 的 P 值為 0.4109（圖示），未小於 0.05，因此不能拒絕 H_0，所以男女生經常玩手機遊戲的比例沒有顯著差異。

Fisher 的精確機率值為 0.5175。

圖 23-12　$|Z| > 0.8223$ 的 $p = 0.4109$

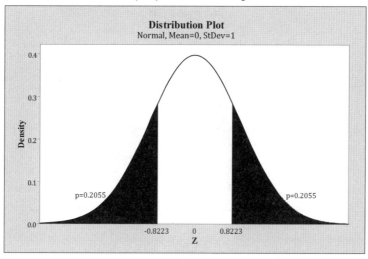

報表 23-5   Test

Null hypothesis	$H_0: p_1 - p_2 = 0$
Alternative hypothesis	$H_1: p_1 - p_2 \neq 0$

Method	Z-Value	P-Value
Normal approximation	0.8206	0.4119
Fisher's exact		0.5175
The test based on the normal approximation uses the pooled estimate of the proportion (0.625).		

報表 23-5 改用合併的比例，$\hat{p} = \dfrac{22+15}{40} = 0.625$，因此 Z 值為：

$$Z = \frac{(0.681818 - 0.555556) - 0}{\sqrt{0.625 \times (1 - 0.625) \times \left(\dfrac{1}{22} + \dfrac{1}{18}\right)}} = 0.8206$$

在 Z 分配中，$|Z| > 0.8206$ 的 P 值為 0.4119（圖示），未小於 0.05，因此不能拒絕 H_0，所以男女生經常玩手機遊戲的比例沒有顯著差異。

圖 23-13 $|Z| > 0.8206$ 的 $p = 0.4119$

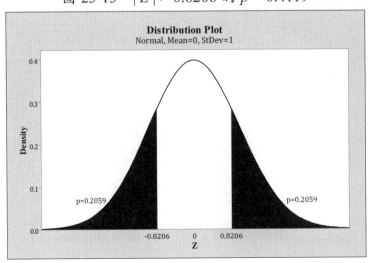

報表 23-6　　Rows: 手機遊戲　　　Columns: 性別

	1	2	All
0	7	8	15
	31.82	44.44	37.50
1	15	10	25
	68.18	55.56	62.50
All	22	18	40
	100.00	100.00	100.00

Cell Contents
　　Count
　　% of Column

　　報表 23-6 是以 Cross Tabulation and Chi-Square 程序分析所得的交叉表，由直行來看，性別 = 1 且經常玩手機遊戲的人有 15 人，占 68.18%（等於 15 / 22 * 100），性別 = 2 且經常玩手機遊戲的人有 10 人，占 55.56%（等於 10 / 18 * 100）。

報表 23-7　　Chi-Square Test

	Chi-Square	DF	P-Value
Pearson	0.6734	1	0.4119
Likelihood Ratio	0.6728	1	0.4121

　　報表 23-7 是 χ^2 檢定結果，Pearson 的 $\chi^2(1, N = 40) = 0.6734$，$P = 0.4119$。與報表 23-5 對照，$\chi^2$ 值等於 Z 值 0.8223 的平方，P 值則相同。因此，獨立樣本比例 Z 檢定也可以使用 χ^2 同質性檢定，兩者的結論是一致的。

報表 23-8　　Fisher's Exact Test

P-Value
0.517457

　　報表 23-8 是 Fisher 精確性檢定 P 值，與報表 23-5 相同。

23.5　計算效果量

檢定後，APA 要求列出效果量（effect size），這是實質上的顯著性，代表差異的強度。在此，可以計算 Cohen 的 h 值，它的公式是：

$$h = \phi_1 - \phi_2 \text{，} \phi_i = 2 \arcsin \sqrt{p_i}$$

代入報表中數值，$\phi_1 = 2 \arcsin \sqrt{0.682} = 1.943$，$\phi_2 = 2 \arcsin \sqrt{0.556} = 1.682$，$h = 1.943 - 1.682 = 0.261$。根據 Cohen（1988）的經驗法則，$h$ 的小、中、大效果量，分別為 .20、.50，及 .80。本研究效果很小。

23.6　以 APA 格式撰寫結果

研究者訪問 40 名大學生（男性 22 人，女性 18 人），是否經常玩手機遊戲，其中經常玩的人數各為 15 人及 10 人，比例分別為 0.682 及 0.556，相差 0.126，沒有顯著差異。95%信賴區間為 $[-0.175, 0.427]$，$Z = 0.822$，$p = .411$，效果量 $h = 0.261$。

第 24 章
試探性因素分析

因素分析常被用來分析測驗或量表的**構念效度**（construct validity，或譯為**建構效度**），本章簡要說明試探性因素分析（exploratory factor analysis, EFA）的概念及報表，詳細的統計方法，請見程炳林與陳正昌（2011b）的另一著作。

24.1　基本統計概念

試探性因素分析主要用來分析題目（item，或稱項目）背後的構念（construct），以建立模式。如果研究者在編製量表時並無明確之理論依據或預設立場，或是以往僅有少數的相關研究，則使用試探取向的因素分析會較恰當。

進行試探性因素分析有以下四個步驟：

一、選擇抽取共同因素的方法（extraction）

在 Minitab 當中，只有主成分法（principal components）及最大概似法（maximum likelihood），如果要使用主軸法（principal axis），可以改用 SPSS 統計軟體。

二、決定因素個數

一般常用的標準有：

1. 取特徵值大於 1 者，這是許多統計軟體內定的標準，也是研究者常採用的規準。

2. 採陡坡圖考驗（scree plot test）。

3. 保留一定累積變異數之因素數。在社會科學中，一般建議最少要達到 50% 以上的累積解釋變異量。

4. 使用統計考驗。

5. 如果相關研究可供參考，則在事前決定因素數目。

三、因素轉軸（rotation）

在進行因素分析過程中，為了符合簡單結構原則，通常需要進行因素轉軸。轉軸的方法可分為**直交轉軸**（orthogonal rotations）及**斜交轉軸**（oblique rotations）兩種，前者設定因素間沒有關聯，後者則允許因素間有關聯性。直交轉軸後只會得到一種因素負荷量矩陣，斜交轉軸後則會得到**樣式矩陣**（pattern matrix）及**結構矩陣**（structure matrix）。樣式矩陣是因素對項目的加權係數，結構矩陣則是因素與項目的相關係數。

在 Minitab 中，直交轉軸有最大變異法（varimax）、四方最大法（quartimax）、均等最大法（equamax）及直交最大法（orthomax）等四種。其中四方最大法常會得到解釋量最大的因素（綜合因素），如果想要得到解釋量平均的因素，最好採用最大變異法或均等最大法。可惜，Minitab 並未提供斜交轉軸，只能改用其他統計軟體。

轉軸時應採直交或斜交，學者有不同的意見。一般建議，以斜交轉軸為主，如果因素間的相關係數小於 ±0.30，則改採直交轉軸。

四、因素命名

最後，根據因素負荷量將項目歸類，參酌因素負荷量之絕對值大於 0.30 之項目，對因素加以命名。如果是直交轉軸，以轉軸後之因素負荷量矩陣為準；斜交轉軸，則建議以樣式矩陣為準。

24.2 範例

研究者依據科技接受模式（technology acceptance model, TAM）編製了一份 Likert 六點形式的智慧型手機使用量表（題目見本章最後之表 24-2）。請以此進行試探性因素分析，並對因素加以命名。

表 24-1　40 名受訪者的填答情形

受測者	A1	A2	A3	A4	B1	B2	B3	B4	C1	C2	C3	C4
1	5	5	4	4	4	4	5	5	4	4	5	5
2	4	4	4	4	4	4	4	4	3	3	4	4
3	6	4	4	4	4	4	4	4	5	5	5	5
4	5	5	4	4	5	5	5	5	5	5	4	4
5	6	6	6	5	5	5	5	5	5	5	5	6
6	6	6	6	6	6	6	6	6	6	6	6	6
7	5	5	4	4	5	5	5	6	5	5	5	5
8	6	6	6	6	4	4	4	4	4	4	4	4
9	5	5	4	4	5	5	5	6	5	5	5	5
10	6	6	4	5	5	5	5	5	5	5	5	5

表 24-1（續）

受測者	A1	A2	A3	A4	B1	B2	B3	B4	C1	C2	C3	C4
11	6	6	6	6	6	6	6	6	6	6	6	6
12	6	6	5	5	6	6	6	6	6	6	6	6
13	6	6	5	5	3	3	3	3	6	6	6	6
14	5	4	3	3	2	3	2	2	3	3	4	4
15	5	5	3	4	3	3	3	3	4	4	6	4
16	5	4	4	3	3	4	4	1	4	4	4	4
17	6	6	6	6	6	6	6	6	6	6	6	6
18	6	6	6	6	5	5	5	5	5	5	5	5
19	6	6	4	6	6	6	6	6	6	6	6	6
20	6	6	4	5	4	4	4	4	5	5	5	5
21	6	5	1	6	6	6	6	3	6	6	5	6
22	6	6	6	6	5	5	4	4	5	5	6	6
23	6	6	5	6	6	6	6	5	6	5	6	6
24	6	6	6	6	5	5	5	5	5	6	4	6
25	6	6	4	5	6	6	6	6	6	6	6	6
26	5	4	4	4	5	5	5	5	4	4	4	3
27	5	4	3	4	4	4	4	3	4	3	3	4
28	6	6	4	6	5	5	5	5	5	5	5	6
29	5	5	4	5	5	5	5	5	6	5	5	5
30	5	5	5	5	5	5	5	5	5	5	5	5
31	5	5	4	4	4	4	4	3	4	4	4	4
32	6	6	4	6	6	6	6	5	4	4	4	4
33	5	5	3	4	5	5	5	5	4	4	3	4
34	6	6	4	6	4	6	5	5	5	5	5	5
35	6	6	6	6	5	5	4	2	6	6	6	6
36	6	6	6	6	4	4	3	5	6	5	6	6
37	6	6	4	5	4	4	4	3	5	5	5	5
38	6	6	6	6	6	6	6	6	5	5	6	6
39	6	6	6	6	1	1	1	1	2	5	2	4
40	6	5	5	5	5	5	5	4	3	3	3	4

24.3 使用 Minitab 進行分析

1. 完整的 Minitab 資料檔，如圖 24-1。

圖 24-1　因素分析資料檔

	C1	C2	C3	C4	C5	C6	C7	C8	C9	C10	C11	C12
	A1	A2	A3	A4	B1	B2	B3	B4	C1	C2	C3	C4
1	5	5	4	4	4	4	5	5	4	4	5	5
2	4	4	4	4	4	4	4	4	3	3	4	4
3	6	4	4	4	4	4	4	4	5	5	5	5
4	5	5	4	4	5	5	5	5	5	5	4	5
5	6	6	6	5	5	5	5	5	5	5	5	6
6	6	6	6	6	6	6	6	6	6	6	6	6
7	5	5	4	4	5	5	5	6	5	5	5	5
8	6	6	6	6	4	4	4	4	4	4	4	4
9	5	5	4	4	5	5	5	6	5	5	5	5
10	6	6	4	5	5	5	5	5	5	5	5	5
11	6	6	6	6	6	6	6	6	6	6	6	6
12	6	6	5	5	6	6	6	6	6	6	6	6
13	6	6	5	5	3	3	3	3	6	6	6	6
14	5	4	3	3	2	3	2	2	3	3	4	4
15	5	5	3	4	3	3	3	3	4	4	4	4
16	5	4	4	3	3	4	4	1	4	4	4	4
17	6	6	6	6	6	6	6	6	6	6	6	6
18	6	6	6	6	5	5	5	5	5	5	5	5
19	6	6	4	6	6	6	6	6	6	6	6	6
20	6	6	4	5	4	4	4	4	5	5	5	5
21	6	5	1	6	6	6	6	3	6	6	5	6
22	6	6	6	6	5	5	4	4	5	5	5	4
23	6	6	5	6	6	6	5	5	5	5	5	5
24	6	6	6	6	5	5	5	5	5	6	4	6
25	6	6	4	6	6	6	6	6	6	6	6	6
26	5	4	4	4	5	5	5	5	4	4	4	3
27	5	4	3	4	4	4	4	3	4	3	3	4
28	6	6	4	6	5	5	5	5	5	5	5	6
29	5	5	5	5	5	5	5	5	6	5	5	5
30	5	5	5	5	5	5	5	5	5	5	5	5
31	5	5	4	4	4	4	4	3	4	4	4	4
32	6	6	4	6	6	6	6	5	4	4	4	4
33	5	5	3	4	5	5	5	5	4	4	3	4
34	6	6	4	6	4	6	5	5	5	5	5	5
35	6	6	6	6	5	5	4	2	6	6	6	6
36	6	6	6	6	4	4	3	5	6	6	6	6
37	6	6	4	5	4	4	4	4	5	5	5	5
38	6	6	6	6	6	6	6	6	5	5	6	6
39	6	6	6	6	1	1	1	1	2	5	2	4
40	6	5	5	5	5	5	5	4	3	3	3	4

2. 在【Stat】（分析）選單中的【Multivariate】（多變量）選擇【Factor Analysis】（因素分析）。

圖 24-2　Factor Analysis 選單

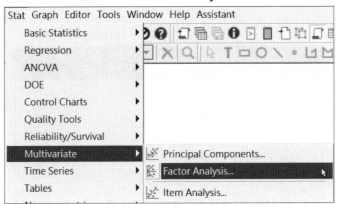

3.　把所有變數點選到右邊【Variables】（變數）框中，在【Method of Extraction】
（萃取方法）中選擇【Principal components】（主成分），【Number of factors to
extract:】（萃取的因素數目）中輸入「3」（量表設計時的初始構念數目），【Type
of Rotation】（轉軸方法）中選擇【Varimax】（最大變異）。（注：Minitab 19 不接
受 C1 – C4 之變數名稱，18 版之前則可接受。）

圖 24-3　Factor Analysis 對話框

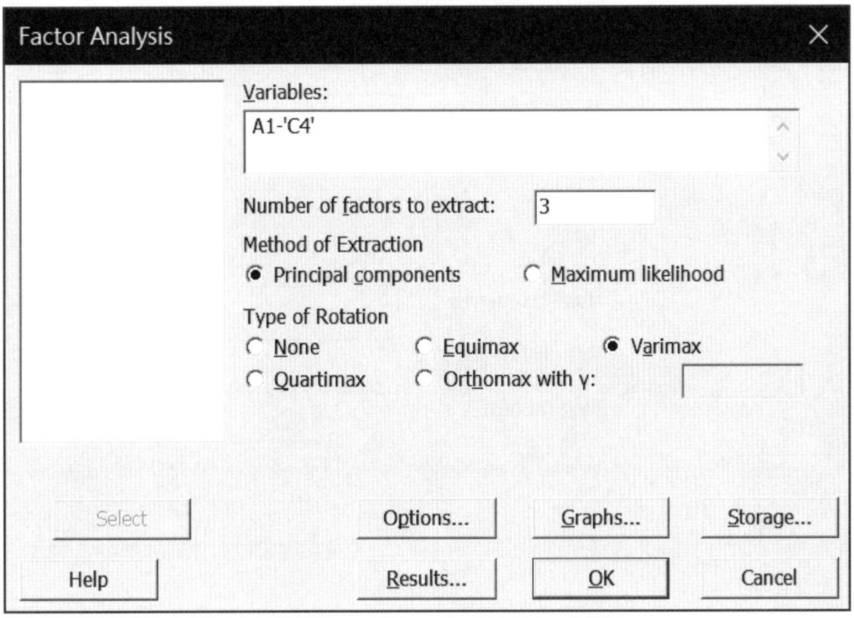

4. 在【Graphs】（繪圖）下，勾選【Scree plot】（陡坡圖）。

圖 24-4 Factor analysis: Graphs 對話框

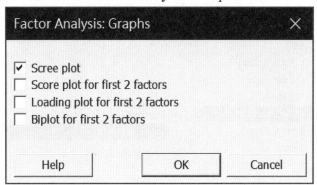

5. 如果要儲存每個受訪者的因素得分，可以在【Storage】（儲存）下的【Scores】（得分）框中輸入 3 個空白欄（在此範例中為 C13－C15）。

圖 24-5 Factor analysis: Graphs 對話框

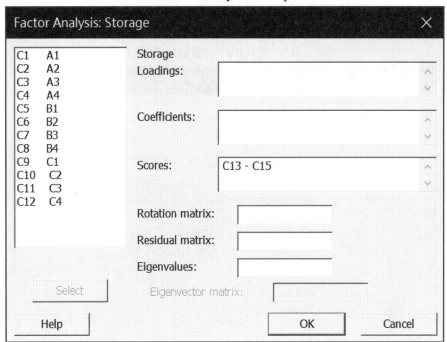

6. 設定完成後，點擊【OK】（確定）進行分析。

圖 24-6　Factor analysis 對話框

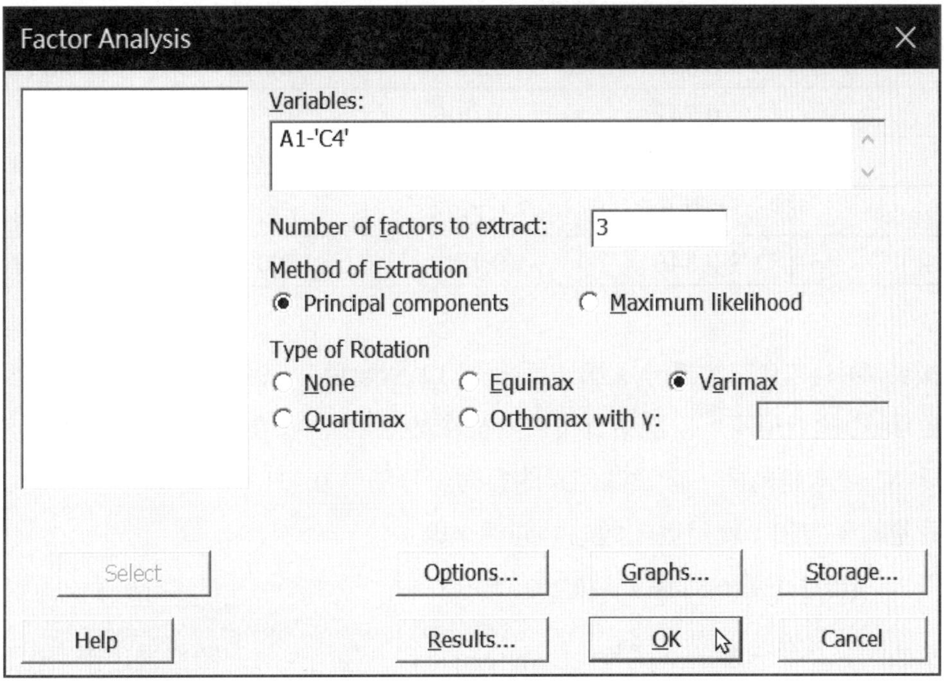

24.4　報表解讀

報表 24-1　Unrotated Factor Loadings and Communalities

Variable	Factor1	Factor2	Factor3	Communality
A1	0.656	0.555	-0.170	0.766
A2	0.731	0.534	-0.202	0.861
A3	0.404	0.554	-0.362	0.601
A4	0.719	0.463	-0.344	0.850
B1	0.800	-0.509	-0.222	0.949
B2	0.777	-0.537	-0.208	0.934
B3	0.728	-0.609	-0.220	0.950
B4	0.691	-0.457	-0.215	0.733

報表 24-1（續）

Variable	Factor1	Factor2	Factor3	Communality
C1	0.860	-0.070	0.424	0.925
C2	0.816	0.259	0.322	0.837
C3	0.742	-0.006	0.501	0.802
C4	0.835	0.152	0.359	0.849
Variance	6.5521	2.3373	1.1687	10.0581
% Var	0.546	0.195	0.097	0.838

報表 24-1 包含三大部分。第一部分是 12 個題目在三個因素上未轉軸的因素負荷量矩陣。由此一矩陣可以重新計算每一變項的共同性、特徵值、因素解釋的百分比。

以 A2 這一題為例，它三個因素的負荷量分別為 0.731、0.534，及 − 0.202，三個負荷量的平方和，就是這一題的共同性。即：

$$(0.731)^2 + (0.534)^2 + (-0.202)^2 = 0.861$$

第二部分是第五欄的共同性（Communality），它代表每個題目被因素（在此有 3 個）解釋變異量的比例，最少應大於 0.50（表示有一半的變異量被共同因素解釋）。萃取之後的共同性均大於 0.50，表示所有題目被 3 個因素所解釋的部分都大於**唯一性**（unique，唯一性等於 1 減共同性）。

直行因素負荷量的平方和會等於特徵值，由 Factor1 這一直行來看，12 個題目的因素負荷量分別為 0.656、0.731……0.742、0.835，第一個因素的特徵值 6.5521 即為：

$$(0.656)^2 + (0.731)^2 + \cdots + (0.742)^2 + (0.835)^2 = 6.5521$$

第三部分是最後兩列的特徵值及解釋百分比。三個因素的特徵值 6.5521、2.3373、1.1687，總和是 10.0581。因為有 12 個題目，標準化後的總變異為 12，其中第一個因素的解釋變異量是：

$$6.5521 / 12 = 0.546 = 54.6\%$$

三個因素對 12 個題目的解釋量分別為 0.546、0.195、0.097，總和為 0.838。

由報表 24-1 中每一橫列來看，12 個題目在第 1 個因素的負荷量都是最高，也就是 12 題都是屬於第 1 個因素，並不符合研究者原始的規劃，因此再進行因素轉軸。

圖 24-7　Scree Plot of A1, ..., C4

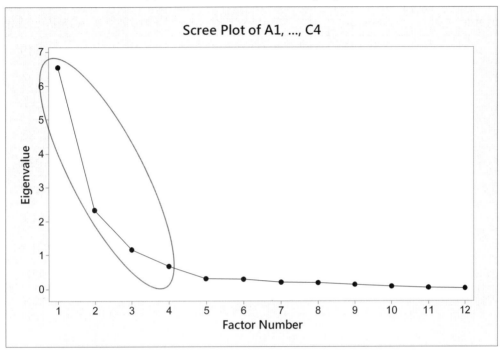

　　圖 24-7 為 Cattell 的陡坡考驗圖。圖中橫坐標是因素數目、縱坐標是特徵值。陡坡考驗圖可以幫助研究者決定因素數目。判斷的依據之一是，取陡坡上的因素不取平滑處的因素；判斷的依據之二是，取曲線某一轉折點左邊的因素。由此圖可知，有四個因素位於陡坡上；從曲線的轉折情形可以發現，此一曲線只有一個較明顯的轉折點，所以應抽取陡坡上的四個因素（即第一個轉折點左邊之因素）較為適宜。不過，基於 TAM 理論及便於因素命名，本範例將採特徵值大於 1 的標準，保留 3 個因素。

報表 24-2　Rotated Factor Loadings and Communalities Varimax Rotation

Variable	Factor1	Factor2	Factor3	Communality
A1	0.074	0.330	**0.807**	0.766
A2	0.147	0.350	**0.847**	0.861
A3	-0.003	0.025	**0.775**	0.601
A4	0.244	0.224	**0.860**	0.850

報表 24-2（續）

Variable	Factor1	Factor2	Factor3	Communality
B1	**0.925**	0.268	0.152	0.949
B2	**0.924**	0.261	0.113	0.934
B3	**0.950**	0.214	0.043	0.950
B4	**0.820**	0.211	0.131	0.733
C1	0.406	**0.855**	0.174	0.925
C2	0.189	**0.782**	0.436	0.837
C3	0.260	**0.848**	0.123	0.802
C4	0.261	**0.811**	0.351	0.849
Variance	3.7050	3.2318	3.1214	10.0581
% Var	0.309	0.269	0.260	0.838

報表 24-2 是轉軸後的因素負荷量。轉軸後個別因素解釋量會改變，分別為 0.309、0.269、0.260，總解釋量仍為 0.838，與轉軸前相同；共同性不會因為轉軸而改變。

比較每一橫列的負荷量，將最大的值以粗體字標示後，可以看出 A1 – A4 屬於第 3 個因素，B1 – B4 屬於第 1 個因素，而 C1 – C4 屬於第 2 個因素。而未使用粗體標示的負荷量（稱為**交叉負荷量**，cross-loadings），除了 C2 這題外，都在 0.4 以下，因此大致符合簡單結構原則。

參酌題目內容，可以將因素一命名為「易用性」，因素二命名為「使用意願」，因素三命名為「有用性」，符合科技接受模式（TAM）的理論。

報表 24-3　Factor Score Coefficients

Variable	Factor1	Factor2	Factor3
A1	-0.049	-0.027	0.290
A2	-0.026	-0.042	0.303
A3	-0.009	-0.179	0.352
A4	0.041	-0.141	0.341

報表 24-3（續）

Variable	Factor1	Factor2	Factor3
B1	0.299	-0.095	0.001
B2	0.300	-0.089	-0.015
B3	0.321	-0.105	-0.036
B4	0.271	-0.099	0.006
C1	-0.039	0.361	-0.135
C2	-0.108	0.303	0.005
C3	-0.095	0.404	-0.156
C4	-0.086	0.325	-0.042

報表 24-3 是因素分數係數，將 30 個受訪者在 12 個題目的填答數值標準化為 Z 值，再分別乘上因素分數係數，就可以得到 30 個受訪者在 3 個因素的得分。因素得分可以另外儲存，以進行其他的統計分析。

24.5　撰寫結果

研究者自編 12 題 Likert 六點量表，以測量使用者對智慧型手機的看法。經使用主成分法因素分析，並採特徵值大於 1 的標準，得到三個共同因素。採用最大變異法進行轉軸，三個因素分別命名為有用性、使用意願，及易用性，解釋量分別為 30.9%、26.9%、26.0%，總解釋量為 83.8%。三個因素的負荷分別介於 0.820 – 0.950、0.782 – 0.855、0.775 – 0.860 之間，所有題目均保留，未被刪除。摘要如表 24-2，粗體字部分表示該題目所屬的因素。

表 24-2 因素分析摘要表

題　　目	因素			共同性
	1	2	3	
A1 使用智慧型手機上網，可以隨時獲得想要的資訊	0.074	0.330	**0.807**	0.766
A2 使用智慧型手機，能讓生活更便利	0.147	0.350	**0.847**	0.861
A3 使用智慧型手機，能提升工作績效	-0.003	0.025	**0.775**	0.601
A4 使用智慧型手機中的應用程式，可以解決許多問題	0.244	0.224	**0.860**	0.850
B1 智慧型手機的作業系統很容易上手	**0.925**	0.268	0.152	0.949
B2 智慧型手機的操作方法簡單易學	**0.924**	0.261	0.113	0.934
B3 要熟練智慧型手機的操作，是容易的事	**0.950**	0.214	0.043	0.950
B4 我不需要別人協助，就可以學會使用智慧型手機	**0.820**	0.211	0.131	0.733
C1 智慧型手機是值得使用的	0.406	**0.855**	0.174	0.925
C2 使用智慧型手機是個好主意	0.189	**0.782**	0.436	0.837
C3 我對使用智慧型手機的態度是正面的	0.260	**0.848**	0.123	0.802
C4 使用智慧型手機有許多好處	0.261	**0.811**	0.351	0.849
解釋量	30.9%	26.9%	26.0%	83.8%

第25章
信度分析

　　信度類型中之重測信度及複本信度，甚至折半信度，都可以使用 Pearson 積差相關係數 r 代表，此部分請見本書第 17 章的說明。本章旨在說明如何利用 Minitab 進行 Cronbach α 內部一致性信度之分析。

25.1　基本統計概念

　　內部一致性信度（internal consistency reliability）是用來測量同一個向度的多個項目（題目）一致的程度。此處所指的「同一個向度」是這些項目都在測量相同構念，由於受試者具有某種構念（想法），所以他在這些項目的反應就具有一致性。

　　例如：研究者編製了一份 Likert 六點形式的智慧型手機有用性量表，題目如下：

1.　使用智慧型手機上網，可以隨時獲得想要的資訊。
2.　使用智慧型手機，能讓生活更便利。
3.　使用智慧型手機，能提升工作績效。
4.　使用智慧型手機中的應用程式，可以解決許多問題。
5.　使用智慧型手機讓我更方便與朋友聯繫。
6.　我認為智慧型手機並不實用（反向題）。

　　假如一位受訪者認為智慧型手機非常有用，那麼他在第 1 – 5 題的回答應該是「6」或非常接近「6」（非常同意）。第 6 題是反向題，所以他應該回答「1」（非常不同意），才與其他 5 題的反應一致。反之，如果另一位受訪者認為智慧型手機並不實用，所以在 1 – 5 的回答是「1」，那麼他在第 6 題的回答應是「6」。

　　最常被用來估計內部一致性信度的統計量數是 Cronbach 的 α 係數，介於 0 – 1 之間，數值愈大代表內部一致性信度愈高。它的公式是：

$$\alpha = \frac{K}{K-1}\left(1 - \frac{\sum_{i=1}^{K} s_i^2}{s^2}\right)$$
（公式 25-1）

　　其中 K 是題目數，s^2 是整個量表的變異數，s_i^2 是每個題目的變異數。

　　在計算 Cronbach 的 α 係數應留意：

1. 量表應是單一向度，也就是所有的題目是在測量同一個潛在構念，不同構念的題目不要合併計算 α 係數。

2. 反向題（如上述的第 6 題）應先反向計分。此部分，請參考本書第 3 章 3.2 節之說明。

3. 如果要刪除不佳的題目，應一次刪除一題，不要刪除多個題目。

4. Cronbach 的 α 係數適用於多選的題目（如：三選一或六選一等），如果是二選一的題目，則應採 Kuder-Richardson 的 20 號公式（簡稱 KR 20）。在 Minitab 中並不需要區分 Cronbach α 或是 KR 20，因為 KR 20 是 Cronbach α 的特例，所以得到的係數是相同的。

Cronbach α 係數的適切性標準，如表 25-1。

表 25-1　Cronbach α 係數的適切性標準

Alpha	適切性
0.90 以上	優良（excellent）
0.80 – 0.89	好（good）
0.70 – 0.79	尚可（acceptable）
0.60 – 0.69	不佳（questionable）
0.50 – 0.59	差（poor）
0.49 以下	不能接受（unacceptable）

25.2　範例

研究者依據科技接受模式中的「有用性」，編製了一份 Likert 六點形式的智慧型手機使用量表（題目如表 25-3），請以此計算內部一致性信度。（注：第 6 題已完成反向轉碼。）

表 25-2　30 名受訪者的填答情形

受訪者	V1	V2	V3	V4	V5	V6
1	5	5	4	5	6	6
2	5	5	4	4	4	3
3	5	5	4	4	6	5
4	6	6	6	6	6	5
5	6	6	6	5	6	4
6	5	5	4	4	6	4
7	6	6	5	4	5	4
8	6	6	5	5	6	3
9	5	5	5	4	5	4
10	6	5	5	4	5	5
11	5	5	4	4	5	3
12	5	3	5	3	4	5
13	6	6	4	5	5	4
14	6	6	6	6	6	6
15	5	5	4	4	6	4
16	6	6	6	6	6	4
17	6	6	6	6	6	5
18	5	5	5	5	5	5
19	6	5	4	4	4	4
20	6	5	5	5	6	6
21	6	4	3	4	5	6
22	5	6	5	5	6	4
23	6	6	6	6	6	5
24	5	4	3	4	4	4
25	6	5	4	6	3	4
26	6	6	4	6	6	3
27	6	6	6	6	5	6
28	4	4	3	3	3	2
29	5	5	3	6	4	3
30	5	4	3	4	4	3

25.3 使用 Minitab 進行分析

1. 完整的 Minitab 資料檔，如圖 25-1。

圖 25-1　信度分析資料檔

↓	C1 V1	C2 V2	C3 V3	C4 V4	C5 V5	C6 V6	C7
1	5	5	4	5	6	6	
2	5	5	4	4	4	3	
3	5	5	4	4	6	5	
4	6	6	6	6	6	5	
5	6	6	6	5	6	4	
6	5	5	4	4	6	4	
7	6	6	5	4	5	4	
8	6	6	5	5	6	3	
9	5	5	5	4	5	4	
10	6	5	5	4	5	5	
11	5	5	4	4	5	3	
12	5	3	5	3	4	5	
13	6	6	4	5	5	4	
14	6	6	6	6	6	6	
15	5	5	4	4	6	4	
16	6	6	6	6	6	4	
17	6	6	6	6	6	5	
18	5	5	5	5	5	5	
19	6	5	4	4	4	4	
20	6	5	5	5	6	6	
21	6	4	3	4	5	6	
22	5	6	5	5	6	4	
23	6	6	6	6	6	5	
24	5	4	3	4	4	4	
25	6	5	4	6	3	4	
26	6	6	4	6	6	3	
27	6	6	6	6	5	6	
28	4	4	3	3	3	2	
29	5	5	3	6	4	3	
30	5	4	3	4	4	3	

2. 在【Stat】（分析）選單的【Multivariate】（多變量）中選擇【Item Analysis】（項目分析）。

圖 25-2　Item Analysis 選單

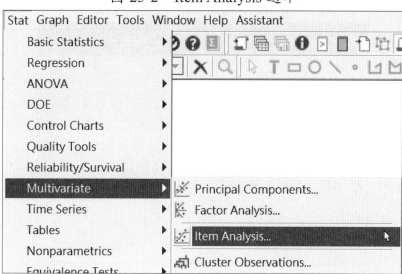

3. 把想要分析的項目點選到右邊的【Variables】（變數）對話框中。

圖 25-3　Item Analysis 對話框

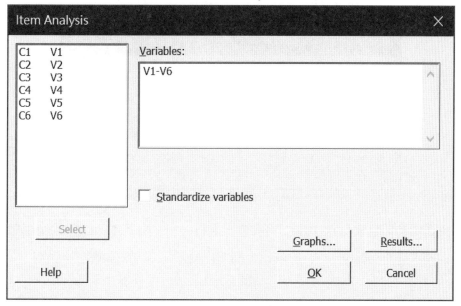

4. 在【Results】（結果）下保留內定的分析項目即可。

圖 25-4　Item Analysis: Results 對話框

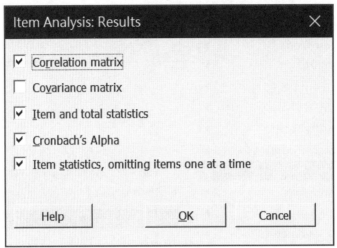

5. 在【Graphs】（繪圖）下取消【Matrix plot data with smoother】（含平滑線的資料矩陣圖）。

圖 25-5　Item Analysis: Graphs 對話框

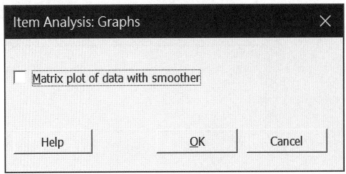

6. 完成選擇後，點擊【OK】（確定）按鈕，進行分析。如果每個題目的選項數不同，可以勾選【Standardize variables】（標準化變數），計算標準化 α 係數。

圖 25-6　Item Analysis 對話框

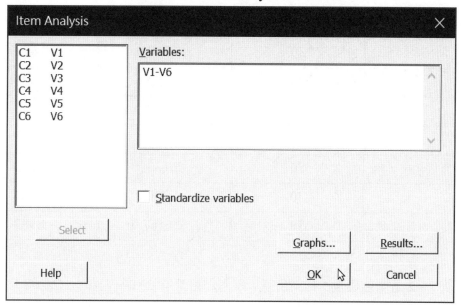

25.4 報表解讀

報表 25-1　Correlation Matrix

	V1	V2	V3	V4	V5
V2	0.599				
V3	0.550	0.642			
V4	0.589	0.723	0.511		
V5	0.371	0.625	0.570	0.399	
V6	0.415	0.087	0.454	0.264	0.417
Cell Contents: Pearson correlation					

報表 25-1 是 6 個題目間的 Pearson 相關係數，係數最好在 0.3 以上。如果題目與其他題目間的相關太低，則不適宜進行一致性分析。由報表中可看出，V6 與 V2 及 V4 的相關係數分別為 0.087 及 0.264，低於 0.30，因此加入 V6 可能反而降低了量表的信度。

報表 25-2　Item and Total Statistics

Variable	Total Count	Mean	StDev
V1	30	5.500	0.572
V2	30	5.200	0.805
V3	30	4.567	1.040
V4	30	4.767	0.971
V5	30	5.133	0.973
V6	30	4.300	1.088
Total	30	29.467	4.083

報表 25-2 是題目與量表的統計量。每個題目都有 30 個有效的人數，沒有人因為未填答而被排除。在六個題目中，受訪者最同意的為 V1（使用智慧型手機上網，可以隨時獲得想要的資訊），最不同意為 V6（我認為智慧型手機並不實用）。由於 V6 是反向題，雖已反向計分，但是因為反意題較不容易理解，或是填答者未看清題目，都有可能使平均分數較低。**留意**：在信度分析中，只要有一題未答，就會被列為遺漏值而排除。

報表 25-3　Cronbach's Alpha

Alpha
0.8307

將報表 25-2 的標準差（StDev）代入公式 25-1，得到：

$$\alpha = \frac{6}{6-1}\left(1 - \frac{0.572^2 + 0.805^2 + 1.040^2 + 0.971^2 + 0.973^2 + 1.088^2}{4.083^2}\right)$$
$$= 0.8307$$

六個題目之 Cronbach α 係數為 0.8307，介於 0.80－0.89 之間，內部一致性信度相當高。

報表 25-4　Omitted Item Statistics

Omitted Variable	Adj. Total Mean	Adj. Total StDev	Item-Adj. Total Corr	Squared Multiple Corr	Cronbach's Alpha
V1	23.967	3.681	0.6629	0.5375	0.8069
V2	24.267	3.483	0.6934	0.8120	0.7882
V3	24.900	3.263	0.7286	0.5778	0.7745
V4	24.700	3.405	0.6244	0.6044	0.7986
V5	24.333	3.397	0.6328	0.5861	0.7968
V6	25.167	3.514	0.4105	0.5573	0.8504

報表 25-4 是刪除某個題目後的統計量。報表中第二欄是刪除某個項目之後的量表平均數。以第 1 題為例，報表 25-2 中的平均數為 5.500，量表平均數為 29.467，因此，29.467 − 5.500 = 23.967。

第三欄為刪除某個項目之後的量表標準差。報表 25-2 中的量表標準差為 4.083，如果刪除第 1 題（標準差為 0.572），則其他 5 題加總之後的標準差變為 3.681。

第四欄是某一題與其他 5 題加總之後總分的 Pearson 積差相關（稱為調整後題目與總量表的相關），相關係數最好在 0.50 以上。以第 1 題為例，將 30 個受訪者在第 2－6 題的得分相加（假設命名為 SUM26），再計算 V1 與 SUM26 的相關係數（報表中為 0.6629）。如果調整後題目與總量表的相關較低，表示受訪者在該題的反應與其他 5 題較不一致，因此可能會使得整個量表的內部一致性信度降低。報表中，第 6 題與其他 5 題總分的相關係數為 0.4105，是第三欄中最低者，因此將第 6 題加入，有可能反而降低了量表的 α 值。

第五欄是多元相關平方，它是以某一個題目為依變數，其他 5 題為自變數進行多元迴歸分析所得的 R^2，如果 R^2 太低，表示受試者在其他題目填答情形無法預測該題的反應，此時可考慮刪除這個題目。報表中以 V2 － V6 對 V1 進行多元迴歸分析所得的 $R^2 = 0.5375$，是所有 R^2 中最低者，如果要刪題，也可以考慮第 1 題。

第六欄是刪除某一題後，量表的 α 值。報表 25-3 中量表 α 值為 0.8307，如果刪

除第 6 題後，其他 5 題的 α 值增加為 0.8504，如果第 6 題的內容不是非常獨特或重要，可以考慮刪除此題，以提高量表的 α 值。

總之，如果保留全部的題目，則量表的 Cronbach α = 0.8307，如果要刪題，可以優先剔除第 6 題，如果想保留 V6 這個反向題，則可以考慮去掉 V1 這題。

25.5 撰寫結果

研究者自編六題「智慧型手機有用性量表」（第 6 題為反向題），量表的 α 係數為 0.8307，表示題目間有很高的一致性。個別題目的平均數介於 4.30 – 5.50，總量表的平均數為 29.467，標準差為 4.083。

表 25-3 量表題目

題號	題 目
V1	使用智慧型手機上網，可以隨時獲得想要的資訊
V2	使用智慧型手機，能讓生活更便利
V3	使用智慧型手機，能提升工作績效
V4	使用智慧型手機中的應用程式，可以解決許多問題
V5	使用智慧型手機讓我更方便與朋友聯繫
V6	我認為智慧型手機並不實用

參考書目

林清山（1992）。**心理與教育統計學**。東華書局。

范德鑫（1992）。共變數分析功能、限制及使用之限制。**師大學報**，**37**，133–163。

教育部（2019）。**未來 16 年(108～123 學年)各級教育學生數預測**。
　　http://stats.moe.gov.tw/files/brief/未來 16 年(108～123 學年)各級教育學生數預測.pdf

陳正昌（2004）。**行為及社會科學統計學**（三版）。復文。

陳正昌（2011a）。多元迴歸分析。輯於陳正昌、程炳林、陳新豐、劉子鍵（合著），**多變量分析方法**（六版）（頁 27–92）。五南。

陳正昌（2011b）。區別分析。輯於陳正昌、程炳林、陳新豐、劉子鍵（合著），**多變量分析方法**（六版）（頁 195–256）。五南。

陳正昌（2017）。**SPSS 與統計分析**（二版）。五南。

陳正昌、張慶勳（2007）。**量化研究與統計分析**。新學林。

程炳林、陳正昌（2011a）。多變量變異數分析。輯於陳正昌、程炳林、陳新豐、劉子鍵（合著），**多變量分析方法**（六版）（頁 317–368）。五南。

程炳林、陳正昌（2011b）。因素分析。輯於陳正昌、程炳林、陳新豐、劉子鍵（合著），**多變量分析方法**（六版）（頁 393–448）。五南。

程炳林、陳正昌、陳新豐（2011）。結構方程模式。輯於陳正昌、程炳林、陳新豐、劉子鍵（合著），**多變量分析方法**（六版）（頁 539–704）。五南。

Aron, A., Coups, E. J., & Aron, E. (2013). *Statistics for Psychology* (6th ed.). Pearson Education.

Bachmann, K. et al. (1995). Controlled study of the putative interaction between famotidine and theophylline in patients with chronic obstructive pulmonary disease. *Journal of clinical pharmacology, 35*(5), 529–535.

Cohen, B. H. (2007). *Explaining Psychological Statistics* (3rd ed.). John Wiley & Sons.

Cohen, J. (1988). *Statistical Power Analysis for the Behavioral Sciences* (2nd ed.). Lawrence Erlbaum Associates.

Girden, E. R. (1992). *ANOVA: repeated measures*. Sage.

Green, S. B., & Salkind, N. J. (2014). *Using SPSS for Windows and Macintosh: Analyzing and understanding data* (7th ed.). Pearson Education.

Hair, Jr. J. F., Black, W. C., Babin, B. J., & Anderson, R. E. (2009). *Multivariate Data Analysis* (7th ed.). Prentice Hall.

Kaiser, H. F., & Rice, J. (1974), Little Jiffy, Mark IV. *Educational and Psychological Measurement, 34*, 111−117.

Keppel, G. (1991). *Design and analysis: A researcher's handbook* (3rd ed.). Prentice Hall.

Kim, Soyoung (2010). Alternatives to analysis of covariance for heterogeneous regression slopes in educational research. *Korean Journal of Teacher Education*, 26, 73−91.

Kirk, R. E. (1995). *Experimental design: Procedures for the behavioral sciences* (3rd ed.). Brooks/Cole.

Kirk, R. E. (2013). *Experimental design: Procedures for the behavioral sciences* (4th ed.). Sage.

Levine, T. R. & Hullett, C. R. (2002). Eta squared, partial eta squared and the misreporting of effect size in communication research. *Human Communication Research, 28*, 612−625.

O'Connor, B. P. (2000). SPSS and SAS programs for determining the number of components using parallel analysis and Velicer's MAP test. *Behavior Research Methods, Instrumentation, and Computers, 32*, 396−402.

Owen, S. V., & Froman, R. D. (1998). Uses and abuses of the analysis of covariance. *Research in Nursing & Health*, 21, 557−562.

Page, M. C., Braver, S. L., & MacKinnon, D. P. (2003). *Levine's guide to SPSS for analysis of variance* (2nd ed.). Lawrence Erlbaum Associates.

Pierce, C. A., Block, R. A., & Aguinis, H. (2004). Cautionary note on reporting eta−squared values from multifactor ANOVA designs. *Educational and Psychological Measurement, 64*, 916−924.

Tabachnick, B. G., & Fidell, L. S. (2007). *Using multivariate statistics* (5th ed.). Pearson.

Tamhane, A. C. (1979). A comparison of procedures for multiple comparisons of means with unequal variances. *Journal of the American Statistical Association, 74*, 471−480.

國家圖書館出版品預行編目資料

Minitab與統計分析／陳正昌著.－－二
版.－－臺北市：五南圖書出版股份有限公
司, 2021.07
面；　公分
ISBN 978-986-522-566-7（平裝）

1.Minitab(電腦程式)　2.統計分析

312.49M54　　　　　　　　　110003439

1H96

Minitab與統計分析

作　　者 — 陳正昌

發 行 人 — 楊榮川

總 經 理 — 楊士清

總 編 輯 — 楊秀麗

主　　編 — 侯家嵐

責任編輯 — 鄭乃甄

文字校對 — 黃志誠、石曉蓉

封面設計 — 姚孝慈

出 版 者 — 五南圖書出版股份有限公司

地　　址：106台北市大安區和平東路二段339號4樓

電　　話：(02)2705-5066　　傳　　真：(02)2706-6100

網　　址：https://www.wunan.com.tw

電子郵件：wunan@wunan.com.tw

劃撥帳號：01068953

戶　　名：五南圖書出版股份有限公司

法律顧問　林勝安律師事務所　林勝安律師

出版日期　2015年 5 月初版一刷
　　　　　2020年10月初版二刷
　　　　　2021年 7 月二版一刷

定　　價　新臺幣680元

經典永恆·名著常在

五十週年的獻禮──經典名著文庫

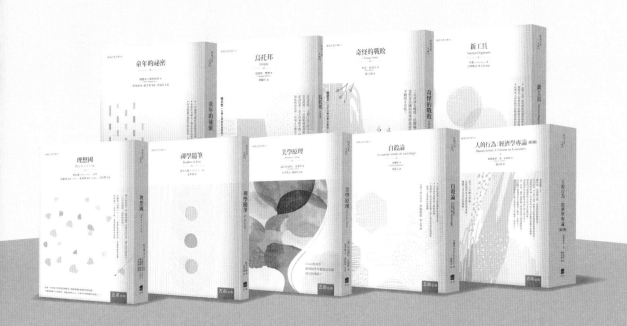

五南，五十年了，半個世紀，人生旅程的一大半，走過來了。
思索著，邁向百年的未來歷程，能為知識界、文化學術界作些什麼？
在速食文化的生態下，有什麼值得讓人雋永品味的？

歷代經典·當今名著，經過時間的洗禮，千錘百鍊，流傳至今，光芒耀人；
不僅使我們能領悟前人的智慧，同時也增深加廣我們思考的深度與視野。
我們決心投入巨資，有計畫的系統梳選，成立「經典名著文庫」，
希望收入古今中外思想性的、充滿睿智與獨見的經典、名著。
這是一項理想性的、永續性的巨大出版工程。
不在意讀者的眾寡，只考慮它的學術價值，力求完整展現先哲思想的軌跡；
為知識界開啟一片智慧之窗，營造一座百花綻放的世界文明公園，
任君遨遊、取菁吸蜜、嘉惠學子！